农产品品质无损检测的人工智能技术

Artificial Intelligence Technology for Nondestructive Detection of Agro-food Quality

彭彦昆　著

U0221283

科学出版社

北京

内 容 简 介

本书以农产品为检测对象，以其主要特征品质属性为检测指标，详细论述了人工智能技术与多种农产品品质无损检测技术交叉融合所带来的智能感知效果，并对它们在未来的深度结合提出了展望。本书综述了国内外农产品品质无损检测技术的最新发展现状，简述了人工智能技术的发展演变；科学严谨、通俗易懂地描述了农产品品质无损检测与人工智能结合的技术原理和应用场景，包括农产品机器视觉检测与人工智能，农产品可见/近红外光谱及荧光光谱检测与人工智能，农产品拉曼光谱检测与人工智能，以及其他多种无损检测与人工智能等；提出了构建农产品智能感知机器人的方案，包括触觉、听觉、嗅觉、视觉、味觉等多种感知能力，通过智能控制和专家系统，能更好地实现全面灵活的农产品品质无损检测。

本书可供农产品品质无损检测领域、食品安全领域、农产品产业链等多个领域的研究人员和从业者参考使用。

图书在版编目 (CIP) 数据

农产品品质无损检测的人工智能技术/彭彦昆著. —北京：科学出版社，2021.12

ISBN 978-7-03-070111-4

Ⅰ. ①农… Ⅱ. ①彭… Ⅲ. ①农产品–食品检验–无损检验–研究 Ⅳ. ①TS207.3

中国版本图书馆 CIP 数据核字(2021)第 212089 号

责任编辑：李秀伟 / 责任校对：宁辉彩
责任印制：吴兆东 / 封面设计：刘新新

科学出版社 出版
北京东黄城根北街 16 号
邮政编码：100717
http://www.sciencep.com

北京中科印刷有限公司 印刷

科学出版社发行 各地新华书店经销

*

2021 年 12 月第 一 版 开本：B5 (720×1000)
2021 年 12 月第一次印刷 印张：23 3/4
字数：479 000

定价：258.00 元

（如有印装质量问题，我社负责调换）

序

维持人类生命的食物来源于谷物、水果、蔬菜、肉品等大宗农产品。农产品品质是保障食品质量安全的基础。在农产品产业链中的生产、储运、加工、销售等各环节，因受多种因素的影响，农产品的品质可能会发生变化。另外，同类农产品因产地、品种、收获时间、种养殖方式等不同其品质也不同。在我国进入小康社会的今天，健康饮食、合理膳食、精准营养越来越受到重视。为了保障人民生命健康，必须确保农产品从产地到餐桌全过程的品质安全。在农产品产业链的各关键环节，需要有效快捷的感知手段量化农产品品质指标，这就对农产品检测技术提出了更高的要求。

农产品品质无损检测技术近 20 年得到了快速发展，在农产品品质监控方面具有重要作用。该技术克服了传统人工抽检方式检测时间长、人为误差大、破坏样品、无法按品质分级等不足，具有快速无损感知、高通量检测、综合品质评价、实时在线分级等优势，是一项急需大范围推广的技术。农产品品质无损检测技术已经发展为多个分支，包括光谱检测技术、机器视觉检测技术、声学检测技术、X 射线检测技术、电子鼻技术、电子舌技术等。然而现阶段农产品品质无损检测技术在特征信息获取、动态精准感知、自适应建模等方面仍面临着技术瓶颈，这些问题有待于尽快解决。

人工智能技术是一门涉及信息学、逻辑学、认知学、思维学、系统学等多学科的交叉技术。伴随计算机科学的进步，人工智能技术在不断发展升级。人工智能、物联网、大数据等多项技术正在逐渐交叉融合，并在医疗、商业、制造业和无人驾驶等多个领域广泛应用，深刻改变了我们的生产和生活方式。以人工智能技术为代表的新兴技术在农业领域具有广阔的应用前景，特别是在农产品品质无损检测技术中，能够提高检测过程中信息自动获取、数据分析决策等能力，使农产品品质无损检测技术更加智能化、标准化、便捷化，促进农产品生产提质增效，提高农产品品质监控能力。

《农产品品质无损检测的人工智能技术》一书，系统总结了作者本人深耕农产品品质无损检测领域数十年的科研成果及该领域内其他学者专家的研究成果。立足于农产品品质无损检测技术现状，结合人工智能技术，分析了可以应用于农产品品质无损检测的人工智能技术，论证了这两种技术结合的可行性。系统地总结了人工智能技术与农产品品质无损检测技术相结合所带来的技术效果，并对两种技术在未来进行深度结合的应用场景进行了展望与分析，提出了人工智能技术与农产品品质无损检测技术结合的发展方向。

《农产品品质无损检测的人工智能技术》的作者彭彦昆教授，长期从事农产品品质无损检测技术研究，积累了数十年的研究经验，取得了丰厚的研究成果，对农产品品质无损检测技术的研究现状及未来发展方向有着清晰独到的认识。该书的著者团队都是参与农产品品质无损检测技术研究及无损检测设备开发的一线人员，具有深厚的农产品品质无损检测知识基础和丰富的实践经验。该书写作思路清晰严谨，用语科学规范，内容翔实，案例具体，具有较强的创新性和实用性，可使读者深入了解农产品品质无损检测技术与人工智能技术的密切联系和更好的农产品/食品安全问题解决方案，对农产品品质无损检测、食品安全、农产品加工等多个领域的研究人员和从业者具有重要的参考价值，对今后我国农产品品质无损检测技术的发展具有重要作用。在该书出版之际，我谨祝作者及其研究团队在未来取得更加辉煌的研究成果，为我国农产品产业发展发挥更大作用。

赵春江

中国工程院院士

2021年10月31日

前 言

农产品品质是食品安全的基础。随着人们生活水平的提高，不仅要求吃饱，更要吃得健康、吃得营养。我们日常食物主要来自果蔬、畜产品、谷物等大宗农产品，保障农产品品质安全就是保障人民生命健康。农产品在采收、加工、运输、储存、销售的各个环节都需要有效的检测手段来监控其品质安全。传统的农产品检验主要采用人工抽检的方式，因存在检测时间长、人为误差大、破坏样品等弊端，不利于生鲜农产品现场分级分选，又因抽检的覆盖率低，无法确保全部产品的品质安全。农产品品质无损检测技术可以避免测试过程中样品的成分和营养受到损失，具有检测速度快、实时在线、高通量和成本低等优点。因此进一步发展和完善农产品品质无损检测技术，对提高农产品的监控技术水平、发挥对食品安全的保障作用是十分必要的。

经过多年的研究发展，农产品品质无损检测技术已日趋成熟，成为现代化农业产业链中不可或缺的一项技术，在农产品品质监控中发挥着巨大作用。至今农产品品质无损检测已发展为多个分支，包括光谱检测技术、机器视觉检测技术、声学检测技术、力学检测技术、X 射线检测技术、电子鼻技术、电子舌技术、生物传感器技术等，这些技术已经在农产品产销链中有所应用。随着科学技术日新月异的发展，农产品品质无损检测技术也在不断升级，人工智能、物联网、大数据的兴起为农产品品质无损检测提供了新的发展推动力。人工智能是一门涉及信息学、逻辑学、认知学、思维学、系统学和生物学的交叉学科，是 21 世纪引领世界未来科技领域发展和人类生活方式转变的风向标。在许多领域，人工智能技术已经运用到人们的日常生活中，如网络购物的个人化推荐系统、人工智能导航系统、人工智能语音助手等，人工智能同样可以很好地融合于农业领域，特别是农产品品质无损检测技术中，增强自动感知、学习分析和综合评价能力，使农产品品质无损检测更加智能化、标准化、便捷化，促进农产品生产提质增效。

本书综述了国内外农产品品质无损检测技术的最新发展现状，并概述了人工智能技术的发展演变，科学严谨而又通俗易懂地描述了多种农产品品质无损检测技术与人工智能技术结合的原理方法和应用场景，能够使读者更好地理解和掌握农产品品质无损检测和人工智能技术，并能对两种技术的结合应用形成更加全面立体的认识。本书不仅凝练地总结了目前人工智能技术与农产品品质无损检测技术相结合所带来的技术效果，还对两种技术在未来的深度融合进行了分析，并提出了展望。

本书共分为 8 章，第 1 章描述了农产品品质无损检测技术的现状，总结了水果、蔬菜、茶叶、粮油、畜禽产品等农产品面临的品质安全问题及其检测指标，介绍了基于光谱特性、图像分析、声学特性、气味原理、生物活性等感知原理的多种无损检测技术，并提出了农产品品质无损检测存在的技术瓶颈。第 2 章概述了人工智能技术的发展历程，分析了人工智能技术对农产品品质无损检测技术起到的重要作用，介绍了多种与人工智能相关的算法，包括回归算法、K-NN 分类算法、深度学习算法、卷积神经网络算法等。第 3 章～第 6 章分别系统性地论述了各种无损检测技术与人工智能技术结合的原理方法和应用场景，包括农产品品质机器视觉检测与人工智能，农产品品质可见/近红外光谱及荧光光谱检测与人工智能，农产品品质拉曼光谱检测与人工智能，以及农产品品质其他无损检测技术与人工智能。第 7 章提出了构建农产品品质智能检测机器人的方案，借助人工智能和多传感器技术，实现触觉、听觉、嗅觉、视觉、味觉等多种智能感知能力。通过智能控制和专家系统，可以搭载多种农产品品质无损检测机器人设备，更好地实现全面灵活的农产品品质无损检测。第 8 章是对未来农产品品质无损检测和人工智能的展望，在新时代智慧农业、大数据、农业物联网、无人农场的发展背景下，人工智能技术将进一步推动农产品品质无损检测技术向更加智能化、标准化、便捷化的方向发展。

本书作者一直从事于农产品品质无损检测技术及智能检测装备的研发，为农产品品质无损检测技术的发展不懈努力，研究团队曾承担国家自然科学基金、国家 863 计划、公益性行业（农业）科研专项、国家科技支撑计划、国家重点研发计划等项目，积累了相关重要的研究成果。在本书出版之际，衷心感谢多年来在农产品品质无损检测研究与实践过程中给予我们指导及与我们合作的各位同行专家。由衷感谢科学出版社及编辑们对本书出版付出的辛勤劳动。

本书作者都是直接参与相关课题研究的重要技术骨干，第 1 章由庄齐斌、李阳撰写；第 2 章由赵苗、赵鑫龙、乔鑫、赵仁宏撰写；第 3 章由赵鑫龙、刘乐、李龙、左杰文撰写；第 4 章由李龙、吕德才、李永胜撰写；第 5 章由郭庆辉、田文健、邹文龙撰写；第 6 章由王亚丽、戴宝琼撰写；第 7 章由郭庆辉、赵苗、李龙、王亚丽撰写；第 8 章由赵鑫龙、赵苗、刘乐撰写。全书由彭彦昆负责策划、组稿、统稿、修订和审定。

本书可供农产品品质无损检测领域、食品安全领域、农产品产业链等多个领域的研究人员和从业者参考使用。作者期待本书能够使读者了解农产品品质无损检测技术与人工智能技术的密切联系，为提供更好的农产品/食品安全问题解决方案起到抛砖引玉的作用，以促进农产品品质无损检测技术的发展和进步。

在编写过程中，我们力求全面、准确、严谨地为读者呈现农产品品质无损检测的人工智能技术，但是由于水平有限，疏漏和不足在所难免，恳请各位读者批评指正，敬请各位专家不吝赐教。

作　者

2021 年 8 月

目　录

第 1 章　农产品品质无损检测技术

农产品是指来源于农业生产的初级产品，即通过农业生产活动获得的植物、动物、微生物及产品，包括水果、蔬菜、茶叶、粮油等种植业产品，畜禽肉、禽蛋等畜牧业产品及渔业产品。据统计，2019 年我国食用农产品年产量约 10.6 亿 t。然而，农产品在生产、加工、储运等产销链主要环节中存在腐败变质、农残超标、添加物过量等现象，从而导致食品安全事件的发生。如何保障农产品的品质和安全仍是一个难题。农产品品质与安全传统的检测方法需采用精密检测仪器，如高效液相色谱、气相色谱和酶联免疫吸附试验等，而这些检测方法需要较复杂的样品前处理过程及较长的检测时间。另外，传统检测方法需要专业的人员进行操作，并且需要对样品进行破坏处理，因此，传统检测方法不能用于农产品在生产、运输、销售等环节的品质安全实时监控，只能进行抽样检测，而且造成了一定程度的浪费。近年来，科学技术促进了光学、电磁等无损检测技术的发展，无损检测装置操作简单、响应快、检测结果无损且可靠。例如，机器视觉、电子鼻、超声波、近红外光谱、高光谱、拉曼光谱、太赫兹等，现阶段无损检测技术在农产品品质与安全检测领域的应用已成为研究热点。

农产品无损检测技术是在农产品产业链中无损伤、实时地对农产品的品质、安全、营养参数进行检测、评价、分级、筛选的数字和智能装备技术；是农产品质量安全物联网监控体系的关键技术；是农产品传统人工抽检测试方法的补充和发展。

无损检测采集的信息非常复杂，通常无法直接用于分析。多数情况下，获取的信息除了分析物本身的信息外还包含噪声成分，建模时通常不希望无效信息对模型产生干扰。化学计量学方法是无损检测研究领域常用的分析方法，用于提升模型的预测能力。常用于提高模型预测能力的方法包括预处理技术、特征提取算法、机器学习方法、深度学习方法及模型传递等。现阶段人工智能技术和大数据的发展进一步推动了无损检测技术的进步及应用。

1.1　农产品品质无损检测的现状

农产品品质安全是食品安全的基础，其品质属性包括物理属性、化学属性、生物属性等。物理属性主要有大小、形状、重量、色泽和硬度；化学属性主要有营养成分、新鲜度、成熟度等；生物属性主要有致病菌引起腐败变质、重金属、农药残留等。

1.1.1 农产品品质安全问题

农产品品质是指产品的优质程度，不仅包括风味、质地、外观和营养成分，还包括加工品质和安全品质等。外部品质主要包括大小、色泽、重量、损伤、病虫害、动物粪便等。内部品质也称为营养品质，是指产品中含有的各种营养物质的总和。不同种类的产品含有不同种类和数量的营养要素，主要包括碳水化合物、脂类、蛋白质、矿物质、水分含量等。其中，脂类物质主要是指中性脂肪酸和胆固醇，具有较高的营养价值。蛋白质含有人体所必需的氨基酸，很容易被人体吸收。安全品质是指直接关系到人体健康的品质指标的总和，主要包括农药残留、重金属含量超标、硝酸盐超标、亚硝酸盐超标及致病微生物超标等。

水果、蔬菜、茶叶、粮食、畜禽肉、水产品在中国现代农业经济中占有重要地位，是农业经济的重要组成部分，其发展可促进农业结构的调整、优化居民的饮食结构、增加农民的收入，提供丰富营养健康的食物是满足人民对美好生活向往的物质基础（何琳纯，2020）。我国的水果、蔬菜、茶叶、粮食、肉品长期占据世界产量的重要地位，据2010～2019年国家统计局统计年鉴资料数据，水果、蔬菜、粮食、肉类的年产量数据如图1-1所示。从图中可以看出，我国的水果、蔬菜、粮食产量每年均保持稳步增长态势。消费者对水果、蔬菜、粮食、肉类等农产品的质量和安全性要求越来越高，已由低水平的价格竞争上升到质量、品牌和价格的综合竞争，质量已经成为消费者最为关注的方面，尤其是内在品质越来越受到消费者重视。优质、高产、高效、生态、安全是当今世界农产品生产和消费

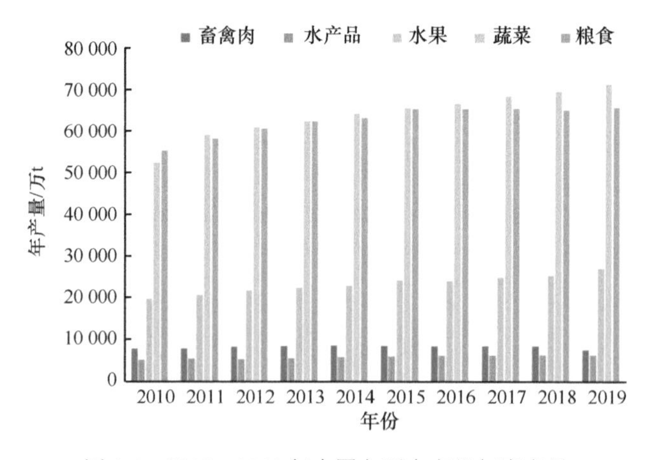

图 1-1　2010～2019 年中国主要农产品年度产量

的总趋势，受到各国广泛关注（于建春，2020）。“健康中国 2030 ”和“中国制造 2025”等国家重大战略的部署和实施，引导了食品向安全、营养、健康方向发展，为水果、蔬菜的产后商品化处理指明了方向。

近年来，食品安全问题给消费者健康带来影响，很大程度上是初级农产品源头污染及流通过程中监管控制力度不到位造成的。对于消费者和生产者而言，农产品安全是至关重要的全球性问题，决定了农产品是否可以在市场上销售。因此，学术界和产业界的许多研究人员一直把精力集中在这一重要的公共卫生问题上，旨在减少或避免食源性疾病暴发（Hu et al.，2019）。农产品的常见污染源包括病原体、重金属、真菌毒素、农药、除草剂、兽药和非法添加剂，食源性病原体包括病原细菌、真菌、病毒和寄生虫。

粮食是人类饮食中最重要的营养和能量来源，是人类生活必需矿物质、维生素、粗脂肪、纤维、必需脂肪酸和蛋白质的良好来源。广泛种植和消费的粮食包括小麦、水稻、玉米和大麦、大豆等，然而粮食在储存期间容易受到真菌感染而产生真菌毒素，对人体构成重大威胁（Hussain et al.，2019）。联合国粮食及农业组织（FAO）估计，世界上约 25%的谷物被真菌毒素污染。此外，其他食物和各种副产品也受到真菌毒素污染。目前，真菌毒素对农业产业构成严重威胁，极大地影响全球经济和贸易。例如，1998 年匈牙利暴发的小麦流行病造成约 1 亿欧元的损失。真菌毒素是曲霉、镰刀菌、链霉菌和青霉在生长和繁殖过程中产生的天然次生代谢产物，对人、动物和植物有毒。由于这些产物中的某些真菌会产生真菌毒素，如脱氧雪腐镰刀菌烯醇（DON）、T-2 毒素、赤霉烯酮、曲霉毒素和黄曲霉毒素，以及其他一些被认为是次生的真菌或真菌毒素，且它们分子结构变化很大（Kebede et al.，2020）。自然界中存在的真菌毒素数量在 300～20 000CFU/g，通常具毒性、致畸性、致癌性、致突变性和遗传毒性。真菌毒素易于出现在食品生产的各个环节，当食用被真菌毒素污染超过一定量的食品时，对人类和动物自身的器官和系统会产生严重的急性和慢性负面影响。这些真菌可以在作物的生长、收获和储存过程中生长和代谢，破坏其营养并造成污染，严重损害人体健康。例如，2010 年，塞尔维亚对国内 128 个小麦样品进行分析，观察到其中 100 个样品受到 DON 污染，污染率高达 78.1%。虫害是造成收获后粮食损失的主要原因，据报道全球谷物有 10%～40%的损失是由虫害造成的（Johnson，2020）。此外，害虫不仅直接食用粮食，其排泄物及死虫也会影响剩余谷物的质量。因此，对粮食在生产链各个环节的检测极为重要（Kumar et al.，2017）。

粮食品质安全的传统检测方法有高效液相色谱、气相色谱、酶联免疫吸附测定、聚合酶链反应、气相色谱质谱和液相色谱质谱。高效液相色谱、气相色谱广泛用于粮食的定性和定量检测，酶联免疫吸附测定技术用于筛选农产品中的有毒污染物（Hussain et al.，2019），但这些检测方法具有破坏性、耗时且费力。在当前新兴的无损技术中，光谱和成像技术显示出巨大的在线应用潜力。基于近红外、荧光成像、拉曼光谱成像和高光谱成像技术在真菌污染评价质量鉴别和掺假检测等方面具有广阔的应用前景（Tao et al.，2018）。

农药残留是食品生产中的主要安全问题之一，农业上的药物滥用造成的化学污染长期威胁着世界各地的农业生产和粮食供应。种植者为追求产量和利润滥用农药对食品安全构成了长期风险，影响了出口和生产的可持续发展。农药施用于农作物后在环境和加工过程中产生各种转化产物，农药转化产物被列为“新兴污染物”，严重威胁生物健康。水果和蔬菜是人们生活中不可或缺的一部分，也是农药残留问题的“高发区”。据报道，2015～2020年，欧洲共发出2473份涉及水果和蔬菜等食品农药残留问题的警示通知（Pan et al.，2021）。发展中国家也报道了类似的问题，农药残留远远超过了国家规定的限量的最高值，严重损害了农业经济的发展。我国也面临农药残留带来的危害，学者从我国45个重点城市调查了4万多批次135种水果、蔬菜的农药残留情况，结果发现其中农药残留种类532种，检出次数为115 981次，农药残留检出率为81.6%（Li et al.，2021）。近些年，日本、加拿大和其他国家的农产品因农药残留量高或使用有毒农药而被拒绝出口的事件时有发生。在我国，尽管政府加强了对农产品生产过程中农药使用的控制，但非法使用农药现象仍然存在。

如何从复杂的食品中对这些有害物质进行定性鉴定和定量检测是食品安全分析和检测的关键。传统的农药残留检测方法，诸如高效液相色谱法、气相色谱法是农药残留常用的检测方法，但是检测效率低。随着生物、化学和计算机技术的飞速发展，拉曼光谱法或红外光谱法等成熟的无损检测技术不断地应用于农药残留检测，而且具有无损测量、稳定性高、检测速度快、成本低和样品操作简单等一系列优点，可以获取许多有用的信息（Wang et al.，2021）。

肉类富含丰富的营养物质，为人类生存提供必需的营养成分。因此，肉类的品质受到广泛关注。然而肉类易受到储存环境和温度的影响，在运输和销售过程中容易腐败变质，导致肉类品质下降，甚至危害消费者健康。此外，肉类在腐败过程中，容易滋生各种微生物，甚至产生致病菌，如弯曲杆菌、沙门氏菌等。例如，欧洲自2005年以来，每年因弯曲杆菌造成的病例占人兽共患病例的70%，超过200 000例（Iannetti et al.，2020）。畜禽在屠宰过程中通常带有人兽共患的疾病，如弯曲杆菌、肠炎沙门氏菌、人类致病性大肠杆菌和肠结肠炎耶尔森氏菌等，而且这些危害使用传统的肉类检测技术难以实时检测（Blagojevic et al.，2021）。此外，随着现代养殖业日趋集约化、规模化地快速发展，为了追求更大的商业利益和减少高密度饲养带来的风险，常常出现养殖户滥用兽药的情况。如果动物源食品中残留有兽药，就会通过食物链对人体产生不同程度的毒害作用。由于动物源食品基质复杂，含有蛋白质、脂肪、糖类等多种化合物，而残留其中的兽药含量甚微，这就增加了动物源食品中兽药残留的检测难度。肉品含有丰富的营养物质，在储存过程中容易受到环境和温度的影响而腐败变质，品质不好的肉品不仅影响其价格，甚至威胁到人的健康。据报道，全球超过一半的抗生素生产用于动物保健，甚至预测到 2030 年，这一数字将增长至 67%。为人类提供食物而饲养的动物中，约有 80%的动物在其生命的部分或大部分时间里都会接受处方药物（Girmatsion et al.，2021）。因此，不合理的使用处方药都是兽药的主要来源，人类长期食用携带兽药的肉品，会对身体产生重大危害（Liu et al.，2018）。另外，在普通肉制品中掺入廉价肉或者其他品种的肉，以谋取更多的利润，是社会关注的肉品品质的另外一个重要问题。过去 10 年，欧洲抽检的牛肉样品中发现约有 61%的产品中含有马肉。此外，从爱尔兰和英国的几家超级市场的冷冻牛肉汉堡中检测到猪肉 DNA（Nakyinsige et al.，2012）。在南非，约有 68%的抽样肉品中检测到未申报的肉品（Cawthorn et al.，2013）。在马来西亚，约有 78%的抽样样品中发现带有虚假申报或未申报的肉品（Rahmati et al.，2016），其他国家也存在类似的情况。

目前与肉品消费相关的挑战和担忧可分为与微生物病原体相关的挑战和其他肉品安全问题，微生物病原体的主要挑战包括食源性的暴发和病原体的控制。例如毒性更强且感染剂量低的病原体的出现，病原体对抗生素或与食物相关的药物产生耐药性，与肉类产品以外的食物和水的交叉污染（Sofos and Geornaras，2010）。其他肉类安全问题包括食品添加剂、化学残留物、动物识别和溯源问题。

近年来，兽药残留检测领域出现了固相萃取、基质固相分散萃取、微波辅助萃取、分子印迹技术等样品提取和净化新技术及液质联用技术。然而这些传统检测技术的样品制备及检测方法大多存在检测样品基质种类单一、检测兽药种类范围小、耗时长、重现性差等问题，缺乏一定的通用性和准确性，已不能满足当前社会发展的需要。

可见，农产品从生产到销售过程中容易受到微生物、农药残留及重金属的影响，导致营养价值和产量的损失，甚至危害人体健康（Hua et al.，2021）。因此，农产品安全是全世界所面临的食品安全挑战，实时监控和检测技术是保证水果、蔬菜、粮食、肉品等产品安全的重要控制措施。中国农产品产业已经跨过了“扩大生产规模的产业阶段”，进入了提高品质、推行品牌战略的发展阶段。

1.1.2　农产品品质安全检测指标

农产品的品质可以通过颜色、外观、风味、质地及营养价值进行评估，外观是农产品非常重要的感官品质属性，它不仅影响产品的市场价值，还影响消费者的偏好和选择，在一定程度上影响其内部质量。

水果、蔬菜产品是维生素、矿物质和抗氧化剂的最重要来源，在人类饮食中起着至关重要的作用。运输、储存和分销是保障高品质果蔬的重要环节，因此，在水果、蔬菜交付给市场或消费者之前的品质检测至关重要。水果、蔬菜内部和外部品质参数是评价其品质的重要指标，包括组成成分分析、食用指标测定、品质分级评定等。水果、蔬菜的营养品质主要取决于内部的化学成分组成（水分、糖、淀粉、色素等），与糖度、酸度、可溶性固形物等食用性指标密切相关，影响消费者的喜好程度。而可溶性固形物是水果、蔬菜成熟度的重要指标，通过可溶性固形物的含量可以很好地估算出总糖分含量。成熟度是水果、蔬菜分级与保鲜的重要评价指标，通过这些指标评价参数可对水果、蔬菜在储藏及运输过程中的品质进行监测和控制。更具体地说，水果的外部品质主要包括形状、大小和颜色。水果的内部品质主要包括可溶性固形物、可滴定酸、可溶性固形物与可滴定酸的比值、pH、淀粉、糖度、抗坏血酸、总黄酮、总酚、抗氧化活性、果肉硬度、胡萝卜素等特性指标（Pathmanaban et al.，2019）。蔬菜的抗氧化性、营养活性、酶活性和质地也是重要的品质参数。病虫害、动物粪便污染、农药残留及致病性污染也会对水果、蔬菜品质产生影响。此外，运输、储存过程易受天气、温度、湿度等因素影响，水果、蔬菜等农产品容易冻伤，从而破坏了水果、蔬菜的内部组织结构，导致口感变差，营养价值流失，甚至产生毒素。另外，水果、蔬菜在储存过程中的活细胞及其多样性的持续变化使得纹理特性的测量变得困难。因此，了解这些特性并在生产前对其评估至关重要。

肉类中含有蛋白质、维生素和其他对健康有益的营养物质而受到消费者喜爱。生鲜肉品质安全检测主要包括营养品质、食品品质、加工品质及安全品质的评定。研究发现影响肉类品质的因素有多种，如品种、产地、饲养方式、屠宰方式等。其中营养在品质调控中起着重要作用，肉的营养成分主要包括水分、蛋白质、脂肪、维生素和碳水化合物。生鲜肉的营养成分影响肉品的品质，如肌内水分含量、分布及其持水性影响肉的品质和风味，脂肪的含量及脂肪酸的组成直接影响肉的嫩度和多汁性。肉的食用品质主要是指肉的色泽、风味、嫩度和持水性等。肉的色泽对肉的营养价值和风味没有较大影响，但在某种程度上影响食欲和商品价值。肉的颜色本质上是由肌红蛋白（Mb）和血红蛋白（Hb）产生的，肌红蛋白为复合蛋白质，呈紫红色，与氧结合可生产氧合肌红蛋白（MbO_2），为鲜红色，是新鲜肉的象征。肌红蛋白和氧合肌红蛋白都可以被氧化成高铁肌红蛋白（MeMb），呈褐色，使肉变暗，即肉品腐败后的颜色。此外，肌红蛋白与亚硝酸盐反应可生产亚硝基肌红蛋白，呈亮红色。肉的风味是肉中固有成分经过复杂的生物化学变化所产生的化合物所致，其鲜味来源于核苷酸、氨基酸、酰胺、有机酸、糖类、脂肪和肽的前体。肉的嫩度决定肉的等级和销售价格，反映食用时口感的老嫩程度，是反映质地的指标，与肌肉蛋白质的结构及某些因素作用下蛋白质的变性、凝集和分解有关。肉的嫩度与畜龄、肌肉的位置、营养情况及宰后的处理方式有关。肉的持水性，即系水力的高低直接影响肉的色泽、风味、质地和嫩度。pH 是评价肉品新鲜度的重要指标，影响肉的颜色、嫩度、风味、持水性和货架期。肌肉中乳酸的产量影响 pH 的下降速度和程度，如果 pH 下降快，肉会变得多汁、苍白，风味和持水性差。如果肉的 pH 下降得慢，肉的色泽变深且易腐败。大理石花纹富含人体所需的脂肪酸，是确定肉品等级的主要指标。肉的安全品质主要与总挥发性盐基氮（TVB-N）和微生物有关，肉品在储存过程中由于微生物和内源酶的作用导致化学成分发生变化，从而导致 TVB-N 的累积，散发出难闻的气味。通常肉的指示微生物是指总需氧细菌、假单胞菌、肠杆菌、乳酸菌和肠球菌等。另外，肉品的新鲜度与三磷酸腺苷（ATP）及其产物、硫代巴比妥酸反应物（TBARS）、过氧化物有关（Bekhit et al.，2021）。一般来说，常用的评价指标包括颜色、嫩度、水分、脂肪和脂肪酸、大理石花纹、微生物、pH、蛋白质等。

水产动物的肌肉及其他可食用部分富含蛋白质、脂肪、多种维生素、无机物和少量的碳水化合物，是人体健康所必需的营养元素，鱼类是人类消费的主要水产品。2016 年，全球鱼类产量为 1.71 亿 t（Prabhakar et al.，2020）。但是，鱼类易腐烂，捕捞后立即开始产生各种导致腐败变质的代谢产物。因此，实时监控鱼类的品质非常重要。鱼类的常用评价指标包括外部指标、内部指标及微生物指标。外部指标主要包括颜色、大小等。内部指标主要包括三甲胺、总挥发性盐基氮（TVB-N）、游离脂肪酸、硫代巴比妥酸、*K* 值、pH 等。微生物指标主要包括总的菌落总数（TVC）、弧菌、假单胞菌、产碱菌、沙雷氏菌和微球菌等（Peleg，2016）。三甲胺和 TVB-N 是鱼储存过程中的主要挥发物，被认为是淡水鱼类和海水鱼类质量和保质期评估的生化指标，用于评估腐败程度并给出鱼的新鲜程度指标。三甲胺是造成鱼产生腥臭味的主要原因，新鲜鱼在储存过程中，TVB-N 的形成主要与氨和三甲胺有关（Semeano et al.，2018）。而脂质氧化也会导致鱼类的质量下降，脂肪被分解为游离脂肪酸、过氧化物和硫代巴比妥酸。而 *K* 值是鱼类新鲜度的最佳评价指标之一，用于评价鱼的品质。

粮食是人类食物和动物饲料的重要组成部分，其品质至关重要，是决定市场可接受性、存储稳定性、加工质量和消费者接受的主要因素。粮食在加工和存储过程中受到虫害、微生物和环境的影响，导致理化和感官变化。质量包括物理特性、化学特性、外观特性、安全特性。物理特性主要是指大小、形状、籽粒硬度等，化学特性主要是指淀粉、脂肪、蛋白质、含水量、碳水化合物、饱和脂肪酸等，安全特性主要是指微生物污染、农药残留、虫害、毒素等，外观特性主要是指损伤、色泽、添加物等。粮食的毒素感染主要为真菌毒素感染。此处，粮食及其制品在加工和存储过程中的质量受昆虫、微生物和环境因素的影响，从而导致理化和感官变化，影响质量属性。感官属性包括颜色、大小、损伤等，而理化属性包括质地、淀粉含量、蛋白质含量、脂肪含量及各种维生素的含量，以及农药残留、微生物、毒素等。

畜禽活体监测是建立现代化养殖技术的重要环节。畜禽活体监测技术主要利用机器视觉技术、超声波技术、红外技术和红外热成像技术等对畜禽在生长的各个阶段的特定时期进行体质监测。主要监测指标有动物尺寸特征参数、背膘厚、性别、健康、体重、运动、炎症和病变、温度。例如，通过咳嗽和尖叫声监控畜禽活体的病情情况、通过运动监控活禽的健康情况（Rojo-Gimeno et al.，2019）。

因此，无损检测技术不仅可以通过外观评估农产品的外部质量，也可以通过内部品质指标评价产品的内部品质。表 1-1 列出肉品、水果、蔬菜、粮食等农产品常用的内外部及安全品质检测指标。

表 1-1　无损检测技术在农产品中的应用

类别		检测指标
水果	内部品质	① 组成成分：水分、淀粉、色素等 ② 食用指标：可溶性固形物、酸度、糖度及硬度等 ③ 质量分级评定：新鲜度、成熟度等
	外部品质	① 外部特征识别：大小、色泽、重量等 ② 表面缺陷及污染物：轻微损伤、病虫害、动物粪便等 ③ 冻伤检测
	安全品质	① 农药残留：杀菌剂、杀虫剂、植物生长调节剂等 ② 微生物感染：致病性细菌、霉菌、果锈等 ③ 腐败
蔬菜	内部品质	① 组成成分：水分、淀粉、色素、纤维素、叶绿素等 ② 食用指标：可溶性固形物、酸度、糖度及硬度等 ③ 质量分级评定：新鲜度、成熟度等
	外部品质	① 外部特征识别：大小、色泽、重量等 ② 表面缺陷及污染物：轻微损伤、病虫害、动物粪便等 ③ 冻伤检测
	安全品质	① 农药残留：杀菌剂、杀虫剂、植物生长调节剂等 ② 微生物感染：致病性细菌、霉菌、果锈等 ③ 腐败
粮食	内部品质	① 组成成分：水分、淀粉、蛋白质、脂肪酸等 ② 食用指标：黏弹性、硬度等 ③ 质量分级评定：活力检测等
	外部品质	① 外部特征识别：大小、色泽、重量等 ② 表面缺陷及污染物：轻微损伤、病虫害等
	安全品质	① 重金属超标：汞（Hg）、镉（Cd）、铅（Pb）等 ② 微生物感染：致病性细菌、霉菌等 ③ 腐败
肉品	内部品质	① 组成成分：水分、蛋白质、脂肪酸等 ② 食用指标：pH、嫩度、总挥发性盐基氮、菌落总数等 ③ 质量分级评定：新鲜度等
	外部品质	外部特征识别：颜色、大理石花纹等
	安全品质	① 其他添加物：农药残留、食品添加剂等 ② 微生物感染：致病性细菌、真菌等

如何保证农产品从生产到餐桌的品质安全，是人类面临的重大挑战。我们不仅要从源头进行质量把控，同时也要在运输、储藏、销售环节实时对农产品品质进行监控。因而，对农产品的品质与安全监控意义重大。

1.2　农产品品质无损检测技术的概述

农产品品质无损检测技术是近十年快速发展的一种新型检测技术。它是利用农产品的声、光、电、磁等特性，在不改变被检样品结构和成分的情况下，应用有效的检测技术和分析方法对其内在品质和外在品质进行无损测定，并按一定的标准对其做出评价（张立彬等，2005）。具有检测样品无损伤、检测速度快、实时高通量、无需化学试剂和专业检测人员的优势，随着科技的发展，结合人工智能及大数据可以更好地监控农产品的质量。

随着芯片、计算机技术的发展，农产品品质无损检测技术已向数字化、智能化、小型化的方向快速发展。根据检测的原理不同，常用的无损检测技术包括基于光学特性的光谱检测技术、基于图像的机器视觉检测技术、基于声学特性的超声波技术、基于电磁学特性的核磁共振检测技术、基于气味的电子鼻和电子舌技术、基于生物活性的生物传感器检测技术等。

1.2.1　基于光谱特性的无损检测技术

光谱特性检测的原理是利用农产品对光的吸收、散射、反射、透射等特性确定产品品质的一种方法，研究电磁辐射与食品样品相互作用（吸收或传输）所获得的光谱数据。光谱数据作为物质中存在的特征化合物的“指纹”，利用这些信息可推断样品的质量。包括近红外光谱检测技术、高光谱成像检测技术、激光拉曼光谱技术、核磁共振等（Liu et al.，2017）。近红外光谱是农产品定性和定量分析的有力工具，它是一种快速、高通量的分析方法，具有现场分析能力强、化学专属性强、无需或需要极少样品制备等优点。近年来，光谱仪器和分析方法领域取得了显著进展，推进了近红外检测装置小型化的现场应用。高光谱成像技术是将光谱技术和样本成像技术相结合，同时获取有关空间图像和光谱的数据。拉曼光谱技术的原理是基于光子的非弹性散射导致与频移相联系的斯托克斯线和反斯托克斯线的产生，样品官能团的拉曼光谱由用于分析的频率范围内的拉曼位移的强度表示，进而对样品成分进行定性和定量分析。核磁共振是一种非破坏性的复杂的技术，能够揭示样品的结构成分或官能团的非常精细的细节。太赫兹是一种新兴的光谱检测方法，具有非电离特性的太赫兹波对食物或其他细胞上的组织和生物分子不造成任何负面影响（Ren et al.，2019）。不仅如此，太赫兹区域可用于确定分子间的差异。然而，现阶段太赫兹在农产品检测领域的应用多以纯物质研究为主，直接利用完整农产品进行检测的应用较为少见。太赫兹在农产品检测领域的应用仍然面临着一些亟待解决的问题，如太赫兹辐射与生物分子内部和相互间作用的理论解析还不很明确，应当继续加强从微观角度对分子的太赫兹波吸收量化计算理论的研究。同时，太赫兹光谱处理方法主要借鉴近红外光谱处理方法。

1.2.2 基于图像分析的无损检测技术

图像处理技术是把被检测物的外部特性等具体信息输送给计算机进行图像信息处理的技术，可实时处理和综合评价被测物外观品质。农业中的数据信息主要来源于影像信息。因此，数字图像处理技术有助于对图像进行处理，并尝试对其分析进行扩展。图像处理在农业识别等领域有着广泛的应用，如通过形状、纹理和颜色识别植株病虫害（Bhargava and Bansal，2021）。随着信息科学的飞速发展，基于计算机视觉的模式识别和图像处理技术已成为农业安全质量分析的成熟技术。通过计算机视觉技术对农产品图像进行感知，为农产品质量分级分选提供信息。图像处理和计算机视觉系统以其优异的计算性能、易操作性、算法的鲁棒性等优点成为农业领域研究热点。但是机器视觉检测也有局限性，目前机器视觉主要应用于识别被检测物的外观信息，如颜色、大小和表面结构等，不能用于检测农产品的化学成分和内部质量属性，对不明显缺陷检测效果较差。例如，水果和蔬菜早期青肿、早期腐败、冻伤等内部缺陷，同时受到光照的不均匀影响较大，这是图像处理技术面临的重大挑战。

1.2.3 基于声学特性的无损检测技术

声学特性检测的原理是利用农产品在声波作用下的反射、散射、透射、吸收特性、衰减系数、传播速度及声阻抗和固有的频率等参数变化，反映样品与声波之间的相互作用的基本规律，用以获取被测物内部的物理化学性质（Singla and Sit，2021）。超声波检测技术一般采用0.5～20MHz的高频率低能量超声波，该检测技术在农产品加工及安全检测领域中有一定应用。但是受超声波频率、测量部位、被测物组织分布不均匀性等因素影响，只能检测某部位的化学成分。然而，基于超声波的声学特性对农产品某一内部品质指标或多指标总额和评价研究少，检测精度有待提高。

1.2.4 基于气味原理的无损检测技术

电子鼻又称为气味扫描器，是一种可行而有效的设备。由气体传感器阵列、信号预处理系统和模式识别方法组成。采用对所测挥发物具有高灵敏度的专用传感器和适当的模式识别方法来快速识别样品中的芳香特征，具有识别简单和复杂气味的能力，能够快速提供被测样品的整体信息及指标样品的隐含特征（Mohd Ali et al.，2020）。Peris 和 Escuder-Gilabert（2016）通过电子鼻评估了与农产品的理化特性相关的气体成分，并区分了整个混合物中的气体混合物。除此之外，电子鼻亦能识别来自周围环境的天然或合成有机来源的挥发性有机化合物。电子舌是一种分析装置，主要用于识别和区分饮料或液相食品样品中的几种化学物质的味道。电子舌的操作方式“模仿”人类的味觉，用于定性和定量分析多组分混合物的特性。现阶段，电子鼻/电子舌技术在无损检测领域取得了一定进展，但是主要还是用于辨别不同气体成分。由于传感器选择的限制性和模式识别系统的难识别性，电子鼻和电子舌的实际应用并不广泛，今后的研究热点倾向于使用更先进的传感器或更智能的算法解决模式识别问题。

1.2.5　基于生物活性的无损检测技术

具有强大检测和分析能力的微/纳米生物传感器被认为是常规化学和物理传感器的替代品，是一种基于生物活性的无损检测技术，其原理是当待测物质经扩散作用进入生物活性材料（酶、蛋白质、DNA、抗体、抗原、生物膜等）后发生生物学反应，产生的信号继而被相应的物理或化学换能器转变成可定量和处理的电信号，建立与待测物之间的浓度关系。近年来，如核酸、抗原-抗体、酶、细胞、组织和微生物等生物活性物质被选择作为传感元件，并与光学、电化学、声学或机械检测器相结合，以构建高度灵敏和具有选择性的生物传感器（Tian et al.，2021）。生物传感器和探测器受益于微/纳米制造和芯片技术的发展，提供了简化的电子设计，减小了体积，降低了总成本，同时大大提高了性能和集成度。与化学分析相比，微/纳米生物传感器大大降低了测试过程和操作的复杂性，但其可检测性略有降低。随着传感器结构和检测装置的不断优化，生物传感器在农产品检测研究中具有巨大潜力。

无损检测技术与破坏性方法相比，具有快速分析、易于安装和连续测量不同样品的优势。近年来，无损检测技术发展迅速，基于不同原理的检测技术不断涌现。表 1-2 列出现阶段农产品检测领域主要无损检测技术在质量评估中的主要优缺点。

表 1-2　无损检测技术的优缺点

检测方法	优点	缺点
脉冲响应	机械和感官评估 评估样品的感官和力学性能 价格低	基本纹理数据可能会丢失
图像分析	可以观测到外部品质 检测速度快 成本低	无法检测内部品质缺陷
核磁共振成像	可以观察到食品质量相互作用的变化 样品内任意平面的图像切片	设备的成本高 图像处理速度慢

续表

检测方法	优点	缺点
拉曼成像技术	检测分辨率高 提供样品中共价键振动的详尽信息	缺乏有效的基质 成本高
高光谱成像技术	可同时测定样品中几种成分的含量 丰富的光谱和空间信息	模型适应性差 数据采集时间长
荧光技术	信噪比高 大量的荧光基团	线性强度弱 自荧光
热成像技术	能够实时捕获移动目标 可在危险的区域进行测量	受周围温度变化影响较大 对温度无法预测的物体，图像难以表达
电子鼻/电子舌	检测速度快 可检测内部品质	受环境的温湿度影响大 难以识别混合气体成分
近红外光谱技术	检测速度快 可检测样品的内部品质	检测空间区域小 复杂的信号解释 成本高

资料来源：Hussain and Pu，2018

1.3 农产品品质无损检测的主要瓶颈

农产品品质无损检测技术与传统的理化分析方法相比，具有方便、快捷、无损、高效、实时在线和多指标同时检测等优势。但是多数无损检测技术都不同程度地存在分析精度不足等问题。如何提高检测结果的准确性和稳定性是困扰多数无损检测技术的主要问题。目前，许多学者通过优化改进检测方法和设备，研究新的预处理和建模方法来提高检测性能。

1.3.1 基于光谱特性无损检测技术存在的问题

光谱特性无损检测技术是一种间接分析技术，在对相关农产品中特定组分进行检测时，首先需要使用光谱仪采集样本的光谱数据，然后通过理化试验的方法，测定农产品中特定组分含量，最后通过化学计量学（chemometrics）方法，建立光谱信息与农产品中特定组分含量的数学模型，并通过获取未知特定组分含量的农产品光谱数据，经过模型计算，预测农产品中特定组分的含量（潘立刚等，2008；夏祥华等，2015）。从整个检测流程来看，光谱仪获取光谱数据的稳定性和模型预测性能的优劣等是影响检测结果的主要因素。

1. 光谱仪的稳定性

光谱仪的稳定性决定了获取光谱数据的优劣，并直接影响光谱分析的精度和准确性（李军，2016）。光谱仪在实际工作过程中容易受到杂散光、仪器温度和光源稳定性等的影响，从而导致光谱仪稳定性下降。

（1）杂散光

杂散光是影响光谱仪光谱测量的主要因素。杂散光一般来源于系统中的光栅、滤光片、棱镜等光学元件的缺陷所散射的辐射。杂散光会对光谱信号产生干扰，并且会掩盖较弱的光谱信号，严重影响光谱分析的准确性（Nevas et al.，2012；Feinholz et al.，2012）。可以对光路进行优化或者使用杂散光去除算法在一定程度上降低杂散光的影响。

（2）仪器温度

温度变化也是影响光谱仪测量精度的主要原因。由于热膨胀的材料特性，温度波动会改变光谱仪中组件的尺寸和位置。例如，Zhang 等（2014）分析了温度对光学元件刚性位移的影响，发现温度变化是成像光谱仪电荷耦合器件（charge coupled device）感光表面上光谱漂移的主要原因；并建立了温度对光谱漂移影响的数学模型。贤光等（2015）分析了复杂环境下仪器温度载荷的特点、作用机理和表现形式，研究了光谱仪的谱线漂移特性。对光学元件和探测器做特殊处理或者采用相应的校正算法能够增强光谱仪的稳定性。

（3）光源

光源在工作过程中会随着使用时间、温度、电压等因素的变化而变化，进一步导致光谱仪基线漂移和能量变化，严重影响数据采集的重复性和再现性。同时在采集光谱数据时，环境光对采集结果也有较大影响。

2. 模型预测性能

除了光谱仪的性能对无损检测的结果产生很大的影响，模型预测性能也是影响无损检测结果的主要因素之一。经过不同步骤的数据处理，可以在一定程度上消除无关信息和噪声等，提升模型的预测性能。但是并不存在一种或几种特定的数据处理算法，以满足大多数农产品的建模需求。目前，许多学者对数据处理算法进行研究，以进一步提升模型的预测性能。

（1）样本划分

样本分为校正集和预测集，校正集是从整体中抽出有限数量能够代表研究对象总体的样本，预测模型建立过程就是根据校正集的光谱数据建立与农产品对应组分含量的数学模型的过程（黄慧等，2019）。去除校正集样本剩下的样本作为预测集，通过预测集的预测结果，可以对模型的预测能力有更为直观的判断。因此，校正集样本选取的代表性对模型的适应性、精度和建模成本都有着十分重要的意义。目前，常用的样本划分方法有聚类法、KS 算法、SPXY 算法等。

（2）离群值检测

离群值就是所谓的异常样本，在光谱分析中，离群值的存在会使模型的预测能力降低。因此，将离群值检测出来并予以剔除，可以使建立的预测模型更为准确。在采集光谱或者进行理化试验过程中，光谱仪的振动、光线的变化、环境的改变、电磁干扰、人为操作失误和读数错误等都会造成光谱数据或者理化试验结果异常，并不能反映样本的真实状态或者成分含量。测得的异常光谱数据，影响到均值和标准偏差的计算结果，也会影响到重复性和不确定度，最终影响到建模结果。如果确定采集的光谱中有异常数据，可以采用物理判别法随时判别并剔除。如果测量过程正常，但是采集数据中有可疑值存在，可以采用统计判别法予以剔除。给定一个置信概率，并确定一个离群限，凡超过此离群限的，就认为它不属于随机误差范围，可将其作为异常值剔除。常用的离群值检测算法有：格拉布斯准则、拉依达准则、狄克逊（Dixon）准则等。

（3）光谱预处理

由于光谱仪采集的样品光谱数据除了包含样品本身的信息外，还包含无关信息和噪声。使用原始光谱数据进行建模分析，必然会影响建模的准确性和精度（王赋腾等，2017）。因此，对光谱数据进行预处理，以减弱或消除原始光谱中的无关信息和噪声，对于提高预测模型的预测能力和稳健性是非常必要的。大多数情况下，采用合适光谱预处理算法能在一定程度上消除原始光谱中的无关信息和噪声，提高建模效果（第五鹏瑶等，2019）。但是有些预处理算法在消除噪声的同时，也会引入其他新的噪声或导致光谱信噪比下降（Hayati et al.，2020），并且不同预处理算法组合的先后顺序也会影响建模的效果。

光谱分析属于弱信号分析范畴，用其对复杂多组分体系进行定性和定量分析时，仍存在较大困难。农产品的光谱信息较为复杂，不同农产品光谱数据之间存在较大差异，因此采用最佳预处理方法不尽相同。对于同一农产品的光谱数据，在对不同组分进行预测时，预处理方法也不尽相同。因此，对于农产品品质无损检测来说，并没有普适性的预处理算法，预处理算法的选择不仅与光谱有关，也与预测的组分有关。通过对比不同预处理算法的建模效果来选取最佳预处理算法，是目前选择预处理算法的有效途径。目前需要开发出更好的信息增强和处理技术，将原始光谱中无法理解或难以识别的信号通过变换函数处理，挖掘或归纳出原始信号中隐含的特性和细微信息，进一步提升光学无损检测的准确性和稳定性。目前，常用的光谱预处理算法主要有平滑、导数、标准正态变换（SNV）、多元散射校正（MSC）、小波变换（WT）、正交信号校正（OSC）。表 1-3 为不同光谱预处理算法的主要作用。

表 1-3　不同光谱预处理算法的主要作用

预处理方法	主要作用
平滑	有效去除光谱数据中的高频成分，保留低频成分，提高信噪比
导数	消除基线平移和漂移，消除背景干扰，分辨重叠峰，提高分辨率和灵敏度
标准正态变换	消除激光光源功率变化、光强衰减引起的噪声
多元散射校正	消除样品间散射对光谱的影响
小波变换	扣除背景信息，压缩数据量，提高模型稳定性和预测能力
正交信号校正	将光谱矩阵和浓度矩阵正交，滤除光谱中与浓度无关的信息

资料来源：张进等，2020

（4）特征提取

光谱预处理后仍然包含较多的特征变量，采用全光谱数据建立预测模型时，计算量巨大，而且光谱数据中会存在与样本组分含量缺乏相关性的无关信息，尤其是采用高光谱或超光谱数据建模时，所获取的数据矩阵十分庞大，其中有很多信息是重复出现或者无信息变量甚至可能是影响模型预测结果的噪声数据，使用这些变量建模会造成模型精度降低或过拟合。因此，通常采用一定的算法寻找与被测组分相关的有效波长变量、剔除冗余变量、减少波长数量、提高模型的预测精度。常用的特征变量选择方法有回归系数法（RC）、无信息变量消除法（UVE）、连续投影算法（SPA）、竞争性自适应重加权采样法（CARS）等。表 1-4 为不同特征提取算法的原理。

表 1-4　不同特征提取算法原理

特征选取算法	原理
回归系数法	通过建立回归模型，得出每个自变量的回归系数，根据回归系数的大小挑选特征变量
无信息变量消除法	通过一定的变量筛选标准，引入稳定性值来评价模型中每个变量的可靠性，从而决定每个变量的取舍
连续投影算法	利用向量的投影分析，选取含有最低冗余和最小共线性的有效波长，对信号波长进行优选
竞争性自适应重加权采样法	利用自适应重加权采样(ARS)技术选择出 PLS 模型中回归系数绝对值最大的波长点，去掉权重较小的波长点

资料来源：Lu et al.，2019

（5）定量（分类）模型

在对光谱数据进行合适的预处理之后，就要建立预测能力强且较为稳定的模型，用来建立光谱数据与农产品组分含量之间的联系。作为二次分析方法，光谱分析技术的重现性和可靠性十分依赖建模过程。目前最常用的定量分析方法有多元线性回归（MLR）、主成分回归（PCR）、偏最小二乘回归（PLSR）、支持向量机（SVM）、最小支持向量机（LS-SVM）、人工神经网络（ANN）等分析方法。

在光谱分析实际应用过程中，会针对农产品分类或分级问题进行预测。例如，苹果伤痕识别、水果蔬菜病虫害检测、种子活性识别、肉制品掺假检测等。在分类问题中，无须了解农产品中组分含量信息，这时需要采用化学计量学中的模式识别方法。模式识别是根据研究对象的特征或属性，采用以计算机为主的机器系统，运用一定的分析方法鉴别其类别，使鉴别结果尽可能地接近真实情况。模式识别主要分为无监督和有监督两种。无监督模式识别方法主要有聚类分析（CA）和主成分分析（PCA）；有监督模式识别方法有 K-最邻近法（K-NN）、人工神经网络（ANN）和支持向量机（SVM）算法等（褚小立等，2020）。

（6）模型传递

在实际应用中，使用建立的模型进行预测时还存在一定的限制。由于检测设备之间存在差异，在使用相同的预测模型进行预测时，存在预测结果偏差较大等问题。而分别使用每个设备采集光谱建模，则建模成本较高，费时费力，效率低下。因此，对不同检测设备之间的模型传递具有十分重要的意义。目前，较为常用的检测设备之间模型传递算法有直接校正算法（Fátima et al.，2010；李庆波等，2007）、分段直接校正算法（Salguero-Chaparro et al.，2013；Sulub et al.，2008）和斜率截距算法（褚小立等，2004）。由于不同农产品品种之间光谱数据存在差异、待测成分含量范围也存在差异，所以使用同一预测模型对不同品种同一成分进行检测时存在较大误差。相比于不同检测设备之间的模型传递，不同品种之间的模型传递相对较为复杂。目前不同品种之间的模型传递最常用的方法是模型更新法。

3. 主要存在问题

通过以上对光谱仪的稳定性和模型预测性能的分析，可知基于光谱特性无损检测的主要问题有以下 4 个：

（1）杂散光、仪器温度、光源和光谱仪灵敏度等对光谱数据采集的影响较大；

（2）模型的适应性较差，不同品种同一组分的预测模型不具备通用性；

（3）难以实现对低浓度组分的检测；

（4）采集的光谱信息，尤其是高光谱和超光谱数据信息量较大，存在大量无关和冗余信息。

1.3.2 基于图像分析无损检测技术存在的问题

基于图像分析的无损检测技术主要是利用机器视觉系统获取农产品图像信息，通过对图像处理，提取农产品图像特征参数，建立分类模型，从而对农产品进行检测的技术。因此，机器视觉系统的稳定性、图像预处理算法及分类模型的适用性，影响着图像视觉检测的稳定性和准确性。目前使用基于图像视觉的无损检测技术实现了牛肉大理石花纹分级、水果品质分级、作物病害识别等（Ameetha et al.，2020；Archana et al.，2020）。图 1-2 为图像识别的主要流程。

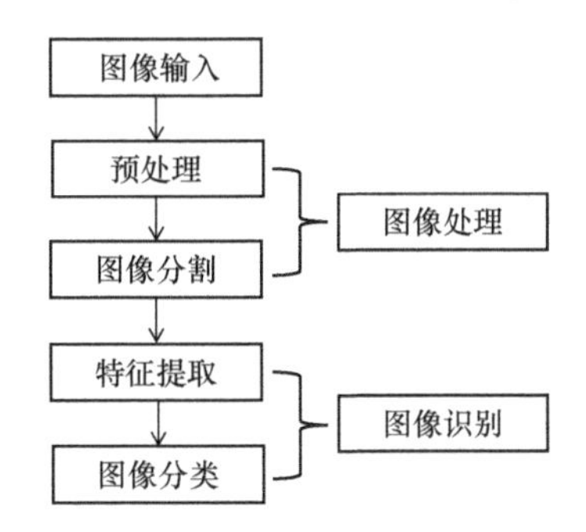

图 1-2　图像识别流程（Zhao et al.，2020）

1. 机器视觉系统

机器视觉系统主要由光源、相机、图像采集卡、软件和硬件构成，如图 1-3 所示。相机的传感器可以把光信号转换为电信号，从而实现对图像的处理和分析。光源的稳定性、相机的性能、工作环境等是影响机器视觉系统采集图像质量的主要因素。

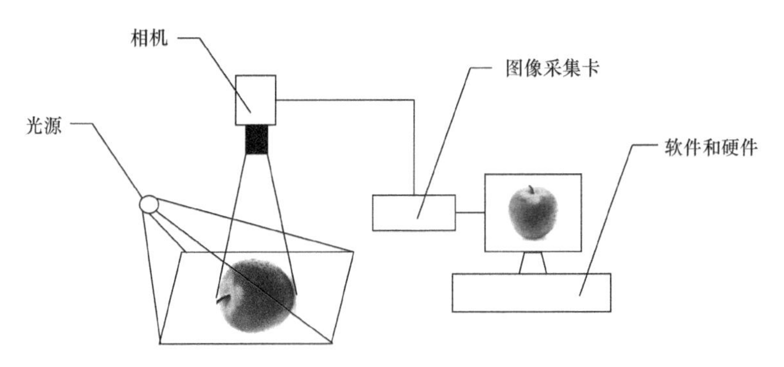

图 1-3　机器视觉系统组成

（1）光源

在进行图像采集时，外部光源的均匀性和稳定性对图像质量有很大影响(Pranil et al.，2020)。如何选择合适的安装照射方式和光源类型以突出特征、减少干扰是机器视觉的难点。针对不同环境，光源的照射方式也有所不同。光源的照射方式可分为背向照明、前向照明、结构光照明和频闪照明，其设计要点是以突出图像特征为准则。合适的照明可以改善图像的对比度，减少阴影和噪声等，使得图像处理和分析结果更为精确。目前，对于光源照射方式的选择没有统一的标准，只能根据拍摄图像效果，逐步调整优化光源的照射方式，以达到稳定均匀的照明效果。

目前并没有通用的光源设备，只能根据需求选择不同类型的光源。不同类型的光源稳定性存在差异，常用的光源有 LED、卤素灯、白炽灯和节能灯等。大部分光源都存在持续输出稳定性下降的问题。除了常见的可见光光源，也可采用 X 射线和超声波作为不可见光源，但是存在造价昂贵等问题。相比于卤素灯、白炽灯等，LED 光源具有稳定性高、体积小、能耗低、寿命长和响应时间短等优点，是目前广泛使用的光源之一。因此，机器视觉系统的光源必须均匀且稳定，以获得高质量的农产品图像，从而增加图像视觉检测的准确率。表 1-5 为不同类型光源的优缺点。

表 1-5　不同类型光源的优缺点

光源类型	优点	缺点
LED	稳定性高、体积小、能耗低、寿命长、响应时间短	价格高、发热、光效低
卤素灯	结构简单、成本低、显色性好	寿命短、光效低、故障率高
白炽灯	体积小、通用性大、接近太阳光	寿命短、能耗高
荧光灯	光效高、流明维持率高、寿命长、成本低	体积大、显色性一般、调光困难、频闪、电磁干扰
节能灯	光效高、节能、寿命长、体积小	光衰大、显色性低
氙气灯	显色性高、光衰小、节能、寿命长、接近太阳光	价格高、聚光性差、具有延时性

（2）相机

相机的选择主要根据传感器类型、分辨率和帧率等参数。分辨率和帧率的选择需要根据具体情况。其中传感器类型分为 CCD 和 CMOS 两种，CMOS 传感器相机集成度高，内部元器件之间干扰严重，获取的图像具有较高的噪声。CCD 传感器相机相比于 CMOS 传感器相机具有灵敏度高、噪声低和响应速度快的优点。因此，使用 CCD 传感器相机成像质量和稳定性较高。根据具体情况和需求选择相应的分辨率和帧率。镜头也是影响相机成像质量的主要因素之一，在进行拍摄时，需要根据工作环境选取合适的焦距、景深和光圈等参数。图像的畸变也影响着采集图像的质量。图像畸变是光学透镜固有的透视失真，与制作工艺有关，无法消除，只能通过优化透镜制作工艺降低图像畸变。目前在普通场合图像畸变问题得到了很大的改善，但是在拍摄高精度图像时，图像畸变还是影响图像质量的因素之一。

（3）工作环境

工作环境包括温度、光照、电源变化、灰尘、湿度及电磁干扰等，好的环境是视觉系统正常运行的保障。外界光照会影响照射在被测物体上的总光强，增加图像数据输出的噪声，电源电压的变化也会导致光源不稳，产生随时间变化而变化的噪声。温度变化也会对相机的性能产生影响，相机在出厂时都会标注正常工作的温度范围，过热或过冷都会影响相机的正常工作。电磁干扰是工业检测现场不可避免的干扰因素，其对工业相机电路、数据信号传输电路等弱电电路的影响尤为严重，合格的视觉产品会在出厂时经严格的抗干扰测试，极大地降低了外界电磁干扰对硬件电路的影响。

2. 图像处理

除了机器视觉系统的稳定性之外，图像处理方式也是影响图像视觉无损检测结果的原因之一。图像处理对于分类模型的建立十分重要。通过图像处理消除图像中的噪声、提取其中的特征，有利于建立更为稳健的分类模型。

（1）图像预处理

由于外界环境影响或者机器视觉系统本身存在的一些问题，获取的农产品图像会存在各种噪声。在进行图像识别时，噪声会影响识别的准确性。因此，在图像分析（特征提取、分割、匹配和识别等）前进行预处理，以提高图像质量，去除图像中的噪声，从而提高检测准确性（Lin and Lee，2020）。图像预处理的主要目的是消除图像中的无关信息和噪声、恢复有效信息、增强相关信息、简化数据，从而增加图像识别和检测的准确率（Tian et al.，2020）。图 1-4 为图像预处理算法分类。常用的图像预处理方法包括：灰度化、几何变换、图像增强、图像滤波等。表 1-6 为几种常见图像预处理算法的主要作用。

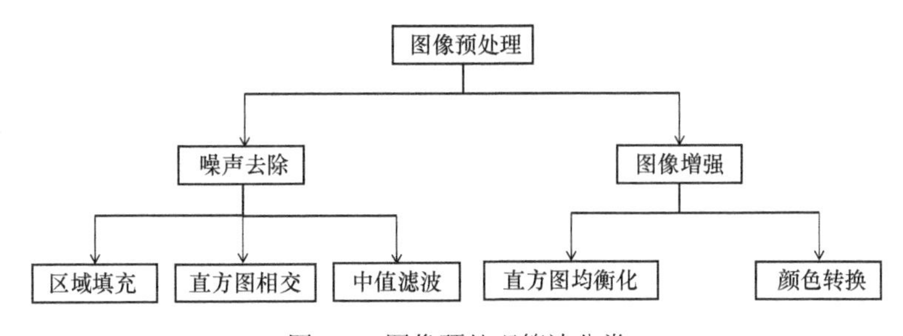

图 1-4　图像预处理算法分类

表 1-6　常见图像预处理算法的作用

预处理方法	作用
灰度化	将多通道图像变为单通道灰度图，减少图像处理时间
几何变换	改善图像采集系统的系统误差和仪器位置的随机误差
图像增强	增强有用信息、扩大不同物体之间差异、改善图像质量、丰富信息量
图像滤波	尽可能保留原有图像特征信息下对图像中的噪声进行抑制

资料来源：Jia et al.，2020

（2）图像分割

图像分割（segmentation）是机器视觉研究中的一个经典难题，也是近年来研究热点之一（Gao et al.，2016；Hettiarachchi and Peters，2017）。图像分割是机器视觉的基础，图像分割质量的好坏直接关系到机器视觉系统检测的准确性。所谓图像分割指的是将数字图像细分为多个图像子区域（像素的集合）的过程，简单来说就是把目标从背景中分离出来的过程。20 世纪 70 年代以来，许多研究人员对图像分割问题付出了巨大的努力。到目前为止，还不存在一个完美的图像分割方法，但是对图像分割的一般性规律则基本上已经达成共识，已经产生了相当多的研究成果和方法。图像分割技术从算法演进历程上，大体可划分为基于图论的方法、基于像素聚类的方法和基于深度语义的方法这三大类。在不同的时期涌现出了一批经典的分割算法，如阈值分割、形态学分割、边缘检测、人工神经网络和遗传算法等，如图 1-5 所示。目前，使用神经网络对图像进行分割是图像分割研究的热点。表 1-7 为不同图像分割方法的主要优缺点。

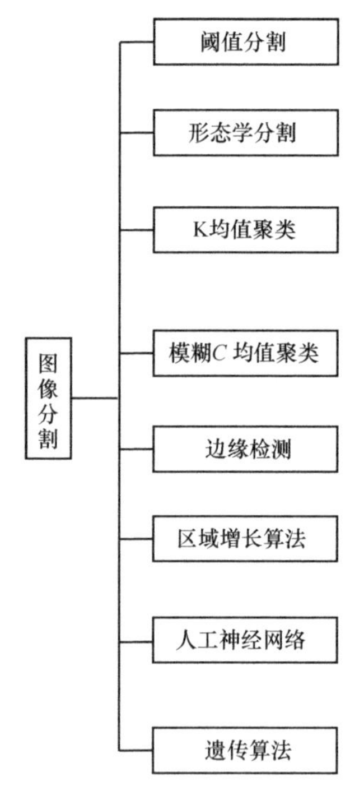

图 1-5　图像分割算法

3. 图像识别

图像识别是图像视觉无损检测的最后一步，直接关系到检测结果的准确性。图像识别分为特征提取和图像分类，能够提取到具有代表性的特征，可以减少数据量，增加计算速度，在一定程度上提升检测的准确性。使用神经网络对图像进行识别分类是目前的研究热点。

表1-7　不同图像分割方法的特点

图像分割方法	优点	缺点
阈值分割	计算简单、运算效率高、速度快	对噪声敏感、对灰度差异小或者不同目标灰度值重合分割不明显
形态学分割	定位效果好、分割精度高、抗噪性好	存在大量与目标不符的噪声、处理不够彻底，造成运算速度低
边缘检测	检测速度快	对噪声敏感
人工神经网络	减少图像中的噪声和不均匀等问题，数据量大、分割精度高	速度慢、需要数据量大、结构复杂
遗传算法	全局搜索能力强	适应度函数的选择及交叉概率和变异概率难以确定

资料来源：Zhang，2018

（1）特征提取

特征是代表一类对象的主要属性，通过特征可以把不同类别对象加以区分。对于图像而言，每幅图像都包含有区别于其他类图像的特征。有些是可以直观感受到的特征，如色彩、亮度、边缘和纹理等。还有一些可以通过统计、变换和处理得到，如矩、直方图和主成分等。常用的图像特征主要有颜色特征、纹理特征、形状特征和空间关系特征。如何将这些特征进行数字化表达，是特征提取的主要目的。图像的分辨率越高所包含的信息越多，需要大量的内存及计算能力。特征提取可以减少数据量，提升计算速度，避免因数据量过多引起的过拟合。表1-8为图像特征提取方法的分类及优缺点。

表1-8　图像特征提取方法分类及优缺点

类别	方法	优点	缺点
颜色特征	颜色直方图；颜色集；颜色矩；颜色聚合向量；颜色相关图	不受图像旋转和平移变化的影响，归一化后可以不受图像尺度变化的影响	不能体现颜色空间分布信息
纹理特征	统计法；几何法；模型法；信号处理法	旋转不变性、抗噪能力强	分辨率变化时，计算出的纹理特征差异较大；对于光照、反射等影响较大
形状特征	边界特征法；傅里叶形状描述法；几何参数法；形状不变矩法等	可以有效利用图像中的感兴趣区域进行检索	缺乏完善的数学模型；目标变形时，检测效果差；在进行全局特征描述时，计算时间长；与人类视觉系统感受有差异
空间关系特征	基于模型的姿态估计方法；基于学习的姿态估计方法	加强对图像内容的描述区分能力	对图像旋转、反转、尺度变化等比较敏感；需要与其他特征配合使用

资料来源：Song et al.，2012

在对苹果进行分级时，需要对颜色特征进行提取，而对于目标识别时，不仅需要颜色，也需要纹理、形状等特征。因此，针对不同的分类问题，需要提取的特征不同，选取合适的特征能够提高分类识别的准确性。但是目前对于解决不同的识别和分类问题还没有特定的特征提取方法，只能根据具体需求和识别结果的准确率，尝试使用不同方法。很多机器学习的研究者认为适当的特征提取是有效模型构建的关键。

（2）图像分类

图像分类是人工智能算法的主要应用领域之一（Shen et al.，2017；Shakya，2020）。图像分类的首要目标是通过获取目标图像信息，正确分辨出该目标所属类别。对于人类来说，可以比较轻易地区分出不同物体所属类别。但是对于计算机而言，图像是由数字组成的，如何根据数字区分出目标的所属类别，并不是一件轻松的事情。例如，一张100像素×100像素的RGB图像，对于计算机来说相当于一个3×100×100的三维矩阵，矩阵中每一个维度代表图像的一个颜色分量。图像分类的任务就是建立图像的像素数值和目标类别之间的函数关系。为了解决针对不同目标的分类问题，许多学者开发了用于图像分类的算法。近年来的图像识别技术正在跨越传统方法，形成以神经网络为主流的智能化图像识别方法，如卷积神经网络（convolutional neural network，CNN）、回归神经网络（regression neural network，RNN）等一类性能优越的方法。

4. 主要存在问题

经过以上的分析，在图像视觉无损检测中，主要有以下几点问题。

（1）在进行研究时，某些处理方法效果良好，但是在实际环境中，效果不佳。例如，农作物病害识别时，在实验室识别准确率可达95%以上，但是在田间识别准确率大幅度下降。

（2）如果图像的采集速度、处理速度较慢，再加上引入的深度学习类算法，加大了系统实时处理的难度，跟不上机器运行和控制的节奏。

（3）机器视觉系统要求图像识别和测量的准确性接近100%，任何微小的误差都有可能带来不可预测的后果。尤其是在复杂环境下，识别的准确性大大降低，错判和误判现象时有发生。

（4）目前的嵌入式图像处理系统，存在芯片的计算能力不足、存储空间有限等问题，常常不能满足运算量较大的图像处理运算，如神经网络的迭代运算、大规模矩阵运算等。

1.3.3 其他无损检测技术存在的问题

1. 电磁特性检测技术

电磁特性检测技术如核磁共振（NMR）和介电特性等。目前利用NMR检测农产品主要应用于常规营养成分，如糖类、油脂、蛋白质等成分的分析与检测，而对复杂成分，如色素、多酚等成分的分析应用较少（Cao et al.，2020）。该技术对温度变化非常敏感，需要较低的温度才能产生准确的结果，并且所需样本量很小，这在某些情况下需要破坏样本，无法做到无损检测。而且必须克服数据采集的局限性，并且逐步实现从实验研究到工业应用的转化。核磁共振设备比较昂贵，而且检测结果受核磁数据分析的专业性和复杂性的影响。

利用农产品的介电特性进行检测的技术已经广泛应用于水果、谷物、蔬菜和肉制品等农产品的检测中（Zadeh et al.，2019）。该技术具有适应性强、检测灵敏度高、无公害、设备简单、成本低和自动化程度高等优点。但是如果材料中存在显著的密度变化，或者同轴探针的末端和样品之间存在空气间隙或气泡，则该技术容易出错。此外，该技术不适用于确定非常低损耗材料的介电常数。

2. 生物传感器技术

生物传感器是利用高敏感性材料作为选择性识别元件与物理化学换能器有机结合的一种先进的检测设备。目前已经出现了多种类型的生物传感器，但是均易受到化学物质的干扰。在进行农产品检测时，农产品中存在分子代谢物、蛋白质、大分子和细胞等产生的电化学扰动，干扰传感器的检测精度和稳定性（Noor Aini et al.，2016；Xiang et al.，2018）。通常采用样品预处理的方法来减少干扰。提取、预浓缩和过滤等过程有助于提高生物传感器的可靠性和灵敏度。但是大多数生物传感器应用的场合比较复杂，并且待测样本中含有可能导致生物污损和钝化的化学物质。随着生物学、微电子学等学科的飞速发展，生物传感器技术会更为完善。

3. 声学特性检测技术

声学特性检测是根据农产品在声波作用下的反射、散射、透射、吸收特性、衰减系数、传播速度及声阻抗和固有频率等参数的变化，来反映农产品内部物理化学特性的无损检测技术。主要包括超声波和振动声学技术。

超声波是一种新兴技术，最近在农产品研究领域受到了科学家们相当大的关注。超声波技术的易用性和安全性，使其成为无损检测农产品的一种有效手段（Firouz et al.，2019）。但是农产品具有复杂的结构，农产品的理化特性在很大程度上取决于品种、生长、收获、加工、储存等因素，这些因素给超声波无损检测技术带来了极大的挑战。此外，对超声波无损检测技术的研究是在实验室条件下进行的，在复杂环境下的检测有可能会存在一定程度的误差。同时，超声波技术对气泡非常敏感，由于农产品的不均匀性，某些农产品中会存在气泡或者空洞，会使超声波强度减弱，影响检测结果。

振动声学技术只适用于具有一定硬度或脆度的农产品检测，如对西瓜的成熟度、果肉硬度和内部缺陷等检测（Jie and Wei，2018）。而对于某些较为柔软、敲击或碰撞时不易产生声音且易受损的农产品则不适用，对于果皮和果肉硬度差异较大的农产品也不适用。另外，在敲击或碰撞产生声音信号的过程中并不能保证完全的无损，因此在农产品的检测中存在极大的局限性。目前，大多数结果仅限于实验室研究。该方法具有成本低、灵敏度高、适应性强的特点，但需要较长时间，容易受到环境的干扰，很难避免周围的噪声和振动对信号的影响。尽管研究人员倾向于通过建模来优化声学特性与内部质量之间的相关性，但这些因素（如激励位置和时间、麦克风距离、敲击角度和材料）也极大地影响了检测结果。由于水果内部成分和结构不均匀，需要进行多点测试才能获得全部内部信息。因此，声学技术在水果内部质量在线无损检测系统中的应用存在更多的实际问题亟待解决。

4. X 射线透射检测技术

X 射线透射检测技术是一项具有广泛应用前景的先进技术，最初主要应用于医学成像领域。目前 X 射线透射检测技术已被用于检测农产品的质量、缺陷或异物（Ali et al.，2020；Buratti et al.，2018；Wevers et al.，2018）。但是常规的 X 射线透射检测技术系统采集数据时间较长，并且设备成本较高，无法在工业环境中应用。通过研究新的重建算法和硬件可以同时平移和旋转样本来实现农产品的在线检测。此外，可以优化特征提取算法，并且可以减少特征的数量以进一步减少处理时间。

1.3.4 农产品品质无损检测的瓶颈和发展趋势

近年来，农产品无损检测技术以其快速、无损、高效、实时等特点，广泛应用于农产品品质检测中。在对农产品内外部品质、食用安全和营养价值检测方面具有无可比拟的优势，但是也存在许多瓶颈亟待解决。

（1）由于工艺等原因，检测仪器之间存在一定的差异性，在采集同一样品时获取的信息不同，造成检测结果存在较大误差，如何消除仪器之间的差异性，从而提高检测的准确性，是研究的难点之一。

（2）检测设备应用场合较为复杂，存在各种各样的干扰，而对无损检测的研究主要是在实验室环境下进行。如何在复杂环境条件下，提升检测精度，是实现检测设备实时在线检测的关键。

（3）单一传感器获取信息不够全面，在进行多指标检测时存在问题，且检测结果有待进一步提升。

（4）目前大部分无损检测设备体型较大、成本较高、不够便携和智能。

随着人工智能技术的飞速发展和应用领域的不断扩大，将人工智能技术与农产品无损检测深度融合，实现农产品高精度、快速、无损检测是目前研究的热点，也是未来的重点发展方向之一。传统的预处理和建模方法普遍存在适用性不强的问题，针对不同农产品预处理和建模方法很难做到统一，而人工智能算法可以有效解决此问题。例如，卷积神经网络可以自动提取特征，代入网络进行训练，省略了特征提取过程，简化了建模步骤，也提高了模型的稳定性。同时，只需要进行大量的训练，神经网络模型就可以达到很好的预测效果。对于数据量巨大，且数据类型复杂的场合，尤其是农产品病害识别和分级等问题，人工智能算法应用前景更为广阔。多传感器信息融合也是未来农产品无损检测发展趋势之一。多传感器信息融合使获取数据量呈几何指数增加，这就需要将人工智能和大数据相结合，进一步提高检测的准确性和稳定性。

综上所述，农产品无损检测技术的发展趋势主要集中在以下几个方面。

（1）通过优化生产工艺，研究使用新材料、新技术和新方法，尝试使用其他领域的检测方法，缩小仪器之间的差异，从而提升预测性能。

（2）加大人工智能算法在无损检测领域的应用，提高模型的预测能力和复杂情况下的检测精度。

（3）使用多传感器融合技术，全方位获取农产品的内外部信息，并结合大数据与人工智能算法，进一步提升检测结果的准确性，实现农产品品质指标综合评价。

（4）研发操作简单、功能齐全、小型化、智能化的新型实时检测装置及掌上式检测装置，实现农产品产业链全程质量监控。

参 考 文 献

褚小立, 袁洪福, 陆婉珍. 2004. 近红外分析中光谱预处理及波长选择方法进展与应用. 化学进展, 16(4): 528-542.

第五鹏瑶, 卞希慧, 王姿方, 等. 2019. 光谱预处理方法选择研究. 光谱学与光谱分析, 39(9): 2800-2806.

何琳纯. 2020. 中国水果市场发展分析研究. 中国管理信息化, 23(19): 149-150.

黄慧, 张德钧, 詹舒越, 等. 2019. 干贝水分检测的建模及分级方法.光谱学与光谱分析, 39(1): 185-192.

李军. 2016. 光谱仪工作状态多参数同步监测系统. 吉林大学硕士学位论文.

李庆波, 张广军, 徐可欣, 等. 2007. DS 算法在近红外光谱多元校正模型传递中的应用. 光谱学与光谱分析, 27(5): 873-876.

潘立刚, 张缙, 陆安祥, 等. 2008. 农产品质量无损检测技术研究进展与应用. 农业工程学报, 24(S2): 325-330.

王赋腾, 孙晓荣, 刘翠玲, 等. 2017. 光谱预处理对便携式近红外光谱仪快速检测小麦粉灰分含量的影响. 食品工业科技, 38(10): 58-61, 66.

夏祥华, 屈啸声, 孙汉文. 2015. 化学计量学方法在光谱解析中的应用进展. 化学研究与应用, 27(6): 777-787.

贤光, 颜昌翔, 邵建兵. 2015. 温度对某机载成像光谱仪谱线漂移的影响. 光学学报, 35(4): 383-389.

于建春. 2020. “一带一路”农业国际合作背景下我国农产品对外贸易战略导向研究. 农业经济, (3): 126-128.

张进, 胡芸, 周罗雄, 等. 2020. 近红外光谱分析中的化学计量学算法研究新进展. 分析测试学报, 39(10): 1196-1203.

张立彬, 胡海根, 计时鸣, 等. 2005. 果蔬产品品质无损检测技术的研究进展. 农业工程学报, (4): 176-180.

Ali M M, Hashim N, Abd Aziz S, et al. 2020. Emerging non-destructive thermal imaging technique coupled with chemometrics on quality and safety inspection in food and agriculture. Trends in Food Science & Technology, 105: 176-185.

Ameetha J, Ebenezer T K, Rajendren B, et al. 2020. A survey on fresh produce grading algorithms using machine learning and image processing techniques. IOP Conference Series: Materials Science and Engineering, 981(4): 042084.

Archana C, Ramesh T, Savita K, et al. 2020. A particle swarm optimization based ensemble for vegetable crop disease recognition. Computers and Electronics in Agriculture, 178: 105747.

Bekhit A E A, Holman B W B, Giteru S G, et al. 2021. Total volatile basic nitrogen(TVB-N)and its role in meat spoilage: A review. Trends in Food Science & Technology, 109: 280-302.

Bhargava A, Bansal A. 2021. Fruits and vegetables quality evaluation using computer vision: A review. Journal of King Saud University-Computer and Information Sciences, 33(3): 243-257.

Blagojevic B, Nesbakken T, Alvseike O, et al. 2021. Drivers, opportunities, and challenges of the European risk-based meat safety assurance system. Food Control, 124: 107870.

Buratti A, Bredemann J, Pavan M, et al. 2018. Applications of CT for dimensional metrology//Industrial X-ray computed tomography. Cham, Germany: Springer: 333-369.

Cao R, Liu X, Liu Y, et al. 2020. Applications of nuclear magnetic resonance spectroscopy to the evaluation of complex food constituents. Food Chemistry, 342: 128258.

Cawthorn D, Steinman H A, Hoffman L C. 2013. A high incidence of species substitution and mislabelling detected in meat products sold in South Africa. Food Control, 32(2): 440-449.

Fátima B L L, De Vasconcelos F V C, Pereira C F, et al. 2010. Prediction of properties of diesel/biodiesel blends by infrared spectroscopy and multivariate calibration. Fuel, 89(2): 405-409.

Feinholz M E, Flora S J, Brown S W, et al. 2012. Stray light correction algorithm for multichannel hyperspectral spectrographs. Applied Optics, 51(16): 3631-3641.

Firouz M S, Farahmandi A, Hosseinpour S. 2019. Recent advances in ultrasound application as a novel technique in analysis, processing and quality control of fruits, juices and dairy products industries: A review. Ultrasonics Sonochemistry, 57: 73-88.

Gao H, Pun C M, Kwong S. 2016. An efficient image segmentation method based on a hybrid particle swarm algorithm with learning strategy. Information Sciences, 369: 500-521.

Girmatsion M, Mahmud A, Abraha B, et al. 2021. Rapid detection of antibiotic residues in animal products using surface-enhanced Raman Spectroscopy: A review. Food Control, 126: 108019.

Hayati R, Munawar A A, Fachruddin F. 2020. Enhanced near infrared spectral data to improve prediction accuracy in determining quality parameters of intact mango. Data in Brief, 30: 105571.

Hettiarachchi R, Peters J F. 2017. Voronoï region-based adaptive unsupervised color image segmentation. Pattern Recognition, 65: 119-135.

Hu K, Liu J, Li B, et al. 2019. Global research trends in food safety in agriculture and industry from 1991 to 2018: A data-driven analysis. Trends in Food Science & Technology, 85: 262-276.
Hua Z, Yu T, Liu D, et al. 2021. Recent advances in gold nanoparticles-based biosensors for food safety detection. Biosensors and Bioelectronics, 179: 113076.
Hussain A, Pu H. 2018. Innovative nondestructive imaging techniques for ripening and maturity of fruits-A review of recent applications. Trends in Food Science & Technology, 72: 144-152.
Hussain N, Sun D, Pu H. 2019. Classical and emerging non-destructive technologies for safety and quality evaluation of cereals: A review of recent applications. Trends in Food Science & Technology, 91: 598-608.
Iannetti L, Ner D, Santarelli G A, et al. 2020. Animal welfare and microbiological safety of poultry meat: Impact of different at-farm animal welfare levels on at-slaughterhouse Campylobacter and Salmonella contamination. Food Control, 109: 106921.
Jia B, Wang W, Ni X, et al. 2020. Essential processing methods of hyperspectral images of agricultural and food products. Chemometrics and Intelligent Laboratory Systems, 198: 103936.
Jie D, Wei X. 2018. Review on the recent progress of non-destructive detection technology for internal quality of watermelon. Computers and Electronics in Agriculture, 151: 156-164.
Johnson J B. 2020. An overview of near-infrared spectroscopy(NIRS)for the detection of insect pests in stored grains. Journal of Stored Products Research, 86: 101558.
Kebede H, Liu X, Jin J, et al. 2020. Current status of major mycotoxins contamination in food and feed in Africa. Food Control, 110: 106975.
Kumar S, Mohapatra D, Kotwaliwale N, et al. 2017. Vacuum hermetic fumigation: A review. Journal of Stored Products Research, 71: 47-56.
Li C, Zhu H, Li C, et al. 2021. The present situation of pesticide residues in China and their removal and transformation during food processing. Food Chemistry, 354: 129552.
Lin T C, Lee H C. 2020. Covid-19 chest radiography images analysis based on integration of image preprocess, guided Grad-CAM, machine learning and risk management. Proceedings of the 4th International Conference on Medical and Health Informatics: 281-288.
Lindahl G, Karlsson A H, Lundström K, et al. 2006. Significance of storage time on degree of blooming and colour stability of pork loin from different crossbreeds. Meat Science, 72(4): 603-612.
Liu P, Wang R, Kang X, et al. 2018. Effects of ultrasonic treatment on amylose-lipid complex formation and properties of sweet potato starch-based films. Ultrasonics Sonochemistry, 44: 215-222.
Liu Y, Pu H, Sun D. 2017. Hyperspectral imaging technique for evaluating food quality and safety during various processes: A review of recent applications. Trends in Food Science & Technology, 69: 25-35.
Lu B, Liu N, Li H, et al. 2019. Quantitative determination and characteristic wavelength selection of available nitrogen in coco-peat by NIR spectroscopy. Soil and Tillage Research, 191: 266-274.
Mohd Ali M, Hashim N, Abd Aziz S, et al. 2020. Principles and recent advances in electronic nose for quality inspection of agricultural and food products. Trends in Food Science & Technology, 99: 1-10.
Nakyinsige K, Man Y B C, Sazili A Q. 2012. Halal authenticity issues in meat and meat products. Meat Science, 91(3): 207-214.
Nevas S, Wübbeler G, Sperling A, et al. 2012. Simultaneous correction of bandpass and stray-light effects in array spectroradiometer data. Metrologia, 49(2): S43.
Noor Aini B, Siddiquee S, Ampon K. 2016. Development of formaldehyde biosensor for

determination of formalin in fish samples: malabar red snapper(*Lutjanus malabaricus*)and longtail tuna(*Thunnus tonggol*). Biosensors, 6(3): 32.

Pan Y, Ren Y, Luning P. 2021. Factors influencing Chinese farmers proper pesticide application in agricultural products-A review. Food Control, 122: 107788.

Pathmanaban P, Gnanvel B K, Anandan S S. 2019. Recent application of imaging techniques for fruit quality assessment. Trends in Food Science & Technology, 94: 32-42.

Peleg M. 2016. A kinetic model and endpoints method for volatiles formation in stored fresh fish. Food Research International, 86: 156-161.

Peris M, Escuder-Gilabert L. 2016. Electronic noses and tongues to assess food authenticity and adulteration. Trends in Food Science & Technology, 58: 40-54.

Prabhakar P K, Vatsa S, Srivastav P P, et al. 2020. A comprehensive review on freshness of fish and assessment: Analytical methods and recent innovations. Food Research International, 133: 109157.

Pranil T, Moongngarm A, Loypimai P. 2020. Influence of pH, temperature, and light on the stability of melatonin in aqueous solutions and fruit juices. Heliyon, 6(3): e03648.

Rahmati S, Julkapli N M, Yehye W A, et al. 2016. Identification of meat origin in food products–A review. Food Control, 68: 379-390.

Ren A, Zahid A, Fan D, et al. 2019. State-of-the-art in terahertz sensing for food and water security-A comprehensive review. Trends in Food Science & Technology, 85: 241-251.

Rojo-Gimeno C, van der Voort M, Niemi J K, et al. 2019. Assessment of the value of information of precision livestock farming: A conceptual framework. NJAS - Wageningen Journal of Life Sciences, 90-91: 100311.

Salguero-Chaparro L, Palagos B, Peña-Rodríguez F, et al. 2013. Calibration transfer of intact olive NIR spectra between a pre-dispersive instrument and a portable spectrometer. Computers and Electronics in Agriculture, 96: 202-208.

Semeano A T S, Maffei D F, Palma S, et al. 2018. Tilapia fish microbial spoilage monitored by a single optical gas sensor. Food Control, 89: 72-76.

Shakya S. 2020. Analysis of artificial intelligence based image classification techniques. Journal of Innovative Image Processing(JIIP), 2(1): 44-54.

Shen D, Wu G, Suk H I. 2017. Deep learning in medical image analysis. Annual Review of Biomedical Engineering, 19: 221-248.

Singla M, Sit N. 2021. Application of ultrasound in combination with other technologies in food processing: A review. Ultrasonics Sonochemistry, 73: 105506.

Sofos J N, Geornaras I. 2010. Overview of current meat hygiene and safety risks and summary of recent studies on biofilms, and control of *Escherichia coli* O157: H7 in nonintact, and *Listeria monocytogenes* in ready-to-eat, meat products. Meat Science, 86(1): 2-14.

Song Y, Diao Z, Wang Y, et al. 2012. Image feature extraction of crop disease//2012 IEEE Symposium on Electrical & Electronics Engineering(EEESYM). IEEE: 448-451.

Sulub Y, LoBrutto R, Vivilecchia R, et al. 2008. Content uniformity determination of pharmaceutical tablets using five near-infrared reflectance spectrometers: A process analytical technology (PAT)approach using robust multivariate calibration transfer algorithms. Analytica Chimica Acta, 611(2): 143-150.

Tao F, Yao H, Hruska Z, et al, 2018. Recent development of optical methods in rapid and non-destructive detection of aflatoxin and fungal contamination in agricultural products. TrAC Trends in Analytical Chemistry, 100: 65-81.

Tian H, Wang T, Liu Y, et al. 2020. Computer vision technology in agricultural automation—A review.

Information Processing in Agriculture, 7(1): 1-19.

Tian Y, Du L, Zhu P, et al. 2021. Recent progress in micro/nano biosensors for shellfish toxin detection. Biosensors and Bioelectronics, 176: 112899.

Vithu P, Moses J A. 2016. Machine vision system for food grain quality evaluation: A review. Trends in Food Science & Technology, 56: 13-20.

Wang J, Wang S, Liu N, et al. 2021. A detection method of two carbamate pesticides residues on tomatoes utilizing excitation-emission matrix fluorescence technique. Microchemical Journal, 164: 105920.

Wevers M, Nicolaï B, Verboven P, et al. 2018. Applications of CT for non-destructive testing and materials characterization. *In*: Carmignato S, Dewulf W, Leach R. Industrial X-ray Computed Tomography. Cham, Germany: Springer: 267-331.

Xiang Y, Camarada M B, Wen Y, et al. 2018. Simple voltammetric analyses of ochratoxin A in food samples using highly-stable and anti-fouling black phosphorene nanosensor. Electrochimica Acta, 282: 490-498.

Zadeh M V, Afrooz K, Shamsi M, et al. 2019. Measuring the dielectric properties of date palm fruit, date palm leaflet, and Dubas bug at radio and microwave frequency using two-port coaxial transmission/reflection line technique. Biosystems Engineering, 181: 73-85.

Zhang B, Huang W, Li J, et al. 2014. Principles, developments and applications of computer vision for external quality inspection of fruits and vegetables: A review. Food Research International, 62: 326-343.

Zhang Z. 2018. Artificial neural network multivariate time series analysis in climate and environmental research. Cham, Germany: Springer: 1-35.

Zhao Y S, Liu L, Xie C J, et al. 2020. An effective automatic system deployed in agricultural Internet of Things using Multi-Context Fusion Network towards crop disease recognition in the wild. Applied Soft Computing Journal, 89: 106128.

第2章 人工智能技术

计算机发明之初，人们希望它能够帮助甚至代替人类完成重复性劳作，利用巨大的存储空间和超高的运算速度轻易地完成一些对于人类非常困难但对于计算机相对简单的问题。例如，统计一本书中不同单词出现的次数，存储一个图书馆中所有的藏书或是计算非常复杂的数学公式都可以轻松通过计算机解决。人工智能领域需要解决的问题就是让计算机及相关装备能像人类一样，甚至超越人类完成类似图像识别、语音识别等问题。

人工智能是一门涉及信息学、逻辑学、认知学、思维学、系统学和生物学的交叉学科，已在知识处理、模式识别、机器学习、自然语言处理、博弈论、自动定理证明、自动程序设计、专家系统、知识库、智能机器人等多个领域取得实用成果。人工智能研究的范围非常广，包括演绎、推理和解决问题、知识表示、学习、运动和控制、数据挖掘等众多领域。

2.1 人工智能概述

2.1.1 人工智能发展史

人工智能是当前全球最热门的话题之一，是21世纪引领世界未来科技领域发展和生活方式转变的风向标，人们在日常生活中其实已经方方面面地运用到了人工智能技术，如网上购物的个人化推荐系统、人脸识别门禁、人工智能医疗影像、人工智能导航系统、人工智能写作助手、人工智能语音助手等。人工智能科学的主旨是研究和开发出智能实体，在这一点上它属于工程学。工程的一些基础学科如数学、逻辑学、归纳学、统计学、系统学、控制学、工程学、计算机科学自不用说，还包括对哲学、心理学、生物学、神经科学、认知科学、仿生学、经济学、语言学等其他学科的研究，可以说这是一门集数门学科精华的尖端学科中的尖端学科，因此说人工智能是一门综合学科。

时至今日，人工智能发展日新月异，此刻人工智能已经走出实验室，已通过智能客服、智能医生、智能家电等服务场景在诸多行业进行深入而广泛的应用。可以说，人工智能正在全面进入我们的日常生活，属于未来的力量正席卷而来。让我们来回顾一下人工智能走过的曲折发展的60年历程中的一些关键事件。

1946年，全球第一台通用计算机ENIAC诞生。它最初是为美军作战研制，每秒能完成 5000 次加法、400 次乘法等运算。ENIAC 为人工智能的研究提供了物质基础。

进入 20 世纪 50 年代，在计算机技术经历了一定的发展阶段后，人工智能技术逐步从理论走向现实。1950 年，艾伦·图灵提出“图灵测试”。如果计算机能在 5min 内回答由人类测试者提出的一系列问题，且其超过 30%的回答让测试者误认为是人类所答，则通过测试。“图灵测试”至今被沿用，该理论定义了什么是具有真正智能的机器，提出了人工智能机器人这一设想的可能性。1956 年，“人工智能”概念首次提出。在美国达特茅斯学院举行的一场为期两个月的讨论会上，“人工智能”概念首次被提出。1959 年，首台工业机器人诞生。美国发明家乔治·德沃尔与约瑟夫·英格伯格发明了首台工业机器人，该机器人借助计算机读取示教存储程序和信息，发出指令控制一台多自由度的机械，该机器人对外界环境没有感知。

20 世纪 50 年代主要是对人工智能概念的简单探索与发展，进入 60 年代，人工智能的发展进程急速推进。1964 年，首台聊天机器人诞生。美国麻省理工学院人工智能实验室的约瑟夫·魏岑鲍姆教授开发了 ELIZA 聊天机器人，实现了计算机与人通过文本来交流。这是人工智能研究的一个重要方面，不过它只是用符合语法的方式将问题复述一遍。1965 年，专家系统首次亮相。美国科学家爱德华·费根鲍姆等研制出化学分析专家系统程序 DENDRAL，其通过分析实验数据来判断未知化合物的分子结构。1968 年，首台人工智能机器人诞生，美国斯坦福研究所（SRI）研发的机器人 Shakey，能够自主感知、分析环境、规划行为并执行任务，可以根据人的指令发现并抓取积木。这种机器人拥有类似人的感觉，如触觉、听觉等。

进入 20 世纪 70 年代，更多人工智能的应用成果出现了。1970 年，能够分析语义、理解语言的系统诞生。美国斯坦福大学计算机教授维诺格拉德开发的人机对话系统 SHRDLU，能分析指令，如理解语义、解释不明确的句子，并通过虚拟方块操作来完成任务。由于它能够正确理解语言，被视为人工智能研究的一次巨大成功。1976 年，专家系统广泛使用。美国斯坦福大学肖特里夫等发布的医疗咨询系统 MYCIN，可用于对传染性血液病患诊断。这一时期还陆续研制出了用于生产制造、财务会计、金融等各领域的专家系统。

20 世纪 80 年代，人工智能技术的初级应用开始给人类社会的发展带来巨大的影响力，改变了传统社会运作方式。1980 年，专家系统商业化，美国卡耐基·梅隆大学为 DEC 公司制造出 XCON 专家系统，帮助 DEC 公司每年节约 4000 万美元左右的费用，特别是在决策方面能提供有价值的内容。1981 年，第五代计算机项目研发。日本率先拨款支持，目标是制造出能够与人对话、翻译语言、解释图像，并能像人一样推理的机器。随后，英国、美国等也开始为人工智能和信息技术领域的研究提供大量资金。1984 年，大百科全书（Cyc）项目启动。Cyc 项目试图将人类拥有的所有一般性知识都输入计算机，建立一个巨型数据库，并在此基础上实现知识推理，它的目标是让人工智能的应用能够以类似人类推理的方式工作，成为人工智能领域的一个全新研发方向。

1997 年，“深蓝”（Deep Blue）战胜国际象棋世界冠军。IBM 公司的国际象棋计算机“深蓝”战胜了国际象棋世界冠军卡斯帕罗夫。它的运算速度为每秒 2 亿步棋，并存有 70 万份大师对战的棋局数据，可搜寻并估计随后的 12 步棋。

进入 21 世纪，人工智能被应用到更多领域。2011 年，Watson 参加智力问答节目。IBM 开发的人工智能程序“沃森”（Watson）参加了一档智力问答节目并战胜了两位人类冠军。“沃森”存储了 2 亿页数据，能够将与问题相关的关键词从看似相关的答案中抽取出来。这一人工智能程序已被 IBM 广泛应用于医疗诊断领域。2016 年，AlphaGo 战胜围棋世界冠军李世石。AlphaGo 是由 Google Deep Mind 开发的人工智能围棋程序，具有自我学习能力。它能够搜集大量围棋对弈数据和名人棋谱，学习并模仿人类下棋。Deep Mind 目前已进军医疗保健等领域。2017 年，深度学习大热，AlphaGo-Zero（第四代 AlphaGo）在无任何数据输入的情况下，开始自学围棋 3 天后便以 100∶0 横扫了第二代版本的“旧狗”，学习 40 天后又战胜了在人类高手看来不可企及的第三代版本“大师”。

说到人工智能就离不开机器学习这个概念，机器学习是机器从经验中自动学习和改进的过程，不需要人工编写程序指定规则和逻辑。“学习”的目的是获得知识。机器学习的目的是让机器从用户和输入数据处获得知识，以便在生产、生活的实际环境中，能够自动做出判断和响应，从而帮助我们解决更多问题、减少错误、提高效率。一般来说，机器学习往往需要人工提取特征，这一过程称为特征工程。人工提取特征，在部分应用场景中可以较为容易地完成，但是在一部分应用场景中却难以完成，如图像识别、语音识别等场景，自然而然地，我们希望机器能够从样本数据中自动地学习、自动地发现样本数据中的“特征”，从而能够自动地完成样本数据分类。

深度学习作为人工智能的分支是当下的研究热点之一，最早被应用于图像处理领域，近些年被应用于各个领域的图像相关检测任务中，其优秀的拟合能力能高质量完成识别检测的任务。深度学习是机器学习的一种，主要特点是使用多层非线性处理单元进行特征提取和转换，每个连续的图层使用前一层的输出作为输入。

从深度学习的定义中，我们可以得知深度学习是机器学习的一种，是机器学习的子集。同时，与一般的机器学习不同，深度学习强调以下几点。

（1）强调了模型结构的重要性：深度学习所使用的深层神经网络算法中，隐藏层往往会有多层，是具有多个隐藏层的深层神经网络，而不是传统“浅层神经网络”，这也正是“深度学习”的名称由来。

（2）强调非线性处理：线性函数的特点是具备齐次性和可加性，因此线性函数的叠加仍然是线性函数，如果不采用非线性转换，多层的线性神经网络就会退化成单层的神经网络，最终导致学习能力低下。深度学习引入激活函数，实现对计算结果的非线性转换，避免多层神经网络退化成单层神经网络，极大地提高了学习能力。

（3）特征提取和特征转换：如图 2-1 所示，深层神经网络可以自动提取特征，将简单的特征组合成复杂的特征，也就是说，通过逐层特征转换，将样本在原空间的特征转换为更高维度空间的特征，从而使分类或预测更加容易。与人工提取复杂特征的方法相比，利用大数据来学习特征，能够更快速、方便地刻画数据丰富的内在信息，同时也能发掘数据中更深层的信息。

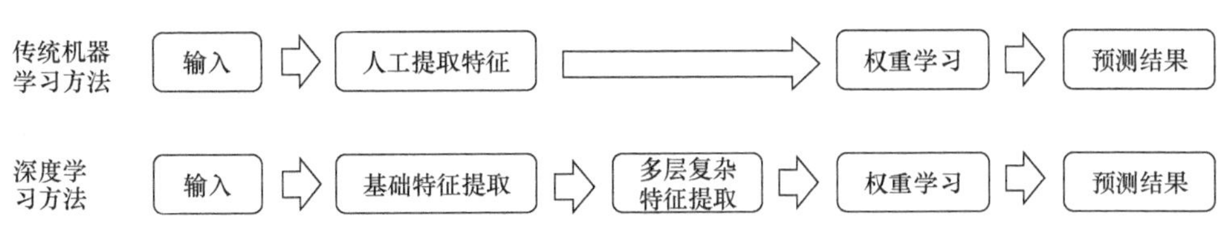

图 2-1　机器学习与深度学习的区别

人工智能、机器学习和深度学习是非常相关的几个领域。图 2-2 总结了它们之间的关系。人工智能是一类非常广泛的问题，机器学习是解决这类问题的一个重要手段，深度学习则是机器学习的一个分支。在很多人工智能问题上，深度学习的方法突破了传统机器学习方法的瓶颈，推动了人工智能领域的发展。

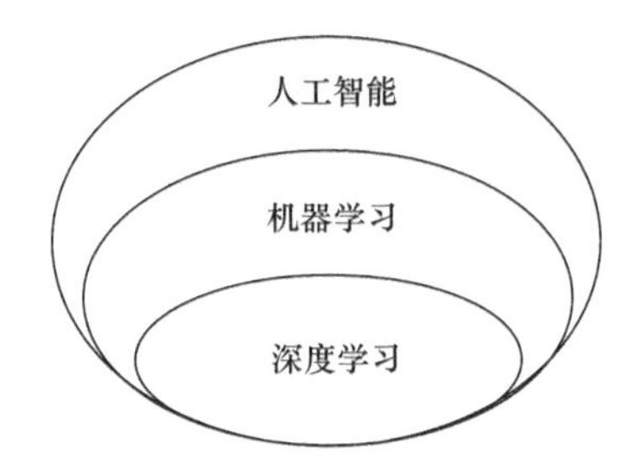

图 2-2　人工智能、机器学习、深度学习的关系

近几年，深度学习算法也被应用在与农业相关的检测领域，在分析数据时希望通过卷积神经网络等智能算法建立更准确的预测模型。鲁梦瑶等（2018）基于经典网络 Let-Net5 提出了 NIR-CNN，将卷积神经网络模型应用在近红外光谱领域。用 NIR-CNN 网络对东北、黄淮和西南三大烤烟产区的 600 个烟叶样本的近红外光谱进行训练建模，通过检测近红外光谱信息实现烟叶产区分类。该模型对校正集和验证集的检测准确率分别为 98.2%和 95%，可满足对近红外光谱准确、可靠地分类。杜剑等（2018）结合卷积神经网络强大的特征提取能力和模型表达

能力探讨了夏威夷果品质的鉴定方法。该研究的对象为 3 种夏威夷果，其品质各不相同，然后采集了样本在 500～2100nm 的光谱信息，设计了 6 层的卷积神经网络进行全波段建模。并测试了不同神经元个数与丢弃层系数对模型的影响程度，在训练 80 次后模型基本稳定，预测结果均为 100%。王璨等（2018）利用近红外检测土壤含水量的独特优势，结合深度学习建立了土壤含水量的预测模型。为实现二维卷积，将光谱数据变化为二维光谱矩阵后输入网络，由两层卷积层和池化层自动地提取内部特征。为验证模型预测效果，还进一步地与传统的 BP 神经网络、PLSR 和 LSSVM 建模方法进行了比较。试验指出，在样本量较少的情况下，卷积神经网络模型的预测效果略低于 PLSR 和 LSSVM 算法。随着训练样本的增加，卷积神经网络的学习能力逐渐体现出来，校正集与验证集的相关系数均高于 PLSR 和 LSSVM。

2.1.2 人工智能的开发环境

人工智能算法的编程方式有很多种，这里以应用较为广泛的Python语言为例。Python 是一种面向对象的解释性计算机程序设计语言，也是一种强大而完善的通用型语言，已具有十几年的发展历史，成熟且稳定，其图标如图 2-3 所示。Python 语言不仅语法简洁，还拥有丰富和强大的类库，满足日常各方面的开发需求。Python 与类库的安装都是十分容易操作的，目前常用的开发环境是 Pycharm，该软件的界面简洁明了，建立工程文件只需新建一个后缀名为“.py”的文件即可开始编程代码。Python 常被用来解决图像处理的相关问题，以 Opencv 库为例，其安装过程为在“Settings”里搜索“opencv-python”，在选项中勾选安装版本后点击“Install Package”即可，安装过程不需要额外的配置，调用该库时只需在代码里添加“import cv2”就能随意调用库中的函数。

Python 支持面向过程、面向对象、函数式编程及其他编程风格，简洁而极具表达力的语法和丰富而实用的组件等，可以让我们事半功倍地完成任务。正是因为如此，Python 的开发效率比 Java、C/C++高出好几倍。对于从事过相关编程的开发者来讲，在一个月内上手 Python 并不是什么难事。当然，Python 语言也有短板，主要体现在运算速度上，相较于 Java、C/C++而言，其运算速度相对较低，然而在硬件性能逐步提高的大环境下，这个问题越来越不是主要矛盾了，除非是对性能要求极其苛刻的任务，大多数情况下我们用 Python 都能完成任务，另外相比较语言本身，代码的优化更值得每个开发者的关注。

图 2-3 Python 图标

2.1.3 Python 常用库

NumPy（Numerical Python）是 Python 语言的一个扩展程序库，支持大量的维度数组与矩阵运算，此外也针对数组运算提供大量的数学函数库。NumPy 的前身 Numeric 最早是由 Jim Hugunin 与其他协作者共同开发，NumPy 为开放源代码，由许多协作者共同维护开发。NumPy 通常与 SciPy（Scientific Python）和 Matplotlib（绘图库）一起使用，图标如图 2-4 所示，是一个强大的科学计算环境，有助于我们通过 Python 学习数据科学或者机器学习。SciPy 是一个开源的 Python 算法库和数学工具包。SciPy 包含的模块有最优化、线性代数、积分、插值、特殊函数、快速傅里叶变换、信号处理和图像处理、常微分方程求解及其他科学与工程中常用的计算。Matplotlib 是 Python 编程语言及其数值数学扩展包 NumPy 的可视化操作界面。它为利用通用的图形用户界面工具包，如 Tkinter、wxPython、Qt 或 GTK+ 向应用程序嵌入式绘图提供了应用程序接口。

NumPy

SciPy

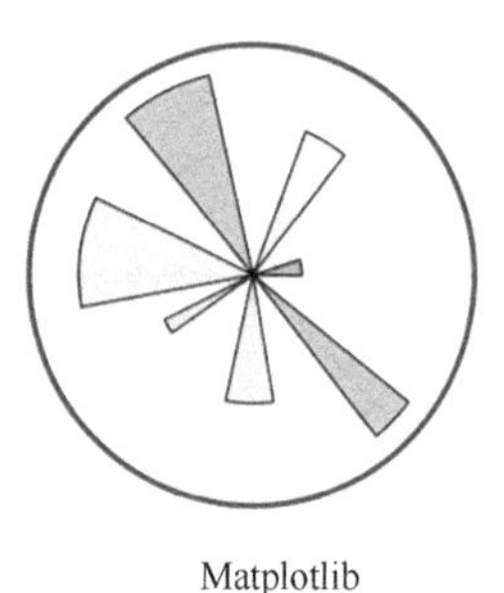

Matplotlib

图 2-4　NumPy、SciPy 和 Matplotlib 图标

TensorFlow 是一个基于数据流编程（dataflow programming）的符号数学系统，被广泛应用于各类机器学习算法的编程实现，图 2-5 展示了它的图标。使用 TensorFlow 表达的计算可以在从移动设备（如手机和平板电脑）到大规模分布式系统（包括数百台机器和数千个计算设备，如 GPU）的各种异构系统上执行，而无需任何更改或只需极少的更改。这种系统非常灵活，可用于表达各种各样的算法（包括用于深度神经网络模型的训练和推理算法），并且已用于进行研究及将机器学习系统部署到计算机科学等十几个领域中，包括语音识别、计算机视觉、机器人运动学、信息检索、自然语言处理、地理信息提取等。相较于 Caffe、Torch、Theano 等深度学习框架，TensorFlow 具有以下的优势：TensorFlow 工

TensorFlow

图 2-5　TensorFlow 图标

作流程相对容易，API 稳定，兼容性好，并且 TensorFlow 与 NumPy 完美结合，这使得大多数精通 Python 数据的科学家很容易上手。与其他程序库不同，TensorFlow 不需要任何编译时间，这就可以更快地实现想法。在 TensorFlow 之上已经建立了多个高级 API，如 Keras，这给用户使用 TensorFlow 带来了极大的好处。TensorFlow 能够在各种类型的机器上运行，从超级计算机到嵌入式系统。它的分布式架构使大量数据集的模型训练不需要太多的时间。TensorFlow 可以同时在多个 CPU、GPU 或者两者混合运行。

TensorFlow 由谷歌提供支持，谷歌投入了大量精力开发 TensorFlow，它希望 TensorFlow 成为机器学习研究人员和开发人员的通用语言。此外，谷歌在自己的日常工作中也使用 TensorFlow，并且持续对其提供支持，在 TensorFlow 周围形成了一个强大的社区。谷歌已经在 TensorFlow 上发布了多个预先训练好的机器学习模型，可以自由使用。

本节主要简单地介绍了与人工智能相关的基础理论，其应用场景十分广泛。作为当下最热门的名词，人工智能的发展一直都备受各界学者的关注，它的每一次细小的革新都会给人们带来全新的认识，各行业也因此在不断进步。在后续章节中，本书以无损检测技术为核心，总结与分析在农产品检测任务中的智能化发展，主要是为了阐述人工智能的发展给无损检测技术带来的影响。

2.2 人工智能在农产品品质无损检测中的作用

上一节笔者对人工智能进行了简单介绍，人工智能正在逐步改变现代社会的生活方式，人工智能的应用也已经遍布生活中的方方面面，本节将阐述人工智能在农产品品质无损检测领域可以发挥的巨大作用。

2.2.1 人工智能与无损检测

对于智能我们非常熟悉，人类及大部分动物都或多或少具备“智能”或者说是“智慧”，可以简单理解为具备独立思考决策的能力。对于“智能”的定义，斯腾伯格（R. Sternberg）曾就人类意识层面给出如下定义：“智能是个人从经验中学习、理性思考、记忆重要信息，以及应付日常生活需求的认知能力”。人工智能从字面上看是由人类创造出的非生物的智慧形式，如果根据以上定义，人工智能应具备学习、思考、记忆，以及对一些事件做出合理响应的能力。人工智能是一种抽象的概念，它往往以机器为现实载体，使机器能够像人一样会看、会听、会理解、会思考，能够自主表达自己的观点，能够自主决定对现实状况做出反应。人类创造人工智能的目的一方面是对自然科学的探索，另一方面是希望人工智能可以服务于人类，给人类的生活带来便捷。

人工智能看似是一个宏大又虚无缥缈的概念，但实际上人工智能在人类生活中已经有多种多样的应用，渗透到金融、教育、医疗、工业等众多领域当中。提到人工智能我们可能会首先想到充满科幻感的各式各样的服务型机器人，可以代替人工为我们提供服务，如图2-6中日本本田研发的仿人机器人ASIMO（图2-6），在新一代汽车中崭露头角的自动驾驶技术，医学诊断方面的医学影像智能诊断技术等，许多人工智能的应用已经给我们的生活带来诸多便捷，使我们的生活方式发生改变。人工智能的本质是"机器代人"，这就需要教会机器具备人的行为能力，即机器学习，机器学习是实现人工智能的重要途径，机器学习包含深度学习，深度学习是机器学习的一个重要分支。

图2-6　日本ASIMO机器人

人可以凭借积累的经验及感官完成对农产品的初步无损检测，如消费者在购买生鲜肉或者肉制品时，比较关心肉或肉制品是否新鲜、是否变质，我们可以根据肉的色泽、气味初步判断肉的新鲜程度，但肉品的新鲜程度绝非凭借色泽及气味可以准确判断，轻度腐败的肉品很难通过肉眼辨别出。再例如，当我们在选购水果的时候，我们可以较容易地根据水果的直径大小、颜色、香气、有无外表损伤等信息完成初次筛选，这些外部指标往往直接决定消费者的购买欲；而一些经验更加丰富的消费者可以通过水果的花纹、形状、敲击产生的声音（如挑选西瓜）

等需要较多经验积累得出的评价方法完成更进一步的筛选，然而这种判断方式具有一定难度，并非所有普通消费者都能够做到，且无法精确获知水果的内部品质信息，容易出现误判的情况；消费者无法做到的是，仅凭观察得到水果内部品质指标如糖度、酸度、水分、农药及其他有害成分残留量的精确数值。在若干年之前，为了测定这些指标必须借助具有破坏性的理化实验方法，这种破坏性方法只对检测的样本负责，无法全面覆盖被检测对象全体，具有抽样性，在样本被破坏之后亦无法进行销售流通，而如今，无损检测技术解决了这些问题。

本书第 1 章简单介绍了一些农产品品质无损检测技术的应用现状，光谱学技术、机器视觉技术、声学技术、电磁学技术等无损检测技术在农产品检测领域具有较高的应用潜力，但是在实际应用中还面临着一些问题，以光谱学技术为例，光谱学技术依赖回归分析方法建立预测模型，但由于光谱数据中存在大量噪声信息且具有高维度的特点，预测模型的准确度和稳定性方面还存在较多问题，而人工智能技术具有突破这些技术难点的潜力，有助于进一步提高农产品品质无损检测技术水平。人工智能技术已经在农业领域得到了许多应用，在农业领域人工智能涉及的关键技术包括专家系统、自动规划、智能搜索、智能控制、机器人、语言和图像理解及遗传编程等（蔡自兴，2016）。人工智能同样可以代替人力服务于农产品品质无损检测领域。

1. 代替人类完成高强度重复性的无损检测工作

根据农产品的大小、颜色、外部缺陷等特征进行分级是比较简单的无损检测分级工作，人类经过一定的培训，按照制定的等级标准就可以根据这些指标对农产品进行检测分级。但是，人的主观感受存在差异，人工分级可能带来同一等级农产品存在较大品质差异的问题，另外，对于大批量的农产品分级工作，需要大量的人力劳动，高强度重复性的分级操作容易使人疲惫，长时间劳动会损害人的身心健康，也会造成分级准确度降低。机器的优势在于能够代替人类完成这些高强度重复性的检测分级工作，在线高通量的自动化分级设备结合人工智能技术是农产品分级领域的研究热点。

机器视觉技术可以获取农产品外观品质信息，进行无损检测分级。机器视觉主要通过图像采集设备获取产品图像，使用算法进行图像处理，获取产品外表信息。例如，赵娟等（2013）利用带有滤光片的 CCD 相机获取苹果的近红外图像，在单个苹果经过 3 个位置时进行拍摄，获取包括两个平面镜中的共计 9 幅图像，如图 2-7 所示，能够尽可能多地获取苹果的全部表面信息，以区分果梗花萼和缺陷，利用数字处理方法提取苹果表面缺陷，根据面积比的换算方法来计算水果缺陷大小，对苹果表面缺陷的总检测正确率达到了 92.5%。

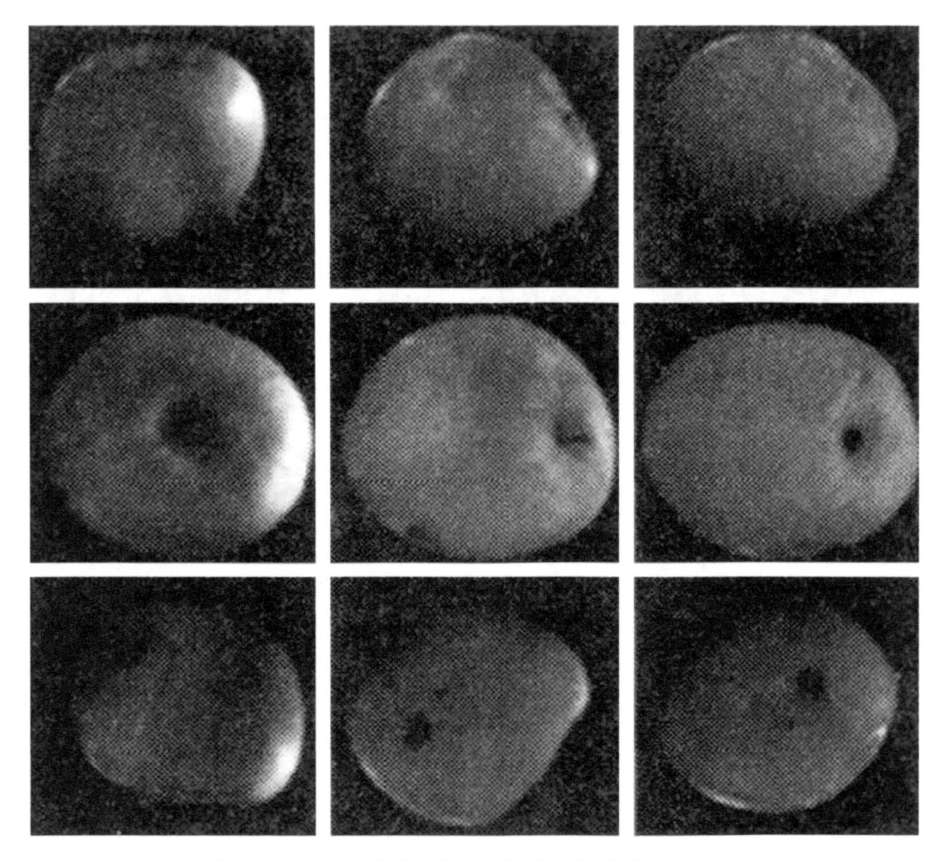

图 2-7　获取单个苹果的 9 幅图像（赵娟等，2013）

但是，传统图像处理算法受环境、光线等多种因素干扰，在较理想的条件下处理效果良好，但在实际应用中可能会因为这些干扰因素产生效果不稳定的情况。近年来深度学习相关研究飞速发展，在图像分类和图像检测领域得到较多应用，使用神经网络对检测目标进行特征提取和学习，建立目标检测或分类模型，能够从复杂的背景中准确识别目标物体，不受环境、光线等因素的干扰，是一种更加准确、智能、有保障的图像处理方法。李善军等（2019）对 SSD 深度学习模型进行改进，用于柑橘的实时检测，使用彩色相机获取柑橘图像，根据柑橘表皮状态将柑橘分为 3 类：正常柑橘、表皮病变柑橘、机械损伤柑橘，如图 2-8 所示，检测速度快，精度较高，能够代替传统的人工方式剔除缺陷柑橘，具有较好的应用潜力。赵德安等（2019）使用 YOLO 深度学习模型对苹果进行目标检测，虽然图像中背景较复杂，但其平均精度均值达到 87.71%，实时检测速度达到 60 帧/s，检测效果较好。王丹丹等（2019）利用 R-FCN 深度学习模型对疏果前期的苹果进行目标识别，误识率为 4.9%，平均每张图像处理速度约为 0.187s。

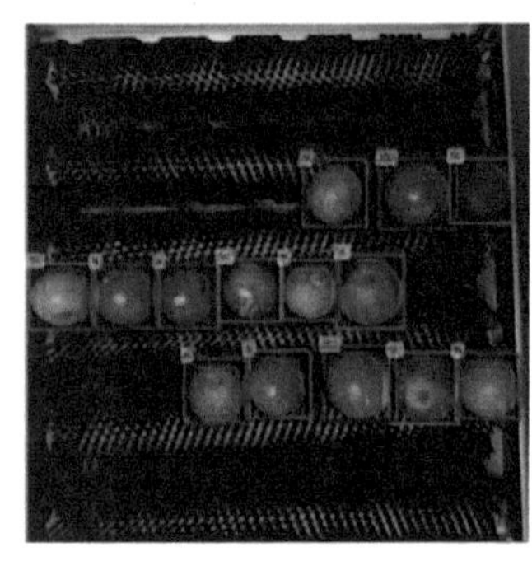
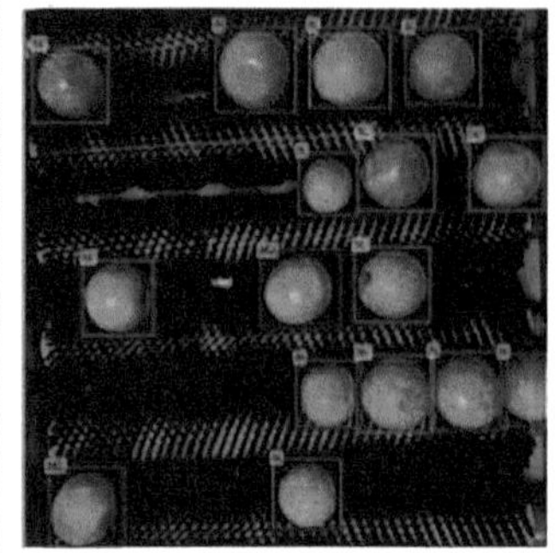
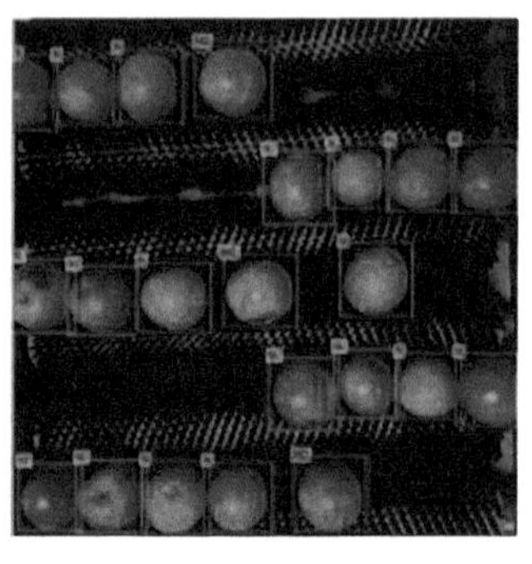

图 2-8 改进 SSD 模型的检测效果（李善军等，2019）
红色方框代表正常柑橘；绿色方框代表表皮病变柑橘；蓝色方框代表机械损伤柑橘

除了机器视觉技术以外，光谱学技术、超声波技术、电子鼻、电子舌等多种无损检测技术也可广泛应用于农产品外部品质检测，如章海亮等（2013）应用高光谱成像技术对柑橘缺陷进行无损检测，识别率达到 94%；Dong 等（2014）基于高光谱成像技术结合主成分分析法对柑橘缺陷进行检测，准确率达到 96.5%；李江波等（2012）采用高光谱荧光成像系统获取脐橙图谱信息，实现了准确辨识早期腐烂脐橙。无损检测技术结合智能化数据分析处理方法，可以为农产品品质无损检测提供更加科学高效的分级技术支持，进一步解放和发展生产力，使人从高强度重复性的分级工作中解放出来。

2. 完成人工较困难的无损检测工作

尽管一些农产品的外部品质检测可以通过人力完成，但是在进行粮食、果仁、红枣等小型农产品的检测分级时，人工检测分级将变得十分困难。因此，实现自动化无损检测分级取代人力非常有必要，刘民法（2015）设计了一种基于机器视觉的红枣外部综合品质检测分级机，采用了气吹的方式控制红枣落入相应等级的收集箱内。水稻种子的类型和质量是影响水稻产量的一个重要因素，因此，分选不同类型和品质的稻种对提高水稻产量具有重要意义，陈兵旗等（2010）设计了基于传送带、光电触发图像采集及图像处理与分析的水稻种子精选方案。以彩色图像的 G 分量灰度图像为原图像，通过大津法进行了二值化处理，将种子区域提取为白色像素、背景作为黑色像素。对二值化图像进行了 50 像素以下的去噪处理。选取了 10 种类型的样本视频图像，测量每粒种子的面积和宽长比，计算每类种子的特征参数并存入数据库，作为种子类型判断和种子精选的基准数据。在种子精选过程中，判断了工位有无种子、种子的几何参数是否合格及种子是否发霉、破损，对种子类型的判别正确率达到了 100%。目前国外对小型果实检测分级已有较实用高效的产品，如美国 Alle Electronics 公司研制的小型果蔬、果仁及各种小食品的分选机，可以根据被检测物表面缺陷、大小、颜色等指标进行分选，采用气吹的方式排出次品，生产效率高，且适用于多种小型农产品。

茶叶采摘是农产品收获中一项较难的工作，采茶者需要根据茶叶长势和形态判断是否可以采摘，这个采摘的过程实际上也是一个检测的过程，高品质的茶叶往往要求采茶者具备专业的知识技能和丰富的采摘经验，技能和经验水平不一的采茶者采摘的茶叶品质也是参差不齐的。机器视觉技术结合深度学习模型可以实现更加精准高效的采摘。王子钰等（2020）利用采集的茶叶嫩芽图像制作数据集，使用 SSD 深度学习模型进行训练，实现了茶叶嫩芽的检测定位，如图 2-9 所示，茶叶嫩芽的识别准确率达到了 91.5%，相比于传统根据颜色特征的目标检测算法有了显著提升，为进一步实现高效率、高准确度的机械化茶叶采摘提供了基础。

图 2-9 茶叶嫩芽检测效果（王子钰等，2020）

牛肉大理石花纹是影响牛肉品质等级的重要指标，目前中国牛肉加工企业对大理石花纹的评价是由专业分级人员参照标准图谱完成的，具有主观性强、耗费人工的缺点，普通人士缺乏经验，很难自主完成大理石花纹分级工作。牛肉大理石花纹的检测环境易受外界光照等影响，因此周彤和彭彦昆（2013）设计了一种具有封闭遮光外壳的牛肉大理石花纹检测设备，在试验中使用白光环形光源，获得了稳定的图像采集环境。但在日常生活中，为了实现更加便捷的检测，手机拍摄图像是更加容易实现的方式，为了实现基于智能手机的牛肉大理石花纹实时检测分级，赵鑫龙等（2020）基于深度学习方法，设计了一种由 4 层卷积网络组成的神经网络结构，网络结构如图 2-10 所示，使用智能手机拍摄牛肉图片并利用数据扩增方法得到大量的牛肉图像作为数据集，进行模型训练，使用该网络实现了大理石花纹特征的自动提取，训练的模型能够根据牛肉大理石花纹特征对牛肉进行分类，测试集的分级准确率为 95.56%，并基于 Android 平台开发了检测软件，极大提高了检测牛肉大理石花纹等级的便捷性，满足了广大消费者使用手机就能检测牛肉品质等级的需求。

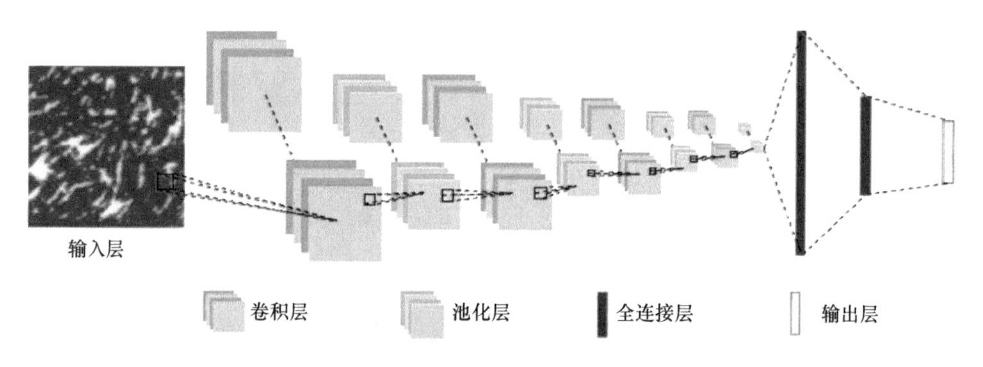

图 2-10　卷积神经网络结构（赵鑫龙等，2020）

3. 完成人工无法做到的无损检测工作

针对农产品外观品质的检测分级工作，有丰富经验的人可以完成，但是对于内部品质指标的检测，如果不切开农产品观察其内部情况，人很难对其内部品质做出评价，而无损检测方法结合智能化数据分析技术能够代替人类完成这些内部品质检测工作。

随着现代农业机械化的发展，农艺与农机结合是一个必然的发展趋势，精量播种技术对种子的品质提出了越来越高的要求，种子的品质高低决定了作物未来的产量和品质。其中，种子活力是一项重要指标，是决定种子在发芽和出苗期间的活性水平和种子特性的综合表现，是检测种子品质的重要指标。常规种子品质检测方法耗时较长、需要化学药品试剂、破坏种子，通过人的肉眼观察无法实现检测分级，也不符合现代农业生产对种子活力检测快速、无损的要求。智能方法可以代替人力完成种子活力的无损检测分级，王亚丽等（2020）基于近红外反射光谱技术，设计了玉米种子活力逐粒无损检测与分级装置，采集了正常有活力玉米种子和人工老化无活力玉米种子在 980～1700nm 波长范围内的近红外反射光谱，利用 PLS-DA 法建立了玉米种子活力的判别模型，该装置能够对单粒玉米种子进行活力检测并分级，对种子活力的预测总准确率可达 97%。

光谱学无损检测技术不仅适用于种子检测，对果蔬的内部品质检测、粮食品质检测、肉蛋奶等农畜产品检测也同样具有优势。可溶性固形物含量与水果的甜度有关，是受消费者关注的内部品质指标，李龙等（2018）基于可见/近红外光谱技术设计了苹果内外品质在线无损检测分级系统，实现了对苹果表面损伤及可溶性固形物含量的实时在线检测。张海辉等（2016）设计了一种苹果霉心病无损检测设备，通过分析采集到的苹果近红外光谱数据，提取了苹果霉心病特征光谱，利用 BP 网络分类模型实现了对苹果霉心病的无损检测。翟晨等（2015）应用拉曼光谱技术对苹果上的混合农药残留进行了研究，搭建了拉曼检测系统，实现了快速无损定量检测水果中的多种农药残留。Jin 等（2021）利用近红外光谱与荧光光谱技术，实现了玉米中赤霉烯酮和脱氧雪腐镰刀菌烯醇的检测，可适用于大多数农产品中真菌毒素的检测。猪肉是我们日常生活中最常见的一种食用肉，猪肉新鲜度检测的重要指标包括总挥发性盐基氮（TVB-N）含量、肉色（$L*$、$a*$、$b*$）、pH 等，微生物检测主要包括菌落总数检测、假单胞菌检测，以上指标是反映猪肉是否变质腐败的重要指标。王文秀等（2016）利用双波段可见/近红外光谱，研发了生鲜肉多品质参数同时检测装置，实现对双波段光谱信息的同时采集、实时处理、显示及保存，能够检测猪肉颜色（$L*$、$a*$、$b*$）、pH、总挥发性盐基氮含量、含水率、蒸煮损失和嫩度等多个参数。汤修映等（2013）基于可见/近红外光谱技术开发的检测系统可以对牛肉含水率进行准确的快速无损评价。Wu 等（2012）基于高光谱成像技术，采集虾仁的高光谱图像并测定含水率，建立了虾仁含水率预测模型，实现了虾仁含水率在线检测及水分分布可视化。Dong 等（2020）利用高光谱成像技术结合集成学习方法鉴定鸡蛋的新鲜度，散射光谱、反射光谱、透射光谱和混合高光谱对鸡蛋新鲜度检测的最高准确率分别为 100.00%、88.75%、95.00%和 96.25%。光谱学无损检测技术在农畜产品检测领域具有强大的应用潜力，越来越多的实用化研究正在促使这一技术推广应用。

我国是农产品生产大国和消费大国，随巨大的农产品生产量而来的是巨大的农产品品质无损检测需求。早期农产品交易过程中，由于需要根据农产品品质定制等级和相应价格，但缺乏无损检测技术，所以依赖简单的人工挑拣。以果蔬交易为例，我国早期果蔬交易双方按一定的指标将果蔬分为不同品级，如果径大小、重量、颜色，测量方法较为原始，多为目测结合手测，依靠经验分级；近代以来，果蔬交易开始大量使用标准度量板作为尺寸参照，对于球形果蔬大部分都以球径大小作为分级指标。我国从 20 世纪 60～80 年代相继颁布了一些水果的等级标准，之后又对原有标准进行了修订和补充，逐渐形成了现在的等级标准体系（王家保，2006）。近年来我国农产品产量逐年增加，人工挑拣的方式早已不适应现代化的快节奏大批量的农产品流通体系，破坏性的检测方法也早已不适用于农产品品质监管，农产品品质无损检测技术取代传统检测分级是必然趋势。人工智能技术的本质是“机器代人”，论体力，机器的工作效率是人工的数倍，且不会疲惫而导致出错；论智力，计算机相比于人脑，具有更快的运算速度，在获取外部信息方面具有超越人的感知能力、极高的分析决策速度，可以帮助农产品品质无损检测技术提高检测效率。目前农产品品质无损检测技术还有一定的发展空间，而人工智能技术可以在数据处理、分析决策等方面为无损检测技术提供支持，两者密切结合将是未来农产品品质无损检测的有力保障。

2.2.2 机器学习

机器学习是研究如何使用机器来模拟人类学习活动的一门学科，是对通过经验和数据自动改进计算机算法的研究。它是一门多领域交叉学科，主要涉及数学和计算机，包括概率论、统计学、逼近论、凸分析、算法复杂度理论等知识（李昊朋，2019）。学习的主体是人或者动物，它们通过观察思考可以获得一定的技巧过程，而机器学习的主体则是计算机，但计算机无法主动观察或者思考，因此需要向计算机输入数据，在计算机内部进行推导来实现各种算法。其中，机器学习最重要的特点是依赖于数据的输入，并且数据内部要存在某种模式，这种模式可以通过学习来发现或者提高。因此机器学习算法从大量历史数据中挖掘出其中隐含的规律，用于预测或者分类，更具体地说，机器学习可以看作是寻找一个函数，输入是样本数据，输出是期望的结果。其目标是使学到的函数很好地适用于“新样本”，而不仅是在训练样本上表现很好，学到的函数也能适用于新样本，这样的能力称为泛化（generalization）能力。

当大量复杂问题蕴含的数据量庞大，且人无法获取或者人的处理难以满足需求且需要定义的规则太多时，机器学习可以帮助人们洞察复杂问题和大量数据，通过机器学习可以找到解决方案，且当数据存在波动时，机器学习算法可以适应新数据。因此机器学习广泛应用于数据挖掘、自然语言处理、生物信息识别（如人脸识别）、人工神经网络、智能机器人、计算机视觉等。

机器学习的分类根据强调侧面的不同可以分为 3 类方法。

第一，机器学习基于学习策略可以分为以下 2 种。

（1）模拟人脑的机器学习，又可以分为符号学习和神经网络学习。符号学习：模拟人脑的宏观心理级学习过程，以认知心理学原理为基础，以符号数据为输入，以符号运算为方法，用推理过程在图或状态空间中搜索，学习的目标为概念或规则等。符号学习的典型方法有记忆学习、示例学习、演绎学习、类比学习、解释学习等。神经网络学习（或连接学习）：模拟人脑的微观生理级学习过程，以脑和神经科学原理为基础，以人工神经网络为函数结构模型，以数值数据为输入，以数值运算为方法，用迭代过程在系数向量空间中搜索，学习的目标为函数。典型的连接学习有权值修正学习和拓扑结构学习。

（2）直接采用数学方法的机器学习主要有统计机器学习（陈文国等，2017）。统计机器学习是基于对数据的初步认识及学习目的的分析，选择合适的数学模型，拟定超参数，并输入样本数据，依据一定的策略，运用合适的学习算法对模型进行训练，最后运用训练好的模型对数据进行分析预测。统计机器学习有三个要素：一是模型（model），模型在未进行训练前，其可能的参数是多个甚至无穷的，故可能的模型也是多个甚至无穷的，这些模型构成的集合就是假设空间。二是策略（strategy），即从假设空间中挑选出参数最优的模型的准则。模型的分类或预测结果与实际情况的误差（损失函数）越小，模型就越好，那么策略就是误差最小。三是算法（algorithm），即从假设空间中挑选模型的方法（等同于求解最佳的模型参数）。机器学习的参数求解通常都会转化为最优化问题，故学习算法通常是最优化算法，如最速梯度下降法、牛顿法及拟牛顿法等。

第二，机器学习基于学习方法可以分为以下 4 种。

（1）归纳学习：是从大量个别事实中推出普遍性原则，从中进行学习的过程（王熙照和杨晨晓，2007）。归纳学习又可以分为符号归纳学习和函数归纳学习。符号归纳学习：典型的符号归纳学习有示例学习和决策树学习。函数归纳学习（发现学习）：典型的函数归纳学习有神经网络学习、示例学习、发现学习、统计学习。

（2）演绎学习：是从一般到个别的推理过程，从公理出发，经逻辑变换，推导出结论，在已有知识库基础上进行。这种推理是“保真”变换和具体化过程。

（3）类比学习：是把两个或两类实物或情形进行比较，找出它们在某一对象层上的相似关系，并以这种关系为依据，把某一实物或情形的有关知识加以适当整理（或交换）对应到另一事物或情况，从而获得求解另一事物或情形的知识。典型的类比学习有案例（范例）学习。例如，一个从未开过货车的司机，只要他有开小车的知识就可完成开货车的任务。所以类比学习系统可以把一个已有的计算机程序转换成一个新的程序，来完成原先没有设计的相类似的功能。类比学习要比上述两种学习方法需要更多的推理。它一般先从原有的知识源（源域）中进行检索，被检索出的知识再被转换成新的形式，用到新的状况中去。

形式上，设 S 和 T 分别是源域和目标域，S 的元素 s 与 T 的元素 t 相对应，并有相同性质 P，即 $P(s)$、$P(t)$ 成立。若 s 还具有其他性质 Q，即 $Q(s)$，则通过类比学习可以推导出 t 也具有性质 $Q(t)$，亦即

$$P(s)\sim Q(s),\ P(t)\sim Q(t) \tag{2-1}$$

在这个类比过程中包含了两个推理步骤，第一步主要是归纳，第二步主要是演绎。

第一步：找出 S 和 T 的公共性质 P。

找出 S 中性质 P，Q 的关系 $P(s)\rightarrow Q(s)$ 推广之：

$$\forall x\left(P(x)\rightarrow Q(x)\right) \tag{2-2}$$

第二步：从 S 映射到 T。

从 $\forall x\left(P(x)\rightarrow Q(x)\right)$ 和 P（I）推理求得 Q（t）。

类比学习在人类科学技术发展史上起着重要作用。许多科学发现是通过类比得到的。例如，著名的卢瑟福类比就是通过将原子结构（目标域）同太阳系（源域）作类比，从而揭示了原子结构的奥秘。在类比学习方面的学术代表人物有Winston、Carbonell、Gentner 和 Greiner 等。

（4）分析学习：典型的分析学习有解释学习，解释学习是通过运用相关领域知识，对当前的实例进行分析，从而构造解释并产生相应知识的一种学习方法。基于解释的学习不是通过归纳或类比进行学习的，而是通过运用相关领域知识及一个训练实例来对某一目标概念进行学习，并最终生成这个目标概念的一般描述。与类比学习相反，基于解释学习的第一步是演绎，第二步是概括，并用领域知识指导概括，增强结果的可信度。

第三，机器学习基于学习方式的分类分为以下 3 种。

（1）监督学习：监督学习中有教师或监督者的概念（马畅遥，2021），其主要功能是提供误差的精确度量（直接与输出值相比）。在实际算法中，该功能由多组对应值（输入和期望输出）组成的训练集提供。基于训练集，可以修正模型参数以减少全局损失函数。在每次迭代之后，如果算法足够灵活并且数据是一致的，则模型总体精度增加，并且预测值和期望值之间的差距变得接近零。当然，监督学习的目标是训练一个系统，使得该系统能够预测以前从未见过的样本。因此，有必要让模型具有泛化能力，以避免一个常见的称为过拟合的问题。过拟合将由于过拟合能力过剩而导致过度学习（朱塞佩·博纳科尔索，2020）。

监督学习包含 5 个要素，分别是训练样本输入 X_{train}、训练样本标签 Y_{train}、输入 X、模型 F 和输出 F（X）（麦嘉铭，2020）。监督学习，一般分为两个阶段。第一个阶段是模型的训练阶段，如图 2-11（a）所示，模型 F 在训练时，根据训练样本输入 X_{train} 和训练样本标签 Y_{train} 进行优化。第二阶段为模型的决策阶段，如图 2-11（b）所示，决策时利用第一阶段训练好的模型 F，根据输入 X 输出对应的 F（X）。

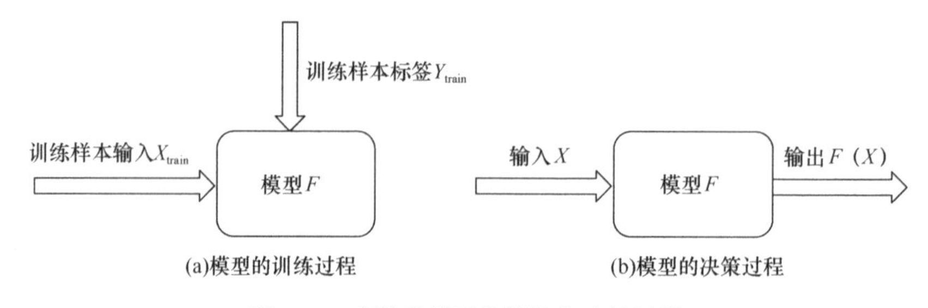

图 2-11　有监督学习的训练和决策过程

根据训练数据标签值的特性，可以将监督式学习分为两类问题：回归问题和分类问题。

如果标签是取值于某个区间的实数，则称相应的监督式学习为回归问题。所谓回归，就是通过带标签样本训练构造适当的模型，并通过该模型计算出新样本的预测值。在回归问题中，标签值通常是连续的常量值，故其取值有无限种可能。回归问题多用来预测一个具体的数值，如预测房价、未来的天气情况等。例如，我们根据某所学校若干个学生的学习时间和他们的分数建立线性回归模型，来根据某个学生的学习时间来预测他的分数，预测值与当天实际数值越接近，则回归分析算法的可信度越高。如图 2-12 所示为学习时间和考试分数的线性回归模型。

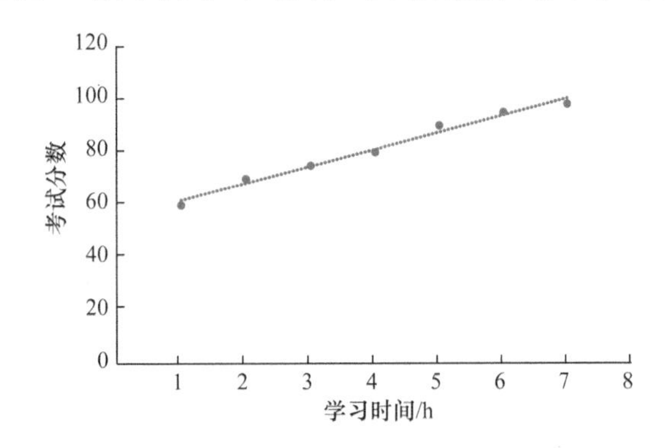

图 2-12　学习时间和考试分数的线性回归模型

在考试分数预测的问题中，每一条训练数据都是某个学生的具体分数。训练数据有诸如学习时间、学习效率等特征，并且由考试分数作为其标签值。由于考试分数是一个连续的常量值，因此，考试分数预测的问题是一个回归问题。显而易见，考试分数预测问题中，没有必要准确地预测出某个学生的考试分数，而只要预测出的考试分数尽量地接近真实分数即可。这正是一般回归问题的目标：输出接近真实标签的预测。实际来讲，一个回归问题的模型在训练数据上的预测过于准确，那么出现过度拟合的可能性就很大。

因此，面对一个回归问题，它的求解流程如下所述。

1）训练模型，即我们为程序选定一个求解框架，如线性回归模型（linear regression model）或多项式模型（polynomial model）等。

2）导入训练集，即给模型提供大量可供学习参考的正确数据。

3）选择合适的学习算法，通过训练集中大量输入输出结果让程序不断优化输入数据与输出数据间的关联性，从而提升模型的预测准确度。

4）在训练结束后即可让模型预测结果，我们为程序提供一组新的输入数据，模型根据训练集的学习成果来预测这组输入对应的输出值。

分类问题是一种对离散型随机变量建模或预测的监督式学习方法。其中分类学习的目的是从给定的人工标注的分类训练样本数据集中学习出一个分类函数或者分类模型，也常常称为分类器（classifier）。当新的数据到来时，可以根据这个函数进行预测，将新数据项映射到给定类别中的某一个类中。与回归（regression）问题相比，分类问题的输出不再是连续值，而是离散值，用来指定其属于哪个类别，因此机器学习的回归模型在预测效果上就可以做到分类的效果，只要给定不相交的几个区间，就可以根据要求划分为多少类。同理，只要将回归模型输出的连续值改变为离散值，就能把线性回归模型改造为相应的线性分类模型。分类问题在现实中应用非常广泛，如垃圾邮件识别、手写数字识别、人脸识别、语音识别等。

对于分类，输入的训练数据包含信息有特征（feature），也称为属性（attribute），有标签（label），也常称之为类别（class），具体可表示为（F_1，F_2，…，F_n；Label）。而所谓的学习，其本质就是找到特征与标签间的映射（mapping）关系。所以说分类预测模型是求取一个从输入变量（特征）到离散的输出变量（标签）之间的映射函数。这样当有特征而无标签的未知数据输入时，可以通过映射函数预测未知数据的标签。

简单地说，分类就是按照某种标准给对象贴标签，再根据标签来区分归类。类别是事先定义好的。例如，在 CTR（点击率预测）中，对于一个特定商品，一个用户可以根据过往的点击商品等信息被归为两类“会点击”和“不会点击”；类似地，房屋贷款人可以根据以往还款经历等信息被归为两类“会拖欠贷款”和“不会拖欠贷款”；一个文本邮件可以被归为“垃圾邮件”和“非垃圾邮件”两类。如图 2-13 所示，以收入和信用评级为特征输入的线性分类模型，目标值为二分类，即违约者和非违约者，紫色实心圆点指代违约者，绿色实心圆点指代非违约者。

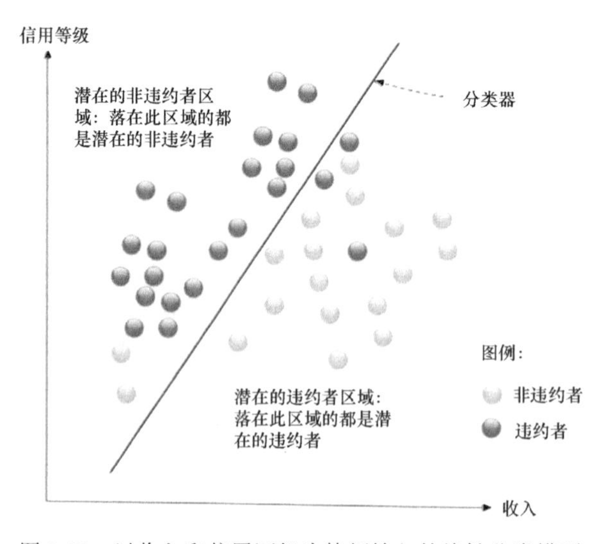

图 2-13　以收入和信用评级为特征输入的线性分类模型

监督学习利用带标签值的数据训练样本构造机器学习模型，是一种非常重要的机器学习方式，它在模式识别、视频图像处理、数据挖掘、自然语言处理等方面得到了广泛的应用。使用监督学习解决实际问题时，需要尽可能多地获得样本标签值，然后划分训练集和测试集，用合适的算法对训练数据训练构造机器学习模型，然后用测试集数据验证模型的准确性。

（2）无监督学习：输入数据中无导师信号，采用聚类方法，学习结果为类别。在无监督学习的形势下，训练数据不含标签。无监督学习问题的任务通常是对数据本身的模式识别和分类。如图 2-14 所示为 15 张手写照片，对手写数字进行识别时，不考虑训练集数据的标签，只通过特征组将训练数据进行分类，这就是一个典型的无监督学习问题。采用机器学习方法进行训练的结果是将手写数字分为 8 类，且每一类的图片中都是相同的数字，但是它无法输出各张图片中的具体数字，因为训练数据中不包含数字信息。

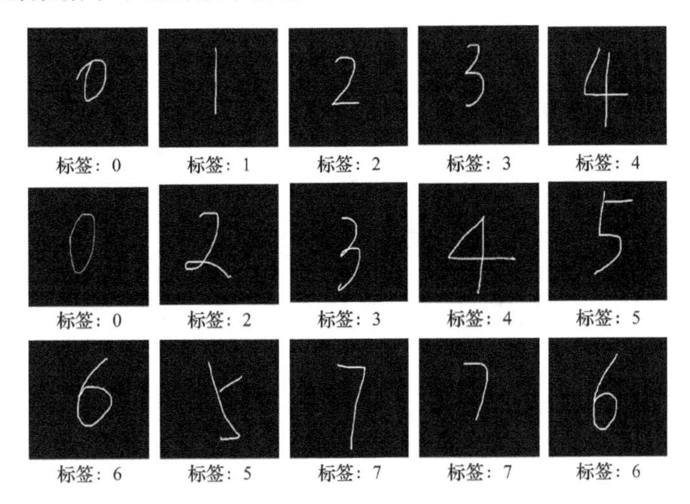

图 2-14　手写数字照片

在典型的无监督学习问题中，主要有两类问题较为广泛，分别是聚类问题和降维问题。

聚类问题和监督学习中的分类问题有些类似，都是将数据按照给定的规则进行分类。两者最主要的区别是：聚类问题仅限于对未知分类的一批数据进行分类，而监督学习是用已知分类的训练集数据进行训练得到一个能预测数据类别的预测模型。

如图 2-15 所示，聚类算法把数据点分为 3 类，每种颜色代表一个聚类，可以看到类与类之间存在明显的边界，图中仅用了 2 个特征，更复杂的数据有 3 个或 3 个以上的特征。如图 2-16 所示使用了 3 个特征，聚类算法把数据点分为 4 类，相同形状和颜色的点表示为一类。

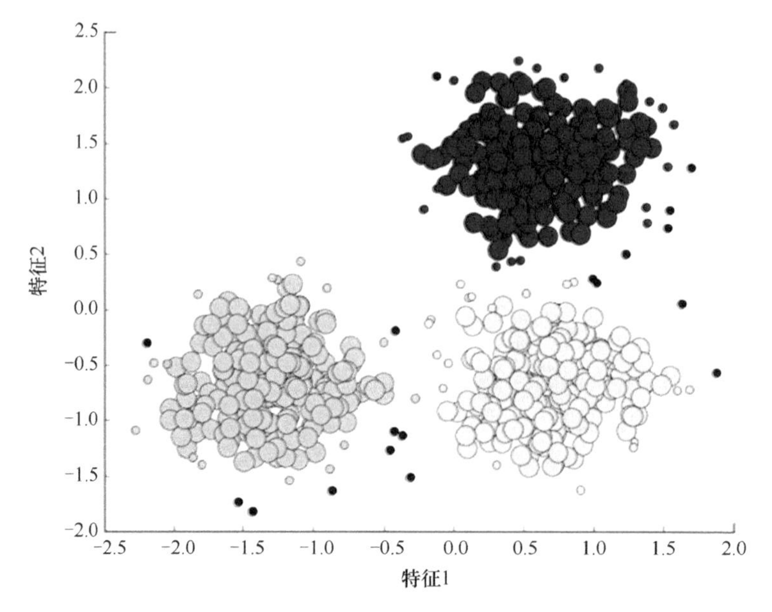

图 2-15　两种特征输入的聚类模型

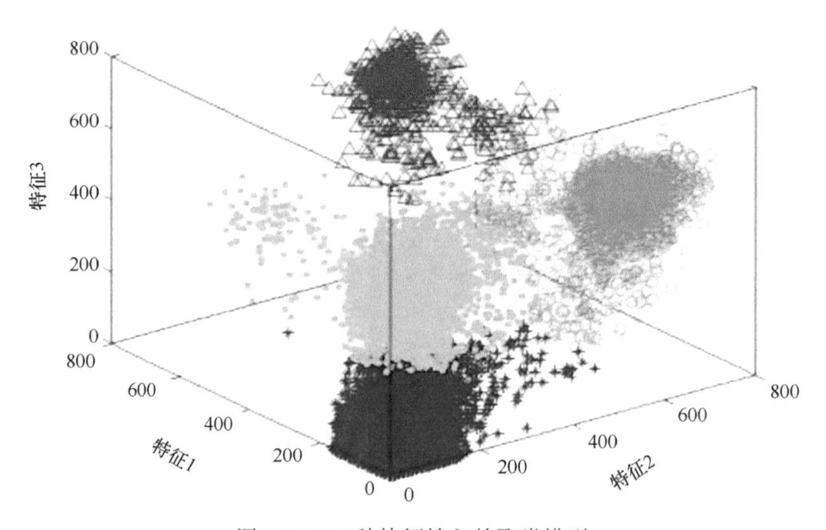

图 2-16　三种特征输入的聚类模型

在解决聚类问题时，训练数据的特征组可能含有较多的特征，甚至有时可达数百万个，如此繁多的特征造成了问题求解的复杂性，并有可能导致特征间的共线性等现象，使得问题求解难上加难。因此，在无监督学习中，存在降维的方法使得高维的特征向低维转化，即用低维的向量来表示高维特征。人们对二维或者三维空间有着直观的理解，降维处理之后可以做到数据可视化，将高维数据降低为二维或者三维。例如，一条训练数据的特征组是图片的 30×30 的像素灰度矩阵，可以表示为 30×30=900 维向量。若将这张图片进行降维，则需要保留图像的基本特征，将 900 维向量降低为二维平面向量，把具有相同数字的图片成功地聚在一起。因此，降维的同时尽可能多地保留数据的信息和结构是一个重要的挑战。常见的降维算法有：主成分分析（PCA）、奇异值分解（SVD）、核函数主成分分析法（Kernel-PCA）等。

无监督学习通过直接从数据本身性质归纳出某种规律，由此推断无标签数据之间的联系，实现对数据的总结和分类。无监督学习的算法较复杂且难实现，但它在网格搜索、图像放大、数据降维、经济分析等领域得到了广泛应用。

（3）强化学习：是介于监督学习和无监督学习之间的一类机器学习算法（秦智慧等，2021）。强化学习需要不断获取环境反馈信息来获得训练数据作为输入，而不是使用带有标签的训练数据作为输入，因此强化学习需要不断地与外部环境动态交互，通过探索的方式来获取训练数据。强化学习的目标是通过学习获得最优策略以便将环境状态映射到一组合理的行为，使得智能体获得最大的长期奖励，并且这种目标主要通过智能体与环境间的不断交互获得最佳序贯决策的方式实现。强化学习在使用中与环境的交互会发生延迟反馈、稀疏奖励等问题，因此在解决实际问题时存在困难，但是它在机器人、智能驾驶、智能医疗等领域得到了广泛的应用。

2.2.3　知识获取

知识获取是人工智能和知识工程的基本技术之一，是与机器学习密切相关的一个研究领域。从知识源中抽取出所需知识，并将其转换成可被计算机程序利用的表示形式的过程称为知识获取。具体说，知识获取就是获得事实、规则及框架的集合，并把它们转换为符合知识表示语言要求的形式。其中，知识源主要是人类专家、书本和数据库。知识系统可用多种方法获取知识。这些方法包括：将人类专家的专门知识转换成知识表示形式的方法；从经验数据、实例、数据库及出版物中获取知识的各种学习方法。因此，知识获取和知识表示是建立、完善和扩展知识库的基本条件，是利用知识进行推理求解问题的前提条件。

知识获取要解决的问题是在人工智能和知识工程系统中，机器（如计算机或智能机）如何获取知识（姚金国和代志龙，2011）。所以，知识获取的方法尤其重要，其中，机器学习则是知识获取的主要方法。如图 2-17 所示则是机器学习和知识获取的关系。

此外，知识获取从范围上划分可解释为狭义知识获取和广义知识获取。狭义知识获取是指人们通过系统设计、程序编制和人机交互，使机器获取知识。例如，

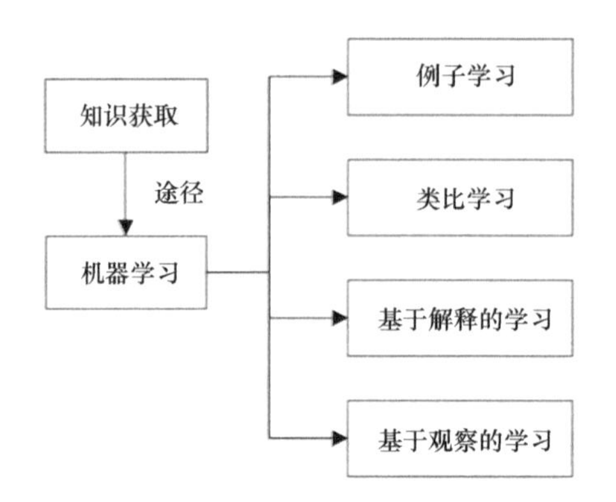

图 2-17 知识获取与机器学习的结构关系

知识工程师利用知识表示技术，建立知识库，使专家系统获取知识。也就是通过人工移植的方法，将人们的知识存储到机器中去。广义知识获取是指除了人工知识获取之外，机器还可以自动或半自动地获取知识。例如，在系统调试和运行过程中，通过机器学习进行知识积累，或者通过机器感知直接从外部环境获取知识，对知识库进行增删、修改、扩充和更新。

接下来将从知识获取的基本任务、知识获取的过程及知识获取的具体途径来说明知识获取。

首先，知识获取的基本任务包括知识抽取、知识建模、知识转换、知识输入、知识检测及知识库的重组这几个方面。

（1）知识抽取：把蕴含于信息源中的知识经过识别、理解、筛选、归纳等过程抽取出来，并存储于知识库中。

（2）知识建模：构建知识模型，主要包括 3 个阶段——知识识别、知识规范说明和知识精化。

（3）知识转换：把知识由一种表示形式变换为另一种表示形式。

（4）知识输入：把用适当模式表示的知识经编辑、编译送入知识库。

（5）知识检测：为保证知识库的正确性，需要做好对知识的检测。

（6）知识库的重组：对知识库中的知识重新进行组织，以提高系统的运行效率。

其次，知识获取贯穿于整个知识系统的建造过程中，一般知识获取工作可划分为如下 3 个阶段。

（1）第一阶段，确定领域知识的基本结构。

首先应明确系统的作用，并与领域专家密切合作，为问题的形式化提供一个粗略的描述。明确了解知识系统的作用之后，接着要确定完成相应任务所需要的领域知识结构，这一步在知识获取中是重要的，同时也是很困难的。

（2）第二阶段，领域知识的抽取与实现。

该阶段的目标是从知识源得到尽可能丰富的知识，并将这些知识用在相应的系统结构中，以适当的知识表示方法加以组织。这个过程一般要通过形式化和实现两个过程才能完成。在形式化过程中，要将在第一阶段得到的主要概念、子问题和信息流特征，以一种比较形式化的表示方法加以表达。这种比较形式化的表示方法是依赖于各种知识工程工具和框架的。实现过程是将形式化的知识映射到为此问题选定的表示框架中。

（3）第三阶段，调试和精炼知识库。

在构造原型知识库的基础上，经过调试和精炼后，能够得到性能更加优良的知识库，该阶段的工作大体上由测试和修改两部分工作组成。

在测试过程中，要评价原型系统及实现这个系统的表示形式，通常出现的导致性能不佳的因素是输入/输出功能、推理规则、控制策略和不适当的测试实例。在建造知识系统的过程中，必须经常地对知识库进行修改，其中包括重新形式化概念，重新设计表示方法或实现系统的精炼。

最后，知识获取的主要途径包括以下 3 个方面：人工移植、机器学习和机器感知。

（1）人工移植是依靠人工智能系统的设计师、知识工程师、程序编制人员、专家或用户，通过系统设计、程序编制及人机交互或辅助工具，将人的知识移植到机器的知识库中，使机器获取知识（胡燕，2007）。

人工移植的方式可分为两种：静态移植和动态移植。在系统设计过程中，通过知识表示、程序编制、建立知识库，进行知识存储、编排和管理，使系统获取所需的先验知识或静态知识，故称为“静态移植”或“设计移植”。动态移植是在系统运行过程中，通过常规的人机交互方法，如“键盘-显示器”的输入/输出交互方式，或辅助知识获取工具，如知识编辑器，利用知识同化和知识顺应技术，对机器的知识库进行人工增删、修改、补充和更新，使系统获取所需的动态知识，故称为“动态移植”或“运行移植”。

（2）机器学习是人工智能系统在运行过程中，通过学习，获取知识，进行知识积累，对知识库进行增删、修改、扩充与更新。机器学习的方式可分为两种：示教式学习和自学式学习。示教式学习是在机器学习过程中，由人作为示教者或监督者，给出评价准则或判断标准，对系统的工作效果进行检验，选择或控制“训练集”，对学习过程进行指导和监督。这种学习方式通常是离线的、非实时的学习，也可以在线、实时学习。自学式学习是在机器学习过程中，不需要人作为示教者或监督者，而由系统本身的监督器实现监督功能，对学习过程进行监督，提供评价准则和判断标准，通过反馈进行工作效果检验，控制选例和训练。这种学习方式通常是在线、实时的学习。

（3）机器感知是人工智能系统在调试或运行过程中，通过机器视觉、机器听觉、机器触觉等途径，直接感知外部世界，输入自然信息，获取感性和理性知识。机器感知主要有两种方式：机器视觉和机器听觉。机器视觉是在系统调试或运行过程中，通过文字识别、图像识别和物景分析等机器视觉，直接从外部世界输入相应的文字、图像和景物的自然信息，获取感性知识，经过识别、分析和理解，获取有关的理性知识。机器听觉是在系统调试或运行过程中，通过声音识别、语言识别和语言理解等机器听觉，直接从外部世界输入相应的声音、语言等自然信息，获取感性知识，经过识别、分析和理解，获取有关的理性知识。

因此，不同的知识获取的方式和途径不同，但都有一个共同的特点，即它们都将领域中高性能的问题求解专门从一个知识源转移到一个程序。目前知识获取的方式主要采用专家与知识工程师或智能编辑程序进行互交。有时还要进行一些统计工作，或借助专业书籍直接获取知识。

2.3 机器学习算法及应用

随着现代信息技术的快速发展，人工智能技术广泛应用于各个领域。机器学习作为一门源于人工智能并涉及概率论、统计学、逼近论及凸分论等众多理论的多领域交叉性学科，是当前数据分析领域重点研究方向之一，其目的在于模拟或实现人类的学习活动、从海量数据中挖掘隐藏有效可理解的信息等。机器学习算法是一种可以从数据中学习、从经验中提升自己而不需要人类干预的算法（韩兰胜和齐晓东，2021）。近年来，农产品品质无损检测技术发展迅速，结合机器学习算法可实现更快速高效的识别检测。常见的机器学习算法有回归算法、K-NN 分类算法（K 最近邻算法）、Adaboost 算法、决策树算法、朴素贝叶斯算法、随机森林算法、K 均值聚类算法、支持向量机（SVM）算法、深度学习算法、卷积神经网络（CNN）等（陶阳明，2020）。

2.3.1 回归算法

回归算法是监督型算法的一种，通过研究自变量和因变量之间的关系，利用测得的数据来建立模型，再利用建立的模型进行预测分析。由于其不仅能显著地表现出自变量与因变量之间的关系，还可以表明多个自变量对一个因变量的影响强度，因此回归算法广泛应用于各领域。常见的回归算法包括：线性回归（linear regression）、非线性回归（non-linear regression）、逻辑回归（logistic regression）、多项式回归（polynomial regression）、岭回归（ridge regression）、套索回归（lasso regression）和弹性网络回归（elastic net regression）。其中线性回归、非线性回归和逻辑回归最为常用。

线性回归是假设自变量与因变量呈线性关系，通过对所有数据点进行拟合来建立方程。当只有一个自变量和一个因变量且两者之间有一定的线性关系时，这种线性回归称为一元线性回归，当有多个自变量和一个因变量时称为多元线性回归。一元线性回归的方程通常表达为

$$y = ax+b+\varepsilon \tag{2-3}$$

式中，y 为预测值；x 为自变量；a 为系数；b 为常数项；ε 为随机误差。自变量和因变量均为已知，通过已有数据求出 a 和 b 得到方程，再通过方程来预测每增加一个 x 其所对应的 y 值（沈增贵和邓红玉，2014）。多元线性回归又称为逆最小二乘法，是化学计量学中基本的分析方法，参照一元线性回归，其方程通常表达为

$$f\left(x_i\right) = a_1 x_{i1} + a_2 x_{i2} + \cdots + a_n x_{in} + b + \varepsilon \tag{2-4}$$

式中，$f\left(x_i\right)$ 为待研究的目标值，i 为 n 组数据中的第 i 组；x_{i1}, x_{i2}，⋯, x_{in} 则为第 i 组数据在 n 个点的参数；$a_1, a_2, \cdots, a_n$ 为回归系数；b 为常数；ε 为随机误差。将式（2-4）用矩阵表达为

$$\boldsymbol{Y} = \boldsymbol{X}\beta + \varepsilon \tag{2-5}$$

使用最小二乘法得到 β 的解为

$$\beta = \left(\boldsymbol{X}^{\mathrm{T}}\boldsymbol{X}\right)^{-1}\boldsymbol{X}^{\mathrm{T}}\boldsymbol{Y} \tag{2-6}$$

推导过程如下：

记矩阵

$$\boldsymbol{X} = \begin{bmatrix} 1 & x_{11} & \cdots & x_{1n} \\ \vdots & \vdots & \vdots & \vdots \\ 1 & x_{n1} & \cdots & x_{nn} \end{bmatrix} \tag{2-7}$$

向量

$$\beta = \begin{bmatrix} \beta_0 \\ \beta_1 \\ \vdots \\ \beta_n \end{bmatrix} \tag{2-8}$$

$$\boldsymbol{Y} = \begin{bmatrix} \boldsymbol{Y}_1 \\ \boldsymbol{Y}_2 \\ \vdots \\ \boldsymbol{Y}_n \end{bmatrix} \tag{2-9}$$

则

$$f(x_i) = \boldsymbol{X}\beta + \varepsilon \tag{2-10}$$

损失函数为

$$J(\beta) = \sum_{i=1}^{n}\left[f(x_i) - \boldsymbol{Y}_i\right]^2 = (\boldsymbol{X}\beta - \boldsymbol{Y})^{\mathrm{T}}(\boldsymbol{X}\beta - \boldsymbol{Y}) \tag{2-11}$$

对损失函数求导并令其为 0，有

$$\frac{\partial J(\beta)}{\partial \beta} = 2\boldsymbol{X}^{\mathrm{T}}\boldsymbol{X}\beta - 2\boldsymbol{X}^{\mathrm{T}}\boldsymbol{Y} = 0 \tag{2-12}$$

解得

$$\beta = (\boldsymbol{X}^{\mathrm{T}}\boldsymbol{X})^{-1}\boldsymbol{X}^{\mathrm{T}}\boldsymbol{Y} \tag{2-13}$$

一元和多元线性回归算法计算简单，容易理解，适用于农产品的无损检测。只需要知道被测样品的某些成分的浓度和性质，就可以建立复杂的预测模型。孟庆龙等（2020）通过采集苹果的高光谱数据与苹果的可溶性固形物含量，利用多元线性回归算法建立苹果的可溶性固形物含量的预测模型，建模结果的预测集相关系数 R_{P} 达到 0.859。朱亚东等（2020）利用高光谱成像技术结合线性回归算法对掺假牛肉进行快速无损检测，其中预测集的决定系数 R_{P}^2 达 0.97。

非线性回归是待测目标随着自变量的变化在图形上呈现出曲线形式，即自变量与因变量之间没有线性关系，回归模型是一次以上的函数形式。在许多的实际问题中，研究所需要的待测目标往往与自变量没有较明确的线性关系，回归模型往往是较复杂的非线性函数。孙兰君等（2016）提出了适用于大范围乙醇浓度测量的非线性回归分析方法，对拉曼峰值强度比随乙醇浓度变化关系进行非线性回归分析，拟合相关系数高于 0.997，非线性回归模型乙醇浓度精确测量的适用范围为 3%～97%，解决了传统拉曼特征峰的峰比在线性回归算法下对乙醇浓度定量分析仅适用于较低浓度范围的问题。Paulo 等（2019）提出使用经过验证的非线性模型，将生物源性胺指数与传统质量参数相关联，对牛奶酸奶整体质量进行无损预测的方法，在牛奶酸奶存储过程中，可以实现对生物源性胺指数的准确预测。交叉验证相关系数 R_{V} 达到 0.869。

逻辑回归是一种简单且实用的分类算法，它不要求自变量和因变量之间有明确的线性关系，只需通过已有数据对分类边界建立回归方程进行分类（郭成，2019），可以适用于各种类型的关系。逻辑回归模型的因变量可以是二分类也可以是多分类，但二分类更常用，也更容易理解（兰云鹏等，2019）。所谓二分类就是判断事件的“有无”、“是否”及“成功”还是“失败”问题。逻辑回归模型仅在线性回归的基础上套用了一个逻辑函数，使其成为一种二分类算法，主要寻找危险因素、预测和判别等二分类模型（李姚舜和刘黎志，2019）。逻辑回归算法的核心步骤如图 2-18 所示，其目的是找到最佳的拟合参数，从而进行准确分类。

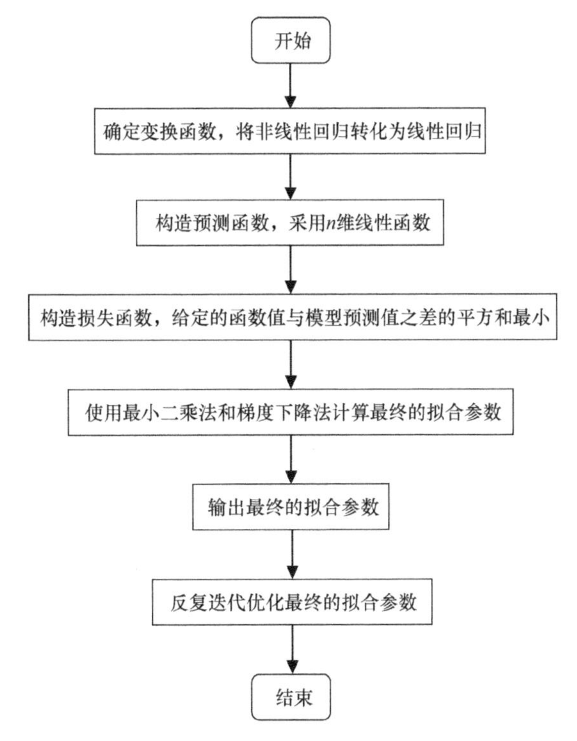

图 2-18　逻辑回归算法的核心步骤

Wei 等（2019）研究了基于高光谱成像技术的茶叶水分含量的视觉检测，设计了一个基于逻辑回归算法的逻辑回归分类器，通过将茶叶叶片正面和背面的光谱导入对应的回归模型中来识别茶叶的正面与背面，其识别正确率达到 100%。Goliáš 等（2021）研究了亚洲梨品种短期储藏挥发性物质的多元逻辑回归，逻辑回归分析结果表明不同品种和 20℃采收后的挥发性成分差异显著，主成分用所选变量的线性组合来表示，从而对梨的品种进行鉴别。Su 等（2011）为了研究苹果汁中有机酸与掺假苹果汁的关系，通过高效液相色谱测定样本中有机酸的种类和含量，在测得的包括原果汁和掺假果汁的有机酸种类和含量的基础上利用二元逻辑回归分析方法建立了判别模型，用以区别掺假苹果汁，模型的精确度达到 87.4%。逻辑回归不仅在光谱分析与无损检测方面有一定的应用，而且因为其在分类问题上计算量仅与特征数目相关，输出结果也方便调整而广泛应用于其他领域。

总体而言，线性与非线性回归及逻辑回归因其拥有算法较简单、建立的模型解释性较好、模型效果能达到要求、比较容易理解等优点已经被广泛应用，但它们也存在一些缺点，由于在实际问题中数据庞大、问题复杂，从而导致准确率不高，而且由于数据量大的问题很容易出现过拟合且过拟合现象明显，因此回归算法在这些方面还需要改进。

2.3.2 K-NN 分类算法

K-NN 分类算法即 K 近邻算法，是机器学习中一种基本的回归和分类算法，原理简单且代码容易实现。其核心思想是对给定的一个训练集，每当增加一个样本时，从给定的训练集找出与增加样本距离最近的 K 的样本，若在这 K 个训练集样本中有多数样本为同一类别，则新增样本也属于该类别（冯克鹏等，2019）。如图 2-19（a）所示，矩形点为需要预测的点，假设 K 等于 3，那么 K-NN 算法就会找到与它距离最近的 3 个点，即图中圈起来的 3 个点，从图中可以看出，三角形的个数多于圆点个数，所以新来的矩形点就归类到三角形了。但是，当 K 等于 5 时，如图 2-19（b）所示，此时圆点数多于三角形个数，所以新来的矩形点就被判别为圆点一类。

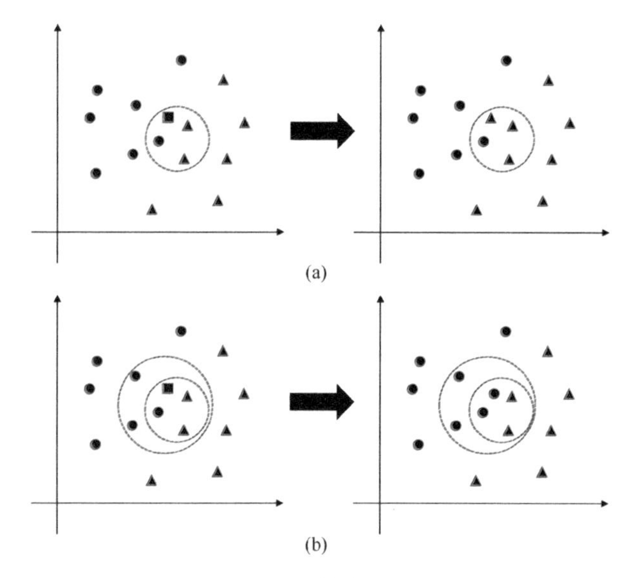

图 2-19 K-NN 算法分类示意图

对距离的度量通常有以下几种方式：设特征空间 $\boldsymbol{X}$ 是 n 维实数向量空间 $\boldsymbol{R}^n$, $\boldsymbol{x}_i, \boldsymbol{x}_j \in X$, $\boldsymbol{x}_i = \left(\boldsymbol{x}_i^{(1)}, \boldsymbol{x}_i^{(2)}, \cdots, \boldsymbol{x}_i^{(n)},\right)^{\mathrm{T}}$, $\boldsymbol{x}_j = \left(\boldsymbol{x}_j^{(1)}, \boldsymbol{x}_j^{(2)}, \cdots, \boldsymbol{x}_j^{(n)}\right)^{\mathrm{T}}$，$\boldsymbol{x}_i, \boldsymbol{x}_j$ 的 L_p 距离定义为

$$L_p\left(\boldsymbol{x}_i, \boldsymbol{x}_j\right) = \left(\sum_{l=1}^{n} |\, \boldsymbol{x}_i^{(l)} - \boldsymbol{x}_j^{(l)} \,|^p\right)^{\frac{1}{p}} \tag{2-14}$$

这里的 $p \geqslant 1$，当 $p=2$ 时，称为欧氏距离（Euclidean distance），即

$$L_2\left(\boldsymbol{x}_i, \boldsymbol{x}_j\right)=\left(\sum_{l=1}^{n}\left|\boldsymbol{x}_i^{(l)}-\boldsymbol{x}_j^{(l)}\right|^2\right)^{\frac{1}{2}} \tag{2-15}$$

当 p=1 时，称为曼哈顿距离（Manhattan distance），即

$$L_1\left(\boldsymbol{x}_i, \boldsymbol{x}_j\right)=\sum_{l=1}^{n}\left|\boldsymbol{x}_i^{(l)}-\boldsymbol{x}_j^{(l)}\right| \tag{2-16}$$

当 $p=\infty$时，它是各个坐标距离的最大值，即

$$L_\infty\left(\boldsymbol{x}_i, \boldsymbol{x}_j\right)=\max_l\left|\boldsymbol{x}_i^{(l)}-\boldsymbol{x}_j^{(l)}\right| \tag{2-17}$$

K-NN 算法流程如图 2-20 所示，其中，K 为算法的初始类别参数；m 为初始的最近邻元组的个数；L 为训练元组与测试元组之间的距离；$L_{\max}$ 为之前存入优先级队列中的最大距离（毋雪雁等，2017）。

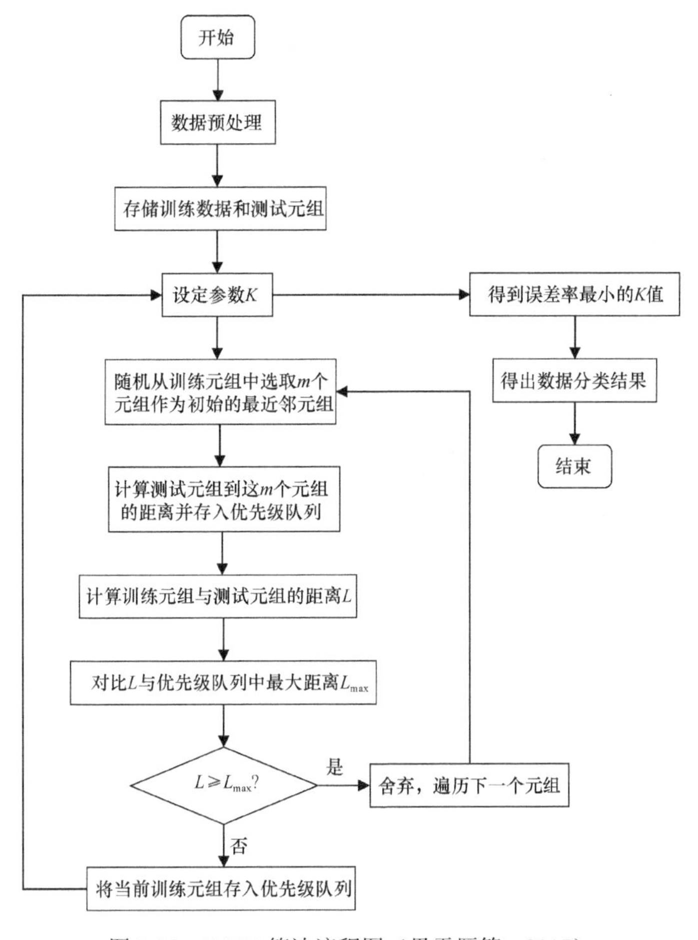

图 2-20　K-NN 算法流程图（毋雪雁等，2017）

K-NN 分类算法易于实现，相对于其他算法较为简单，不需要在预测前对模型进行训练，并且整个算法过程中只有参数 K 需要进行估计，运算量较小，所以在人脸识别、文字识别、医疗事业及图像识别处理等领域被广泛应用。Kamarol 等（2017）提出了一种改进的 K-NN 分类算法来进行人脸识别和文字识别，该算法基于加权投票方案构建面部特征表示，并使用隐马尔可夫模型将输入视频分类为 6 种基本表情之一，即愤怒、厌恶、恐惧、快乐、悲伤和惊讶，然后通过变化点检测器获得表达的时间片段，中性、开始和顶点，实验结果表明该方法在识别面部表情和估计表情强度方面表现出较好的性能。Teye 等（2019）研究探讨了手持式近红外光谱与化学计量学相结合的新方法在大米真实性和质量实时评估中的应用，通过 MSC+PCA+K-NN 分类算法对不同原产地的 520 份大米进行质量等级分类，训练集和预测集的分类速度分别达到 91.62%和 91.81%，基于不同原产地的大米识别率分别为 90.84%和 90.64%，结果表明该技术可以用来提供快速、无损的大米样本分类。这一技术可从工业和监管的角度加强质量控制检查员的工作，以迅速发现大米的掺假问题。Ni 等（2009）基于改进简化的 K-NN 分类算法对中国烤烟的近红外光谱模式识别，提出了一种基于误差分析和交叉验证的有效主成分数量优化方法，实验结果表明近红外光谱与 K-NN 分类算法相结合可以作为一种客观、快速的鉴别和鉴定烟叶或其他粉末样品的方法。虽然 K-NN 分类算法应用广泛，优点众多，但在分类精度、分类速度、如何处理缺失值及如何面对大量数据集和不平衡数据等方面还有待突破。

2.3.3 Adaboost 算法

Adaboost 算法起源于自适应提升（Boosting）算法，是一种十分有效的学习算法。作为 Boosting 算法中最成功的代表，Adaboost 算法被评为数据挖掘十大算法之一，应用十分广泛，其核心思想是针对同一个训练集训练不同的分类器，然后把这些分类器集合起来，构成一个更强的最终分类器（曹莹等，2013）。其算法流程如表 2-1 所示，其中第一行的 w_n 为第 n 条数据权重，第二行的 M 为分类器个数；第四行为计算总误差，$w_n^{(m)}$ 为第 m 个分类器中第 n 条数据的权重，$1\left[y_m\left(x_n\right) \neq t_n\right]$ 表示当预测结果和实际结果不一样时取值 1，否则取值 0；第五、六行的目的是使得错误预测的数据权重增加，更新一个权重用到一个参数 α_m，其中 ε_m 为错误权重率；第七行的公式表示进行权重更新，把第 m 个分类器产生的权重乘以新的参数传给第 m+1 个分类器；最后用公式 $Y_M\left(x\right) = \operatorname{sign}\left[\sum_{m=1}^{M} \alpha_m y_m\left(x\right)\right]$ 来进行数据预测。

表 2-1　Adaboost 算法

1: *Init data weights* $\{w_n\}$ *to* $\frac{1}{N}$
2: *for* $m = 1$ *to M do*
3: *fit a classifier* $y_m(x)$ *by minimizing weighted error function* J_m :
4: $J_m = \sum_{n=1}^{N} w_n^{(m)} 1[y_m(x_n) \neq t_n]$
5: *computer* $\varepsilon_m = \sum_{n-1}^{N} w_n^{(m)} 1[y_m(x_n) \neq t_n] / \sum_{n-1}^{N} w_n^{(m)}$
6: *evaluate* $\alpha_m = \lg\left(\frac{1-\varepsilon_m}{\varepsilon_m}\right)$
7: *update the data weights* : $w_n^{(m+1)} = w_n^{(m)} \exp\{\alpha_m 1[y_m(x_n) \neq t_n]\}$
8: *end for*
9: *Make predictions using the 9 final model*: $Y_M(x) = \text{sign}\left[\sum_{m=1}^{M} \alpha_m y_m(x)\right]$

Adaboost 算法凭借其能使几个弱分类器变成一个强分类器从而提高分类精度的优点被广泛应用，常与其他算法一起使用，用来提高其他算法的分类精度。

孙俊等（2013）提出了一种基于 Adaboost 算法及高光谱成像技术的生菜叶片氮素水平智能鉴别方法，利用 Adaboost 算法来提升 K 最近邻算法和支持向量机两种分类算法的分类性能，结果表明提升后的分类正确率达到 100%，且 Adaboost-SVM 分类算法的稳定性最好。詹文田等（2013）研究了基于 Adaboost 算法对田间猕猴桃的精准识别，通过 Adaboost 算法将不同的弱分类器用采集的猕猴桃果实和背景共 300 个样本点进行训练生成 1 个强分类器，强分类器分类精度为 94.20%，高于任意弱分类器，对 80 幅图像中 215 个猕猴桃进行试验，结果表明 Adaboost 算法可有效抑制天空、地表等复杂背景的影响，适合于自然场景下的猕猴桃图像识别，识别率高达 96.7%。张保华等（2014）提出了一种基于亮度校正和 Adaboost 算法的苹果缺陷与果梗花萼在线识别方法，随机提取图像校正后缺陷候选区的 7 个像素来分别代表候选区的特征，然后将 7 组特征放入 Adaboost 分类器中进行分类，最终总体识别率达到 95.7%。Adaboost 算法虽然可以将不同的分类算法作为弱分类器并利用了弱分类器进行级联，具有很高的精度，但其训练耗时、迭代次数不好确定及数据不平衡（廖红文和周德龙，2012）等问题还有待解决。

2.3.4　决策树算法

决策树算法是一种典型的分类算法，其整体形状为树状结构，在实际问题中，通过构造决策树来发掘数据中蕴涵的分类规则，将实际中的例子从根节点开始，排列到叶节点，对实际例子进行科学分类，对应节点是实际的分类（姜娜等，2019）。如何构造精度高、规模小的决策树是决策树算法的核心内容，决策树构造可以按如下两步进行。

（1）决策树的生成：由训练样本集生成决策树的过程。一般情况下，训练样本数据集是根据实际需要有历史的、有一定综合程度的，用于数据分析处理的数据集。

（2）第二步，决策树的剪枝：决策树的剪枝是对上一阶段生成的决策树进行检验、校正和修改的过程，主要是用新的样本数据集（称为测试数据集）中的数据校验决策树生成过程中产生的初步规则，将那些影响预衡准确性的分枝剪除（李航，2012），图 2-21 给出了决策树的构造过程。

```
输入  训练集D = {(x_1, y_1), (x_2, y_2), ···, (x_m, y_m)};
      特征集A = {a_1, a_1, ···, a_d}.
过程  函数Decision Tree(D, A)
1     生成节点 node;
2     if D中样本全属于同一类别C then
3       C类叶节点 node；return
4     end if
5     if A = Ø OR D中样本在A上取值相同 then
6       叶节点 node，记为D中样本数最多的类；return
7     end if
8     从A中选择最优划分特征a_*;
9     for a_*的每一个值a_*^v do
10      为 node 生成分支；D_v为D中取值a_*^v的样本集合
11      if D_v为空 then
12        创立叶节点，记为D_v中样本数最多的类；return
13      else
14        以Decision Tree(D_v, A\{a_*})为分支节点
15      end if
16    end for
输出  以 node 为根节点的决策树
```

图 2-21　决策树学习策略（李航，2012）

因最优划分属性选择的不同，决策树分类主要有 ID3、C4.5 和 CART 等几类，其特征划分原则及特点如表 2-2 所示。

表 2-2　决策树算法

算法	特征划分原则	算法特点
ID3	信息增益	简单，快速
C4.5	信息增益率	泛化能力强，可处理连续性特征
CART	基尼指数	可同时用于分类和回归，应用广泛

资料来源：李旭然和丁晓红，2019

ID3 算法运用信息熵理论，每次选择当前样本中最大信息增益的属性作为测试属性 a_*，信息熵计算公式如下：

$$E(D) = -\sum_{k=1}^{|y|} p_k \log_2 p_k \text{（韩成成等，2020）} \tag{2-18}$$

式中，p_k 为样本集 D 中属于类别 k 样本的比率；$|y|$ 为类别数。C4.5 算法在 ID3 算法的基础上进行了改进，选择信息增益率为特征划分原则，其定义如下：

$$G\_r(D, a) = \frac{G(D,a)}{\mathrm{IV}(a)} \text{（韩成成等，2020）} \tag{2-19}$$

式中，$G(D, a)$ 为信息增益；$\mathrm{IV}(a)$ 为属性 a 的分裂信息。CART 算法采用基尼指数为特征划分原则，基尼指数越小，数据集的纯度越高，其公式如下：

$$G\_i(D, a) = \sum_{v=1}^{V} \frac{|D^v|}{|D|} G(D^v) \text{（韩成成等，2020）} \tag{2-20}$$

式中，$G(D^v)$ 为样本集中的随机样本；D 为样本集；v 为分支结点；D^v 表示第 v 个分支结点包含了 D 中所有在属性 a 上取值相同的样本。

决策树算法易于解释和理解，并且可以很容易地想象出决策树的结构（武亦文，2017），处理速度较快且正确率高。吴进玲等（2019）通过决策树算法和 BP 神经网络对完好、霉变及破损的 3 种葵花子分别进行检测识别，结果显示，决策树算法采纳两个特征值正确率达到 99.25%。同时决策树算法也很容易出现过拟合问题，对缺失数据处理比较困难。刘平等（2017）针对农作物病虫害诊断过程中缺失值会降低分类精度的问题，提出了结合贝叶斯理论的决策树分类算法，通过贝叶斯方法预测并填充缺失值对 C4.5 决策树算法进行改进，用改进后的 C4.5 决策树算法来对病虫害分类诊断，并利用不同的农作物数据集对模型进行验证，从而对农作物病虫害的防治起到了积极的作用。Velásquez 等（2017）基于决策树算法开发了一个通过高光谱成像技术来分类牛肉大理石花纹的系统，对用高光谱采集的图像的感兴趣区域采用基于决策树算法的图像处理算法，分类误差仅为 0.08%，结果表明，该方法是一种快速、无损的牛肉纹理分类方法，具有很大的应用潜力。

2.3.5　朴素贝叶斯算法

朴素贝叶斯（naive Bayes）法是一种基于贝叶斯定理与特征条件独立假设的分类方法，在机器学习中被广泛应用。朴素贝叶斯法基于贝叶斯决策论（Bayesian decision theory），贝叶斯决策论是概率框架下实施决策的基本方法。对于一个分类任务来说，在所有相关概率都已知的理想情况下，贝叶斯决策论考虑如何基于这些概率和误判损失来确定预测类别。朴素贝叶斯法易于实现，对于给定的训练数据集，首先基于特征条件独立假设学习输入输出的联合概率分布，然后基于此模型，对于

给定的输入 x，利用贝叶斯定理求出后验概率最大的输出 y（李航，2012）。

设输入空间 $\chi \subseteq \boldsymbol{R}^n$ 为 n 维向量的集合，输出空间为类标记集合 $\gamma=\{c_1, c_2, \cdots, c_k\}$。输入为特征向量 $x\in\chi$，输出为类标记 $y\in\gamma$。X 是定义在输入空间 χ 上的随机向量，Y 是定义在输出空间 γ 上的随机变量。P（X，Y）是 X 和 Y 的联合概率分布。

$$T=\{(x_1,y_1),\ (x_2,y_2),\cdots,(x_N,y_N)\} \tag{2-21}$$

式中，T 为训练数据集，由 P（X，Y）抽样产生，服从独立同分布。朴素贝叶斯法通过训练数据集学习联合概率分布 P（X，Y），即学习以下先验概率分布及条件概率分布。

先验概率分布：

$$P(Y=c_k),\ k=1,\ 2,\cdots,K \tag{2-22}$$

条件概率分布：

$$\begin{aligned}&P(X=x \mid Y=c_k)=P\left(X^{(1)}=x^{(1)},\cdots,\ X^{(n)}=x^{(n)} \mid Y=c_k\right)\\&k=1,\ 2,\cdots,K\end{aligned} \tag{2-23}$$

通过学习以上两种概率分布，可以学习到联合概率分布 P（X，Y）。对于条件概率分布 P（$X=x|Y=c_k$），有指数级数量的参数，实际上对其的估计是不可行的。假设 $x^{(j)}$ 可取的值有 S_j 个，$j=1,2,\cdots,n$，Y 可取的值有 K 个，那么参数的个数为 $K\prod_{j=1}^{n}S_j$ 个。

朴素贝叶斯法对条件概率分布做了条件独立性的假设，由于这是一个较强的假设，朴素贝叶斯法也由此得名。条件独立性假设为

$$\begin{aligned}P(X=x \mid Y=c_k)&=P\left(X^{(1)}=x^{(1)},\cdots,X^{(n)}=x^{(n)} \mid Y=c_k\right)\\&=\prod_{i=1}^{n}P\left(X^{(j)}=x^{(j)} \mid Y=c_k\right)\end{aligned} \tag{2-24}$$

朴素贝叶斯法实际上学习到生成数据的机制，所以属于生成模型。条件独立假设可理解为用于分类的特征在类确定的条件下都是条件独立的。这一假设使朴素贝叶斯法变得简单，但有时会牺牲一定的分类准确率。

朴素贝叶斯法分类时，对给定的输入 x，通过学习到的模型计算后验概率分布 P（$Y=c_k|X=x$），将后验概率最大的类作为 x 的类输出。后验概率计算根据贝叶斯定理进行，即

$$P(Y=c_k \mid X=x)=\frac{P(X=x \mid Y=c_k)P(Y=c_k)}{\sum_k P(X=x \mid Y=c_k)P(Y=c_k)} \tag{2-25}$$

将式（2-24）代入式（2-25）中，得到：

$$P\left(Y=c_k \mid X=x\right)=\frac{P\left(Y=c_k\right)\prod_j P\left(X^{(j)}=x^{(j)} \mid Y=c_k\right)}{\sum_k P\left(Y=c_k\right)\prod_j P\left(X^{(j)}=x^{(j)} \mid Y=c_k\right)} \tag{2-26}$$

这是朴素贝叶斯法分类的基本公式。于是，朴素贝叶斯分类器可表示为

$$y=f(x)=\arg\max_{c_k}\frac{P\left(Y=c_k\right)\prod_j P\left(X^{(j)}=x^{(j)} \mid Y=c_k\right)}{\sum_k P\left(Y=c_k\right)\prod_j P\left(X^{(j)}=x^{(j)} \mid Y=c_k\right)} \tag{2-27}$$

注意到，在式（2-27）中分母对所有 c_k 都是相同的，所以，

$$y=\arg\max_{c_k} P\left(Y=c_k\right)\prod_j P\left(X^{(j)}=x^{(j)} \mid Y=c_k\right) \tag{2-28}$$

朴素贝叶斯法将实例分到后验概率最大的类中，这等价于期望风险最小化。假设选择 0～1 损失函数：

$$L\left(Y,f\left(X\right)\right)=\begin{cases}1, & Y\neq f\left(X\right)\\0, & Y=f\left(X\right)\end{cases} \tag{2-29}$$

式中，$f\left(X\right)$为分类决策函数。这时，期望风险函数为

$$R_{\exp}\left(f\right)=E\left[L\left(Y,f\left(X\right)\right)\right] \tag{2-30}$$

期望是对联合分布 P（X，Y）取的，由此取条件期望：

$$R_{\exp}\left(f\right)=E_X\sum_{k=1}^{k}\left[L\left(c_k,f\left(X\right)\right)\right]P\left(c_k \mid X\right) \tag{2-31}$$

为了使期望风险最小化，只需对 $X=x$ 逐个极小化，由此得到：

$$\begin{aligned}f(x)&=\arg\min_{y\in\gamma}\sum_{k=1}^{k}L(c_k,y)P(c_k \mid X=x)\\&=\arg\min_{y\in\gamma}\sum_{k=1}^{k}P(y\neq c_k \mid X=x)\\&=\arg\min_{y\in\gamma}\left[1-P(y=c_k \mid X=x)\right]\\&=\arg\min_{y\in\gamma}P(y=c_k \mid X=x)\end{aligned} \tag{2-32}$$

这样，根据期望风险最小化标准就得到了后验概率最大化准则，这就是朴素贝叶斯法采用的原理。

在实际应用中，朴素贝叶斯算法具有稳定的分类效率，对于小规模的数据表现良好，能处理多分类任务，算法较简单，常用于文本分类，是一种较常用的分类算法，被广泛应用于机器学习。

2.3.6　随机森林算法

随机森林算法与朴素贝叶斯算法、Adaboost 算法及决策树算法都属于机器学

习算法中解决分类问题的算法，但后三者都是单个分类器，很容易出现过拟合的问题并且在对其提升性能时会出现瓶颈（王奕森和夏树涛，2018），而随机森林算法属于集成学习算法，是由多个决策树组成，通过反复二分数据进行分类，不仅计算量大大降低，运行速度和精度也大大提高。

随机森林顾名思义，是用随机的方式建立一个森林，森林由很多的决策树组成，随机森林的每一棵决策树之间是没有关联的。在得到森林之后，当有一个新的输入样本进入的时候，就让森林中的每一棵决策树分别进行判断，看看这个样本应该属于哪一类（对于分类算法），然后看看哪一类被选择最多，就预测这个样本为这类。随机森林分类是由很多决策树分类模型组成的组合分类模型，每个决策树分类模型都有一票投票权来选择最优的分类结果。随机森林分类的基本思想：首先，利用 Bootstrap 抽样（随机且有放回的抽样）从原始训练集抽取 k 个样本，每个样本的容量都与原始训练集一样；然后，对 k 个样本分别建立 k 个决策树模型，得到 k 种分类结果；最后，根据 k 种分类结果对每个记录进行投票表决其最终分类。其示意图如图 2-22 所示。

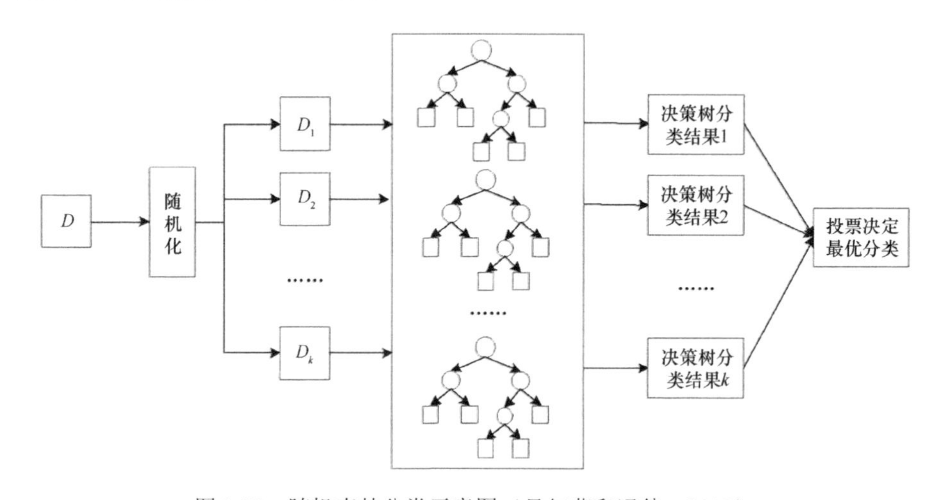

图 2-22 随机森林分类示意图（吕红燕和冯倩，2019）

近年来，随机森林算法由于其优秀的分类表现被广泛应用。李盛芳等（2018）针对水果糖分近红外光谱复杂多变、模型传递性较差的问题研究了利用随机森林算法对不同水果糖分进行预测。实验以 20 个‘红富士’苹果、5 个‘冰糖心’苹果、15 个‘黄元帅’苹果及 10 个梨作为研究对象，将采集的近红外光谱分别用 PLS 和随机森林算法进行建模与调试，结果表明，对于同一种类水果，两种方法的预测结果均较好，但是对于不同种类的水果，随机森林算法明显增加了模型的预测能力，将建模的 R^2 由 PLS 的 0.878 提高到了 0.999，将建模的 $RMSEC$ 由 0.453 降低到了 0.015。这一研究证明了随机森林算法有望应用于多种水果糖分的近红外光谱测定，进而解决模型的普适性和传递性问题。Liu 等（2020）基于近红外光谱和区间随机森林算法对奶油中日落黄含量进行了检测。利用区间随机森林算法将原始波长区域划分为 n 个等宽子区间，对每个子区间进行森林回归，建立日落黄含量的局部回归模型，然后从 n 个子区间模型中得到一个最佳的预测模型，最终预测集的决定系数 R^2 达到 0.8965，预测均方根误差 $RMSEP$ 为 0.2454，实验结果表明近红外光谱结合区间随机森林算法是一种快速、无损的检测奶油中日落黄含量的方法。

总体来看，随机森林算法在数据集上表现良好，随机性的引入使得随机森林不容易陷入过拟合，在训练过程中能够检测到各个特征间的互相影响，算法比较容易实现。但在处理高维数据及如何与其他算法相结合方面还有待研究。

2.3.7　K 均值聚类算法

随着大数据时代的到来，社会生活中每天都有大量的数据生成，许多数据是未经处理的原始数据。通常，数据源未知、数据结构不完整、数据没有标签都会导致在分析数据时出现各种问题。如何在大量数据中找到真正有意义的数据，以及如何对这些无序数据进行分类，成为当前研究的关键。因此，聚类分析方法在处理这些未标记数据时发挥了特别关键的作用（Yu et al.，2020）。聚类分析是一种数据预处理的重要手段，目前在统计学、生物学、数据库技术和市场营销等诸多领域得到了广泛应用（陈友，2015）。

K 均值聚类算法是基于数据分区的经典聚类方法。其主要思想是将原始数据归分到 k 聚类中，以便具有类似属性的数据位于同一组中，如图 2-23 所示，左图为原始数据点，右图为 k 等于 3 时的聚类结果。

主要处理过程如下所述。

（1）从原始数据集中随机选取 k 个样品，将这 k 个样品作为 k 个聚类的聚类中心。

（2）分别计算剩余样品与这 k 个聚类中心之间的距离，找出最小距离，把样品归入最近的聚类中心。

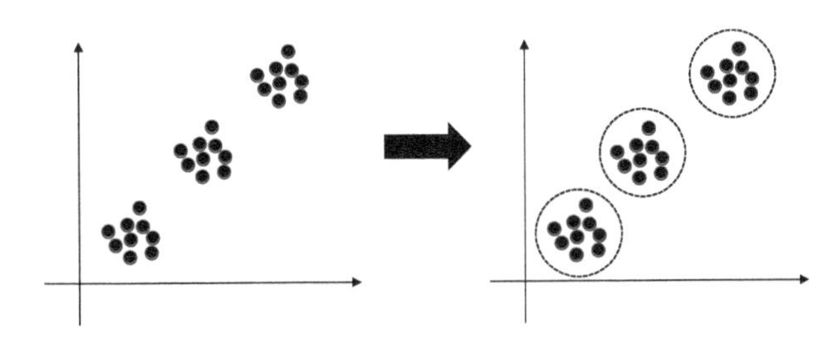

图 2-23　K 均值聚类

（3）根据聚类结果，重新计算各聚类各自的中心，修改中心点的值为本类所有样品的均值（杨娟和屈传慧，2017）。

（4）将原始数据集中所有元素按照新的聚类中心重新聚类。

（5）重复步骤（4），直到样本群不再更改。

（6）将结果输出。

传统的K均值聚类算法表达式如式（2-33）所示（Yu et al.，2020）：

$$E=\min\sum_{i=1}^{k}\sum_{j=1}^{n}Z_{ij}\parallel X_j-u_i\parallel^2 \tag{2-33}$$

式中，E为原始数据中所有对象误差平方和；Z_{ij}为数据点，X_j被归类到u_i时为1，否则为0；X_j为数据集X的第j个样本；u_i为第i个聚类中心。误差平方和越小，表明聚类中心数据的集中性越好，即得到的聚类效果越好（Sahoo et al.，2012）。聚类效果的评估指标通常有轮廓系数、兰德系数、互信息、Calinski-Harabaz指数、同质性及完整性等（徐文进等，2020），其中轮廓系数和Calinski-Harabaz指数较为常用。单个样品X_i的轮廓系数表达式如下（刘金坤等，2021）：

$$S=\frac{b-a}{\max\left(a,b\right)} \tag{2-34}$$

式中，a为X_i与它同类别中其他样品的平均距离；b为X_i与最近类中所有样品的平均距离。

Calinski-Harabaz指数计算简单直接，得到的分数值越大则聚类效果越好，其计算公式如下：

$$s\left(k\right)=\frac{t_r\left(B_k\right)}{t_r\left(W_k\right)}\frac{m-k}{k-1} \tag{2-35}$$

式中，m为训练集样本数；k为类别数；B_k为类别之间的协方差矩阵；W_k为类别内部数据的协方差矩阵；t_r为矩阵的迹。

K均值聚类算法原理简单，容易实现，在图像分割、图像处理、机器学习、模式识别等方面表现优异。徐黎明和吕继东（2015）针对自然环境下光照不均杨梅果实分割效果不理想问题展开研究，利用同态滤波算法对HSV颜色空间下杨梅图像V分量进行亮度增强以补偿光线，再用K均值聚类算法在Lab颜色空间中对彩色杨梅图像进行分割，算法流程如图2-24所示，并将结果与其他图像分割算法相比较。实验结果表明，该算法的分割误差、假阳性率、假阴性率的平均值分别为3.78%、0.69%和6.8%，分别比光线补偿前降低了21.01个、12.79个和21.14个百分点，验证了该算法能有效地分割出杨梅目标，保证了杨梅目标在颜色、纹理和形状方面的完整度。

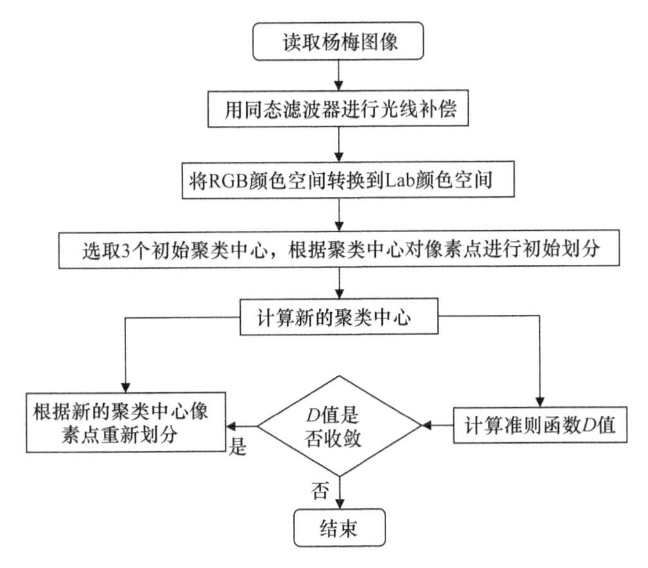

图 2-24　算法流程图（徐黎明和吕继东，2015）

王海超等（2020）针对木质部交互统计误差大、效率低、重现性差、劳动强度高和传统图像处理算法精度不理想等问题，提出基于 K 均值聚类算法和环形结构提取算法相结合，实现木质部准确提取的方法。试验结果如表 2-3 所示，采用 K 均值聚类算法对光照补偿后的木质部图像初分割误差 *R*、过分割误差 *OR* 和欠分割误差 *UR* 均值分别为 5.15%、1.48%和 6.46%，优于未光照补偿和 3R-G-B 算法。

表 2-3　K 均值聚类算法与 3R-G-B 算法对测试图像分割效果

初分割算法	光照不均校正	评价指标		
		R	*OR*	*UR*
K 均值聚类算法	未光照补偿	28.75	9.23	19.47
	光照补偿后（同态滤波）	5.15	1.48	6.46
3R-G-B 算法	光照补偿后（同态滤波）	15.58	6.06	11.42

资料来源：王海超等，2020

2.3.8　支持向量机算法

支持向量机是基于统计学习的一种数据挖掘算法，常用于处理数据的回归与分类问题，在很大程度上解决了“维数灾难”和“过学习”等问题，其出色的表现使得支持向量机在模式识别、回归分析、基因测序与分类及时间测序等诸多领域被广泛应用（汪海燕等，2014）。

支持向量机的目的是找到一个满足分类要求的最大间隔超平面，使得该超平面在保证分类精度的同时，能够使超平面两侧的空白区域最大化（丁世飞等，2011）。理论上，支持向量机能够实现对线性可分数据的最优分类。在二维空间中，两类点被一条直线完全分开称为线性可分，如图 2-25 所示。

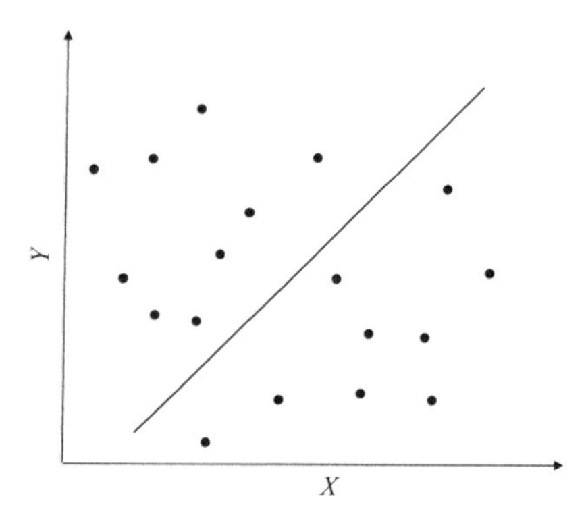

图 2-25　线性可分

支持向量机目标就是找到各类样本点到超平面的距离最远，也就是找到最大间隔超平面。任意超平面都可以用式（2-36）来表示：

$$\omega^{\mathrm{T}} x + b = 0 \tag{2-36}$$

式中，ω^{T} 为任意向量；b 为实数；x 为满足公式的未知量。

而二维空间点 (x, y) 到直线 $Ax + By + C = 0$ 的距离公式是：

$$D = \frac{|Ax + By + C|}{\sqrt{A^2 + B^2}} \tag{2-37}$$

扩展到 n 维空间后，点 $x = (x_1, x_2, \cdots, x_n)$ 到直线 $\omega^{\mathrm{T}} x + b = 0$ 的距离为

$$D = \frac{|\omega^{\mathrm{T}} x + b|}{\|\omega\|} \tag{2-38}$$

式中，$\|\omega\| = \sqrt{\omega_1^2 + \omega_2^2 + \cdots + \omega_n^2}$ 。

如图 2-26 所示，$L1$ 为最大间隔超平面，$L2$ 与 $L3$ 为超平面，$L2$ 和 $L3$ 上的点称为支持向量。

于是可以得到如下的公式：

$$\begin{cases} \dfrac{|\omega^{\mathrm{T}} x + b|}{\|\omega\|} \geqslant d & y = 1 \\ \dfrac{|\omega^{\mathrm{T}} x + b|}{\|\omega\|} \leqslant -d & y = -1 \end{cases} \tag{2-39}$$

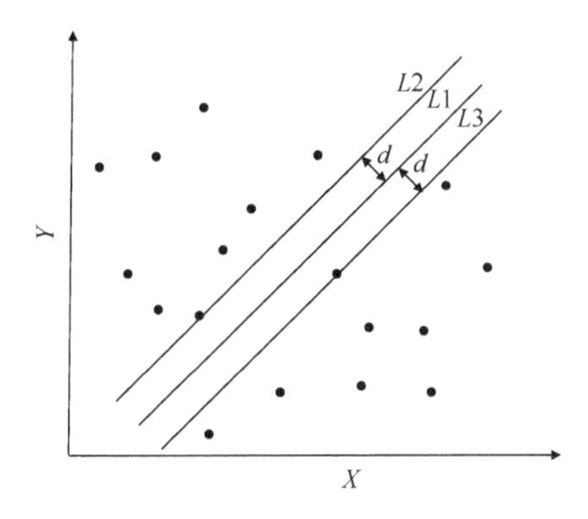

图 2-26　最大间隔超平面

由于 d 大于 0，转换一下得：

$$\begin{cases} \dfrac{|\omega^{\mathrm{T}}x+b|}{\|\omega\|d} \geqslant 1 & y=1 \\ \dfrac{|\omega^{\mathrm{T}}x+b|}{\|\omega\|d} \leqslant -1 & y=-1 \end{cases} \tag{2-40}$$

于是可以得到最大间隔超平面的上下两个超平面，由式（2-41）表示：

$$y\left(\omega^{\mathrm{T}}x+b\right) \geqslant 1 \tag{2-41}$$

由于 $y\left(\omega^{\mathrm{T}}x+b\right) \geqslant 1 > 0$ 可以得到 $y\left(\omega^{\mathrm{T}}x+b\right) = \left|\omega^{\mathrm{T}}x+b\right|$，所以：

$$d = \frac{y\left(\omega^{\mathrm{T}}x+b\right)}{\|\omega\|} \tag{2-42}$$

最大化这个距离：

$$\max\ 2\times\frac{y\left(\omega^{\mathrm{T}}x+b\right)}{\|\omega\|} \tag{2-43}$$

支持向量 $y\left(\omega^{\mathrm{T}}x+b\right)=1$，所以 $\max\dfrac{2}{\|\omega\|}$，即 $\min\dfrac{1}{2}\|\omega\|$，为了方便计算，去除 $\|\omega\|$ 的根号，即有 $\min\dfrac{1}{2}\|\omega\|^2$，所以得到的支持向量机最优化问题是：

$$\begin{gathered} \min\frac{1}{2}\|\omega\|^2 \\ \text{subject to}\ \ y_i\left(\omega^{\mathrm{T}}x_i+b\right) \geqslant 1 \quad i=1,2,\cdots,n \end{gathered} \tag{2-44}$$

式（2-44）也被称为二次规划问题。

在求解ω和 b 的过程中涉及对偶性及约束问题，对偶性问题其实就是将式（2-45）转换为式（2-46）：

$$\begin{aligned}&\min_{\omega}\max_{\lambda} L(\omega,\lambda)\\&\text{s.t.}\quad \lambda_i \geqslant 0\end{aligned} \tag{2-45}$$

$$\begin{aligned}&\min_{\lambda}\max_{\omega} L(\omega,\lambda)\\&\text{s.t.}\quad \lambda_i \geqslant 0\end{aligned} \tag{2-46}$$

假设已知原线性规划M_1及其对偶性规划M_2，M_1和M_2用矩阵表示如下：

$$(M_1)\begin{cases}\max(Cx)\\ \text{s.t.}\begin{cases}Ax \leqslant b\\ x \geqslant 0\end{cases}\end{cases} \tag{2-47}$$

$$(M_2)\begin{cases}\min\left(b^{\mathrm{T}}y\right)\\ \text{s.t.}\begin{cases}A^{\mathrm{T}}y \geqslant C^{\mathrm{T}}\\ y \geqslant 0\end{cases}\end{cases} \tag{2-48}$$

若M_1有一个可行解x_0，M_2有一个可行解y_0，则有$Cx_0 = b^{\mathrm{T}}y_0$，则M_1与M_2具有弱对偶性；若x_0、y_0分别为M_1、M_2的最优解，且$Cx_0 = b^{\mathrm{T}}y_0$，则M_1与M_2具有强对偶性。而约束问题可以用拉格朗日乘数法来解决，所以构造拉格朗日函数：

$$\begin{aligned}&\min_{\omega,b}\max_{\lambda} L(\omega,b,\lambda) = \frac{1}{2}\|\omega\|^2 + \sum_{i=1}^{n}\lambda_i\left[1 - y_i\left(\omega^{\mathrm{T}}x_i + b\right)\right]\\&\text{s.t.}\quad \lambda_i \geqslant 0\end{aligned} \tag{2-49}$$

将式（2-49）左边利用强对偶性转化为式（2-50）：

$$\min_{\lambda}\max_{\omega,b} L(\omega,b,\lambda) \tag{2-50}$$

对参数ω、b求偏导并令偏导数为 0：

$$\frac{\partial L}{\partial \omega} = \omega - \sum_{i=1}^{n}\lambda_i x_i y_i = 0 \tag{2-51}$$

$$\frac{\partial L}{\partial b} = \sum_{i=1}^{n}\lambda_i y_i = 0 \tag{2-52}$$

由式（2-51）与式（2-52）解得：$\sum_{i=1}^{n}\lambda_i x_i y_i = \omega,\ \sum_{i=1}^{n}\lambda_i y_i = 0$

由于$\lambda_i > 0$对应的点都是支持向量，所以假设(x_k, y_k)为支持向量，代入得：

$$y_k(\omega x_k + b) = 1 \tag{2-53}$$

因为$y_k^2 = 1$，所以联立式（2-51）、式（2-52）及式（2-53）解得：

$$\omega = \sum_{i=1}^{n} \lambda_i x_i y_i \tag{2-54}$$

$$b = y_s - \omega x_s \tag{2-55}$$

ω 和 b 求出后，即能构造最大分割超平面：

$$\omega^{\mathrm{T}} x + b = 0 \tag{2-56}$$

最优分类函数为

$$f(x) = \mathrm{sign}\left(\omega^{\mathrm{T}} x + b\right) \tag{2-57}$$

支持向量机研究的主要问题就是二次规划问题的求解，传统的支持向量机算法在计算上存在许多问题，继而有很多学者提出了相应算法，主要包括块算法、分解算法、序列最小优化算法、模糊支持向量机、最小二乘支持向量机及多分类支持向量机等（汪海燕等，2014）。张晓雪等（2020）针对甘薯早期冷害不易检测导致甘薯品质下降、易感染其他病害等问题，提出了基于支持向量机的甘薯冷害光谱检测方法。利用支持向量机算法对数据集进行训练评价，检测特征光谱波长的准确性及甘薯早期冷害发生情况，通过对 5 个甘薯品种共 400 个样品进行实验，以训练数据与测试数据 5∶5 的比例检测甘薯冷害准确率高达 99.52%，以 7∶3 的比例测试结果高达 99.63%。Ji 等（2019）针对传统手工选择马铃薯的分类方法具有效率低、劳动强度高及误差大等缺陷，提出了一种基于高光谱成像技术和支持向量机的马铃薯分类方法，通过采集不同类型马铃薯的高光谱图像，对其进行掩膜及降维等处理后，建立支持向量机模型并用于分类，分类精度可达 90%，证明该方法可以提高马铃薯的分类准确性和速度。支持向量机算法有着严格的数学理论支持，可解释性强，基于统计学的知识简化了通常的分类与回归问题，但在训练时间、空间复杂度及如何高效处理海量数据方面还有待突破。

2.3.9　深度学习算法

深度学习是机器学习领域内近几年发展最为火热的一个研究方向，机器学习领域的研究方向是人工智能，其初衷也是人工智能，随着深度学习的引入，机器学习越发接近最初的人工智能目标。深度学习是学习样本数据的内在规律和表示层次，这些学习过程中获得的信息对诸如文字、图像及声音等数据的解释有很大的帮助。它的最终目标是使机器能够像人一样具有分析学习的能力，能够识别文字、图像和声音等数据。

机器学习领域有两次浪潮，第一次浪潮是浅层学习。20 世纪 80 年代末期，人工神经网络的反向传播算法（BP 算法）的发明，给机器学习带来了希望，掀起了基于统计模型的机器学习热潮，这个热潮一直持续到今天。人们发现，利用 BP

算法可以让一个人工神经网络模型从大量训练样本中学习统计规律，从而对未知事件做预测。这种基于统计的机器学习方法比起过去基于人工规则的系统，在很多方面显出优越性。这个时候的人工神经网络实际是一种只含有一层隐层节点的浅层模型。

20 世纪 90 年代，各种各样的浅层机器学习模型相继被提出，如支撑向量机（SVM）、Boosting、最大熵方（LR）等。这些模型的结构基本上可以看成带有一层隐层节点（如 SVM、Boosting），或没有隐层节点（如 LR）。这些模型无论是在理论分析中还是在应用中都获得了巨大的成功。相比之下，由于理论分析的难度大，训练方法又需要很多经验和技巧，这个时期浅层人工神经网络反而相对沉寂。

深度学习是机器学习的第二次浪潮，2006 年，机器学习领域的泰斗 Geoffrey Hinton 和他的学生 Ruslan Salakhutdinov 首次提出机器学习的概念，其基本思想就是对于一个系统的每个层来说，这个层的输出作为下个层的输入，以此来实现对输入信息进行分级表达（张沛阳，2020）。假设有一个系统 S，该系统中有 n 层，包括 $S_1, S_2, \cdots, S_n$，输入为 I，输出为 O，即 S 的信息传递可表示为 S $=>S_1=>S_2=>\cdots=>S_n=>O$，如果输出 O 等于输入 I，即输入 I 经过这个系统变化之后没有任何的信息损失，保持了不变，这意味着输入 I 经过每一层 S_i 都没有任何的信息损失，即在任何一层 S_i，它都是原有信息（输入 I）的另外一种表示，这里假设了输出等于输入，这一条件太过严格，可以略微放松这一条件，使得输出与输入之间的差距尽可能地小即可，这样可以产生另外一类不同的深度学习方法。

当前多数分类、回归等学习方法为浅层结构算法，其局限性在于有限样本和计算单元情况下对复杂函数的表示能力有限，针对复杂分类问题其泛化能力受到一定制约。深度学习可通过学习一种深层非线性网络结构，实现复杂函数逼近，表征输入数据分布式表示，并展现了强大的从少数样本集中学习数据集本质特征的能力，多层的好处是可以用较少的参数表示复杂的函数，如图 2-27（b）所示。

深度学习的实质，是通过构建具有很多隐层的机器学习模型和海量的训练数据，来学习更有用的特征，从而最终提升分类或预测的准确性。因此“深度模型”是手段，“特征学习”是目的。如图 2-28 所示，区别于传统的浅层学习，深度学习的不同在于：①强调了模型结构的深度，通常有 5 层、6 层，甚至 10 多层的隐层节点；②明确突出了特征学习的重要性，也就是说，通过逐层特征变换，将样本在原空间的特征表示变换到一个新特征空间，从而使分类或预测更加容易。与人工规则构造特征的方法相比，利用大数据来学习特征，更能够刻画数据的丰富内在信息。

深度学习的概念源于人工神经网络的研究。含多隐层的多层感知器就是一种深度学习结构。深度学习通过组合低层特征形成更加抽象的高层表示属性类别或特征，以发现数据的分布式特征表示。深度学习与传统的神经网络之间有相同的地方也有很多不同。二者的相同之处在于深度学习采用了神经网络相似的分层结

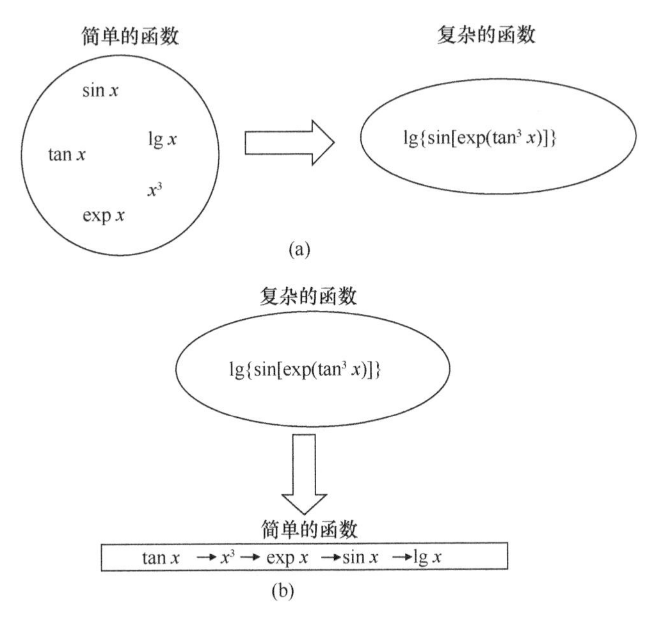

图 2-27　（a）复杂函数表示简单函数；（b）简单函数表示复杂函数

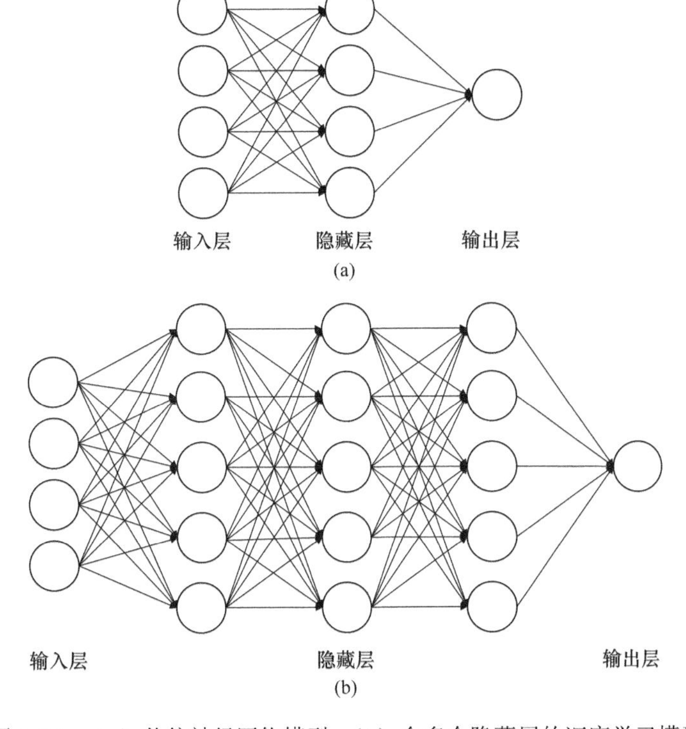

图 2-28　（a）传统神经网络模型；（b）含多个隐藏层的深度学习模型

构，系统是由包括输入层、隐层（多层）、输出层组成的多层网络，只有相邻层节点之间有连接，同一层及跨层节点之间相互无连接，每一层可以看作是一个逻辑回归模型；这种分层结构，是比较接近人类大脑结构的。

对于深度学习模型，往往要在网络中加入激活层，其目的是让每层运算结果添加非线性，来解决线性不可分的问题。常用的激活函数有 3 种，分别是阶跃函数、Sigmoid 函数和 ReLU 函数，其形式如图 2-29 所示。

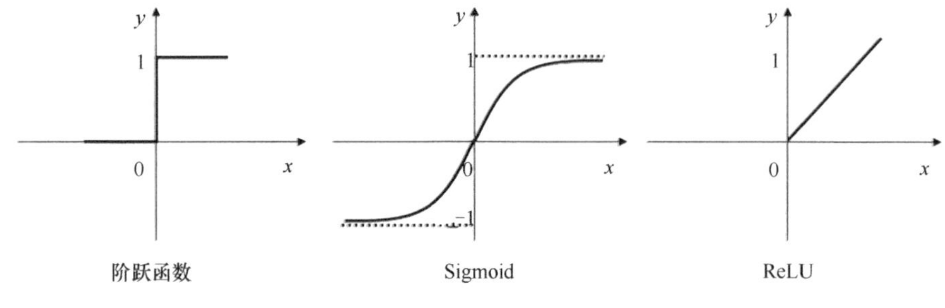

图 2-29　3 种常用的激活函数

其中，阶跃函数输出值是跳变的，且只有二值，较少使用；Sigmoid 函数在当 x 的绝对值较大时，曲线的斜率变化很小（梯度消失），并且计算较复杂；ReLU 是当前较为常用的激活函数。

2.3.10　卷积神经网络算法

卷积神经网络是深度学习的典型模型，卷积神经网络是一类包含卷积计算并且含有深层次结构的深度前馈神经网络，是深度学习的代表算法之一（Goodfellow et al.，2016）。21 世纪后，随着深度学习理论的提出和数值计算设备的改进，卷积神经网络得到了快速发展。卷积神经网络中隐含层低层中的卷积层与池化层交替连接，构成了卷积神经网络的核心模块，高层由全连接层构成。卷积层用于提取输入的特征信息，由若干卷积单元组成，每个卷积单元的参数都是通过反向传播算法优化得到的，通过感受野（receptive field，RF）对输入图片进行有规律地移动，并与所对应的区域作卷积运算提取特征；低层卷积只能提取到低级特征，如边缘、线条等，高层卷积可以提取更深层的特征。池化层的作用为压缩特征图，提取主要特征，简化网络计算的复杂度。池化方式一般有两种：均值池化与最大池化。全连接层位于卷积神经网络的最后，给出最后的分类结果，在全连接层中，特征图会失去空间结构，展开为特征向量，并把由前面层级所提取到的特征进行非线性组合后输出（李炳臻等，2021）。

卷积神经网络相对于传统方法，其优点在于可自动提取目标特征，发现样本集中特征规律，解决了手动提取特征效率低下、分类准确率低的问题，因此卷积神经网络被广泛应用于图像分类、目标识别、自然语言处理等领域（Sun et al.，2020），取得了瞩目的成就。

张思雨等（2020）以花生质量自动化检测为研究目标，提出了一种基于机器视觉与自适应卷积神经网络的花生质量检测方法，通过构建花生图像数据库用于识别花生的常见缺陷，包括霉变、破碎、干瘪等，然后建立卷积神经网络自动提取花生图像特征，试验结果表明，该方法对花生常见缺陷的平均识别率达 99.7%，与传统的深度网络相比实现了更高的收敛速度与识别精度。祝诗平等（2020）为了快速、准确识别小麦籽粒的完整粒和破损粒，设计了基于卷积神经网络（CNN）的小麦籽粒完整性图像检测系统，采用 LeNet-5、AlexNet、VGG-16 和 ResNet-34 4 种典型卷积神经网络建立了小麦籽粒完整性识别模型，并与 SVM 和 BP 神经网络所建模型进行对比。结果表明 SVM 和 BP 神经网络所建模型的验证集识别准确率最高为 92.25%，4 种卷积神经网络模型明显优于 2 种传统模型。各模型训练和验证的结果如表 2-4 所示，其中迭代次数是指验证集准确率达到稳定时的迭代次数，一次迭代用时是指一次迭代所花费的时间，试验 1～4 的一次迭代用时包含图像预处理步骤中计算形态特征的时间。

李庆旭等（2020）针对人工照蛋效率低且剔除的无精蛋已无食用价值等问题，提出了将可见/近红外透射光谱技术与卷积神经网络相结合对入孵前种鸭蛋受精信息进行无损鉴别的技术。选取入孵前种鸭蛋为研究对象，将采集的光谱数据进

表 2-4　模型训练与验证准确率

试验编号	模型	初始学习率	Dropout 值	迭代次数	一次迭代用时/s	训练集准确率/%	验证集准确率/%
1	SVM			30	11.32	93.61	92.25
2	BP 神经网络（8-15-2）	0.010		144	0.55	92.48	92.19
3		0.005		156		92.43	92.13
4		0.001		182		92.52	92.24
5	LeNet-5	0.010	0.4	76	2	99.90	96.67
6			0.5	90		99.85	96.71
7			0.6	100		96.38	94.64
8		0.005	0.4	63	2	99.83	95.98
9			0.5	95		99.04	96.00
10			0.6	94		99.95	97.90
11		0.001	0.4	100	2	96.38	94.69
12			0.5	100		96.49	94.60
13			0.6	94		98.99	96.19
14	AlexNet	0.010	0.4	76	30	100	98.50
15			0.5	43		100	98.74
16			0.6	52		100	98.67

续表

试验编号	模型	初始学习率	Dropout 值	迭代次数	一次迭代用时/s	训练集准确率/%	验证集准确率/%
17	AlexNet	0.005	0.4	43	30	100	98.48
18			0.5	88		99.82	98.24
19			0.6	37		100	98.79
20		0.001	0.4	57	30	99.85	98.57
21			0.5	57		99.98	98.50
22			0.6	54		99.98	97.86
23	VGG-16	0.010	0.4	42	162	100	97.81
24			0.5	25		99.81	98.05
25			0.6	31		99.95	98.19
26		0.005	0.4	62	162	99.99	97.76
27			0.5	49		99.91	97.81
28			0.6	51		99.99	98.24
29		0.001	0.4	60	162	100	97.83
30			0.5	48		99.85	97.88
31			0.6	53		100	97.90
32	ResNet-34	0.010		20	141	100	99.29
33		0.005		25		100	99.12
34		0.001		21		99.96	98.76

资料来源：祝诗平等，2020

行预处理和特征波长筛选，并把选择的特征波长转换为二维光谱矩阵，利用构建的 4 层卷积神经网络（3 个卷积层、1 个全连接层）对光谱矩阵进行训练，网络结构如图 2-30 所示，网络中的池化层用来加速网络的收敛速度并防止模型过拟合。模型测试结果见表 2-5。

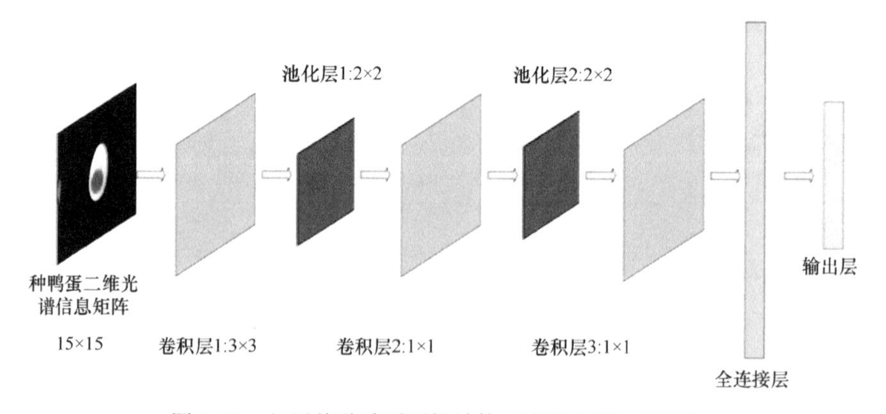

图 2-30 入孵前种鸭蛋网络结构（李庆旭等，2020）

表 2-5　模型验证结果

模型	SPA			CARS		
	训练集准确率/%	测试集准确率/%	验证集准确率/%	训练集准确率/%	测试集准确率/%	验证集准确率/%
CNN	97.71	97.41	98.29	97.42	97.41	97.44

资料来源：李庆旭等，2020

参 考 文 献

蔡自兴. 2016. 中国人工智能 40 年. 科技导报, 34(15): 12-32.

曹莹, 苗启广, 刘家辰, 等. 2013. AdaBoost 算法研究进展与展望. 自动化学报, 39(6): 745-758.

陈兵旗, 孙旭东, 韩旭, 等. 2010. 基于机器视觉的水稻种子精选技术. 农业机械学报, 41(7): 168-173, 180.

陈文国, 陈海虹, 黄彪, 等. 2017. 机器学习原理及应用. 成都: 电子科技大学出版社.

陈友. 2015. K 均值聚类算法的研究与并行化改进. 测绘与空间地理信息, 38(9): 42-44.

丁世飞, 齐丙娟, 谭红艳. 2011. 支持向量机理论与算法研究综述. 电子科技大学学报, 40(1): 2-10.

杜剑, 胡炳樑, 刘永征, 等. 2018. 基于卷积神经网络与光谱特征的夏威夷果品质鉴定研究. 光谱学与光谱分析, 38(5): 1514-1519.

冯克鹏, 田军仓, 洪阳. 2019. 自寻优最近邻算法估算有限气象数据区潜在蒸散量. 农业工程学报, 35(20): 76-83.

郭成. 2019. 机器学习算法比较. 信息与电脑, 5: 49-50.

韩成成, 增思涛, 林强, 等. 2020. 基于决策树的流数据分类算法综述. 西北民族大学学报(自然科学版), 41(2): 20-30.

韩兰胜, 齐晓东. 2021. 通用机器学习算法研究. 计算机科学: 1-9.

胡燕. 2007. 基于 Web 信息抽取的专业知识获取方法研究. 武汉理工大学博士学位论文.

姜娜, 杨海燕, 顾庆传, 等. 2019. 机器学习及其算法和发展分析. 信息与电脑, (1): 83-84, 87.

兰云鹏, 周生彬, 王玉文. 2019. Logistic 回归分析在违约概率预测中的应用. 哈尔滨师范大学自然科学学报, 35(2): 9-12.

李炳臻, 刘克, 顾佼佼, 等. 2021. 卷积神经网络研究综述. 计算机时代, 6(4): 8-12.

李航. 2012. 统计学习方法. 北京: 清华大学出版社.

李昊朋. 2019. 基于机器学习方法的智能机器人探究. 通讯世界, 26(4): 241-242.

李江波, 王福杰, 应义斌, 等. 2012. 高光谱荧光成像技术在识别早期腐烂脐橙中的应用研究. 光谱学与光谱分析, 32(1): 142-146.

李龙, 彭彦昆, 李永玉. 2018. 苹果内外品质在线无损检测分级系统设计与试验. 农业工程学报, 34(9): 267-275.

李庆旭, 王巧华, 顾伟, 等. 2020. 基于卷积神经网络和光谱特征的孵前种鸭蛋受精信息无损检测. 光谱学与光谱分析, 40(12): 3847-3853.

李善军, 胡定一, 高淑敏, 等. 2019. 基于改进 SSD 的柑橘实时分类检测. 农业工程学报, 35(24): 307-313.

李盛芳, 贾敏智, 董大明. 2018. 随机森林算法的水果糖分近红外光谱测量. 光谱学与光谱分析, 38(6): 1766-1771.

李旭然, 丁晓红. 2019. 机器学习的五大类别及其主要算法综述. 软件导刊, 18(7): 4-9.
李姚舜, 刘黎志. 2019. 逻辑回归中的批量梯度下降算法并行化研究. 武汉工程大学学报, 41(5): 499-503, 510.
廖红文, 周德龙. 2012. AdaBoost 及其改进算法综述. 计算机系统应用, 21(5): 240-244.
刘金坤, 李春宇, 吕航, 等.2021. 基于 K 均值算法的 X 射线荧光光谱法检验药用铝塑包装片的研究. 应用化工, 50(2): 555-559.
刘民法. 2015. 基于机器视觉技术的红枣自动化分级机的结构设计研究. 宁夏大学硕士学位论文.
刘敏. 2018. 基于专业领域文献的信息抽取与新知识发现系统研究与应用. 山东大学硕士学位论文.
刘平, 于重重, 苏维均, 等. 2017. 决策树算法在农作物病虫害诊断中的应用. 计算机工程与设计, 38(10): 2869-2872.
鲁梦瑶, 杨凯, 宋鹏飞, 等. 2018. 基于卷积神经网络的烟叶近红外光谱分类建模方法研究. 光谱学与光谱分析, 38(12): 3724-3728.
吕红燕, 冯倩. 2019. 随机森林算法研究综述. 河北省科学院学报, 36(3): 37-41.
马畅遥. 2021. 基于机器学习技术的智能果品识别. 数字通信世界, (1): 64-65.
麦嘉铭. 2020. 机器学习算法框架实战: Java 和 Python 实现. 北京: 机械工业出版社.
孟庆龙, 尚静, 张艳. 2020. 苹果可溶性固形物含量的多元线性回归预测. 包装工程, 41(13): 26-30.
秦智慧, 李宁, 刘晓彤, 等. 2021. 无模型强化学习研究综述. 计算机科学, 48(3): 180-187.
沈增贵, 邓红玉. 2014. 一元线性回归算法在生物化学分析仪上的应用研究. 医疗卫生装备, 35(4): 25-27, 60.
孙俊, 金夏明, 毛罕平, 等. 2013. 基于 Adaboost 及高光谱的生菜叶片氮素水平鉴别研究. 光谱学与光谱分析, 33(12): 3372-3376.
孙兰君, 张延超, 任秀云, 等. 2016. 拉曼光谱定量分析乙醇含量的非线性回归方法研究. 光谱学与光谱分析, 36(6): 1771-1774.
汤修映, 牛力钊, 徐杨, 等. 2013. 基于可见/近红外光谱技术的牛肉含水率无损检测. 农业工程学报, 29(11): 248-254.
陶阳明. 2020. 经典人工智能算法综述. 软件导刊, 19(3): 276-280.
汪海燕, 黎建辉, 杨风雷. 2014. 支持向量机理论及算法研究综述. 计算机应用研究, 31(5): 1281-1286.
王璨, 武新慧, 李恋卿, 等. 2018. 卷积神经网络用于近红外光谱预测土壤含水率. 光谱学与光谱分析, 38(1): 36-41.
王丹丹, 何东健. 2019. 基于 R-FCN 深度卷积神经网络的机器人疏果前苹果目标的识别. 农业工程学报, 35(3): 156-163.
王海超, 宗哲英, 张文霞, 等. 2020. 采用 K 均值聚类和环形结构的狭叶锦鸡儿木质部提取算法. 农业工程学报, 36(1): 193-199.
王家保, 杜中军, 黄露茹, 等. 2006. 我国水果分级标准: 问题与对策. 农业质量标准, 2: 20-23.
王文秀, 彭彦昆, 孙宏伟, 等. 2016. 基于可见/近红外光谱生鲜肉多品质参数检测装置研发.农业工程学报, 32(23): 290-296.
王熙照, 杨晨晓. 2007. 分支合并对决策树归纳学习的影响. 计算机学报, (8): 1251-1258.
王亚丽, 彭彦昆, 赵鑫龙, 等. 2020. 玉米种子活力逐粒无损检测与分级装置研究. 农业机械学报, 51(2): 350-356.
王奕森, 夏树涛. 2018. 集成学习之随机森林算法综述. 信息通信技术, 12(1): 49-55.
王志宏, 杨震. 2017. 人工智能技术研究及未来智能化信息服务体系的思考. 电信科学, 33(5): 1-11.
王子钰, 赵怡巍, 刘振宇. 2020. 基于 SSD 算法的茶叶嫩芽检测研究.微处理机, 41(4): 42-48.
毋雪雁, 王水花, 张煜东. 2017. K 最近邻算法理论与应用综述. 计算机工程与应用, 53(21): 1-7.
吴进玲, 张海东, 李哲, 等. 2019. 基于计算机视觉的葵花子外观品质检测研究. 湖北农业科学, 58(23): 201-206.
武亦文. 2017. 基于决策树的分类算法研究. 数字通信世界, (12): 268-269.
徐黎明, 吕继东. 2015. 基于同态滤波和K均值聚类算法的杨梅图像分割. 农业工程学报, 31(14): 202-208.
徐文进, 许瑶, 解钦. 2020. 基于互信息和散度改进 K-Means 在交通数据聚类中的应用. 计算机系统应用, 29(1): 171-175.
杨娟, 屈传慧. 2017. 改进 K 均值聚类算法. 舰船电子对抗, 40(6): 91-93.
姚金国, 代志龙. 2011. 基于文本分析的知识获取系统设计与实现. 计算机工程, 37(2): 157-159.
翟晨, 彭彦昆, 李永玉, 等. 2015. 基于拉曼光谱的苹果中农药残留种类识别及浓度预测的研究. 光谱学与光谱分析, 35(8): 2180-2185.
詹文田, 何东健, 史世莲. 2013. 基于 Adaboost 算法的田间猕猴桃识别方法. 农业工程学报, 29(23): 140-146.
张保华, 黄文倩, 李江波, 等. 2014. 基于亮度校正和 AdaBoost 的苹果缺陷在线识别. 农业机械学报, 45(6): 221-226.
张海辉, 陈克涛, 苏东, 等. 2016. 基于特征光谱的苹果霉心病无损检测设备设计.农业工程学报, 32(18): 255-262.
张沛阳. 2020. 深度学习理论综述与研究展望. 网络安全技术与应用, (4): 43-44.
张思雨, 张秋菊, 李可. 2020. 采用机器视觉与自适应卷积神经网络检测花生仁品质. 农业工程学报, 36(4): 269-277.
张晓雪, 杨志辉, 曹珊珊, 等. 2020. 基于支持向量机的甘薯冷害光谱检测方法. 农业机械学报, 51(S2): 471-477.
章海亮, 高俊峰, 何勇. 2013. 基于高光谱成像技术的柑橘缺陷无损检测. 农业机械学报, 44(9): 177-181.
赵德安, 吴任迪, 刘晓洋, 等. 2019. 基于 YOLO 深度卷积神经网络的复杂背景下机器人采摘苹果定位. 农业工程学报, 35(3): 164-173.
赵娟, 彭彦昆, Dhakal S, 等. 2013. 基于机器视觉的苹果外观缺陷在线检测. 农业机械学报, 44(S1): 260-263.
赵鑫龙, 彭彦昆, 李永玉, 等. 2020. 基于深度学习的牛肉大理石花纹等级手机评价系统. 农业工程学报, 36(13): 250-256.
周彤, 彭彦昆. 2013. 牛肉大理石花纹图像特征信息提取及自动分级方法. 农业工程学报, 29(15): 286-293.
朱塞佩·博纳科尔索. 2020. 机器学习算法. 罗娜, 汪文发译. 北京: 机械工业出版社.
朱亚东, 何鸿举, 王魏, 等. 2020. 高光谱成像技术结合线性回归算法快速预测鸡肉掺假牛肉. 食品工业科技, 41(4): 184-189.
祝诗平, 卓佳鑫, 黄华, 等. 2020. 基于 CNN 的小麦籽粒完整性图像检测系统. 农业机械学报,

51(5): 36-42.

Dong C, Yang Y, Zhang J, et al. 2014. Detection of thrips defect on green-peel citrus using hyperspectral imaging technology combining PCA and B-spline lighting correction method. Journal of Integrative Agriculture, 13(10): 2229-2235.

Dong X G, Zhang B B, Dong J, et al. 2020. Egg freshness prediction using a comprehensive analysis based on visible near infrared spectroscopy. Spectroscopy Letters, 53(7): 1-11.

Goliáš J, Balík J, Létal J. 2021. Identification of volatiles formed in Asian pear cultivars subjected to short-term storage using multinomial logistic regression. Journal of Food Composition and Analysis, 97: 103793.

Goodfellow I, Bengio Y, Courville A. 2016. Deep Learning(Vol. 1). Cambridge: MIT Press: 326-366.

Gu J, Wang Z, Kuen J, et al. 2015. Recent advances in convolutional neural networks. arXiv preprint arXiv: 1512.07108.

Ji Y, Sun L, Li Y, et al. 2019. Non-destructive classification of defective potatoes based on hyperspectral imaging and support vector machine. Infrared Physics & Technology, 99: 71-79.

Jin Y P, Chen Q, Luo S L, et al. 2021. Dual near-infrared fluorescence-based lateral flow immunosensor for the detection of zearalenone and deoxynivalenol in maize. Food Chemistry, 336: 127718.

Kamarol S K A, Jaward M H, Kälviäinen H, et al. 2017. Joint facial expression recognition and intensity estimation based on weighted votes of image sequences. Pattern Recognition Letters, 92: 25-32.

Liu J, Sun S, Tan Z, et al, 2020. Nondestructive detection of sunset yellow in cream based on near-infrared spectroscopy and interval random forest. Spectrochimica Acta Part A: Molecular and Biomolecular Spectroscopy, 242: 118718.

Ni L, Zhang L, Xie J, et al. 2009. Pattern recognition of Chinese flue-cured tobaccos by an improved and simplified K-nearest neighbors classification algorithm on near infrared spectra. Analytica Chimica Acta, 633(1): 43-50.

Paulo V C, Pereira D C M, Da S B, et al. 2019. Nondestructive prediction of the overall quality of cow milk yogurt by correlating a biogenic amine index with traditional quality parameters using validated nonlinear models. Journal of Food Composition and Analysis, 84: 103328.

Sahoo A K, Zuo M J, Tiwari M K. 2012. A data clustering algorithm for stratified data partitioning in artificial neural network. Expert Systems with Applications, 39(8): 7004-7014.

Su G M, Gao H Y, Wang Z F, et al. 2011. Model for identifying apple juice authenticity based on binary logistic regression. Transactions of the CSAE, 27(6): 349-356.

Sun B, Ju Q , Sang Q B. 2020. Image dehazing algorithm based on FC-DenseNet and WGAN. Journal of Frontiers of Computer Science and Technology, 14(8): 1380-1388.

Teye E, Amuah C L Y, McGrath T, et al. 2019. Innovative and rapid analysis for rice authenticity using hand-held NIR spectrometry and chemometrics. Spectrochimica Acta Part A: Molecular and Biomolecular Spectroscopy, 217: 147-154.

Velásquez L, Cruz-Tirado J P, Siche R, et al. 2017. An application based on the decision tree to classify the marbling of beef by hyperspectral imaging. Meat Science, 133: 43-50.

Wei Y, Wu F, Xu J, et al, 2019. Visual detection of the moisture content of tea leaves with hyperspectral imaging technology. Journal of Food Engineering, 248: 89-96.

Wu D, Shi H, Wang S J, et al. 2012. Rapid prediction of moisture content of dehydrated prawns using online hyperspectral imaging system. Analytica Chimica Acta, 726: 57-66.

Yu H, Wen G, Gan J, et al. 2020. Self-paced learning for K-means clustering algorithm. Pattern Recognition Letters, 132: 69-75.

第3章　农产品品质机器视觉检测的人工智能技术

3.1　农产品外部品质检测

农产品外部品质的高低决定了消费者的首次购买欲，如有经验的消费者会根据肉品的颜色特征来初步判断其新鲜度，或根据苹果的着色情况判断其糖酸度。智能化技术，即需要机器代替人工来完成相应的生产活动，视觉技术则是智能化技术或智能化机器人的关键一环。为什么一台智能化机器需要去“看”呢？这或许决定机器存在的“意义”。随着人们生产、生活、医疗水平的不断提高，人的寿命会呈现出逐渐增长的趋势，故而在21世纪的当下，人口老龄化的问题会越发严重。智能化机器的存在，能够更好地解决未来劳动力的问题。可以想象，人完成一项生产活动，首先需要“眼睛”去获取生产对象的种类、位置等生产要素，这里“眼睛”即为“视觉”，而将“视觉”二字与机器结合，也就构成了机器视觉技术的组成要素。

3.1.1　农产品外部品质检测现状

计算机视觉（computer vision，CV）技术也可称为机器视觉（machine vision，MV）技术，是一门应用计算机和相关摄像设备来模拟人的视觉功能，可以说是以机器代替人眼和大脑来获取物体的图像，解析和理解图像，最终得到相应结论的智能化技术。视觉技术属于人工智能领域的一门交叉学科，其工作原理是首先通过图像采集器完成对模拟信号的采集并转换为数字图像信号，再将这些数字信号传递给专用的图像处理系统进行相应的运算处理，从而提取出目标物体的图像特征，并以此作为图像分析的依据而实现自动理解、识别的功能，最后根据专用算法得出目标物体的具体属性和等级（马龙，2018）。

农产品外部品质，主要包括农产品的大小、颜色、外部缺陷等。以苹果为例，人们在评判一个苹果是否能吃时，通常会先查看苹果的外部是否有缺陷，包括虫蛀、碰伤、霉变等缺陷，若该苹果没有外部缺陷，则消费者会先在脑海中自动打上标签，即该苹果可以被食用。此外，消费者在判断一个苹果是否好吃时，也会依照外观信息，如着色率、大小和形状综合判断（王福娟，2011）。典型的农产品外观品质检测装置主要由CCD相机、支架、样本托盘、光源组成，如图3-1所示。

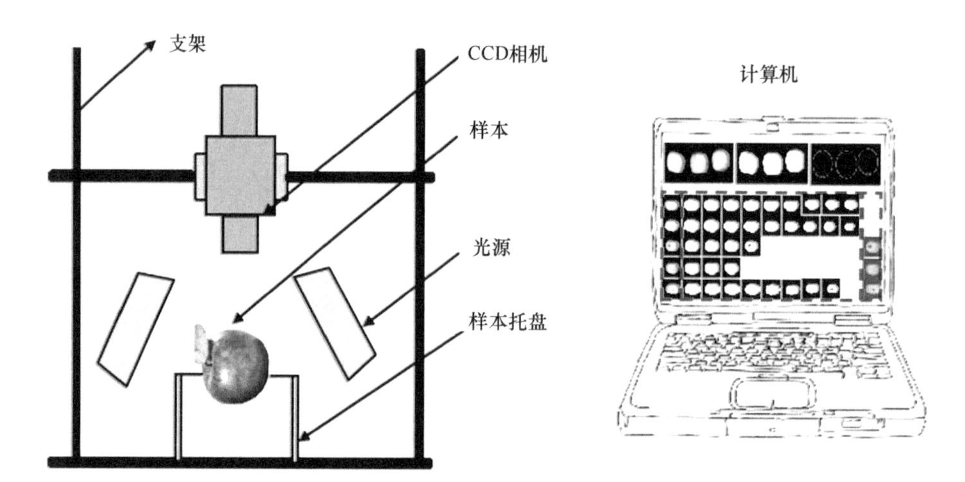

图 3-1 典型农产品外观品质检测结构图

以水果的外部检测为例，简述国内外关于机器视觉技术的发展现状。在国外的相关研究中，早期 Leemans 等（1998）基于机器视觉技术，提出了一种利用颜色信息分割苹果外部缺陷的算法，在 1998 年初步实现了苹果外部缺陷的提取与检测，并提出了将视觉算法与在线装置结合的设想，本研究是探索性的，尽管取得了积极的结果，但由于苹果通常表现出双色的特点，如‘富士’苹果的青色和红色，‘乔纳金’苹果的黄色和红色等，所以本算法并不适用于双色苹果图像。针对苹果图像中的双色问题，该研究团队于 1999 年改进了苹果检测算法，将视觉图像中的颜色空间与贝叶斯统计算法相结合，以自动迭代的方式确定每幅图像的分割阈值，取得了更为积极的检测效果（Leemans et al.，1999）。随后，基于上述的研究成果，该研究团队设计了针对苹果的在线式视觉检测系统。通过胶辊的自由转动，带动苹果向前运动的同时，完成多个方位的自转，结合自行设计的分割、合成算法，实现了苹果的多方位、多角度图像的自动提取与检测，外观缺陷的检测正确率为 73%，其中苹果的果梗/花萼是造成误判的主要因素（Leemans et al.，2002；Leemans and Destain，2004）。在该团队最新的研究成果中，基于多个波长下的图像，利用灰度共生矩阵（gray-level co-occurrence matrix，GLCM）提取苹果图像的纹理特征，结合支持向量机分类算法，实现了对苹果缺陷与果梗/花萼的精准识别，判别正确率达到了 93%（Unay et al.，2011）。

Bennedsen 等（2005）利用 740nm 和 950nm 波长下的图像，对比 3 种不同的阈值分割方法结合主成分分析神经网络算法，对 8 种不同种类的苹果缺陷进行检测，其正确率达到了 78%～92.7%。随后，该研究团队基于上述的试验结果，设计了一种可自动定向的苹果外部品质检测系统。该系统在苹果前进的同时，通过特定的摩擦滚动结构，实现苹果的自动定向，因此并不会出现果梗/花萼与外部缺陷混淆的问题，正确率达到了 92%(Bennedsen et al.，2005)。Mizushima 和 Lu(2013)开发了一种可自动调节的彩色图像分割算法，结合线性支持向量机（support vector machine，SVM）和大津法的阈值分割方法，对苹果依据不同的颜色特征进行了分类和分级，误差小于 2%。其中，算法的主要步骤包括：①选择图像通道的数量；②利用线性支持向量机算法得到所选通道空间的线性分离超平面；③代入支持向量机模型，计算得到苹果的灰度图像；④将大津法应用于 SVM 灰度图像分割；⑤根据实际分割需要进行区域操作，通过寻找最小阈值实现细化分割。Raphael（2018）开发了一种可用于夜间果园图像中识别苹果的算法，基于 2 年的数据验证结果，苹果计数的误差在 10%以内。

在国内的相关研究中，浙江大学应义斌团队于 1999 年便开始了利用视觉技术实现水果外观检测的技术探索，最早是应用在黄花梨的外观缺陷和尺寸的检测中（应义斌等，1999），之后在 2001 年应用于苹果图像（章文英和应义斌，2001b）。该团队于 2002 年设计出具有自主知识产权的水果品质检测分级生产线，可用于检测水果的外观缺陷、颜色、大小等品质，已成功应用于苹果产业。该生产线以双锥辊子结构为基础，与 Bennedsen 等设计的结构功能类似，苹果在前进的同时可完成自转，具有多线程、多方位同时检测的优点。针对苹果的外观缺陷和果梗/花萼的识别问题，该研究团队提出小波变换结合最小二乘支持向量机算法，其正确率达到了 95.6%（宋怡焕等，2012）。Huang 等（2015）基于多光谱视觉技术，成功研发了苹果外部品质在线检测系统。如图 3-2 所示，该系统可采集 780nm、850nm 和 960nm 下的苹果图像，在线图像采集速度约为每秒 3 个苹果。对比静态和在线检测结果，外部缺陷苹果的分类正确率分别为 91.5%和 74.6%，其出错主要是由苹果果梗/花萼及在线采集时的速度过快造成。在近期的研究中，Fan 等（2020）基于卷积神经网络（convolutional neural network，CNN），实现了苹果外部缺陷的在线精准检测，其正确率为 92%。Lv 等（2019a）提出一种基于马尔可夫链的凸包检测算法，用于苹果果园的生物量计数，其准确率可达到 95.65%。同

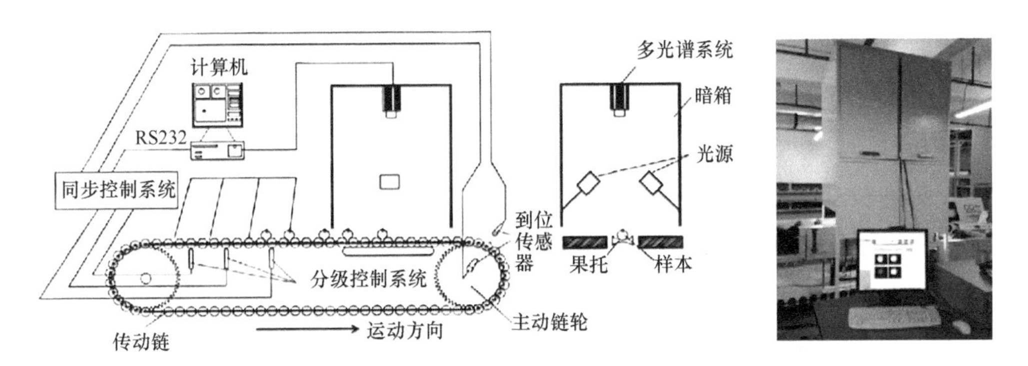

图 3-2　典型的水果外部品质在线检测系统（Huang et al.，2015）

年，该团队针对果园生物量计数问题，提出了一种多算法融合的苹果图像分割方法，解决了图像中果–果重叠的问题，正确率达 96.7%，满足了果园生物量的精准计数（Lv et al.，2019b）。事实上，视觉技术的算法具有很高的通用性，如灰度共生矩阵不仅可用于苹果果梗/花萼与缺陷的辨识（李龙等，2018a），也同样被证实是检测肉品品质的有效算法。深度学习算法更是如此，不仅可用于图像的分类，也可用于特定区域的识别等（佟超等，2021）。

3.1.2 果蔬外部品质检测的技术难点与人工智能

1. 如何尽可能地获取水果全部的外观信息

目前商业化果蔬分选装置的外观检测部分多采用双锥滚式结构，如图 3-3 所示，相机所采集到的每幅图像共包含多个不同样本的图像，其中单个样本每前进 1 个工位被采集 1 次，再通过特定的分割合成算法完成单个样本全表面特征的提取。李龙等（2018b）利用 OpenCV 库设计了自动分割合成算法，将单个样本的 3 个不同运动状态下的分割图像合成为 1 幅图像，用于后续分析。图 3-4 为自动分割合成过程图。分割过程包括：首先利用 cvRect 函数记录每个工位的位置和大小，再将原图像利用 cvDrawRect 函数进行区域分割和标记，最终利用 cvSetImageROI 函数将原图像中不同样本的单个运动状态图像分割出。合成过程包括：首先利用标志位 a 记录相机每次采集的图像编号，同时利用标志位 b 记录每个工位下的图像编号，b 的取值分别为 1、2、3，分别代表了第 1、第 2、第 3 工位。再利用 hconcat 函数对分割后的图像进行合成，最后利用合成后的图像进行进一步处理分析。

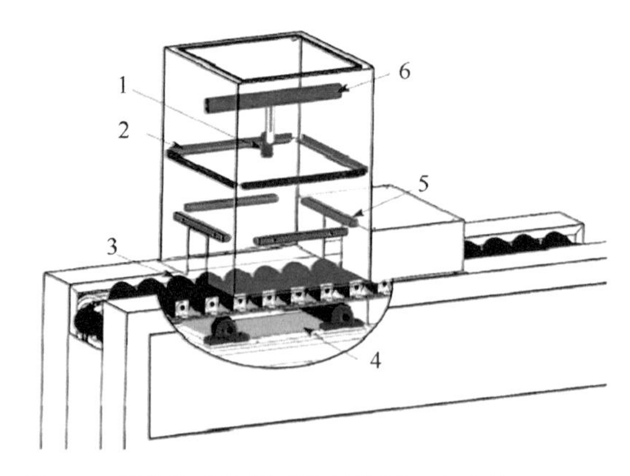

图 3-3 机器视觉检测系统结构图（李龙等，2018b）
1. 相机；2. 上光源；3.滚子；4. 皮带传动模块；5. 下光源；6. 支架

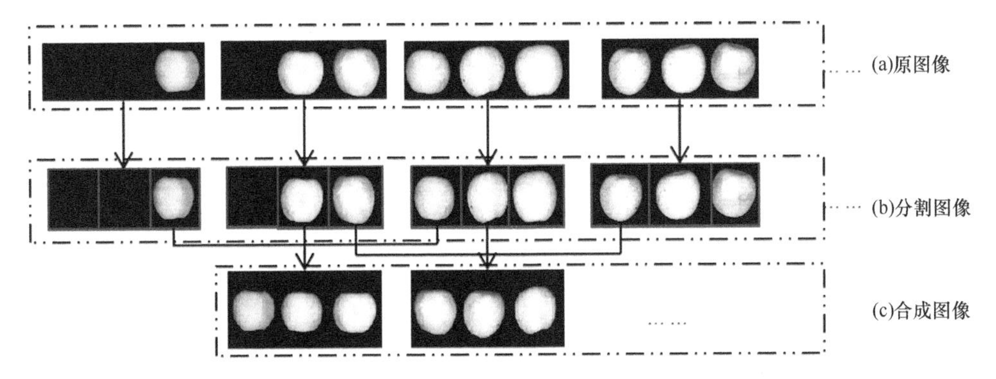

图 3-4　自动分割合成过程（李龙等，2018b）

ElMasry 等（2012）利用机器视觉技术搭建了一套在线式马铃薯品质视觉检测系统，提取马铃薯的主要几何参数，可用于马铃薯形状和外观缺陷的检测，其装置的结构如图 3-5 所示，装置的输送部分采用双锥滚结构，使马铃薯样本在向前平移的同时完成自转，可拍摄多幅图像，试验结果表明，该装置可完成马铃薯 90%以上表面信息的采集，在线检测分级的准确率可达 96.2%。

图 3-5　ElMasry 搭建的马铃薯机器视觉系统

2. 如何实现水果中果梗/花萼与外部缺陷的精准辨识

水果图像中的果梗/花萼部分会表现出与缺陷类似的灰度规律，因而会影响外部缺陷检测中最终的判别精度（李龙等，2018a）。而如何精准辨识苹果中的果梗/花萼一直都是其外部品质检测的研究重点，李龙等（2018a）开发了一种基于苹果边缘灰度和纹理特征的识别算法，其对苹果早期和后期碰伤与果梗/花萼的识别精度达到了 95%。但在后期的应用中，发现其并不能适用于苹果特定种类缺陷的识别，如真菌侵蚀等。此外，Throop 等（2005）设计了一种可完成苹果自动定向的机械结构，使得苹果的果梗花萼不在相机视场之内。通过定向结构中的主旋转轮和副旋转轮带动苹果转动，完成苹果的定向，但该定向结构会使得苹果部分外部品质信息缺失，并且机械结构复杂、装备体型较大且成本较高。田有文等（2015）利用高光谱成像技术结合纹理特征实现了对苹果的缺陷和果梗花萼的识别，其试验结果表明，采用径向基核函数所建立的支持向量机智能检测模型总体正确率为 97.8%，但高光谱系统检测速度较慢、成本过高，不能满足在线检测水果外部品质的需要。因此，如何基于机器视觉技术，结合有效的判别算法，完成水果中的果梗/花萼和表面缺陷的精准辨识是水果外部品质检测领域的研究热点之一。近年来，随着计算机技术的发展与卷积层的引入，传统的机器学习算法向着高深度、低广度的方向迅速发展，用以降低参数、提高目标的拟合能力。一般将大于 3 层的神经网络称为深度学习（deep learning，DL）网络，DL 算法在图像识别领域的应用越来越广泛，如人脸目标检测、田园农作物管理、遥感图像的分类等（蔡佩和全惠敏，2021；凌晨等，2020；王浩等，2020；Ren et al.，2015）。

杜雨婷等（2019）提出了一种新型的深度学习网络算法，实现了脐橙果梗、脐部的识别。该模型以顺序卷积与跳跃式卷积共同提取深度特征；融合注意力机制，加强待检测物体位置权重，在权重重分配的特征层上进行多尺度上下层信息融合，使用融合后的特征层进行默认框提取；对训练得到的模型进行压缩，进一步提升模型时间性能。模型的训练迭代过程如图 3-6 所示，横轴表示的是训练迭

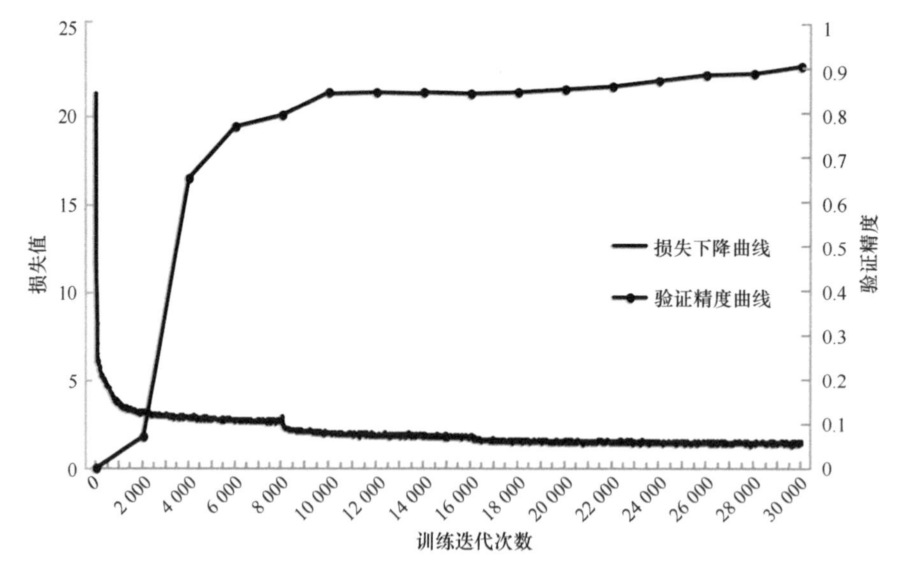

图 3-6　网络训练过程收敛曲线图（杜雨婷等，2019）

代的次数，左边纵轴表示的是训练时的损失值，右边纵轴表示的是训练过程中验证集的平均正确率（mean average precision，MAP）。从图 3-6 可以看出在训练 8000 次、16 000 次处，降低深度学习网络的学习率时，模型的损失率有明显的下降趋势，在 20 000 次迭代次数之前，网络收敛速度较快，测试的 MAP 也有明显的增加。在最后阶段损失率和 MAP 趋于稳定，表示网络已经收敛到最优。在脐橙数据集中，MAP 指标为 90.6%。试验结果表明，基于该模型能够准确实时识别定位出果梗、脐部，不会与瑕疵产生误判，模型检测正确率达到 90.6%，单幅图片预测时间降低为 15ms，可以满足在线检测的需要。其中，深度学习模型的预测结果如图 3-7 所示。

在苹果的外部缺陷检测中，果梗/花萼与缺陷的辨识一直都是影响在线检测装备精度的主要因素之一。Ross Girshick 是目标识别领域的著名学者，提出了 Faster-RCNN 网络结构，已被广泛用于图像的目标识别与区分（Ren et al.，2015：李林升和曾平平，2019），具有检测速度快、精度高的优势，也为苹果果梗/花萼与缺陷的辨识提供了新的思路。

（1）卷积的意义与 Faster-RCNN 网络

卷积层的意义在于，提取图像中的有效信息，起到简化计算、提高运算效率、结合激励函数提取非线性特征的作用（赵雪梅等，2021）。随着相机的更迭换代，动辄几十万、几百万甚至上千万像素的图像，若不进行 Conv 层的降维、提取特征，则运算量会过大，且模型会过于复杂。Conv 感知的过程可类比于人的视觉感知，而人眼往往也会通过局部感知来判定全局属性。在 Faster-RCNN 网络中，共包含 13 个 Conv 层被用于图像的特征信息提取，如图 3-8 所示。

（2）Relu 层和池化层与 Faster-RCNN 网络

Relu 层（rectified linear unit layer），是基于 Relu 激活函数的，被用于原图像中的复杂非线性信息的获取。神经网络中若无激活函数的参与，则无法获取非线性信息，无论有多少层的 Conv 层的参与，均可等效于 $f(x)=kx$ 函数（x 表示 Conv 层提取的图像特征，k 表示目标与特征之间的线性关系），无法获取非线性信息。而 Relu 函数，相较于传统网络的逻辑函数和双曲函数等，其梯度下降更为有效，避免了梯度消失和梯度爆炸的发生（Liang and Xu，2021）。而池化层（pooling layer，Pooling 层），又被称为向下采样或欠采样，主要起到特征压缩和避免过拟合的作用，可解决全连接层输入变量过多的问题（胡振超，2020）。其中，在 Faster-RCNN 网络中，共包含 13 个 Relu 层和 4 个 Pooling 层被用于图像的特征信息提取和特征压缩。并且在得到图像的卷积层特征（feature map）后，会将其与 ROIPooling 层和一个 3×3 的卷积层共享，进行后续的计算，如图 3-8 所示。

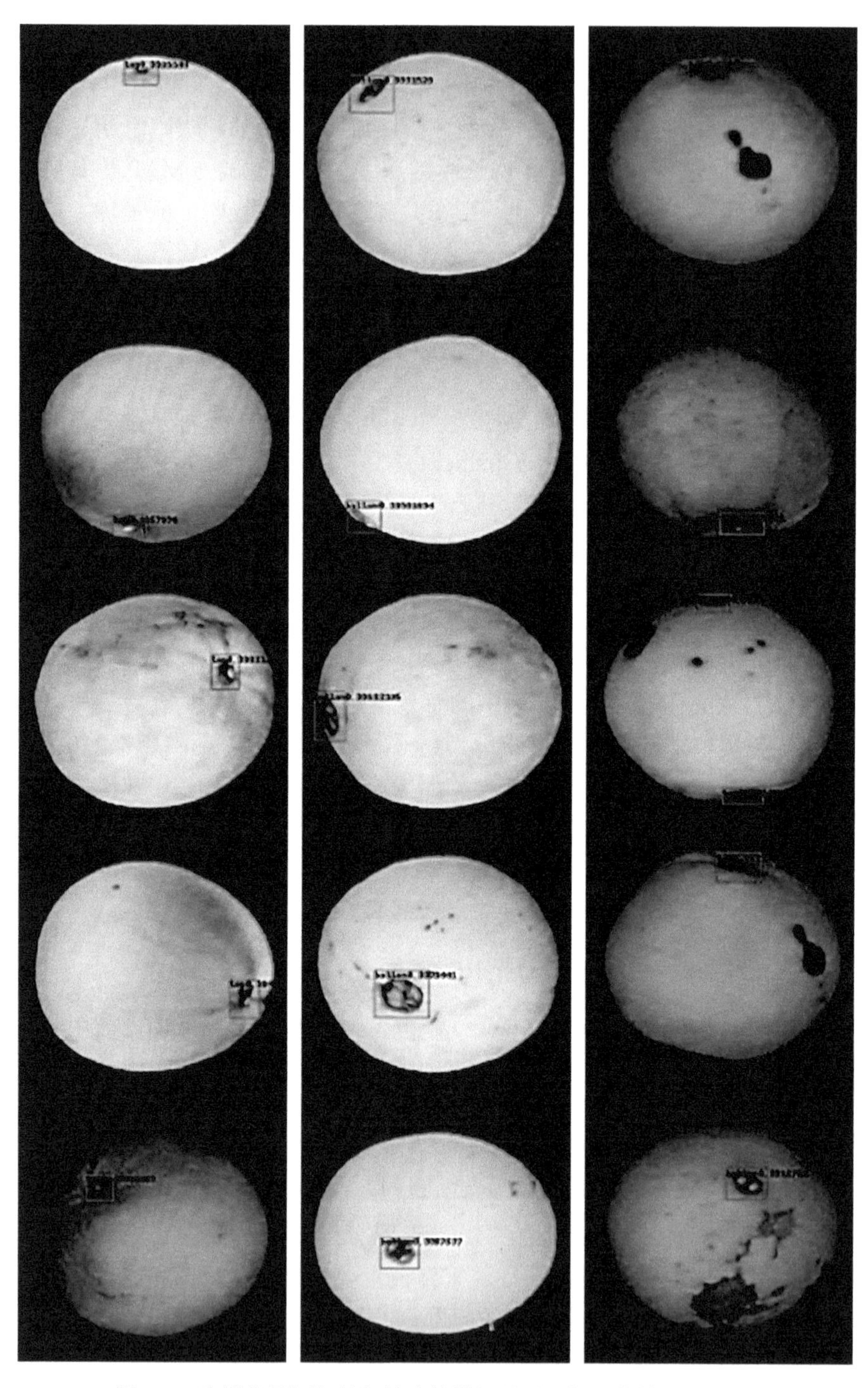

图 3-7　脐橙的果梗与外部缺陷的辨识结果（杜雨婷等，2019）

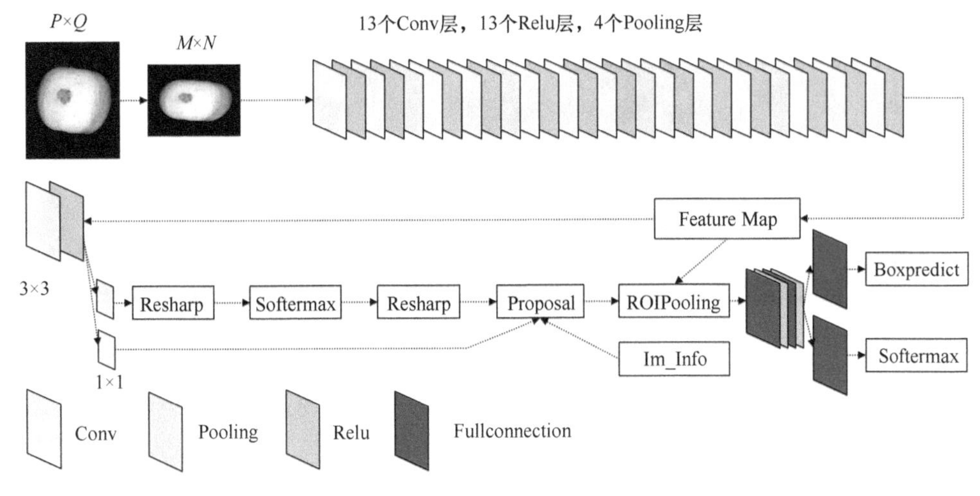

图 3-8　Faster-RCNN 网络结构

（3）全连接层与 Faster-RCNN 网络

全连接层（full connection layers，fullconnection）在神经网络中主要起到建模和“分类器”的作用。Conv、Relu 和 Pooling 层主要起到卷积特征提取的功能，而 Fullconnection 层则是起到将所提取到的卷积特征向样本空间映射的作用，其具体的网络结构由上层网络决定。

（4）区域生成网络与 Faster-RCNN 网络

区域生成网络（region proposal networks，RPN）包含 Conv、Relu、Resharp、Softermax 层，用于确定目标的大致位置。与 Fast-RCNN 不同，Faster-RCNN 网络代替了其 Selective Search 的目标提取方法，利用卷积网络的方式实现，因此具有检测、分类速度快的特点（李子荣，2019）。在完成 RPN 之后，利用 Proposal 层继续训练，用以获取最终、精度更高的位置信息。而 ROI Pooling 层将尺寸不同的特征区域池化为大小一致，以便于输出到下一层网络中。因此与传统的深度学习网络相比，Faster-RCNN 在图像识别领域具有精度更高、训练速度更快的优势。

在苹果的果梗/花萼与外部缺陷的辨识试验中，共计 750 张图像参与 ResNet-50 残差神经网络的图像特征提取和 Faster-RCNN 网络的训练。其中，训练集合共计有 600 张图像，剩余的 150 张图像为验证集合。在 Faster-RCNN 神经网络训练之前，首先利用由 LabelImg 软件完成训练集合样本的目标轮廓的标记，其中，图 3-9 为本研究中部分样本的目标轮廓的标记结果。Faster-RCNN 和 ResNet-50 可由 PaddlePaddle 深度学习平台完成。对于 PaddlePaddle 平台参数的设置，其迭代的轮数设置为 2000，学习率为 0.001 25。其中，深度学习算法的训练需要大量的已标记的图像数据集，因此在数据优化部分，随机水平翻转、随机亮度、随机

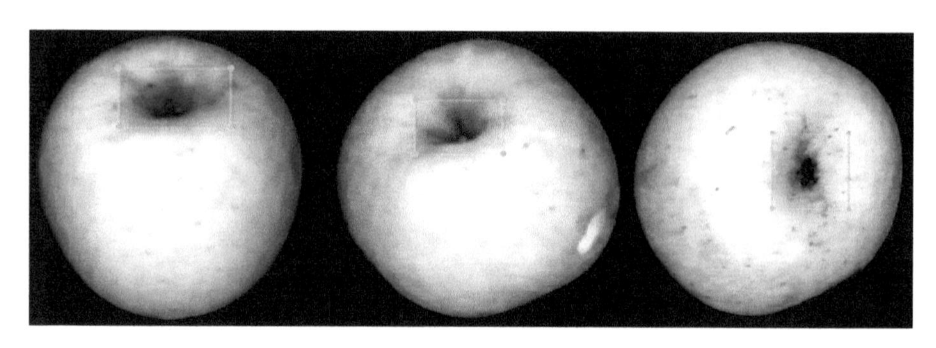

图 3-9 LabelImg 目标轮廓的标记

对比度、随机饱和度和随机色调 5 种方式被用于数据扩充。去除掉不合格的样本，共计 2949 张图像被用于 Faster-RCNN 网络的训练。

Faster-RCNN 深度学习网络与梯度、纹理特征算法的对比结果如表 3-1 所示。其中，对于 Faster-RCNN 网络，校正集合经过 5 种方式的数据扩增之后，共包含 2949 张图像样本。梯度、纹理特征算法对于特定样本，可以完成苹果果梗/花萼与表面缺陷的辨识，如碰伤（Li et al.，2019）。本研究中的试验数据包含碰伤、表面腐烂、虫蛀、擦伤和炭疽病等多种缺陷，而梯度、纹理特征对于表面腐烂和虫蛀情况的判别结果较差，因而其表现出的校正集总体正确率仅为 87.7%，验证集总体正确率为 85.0%，不能满足对苹果果梗/花萼的精准辨识的要求。相比之下，经过校正集样本训练后的 Faster-RCNN 神经网络对苹果果梗/花萼的辨识结果较好，校正集的总体正确率为 98.3%，验证集的总体正确率为 94.7%。

表 3-1 不同算法的果梗/花萼辨识结果

判别算法	图像类别	校正集		验证集	
		样本个数	正确率/%	样本个数	正确率/%
Faster-RCNN	有表面缺陷图像	1520	98.7	75	93.3
	无表面缺陷图像	1429	97.8	75	96
	总样本	2949	98.3	150	94.7
梯度、纹理特征	有表面缺陷图像	1520	92.1	75	84.0
	无表面缺陷图像	1429	89.9	75	88.0
	总样本	2949	87.7	150	85.0

注：此处的 Faster-RCNN 是基于 ResNet-50 卷积特征提取的，简写为 Faster-RCNN；正确率=判别正确样本数除以总样本数，以%表示；校正集合中的样本数量为经过数据扩充优化之后的图像数量

苹果图像中的果梗/花萼与缺陷表现出了类似的灰度规律，因此，在利用 ILE–WSM 算法进行缺陷判别时，会造成误判的问题。经 Faster-RCNN 训练后的神经网络，对验证集合的果梗/花萼的辨识结果如图 3-10 所示，其中，第三张和第四张图像分别含有虫蛀和碰伤外部缺陷的情况，且未被误判为苹果的果梗/花萼。

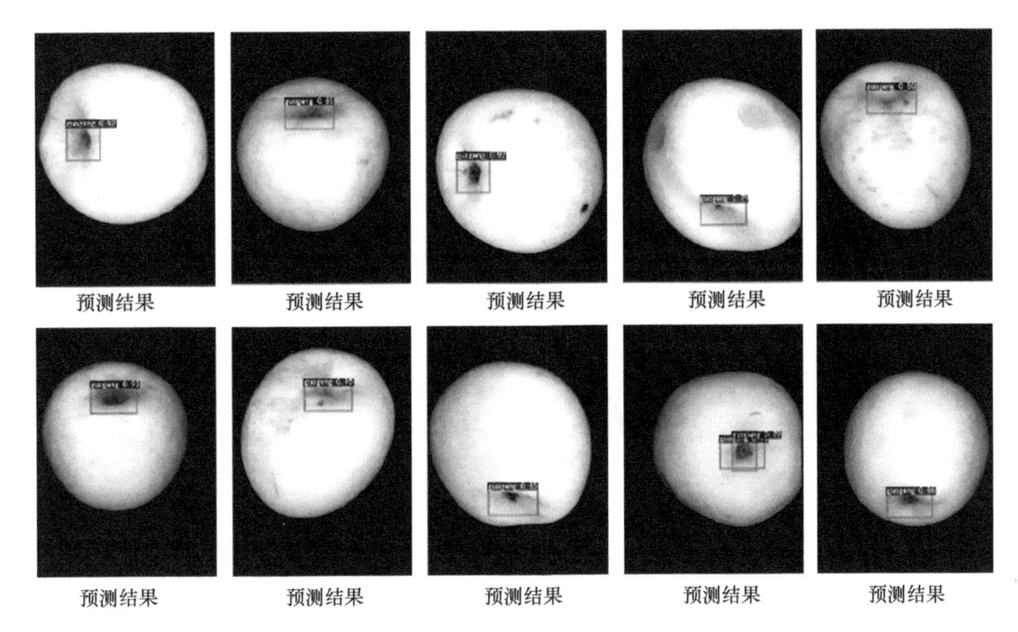

图 3-10　部分苹果样本的果梗/花萼的预测结果

3. 如何消除果蔬图像中的灰度分布不均（朗伯效应）

对于类球形农产品，朗伯效应的存在会使得图像表现出中间灰度值大、边缘灰度值较低的规律，如图 3-11 所示。其中，朗伯效应规律可由式（3-1）描述：

$$I_d = I_l \cos\theta \tag{3-1}$$

式中，θ 为图像中的样本在该像素点处法线与水平之间的夹角；I_l 为样本灰度的最大值，或理想值；I_d 为 θ 角处的灰度值。因此，随着 θ 角度的增大，图像中间由于角度较小，所以灰度值较大，而边缘则较小（Gómez et al.，2008；Unay et al.，2011）。以苹果图像为例，图 3-11（b）为原始苹果图像图 3-11（a）中红线处的灰度值，其中苹果的边缘位置的灰度值与缺陷位置相比数值更低，因此传统的全局阈值分割算法，如大津法并不能对此图像完成有效的分割（Li et al.，2020c）。如何克服该问题成为影响农产品外部品质检测精度的又一因素之一。

Zhang 等（2015）设计了一种校正算法，可用于苹果图像的灰度校正，提高缺陷的检测正确率，其具体的校正策略如图 3-12 所示，首先根据式（3-2）计算 Δr 环形内的平均灰度值：

$$I_m = \frac{1}{N}\sum_{(i\in A)} I_i \quad (I = 0,1,\cdots,N) \tag{3-2}$$

式中，I_m 为环形 A 区域内的平均灰度值；N 为环形 A 区域内的像素点个数；I_i 为

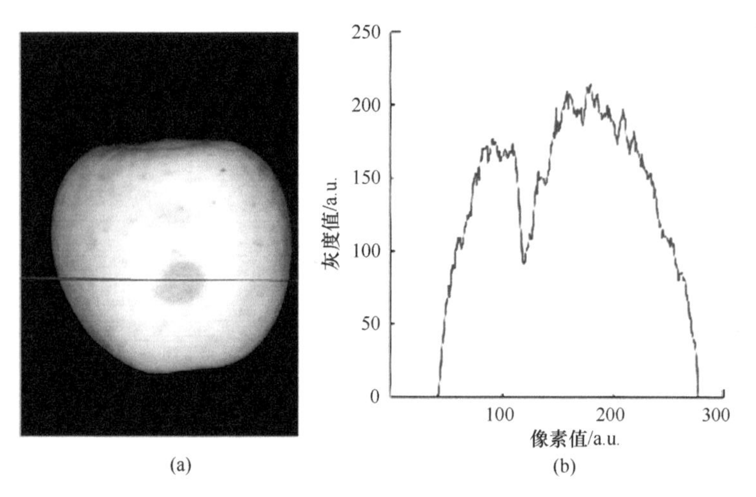

图 3-11 苹果缺陷图像（a）与灰度变化规律（b）

第 i 个像素点的灰度值。在计算得到 I_m 后，环形 A 区域（图 3-12）内的校正值可由式（3-3）得到：

$$I_{Ri} = g\frac{I_i}{I_m} \quad (I = 0, 1, \cdots, N) \tag{3-3}$$

式中，I_{Ri} 为第 i 个像素点的校正值；g 为图像最大灰度值，通常为 255。算法的迭代初值可设置为 r=0，如图 3-12 所示，迭代的终止值由样本最外层轮廓的拟合圆直径决定。

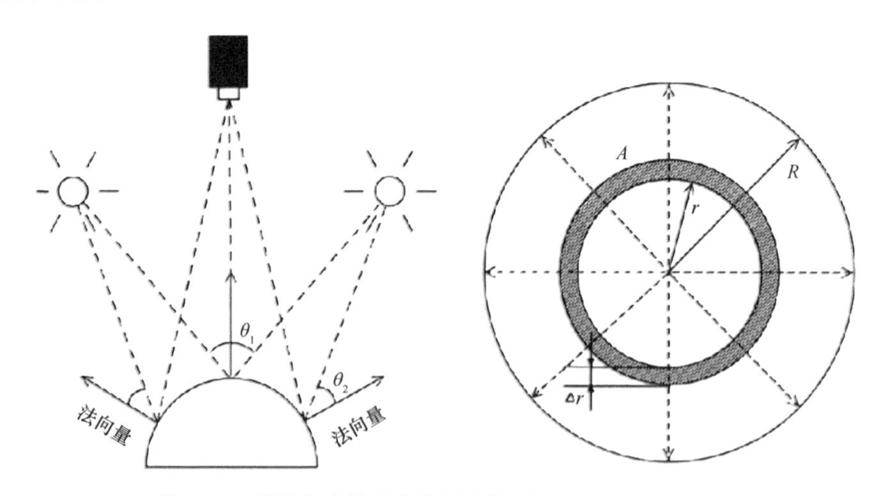

图 3-12 苹果灰度校正方法示意图（Zhang et al.，2015）

此算法类似于归一化处理，只是将归一化的极大值设置为灰度值的最大，即

255。苹果的灰度校正效果如图 3-13 所示，经过校正后，苹果图像中间灰度高、边缘灰度低的规律消失，取而代之的是均一化的灰度规律。在此图像下，可使用全局阈值的方式完成最终缺陷的轮廓提取和判断，具有精度高和速度快的优势，试验结果表明，苹果的缺陷检测正确率可达 95.63%（Zhang et al.，2015）。

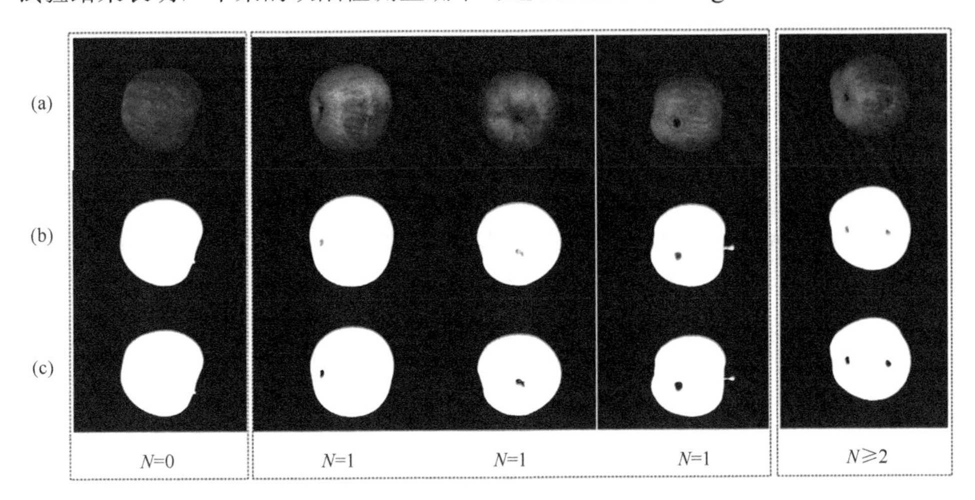

图 3-13　苹果灰度校正效果图与检测逻辑（Zhang et al.，2015）

在对原始图像进行灰度校正时，Zhang 等（2015）提出的算法虽在一定条件下成立，可以达到提高外部缺陷检测正确率的目的，但该算法对于某些特定情况下的缺陷，如缺陷位于苹果中间位置时，并不适用。因此，需要一种更为有效、适用范围更广的方法，用于苹果表面缺陷的检测。Li 等（2020a）开发了一种基于等高线分割原理的外部缺陷检测算法（isohypse line extraction combined with marker constraint watershed segmentation，ILE-WSM），可用于苹果等球形果蔬的外部缺陷检测。与前人算法不同，ILE-WSM 算法利用球形农产品图像的朗伯效应规律，基于等高线分割结合标记分水岭分割算法，完成了对苹果外部缺陷的检测。

（1）ILE 轮廓提取与标记

ILE 算法主要包括：①确定阈值 Th 迭代的上下界，其中，最小值为 50，最大值为 210，由校正集和图像灰度分布直方图确定；②根据阈值 Th，获得在该阈值下的二值化图像，其中二值化图像的获取由 OpenCV 视觉计算库中的 threshold（img，out，Th，255，CV_THRESH_BINARY）函数完成，img 和 out 变量分别表示图像的输入和输出，Th 和 255 决定图像分割时的阈值，CV_THRESH_BINARY 为函数运行时的模式，此时大于 Th 的像素点被置为“1”，小于 Th 的像素点被置为“0”；③提取二值化图像的边缘轮廓，该步骤由 OpenCV 库的 findContours（img，contours，hierarchy，mode，method，Point）函数完成，其中 img 变量表示图像的输入，contours 表示检测到的轮廓信息，hierarchy 变量用于描述轮廓之间的关系，本研究中设置为–1，mode 表示轮廓的遍历方式，本研究中设置为 CV_RETR_EXTERNAL，即只检测最外层轮廓，method 表示轮廓的近似方法，Point 为各轮廓的偏移值；④计算得到轮廓的个数，当轮廓个数 *Num* 大于 2 时，则可判定此时的苹果图像存在上述的“凹陷”规律，并将此时的内轮廓和外轮廓保存，若 *Num* 小于 2，则更新阈值，即 $Th=Th+\Delta Th$，重复步骤①～③。其中，ILE 算法运算方式是一个迭代、阈值寻优的过程，与传统算法不同，在上下界已知的前提下，ILE 算法以轮廓个数作为迭代的终止条件（Li et al.，2020a），即当轮廓的个数大于 1 时，可判断苹果存在缺陷轮廓，其具体的迭代计算流程由图 3-14 所示。此外，ΔTh 和 *Th* 变量是决定算法精度的主要原因，因此需要针对不同的农产品，设计试验并讨论 ΔTh、*Th* 与判别精度之间的关系。

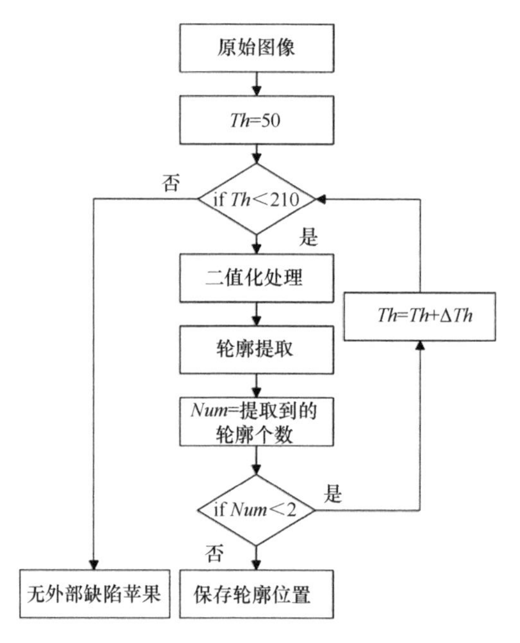

图 3-14　ILE 算法的计算流程（Li et al.，2020a）

（2）基于轮廓标记的改进分水岭分割算法

ILE 算法可用于判别农产品图像中是否存在外部缺陷，并提取该缺陷的轮廓和轮廓位置，但由于缺陷边缘的灰度值并不是固定的，故此时的轮廓并不等于实际的农产品缺陷轮廓。此外，尽管会对原始的图像进行形态学滤波处理，但处理后的图像依然会有较多的极大值、极小值点。分水岭分割算法是由 Vincent 与 Soille 在 1991 年提出，广泛地应用于图像感兴趣区域的分割（Vincent and Soille，1991）。其中，传统的分水岭分割算法一般基于梯度图像，会受到图像中极值点的影响，如图 3-15（a）所示，一般称此种分割结果为“过分割”。同时，由于灰度分布不均现象，也会导致传统的全局阈值算法的“欠分割”现象，如图 3-15（b）所示。因此，需要在 ILE 的轮廓标记结果的基础上，利用轮廓标记分水岭分割算法进一步完成农产品的外部实际缺陷轮廓提取。

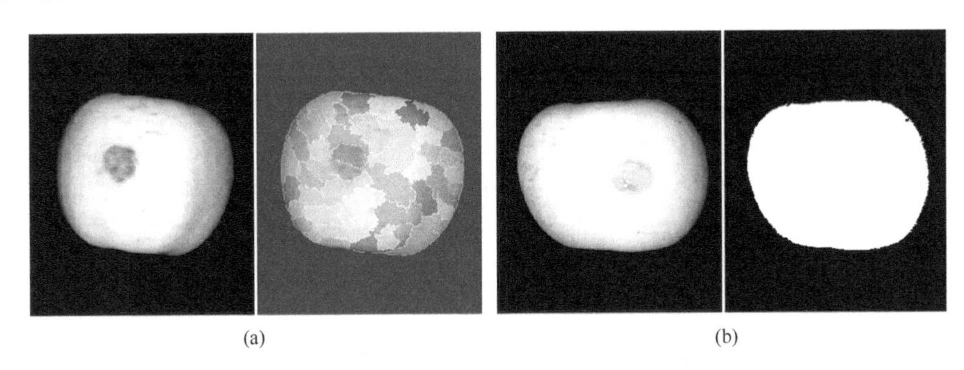

图 3-15　传统算法对苹果表面缺陷的分割结果
（a）传统分水岭分割算法；（b）大津法算法

以苹果的外部缺陷检测为例，利用 300 幅图像（Images Ⅰ和 Images Ⅱ）验证了 ILE-WSM 算法的检测性能。其中，苹果外部缺陷的检测结果如图 3-16 所示，

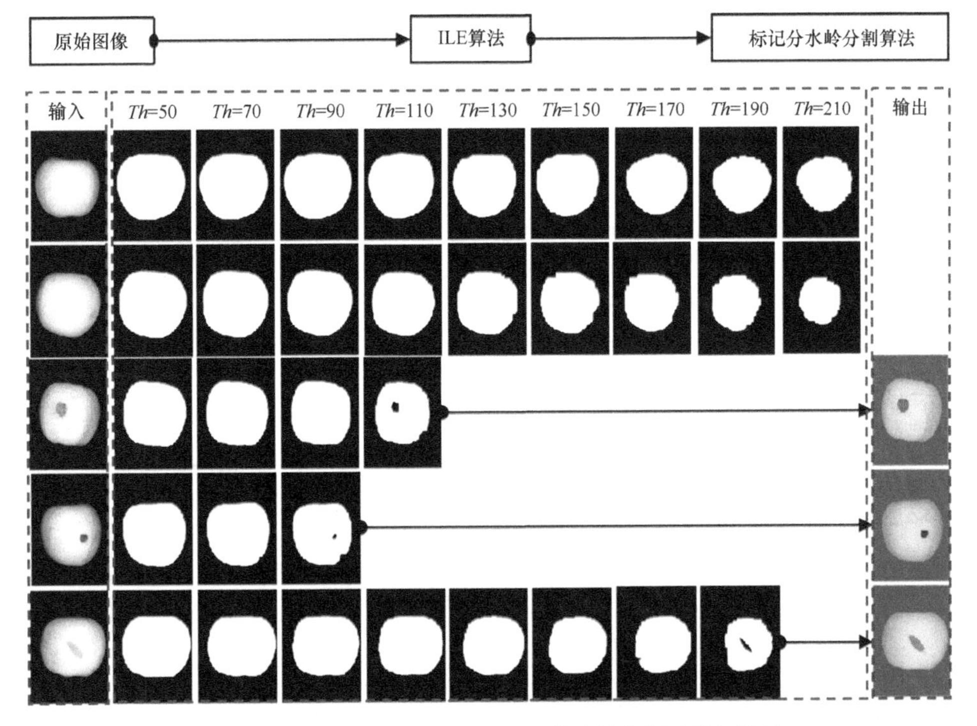

图 3-16　苹果缺陷检测 ILE-WSM 算法的分割过程与效果

一方面，对于无缺陷的样本，提取的苹果轮廓始终为 1，说明其图像的灰度值从外部区域到内部区域逐渐增大；另一方面，与无外部缺陷的苹果样本不同，当阈值迭代到一定的数值时，外部缺陷苹果图像的轮廓大于 1，既包括了外层轮廓，又包括了内部的缺陷轮廓。苹果图像的内层轮廓决定了其缺陷的位置，作为 WSM 分割算法的输入，可最终完成实际苹果外部缺陷轮廓的提取。

大津法算法成立的前提在于，阈值分类目标的统计结果需要有两种不同的分布（Li et al.，2019；2020a）。对苹果图像的灰度分布直方图统计结果，这种规律通常是不存在的，特别是对于早期碰伤、腐烂的苹果图像（Li et al.，2019）。表 3-2 为 ILE-WSM 算法与大津法算法的检测结果对比。其中，对于有外部缺陷的苹果图像，其统计后的灰度分布直方图并不存在两种不同的数学分布，因而大津法并不是检测苹果外部缺陷的有效算法，对于 300 幅图像，其判别正确率为 80.67%。与传统的阈值确定方法不同，ILE-WSM 算法是基于苹果灰度分布规律的轮廓提取算法，其中对无缺陷的苹果样本，判别正确率为 100%，对于有外部缺陷的苹果样本，其判别正确率为 94.67%，总体的正确率为 97.33%。因此，相比于传统的阈值算法，ILE-WSM 算法是检测苹果外部缺陷的有效算法。并且，在后续的研究中，该算法已被推广到番茄的外部品质检测中（Li et al.，2020b）。

表 3-2　ILE-WSM 算法与大津法算法的检测结果对比

数据集合	图像类别	方法	样本数量	判别正确数量	正确率/%
Images Ⅰ	缺陷样本	大津法	50	39	78
		ILE-WSM	50	48	96
	无缺陷样本	大津法	50	42	84
		ILE-WSM	50	50	100
Images Ⅱ	缺陷样本	大津法	100	79	79
		ILE-WSM	100	94	94
	无缺陷样本	大津法	100	82	82
		ILE-WSM	100	100	100
Images Ⅰ 和 Images Ⅱ	汇总	大津法	300	242	80.67
		ILE-WSM	300	292	97.33

注：Images Ⅰ. 校正集；Images Ⅱ. 验证集；大津法. 最大类间方差算法；ILE-WSM. 等高线分割标记分水岭分割算法

3.2　品质评价及分级

我国是农产品生产大国，每年年产值 12.4 万亿元，但不是出口强国。我国的农产品产后处理水平较低，长期以来，我国一直重视采前生产而轻视采后处理，相关数据表明，我国的苹果产后处理水平不足 30%，远低于发达国家 70%的水平，造成了巨大的经济损失（李功燕等，2020）。要完成农产品的评价和定级，无损检测是一把有效的利剑武器，而机器视觉又在此处扮演着怎样的角色呢？

3.2.1　农产品的品质评价

农产品品质评价，即在已检测出的外部品质的基础上，如何对该样本进行定级。例如，在得知肉品脂肪的颗粒大小、分布区域和纹理等特征的基础上，如何对肉品进行定级；在得知果蔬糖度、酸度、颜色、淀粉指数等指标的基础上，如何对果蔬的成熟度做出评定。

肉品的蛋白质、脂肪等营养元素含量丰富，是人们膳食结构中不可或缺的一部分。改革开放以来城乡居民收入不断提高，人们在饮食上更加注重营养均衡。目前，畜产品的需求持续增加，尤其是牛肉，营养价值高且味道鲜美。因此，急速增长的消费需求量为牛肉行业提供了广阔的市场，大型养殖企业和肉制品加工企业如雨后春笋，牛肉的生产也逐步趋向规范化。为规范生产、促进行业发展，美国、日本、澳大利亚等国及欧盟都相继建立了牛肉质量分级体系。2010 年由南京农业大学和中国农业科学院共同起草，颁布了《牛肉等级规格》标准（NY/T676—2010）。在该标准中规定牛肉等级的检测部位为牛胴体第 5 至第 7 肋间或第 11 至第 13 肋间背最长肌横切面，牛肉大理石花纹的等级调整为 5 个等级，并给出了各等级纹理的参考图谱。如图 3-17 所示，等级 5 的花纹最丰富，等级 1 几乎未见大理石花纹。

最早有关肉品大理石花纹的检测是由 Gerrard 等完成的，其使用快速标记算法去除了眼肌中多余的组织，从分割后的眼肌图像中提取出肌肉组织的 R、G 和 B 三通道颜色均值和标准差作为肉品图像的颜色特征，并从二值图像中提取出反映大理石花纹数量和分布的花纹特征建立线性预测模型，模型预测颜色的相关系数为 0.86，预测大理石花纹的相关系数为 0.84（Gerrard et al.，1996）。其中，检测误差主要源于图像的分割不均匀。而后，Subbiah 等（2004）改进了此项研究，采用模糊均值聚类算法对脂肪和瘦肉进行分类，在 FCM 聚类的基础上对每个图像的阈值进行调整，使脂肪和瘦肉的分类更加准确，利用形态学膨胀和腐蚀将眼肌区域提取出来，结果表明分割误差为 1.97%，该系统得到的眼肌图像平均误差为 4.4 个像素。

在国内，周彤和彭彦昆（2013）对提取到的有效眼肌部分提取了大、中、小脂肪颗粒的密度和个数，总脂肪颗粒密度和个数，脂肪面积占比及分布均匀度共 10 个图像特征反映牛肉大理石花纹的丰富程度，并建立主成分回归模型，利用前 3 个主成分所建立的模型相关系数为 0.88，预测标准差为 0.56。进一步地构建了

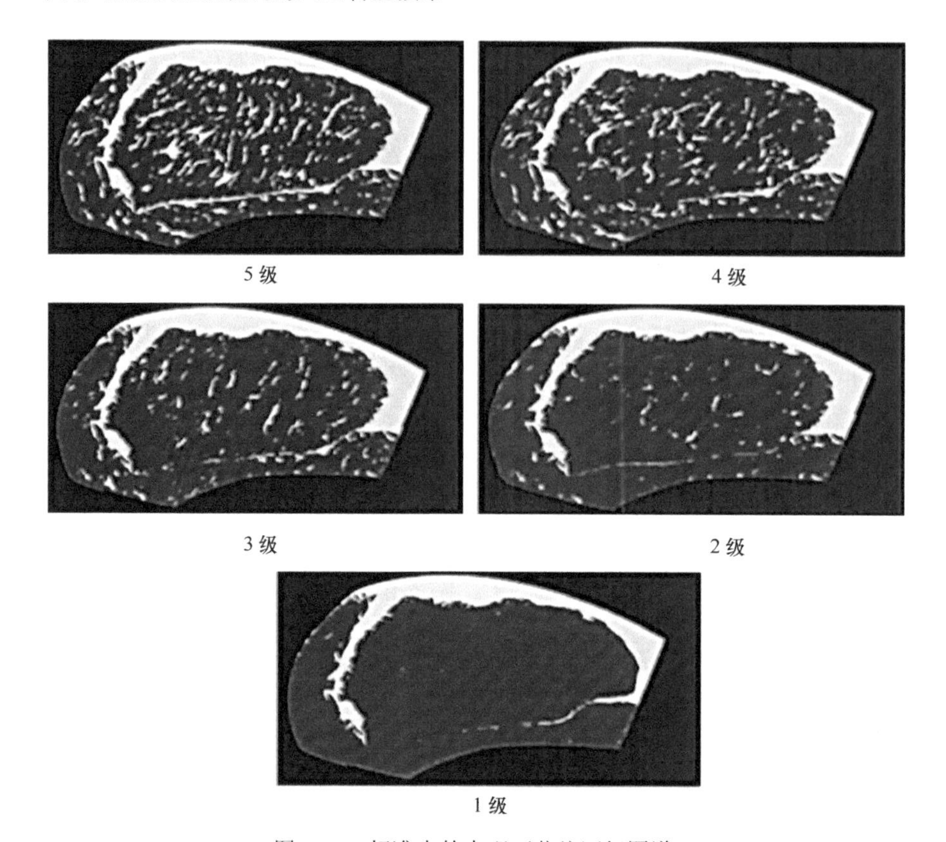

图 3-17　标准中的大理石花纹评级图谱

牛肉大理石花纹判别函数，试验表明，该方法总分级正确率为 91.2%，每个牛肉样本的平均检测时间为 0.879s，检测速度达到了企业分级的标准，对牛肉大理石花纹的快速无损检测具有实用价值。张彦娥等（2016）利用多尺度区间插值小波解偏微分方程的方法对牛眼肌切面图像进行处理，基于中心相似变换的延拓方法有效解决了牛肉图像的边界效应，使得图像的纹理和边缘特征更为清晰，提高了牛肉脂肪面积的计算精度。

2016 年，围棋人工智能系统 AlphaGo 以 4∶1 的优异成绩战胜了韩国的冠军棋手李世石，而后又以 3∶0 战胜柯洁。AlphaGo 机器人以优异成绩成为第一个战胜世界冠军的智能机器人，将人工智能推向一个新的高度。那么人工智能技术在肉品等级评定中又扮演着怎样的角色呢？现在已知的，影响肉品等级评定精度的主要因素有两个：①肉品图像的分割精度；②图像特征的提取与建模精度。

U-Net 网络模型是一种经典的全卷积神经网络（Ronneberger et al.，2015），最初被应用在医学细胞分割领域。赵鑫龙等（2020）基于 U-Net 深度学习算法，解决了传统视觉分割算法对牛肉大理石花纹的“欠分割”和“过分割”现象，经过 72 张牛肉图像的模型训练，其深度学习模型的训练损失曲线如图 3-18 所示，训练设置迭代次数为 2000 次，训练过程中的损失函数变化曲线如图 3-18 所示。从曲线中可以看出该模型在训练的前期损失较高，振荡较大，但总体是在下降。经过 1000 次迭代后模型趋于稳定，损失值低于 0.05 并维持稳定，在迭代 2000 次时，损失均值低于 0.03。其中，为使模型充分学习图像信息并提高模型泛化能力，在训练模型前使用 Keras 的数据生成器增广样本数据，增广的方式有平移、缩放、旋转等。

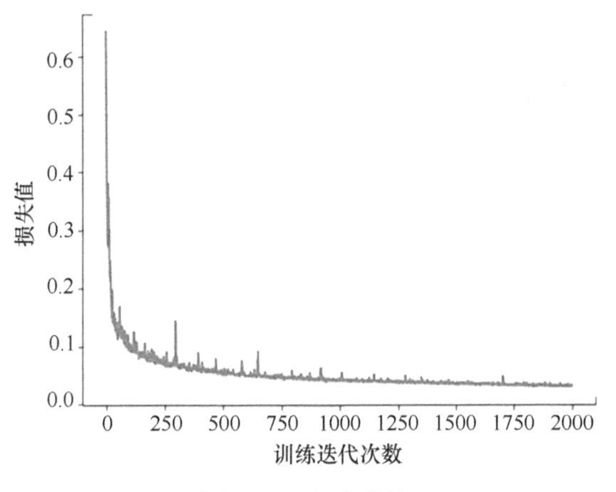

图 3-18　损失曲线

对比不同算法对目标的分割结果，其中 U-Net 的分割效果优于 K 均值和大津法，准确率为 99.48%，分割的精度为 94.75%，召回率为 99.49%。K 均值和大津法的分割效果较为接近，准确率分别为 92.45%和 92.56%，分割的精度分别为 76.65% 和 76.54%，召回率分别为 94.40%和 94.47%。图 3-19 为等级 1 和等级 5 牛肉大理石花纹轮廓的分割结果，其中，对于等级 5 的牛肉样本，由于原图中脂肪和肌肉分布量均匀，因此无论是用聚类算法还是阈值分割法都能取得较好的分割效果。而对于等级 1 的牛肉样本，U-Net 深度学习网络的分割效果明显优于 K 均值和大津法。因此，相比于传统算法，U-Net 深度学习算法对牛肉大理石花纹轮廓的提取具有一定优势。

3.2.2　农产品的分级标准与分级装备

1. 分级标准

果蔬农产品最重要的品质包括：大小、颜色、形状和表面是否有缺陷。果蔬的外部品质评价方法和分级对应的国家标准如表 3-3 所示。

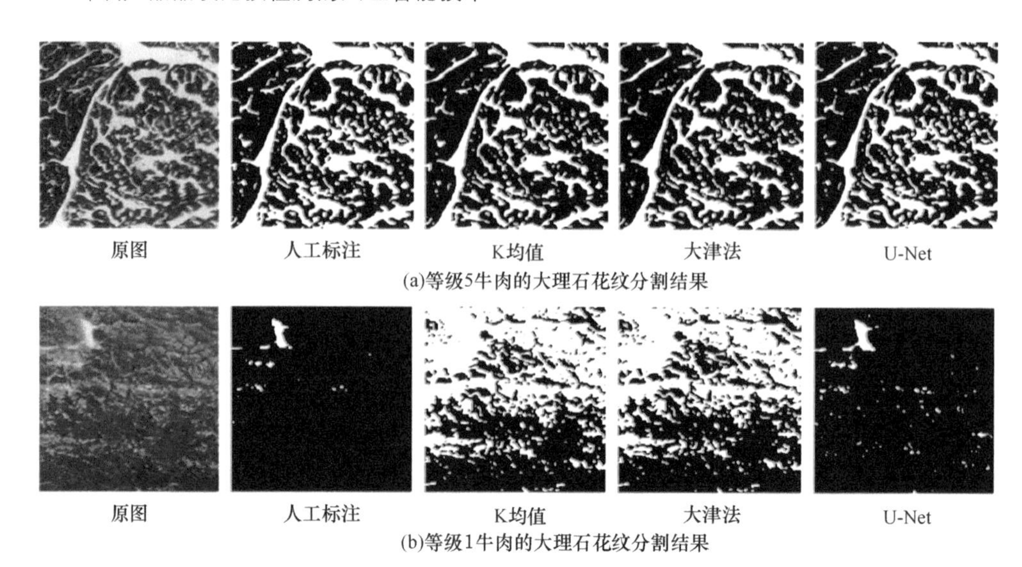

图 3-19　二值分割效果对比

表 3-3　果蔬的外部品质评价方法和相应标准

农产品类别	标准	评价方法	品质类别	参考文献
苹果	GB/T 10651—2008 鲜苹果	①根据是否有表面缺陷判断该样本是否可食用；②根据大小、颜色、形状定级	大小、颜色、形状、表面缺陷	Li et al., 2020c；张震，2019；曹玉栋等，2019；李龙等，2018b
柑橘	GB/T 12947—2008 鲜柑橘			杨张鹏，2019
梨	GB/T 10650—2008 鲜梨			周海英等，2013；应义斌等，2000
脐橙	GB/T 21488—2008 脐橙			王干等，2017
西瓜	GB/T 27659—2011 无籽西瓜分等分级 GH/T 1153—2021 西瓜			马本学等，2013
番茄	NY/T 940—2006 番茄等级规格			刘鸿飞等，2018；张红旗等，2015

与果蔬不同，肉类农产品根据其具体的类别，品质评价方法有所区别，如表3-4所示。对于牛肉而言，其外部品质中，颜色决定了肉品的新鲜程度，大理石花纹等级和生理成熟度决定了牛肉的品质。而对于猪肉来说，颜色依然与其新鲜程度有关，但在猪肉品质方面，背膘厚度和瘦肉率是除了大理石花纹之外的重要决定因素。

2. 分级装备

早在20世纪90年代，欧美国家和日本就已成功研制出了水果分选机。图3-20为不同国家研制的水果分选机器。图3-20（a）为新西兰陶朗集团研制的水果分选机，可检测水果外观如虫蛀、摔碰伤等指标。图3-20（b）为美国ELLIPS公司研

表 3-4　肉品的外部品质评价方法和相应标准

农产品类别	标准	评价方法	品质类别	参考文献
猪肉	NY/T 3380—2018 猪肉分级	①猪肉颜色与新鲜程度有关；②大理石花纹等级、背膘厚度和瘦肉率决定猪肉的品质	颜色、大理石花纹等级、背膘厚度、瘦肉率	李文采等，2019；张萌等，2017；李青和彭彦昆，2015
牛肉	NY/T 676—2010 牛肉等级规格	①牛肉颜色与新鲜程度有关；②大理石花纹等级和生理成熟度决定牛肉的品质	颜色、生理成熟度、大理石花纹等级	季方芳等，2019；梁琨等，2015
羊肉	NY/T 630—2002 羊肉质量分级	①羊肉颜色与新鲜程度有关；②肥度和背膘厚度决定羊肉的品质	颜色、肥度、背膘厚	张丽文等，2017
鸡肉	NY/T 631—2002 鸡肉质量分级	①胴体表皮颜色决定鸡肉的新鲜程度；②表皮缺陷、羽毛残留决定鸡肉的品质	胴体表皮颜色、表皮缺陷、羽毛残留	无
鸭肉	NY/T 1760—2009 鸭肉等级规格	①胴体表皮颜色决定鸭肉的新鲜程度；②表皮缺陷、羽毛残留决定鸭肉的品质	胴体表皮颜色、表皮缺陷、羽毛残留	无

(a)新西兰陶朗水果分选机

(b)美国ELLIPS水果分选机

(c)意大利UNITEC水果分选机

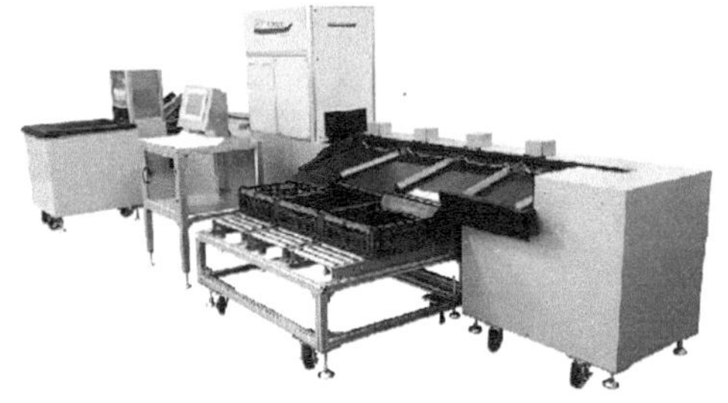
(d)日本三井株式会社水果分选机

图 3-20　国外不同品牌的水果分选机

制的水果分选机，可在高速运行的条件下完成对水果外部品质的精确检测和分级。图 3-20（c）为意大利 UNITEC 公司研制的水果分选机，可同时检测水果的内外品质。图 3-20（d）为日本三井株式会社研发的水果分选机，具有体型小巧的特点，但该机器仅能用于水果外部品质检测。

国内水果分选机的研发起步较晚，但发展较为迅速。图 3-21 为国内不同厂家研制的苹果分选机器，具有同时检测内外品质的功能，并且精度基本与国外同型号产品持平。其中，图 3-21（a）分选机可用于苹果的外部大小、缺陷和内部糖分、霉心的检测，图 3-21（b）分选机可用于苹果的果径、颜色、糖度和重量的同时检测，具有功能全、速度快、无损的特点。但同样存在装备体积较大、成本较高、应用环境有限等缺点。

(a)江西绿萌科技控股有限公司的苹果分选机

(b)甘肃萃英大农科技有限公司苹果分选机

图 3-21　国内不同品牌的苹果分选机

3.3　立体图像深度检测

自然界的物体都是三维的，我们可以通过双眼获取物体的立体信息。但是一般的摄影系统只能把三维的物体通过二维图片的形式保存下来，这会丢掉大量的信息（李奇等，1999）。计算机立体视觉就是运用计算机技术和光学手段在获取的图像中还原出被摄物体的立体形状，从而获得图像中包含的三维数据值。由于计算机立体视觉技术在机器人视觉、三维轮廓测量、无损检测等领域有着广泛的应用前景，所以它是当今国际上的热门课题之一。美国、日本、德国、加拿大等发达国家早在 20 世纪 60 年代末就提出了许多新的测量原理和方法。20 世纪 60 年代，Robert 提出将二维数字图像推广到三维景物，通过一个计算机程序从数字图像提取并重建一个多面体的三维数学模型。我国在近几年也开始有一些研究成果。

立体视觉的基本原理是从两个（或多个）视点观察同一景物，以获取不同视角下的感知图像，通过三角测量原理计算图像像素间的位置偏差（视差）来获取景物的三维信息，这一过程与人类视觉的立体感知过程是类似的。一个完整的立体视觉系统通常可分为图像获取、摄像机定标、特征提取、立体匹配、深度确定及内插 6 个大部分。深度信息估计的方法很多，根据成像光源不同可分为两大类：主动视觉法和被动视觉法（马利，2015）。主动视觉法是指被测物体发射可控制的光束，然后拍摄光束在物体表面上所形成的图像，通过几何关系计算出被测物体距离的方法。被动视觉法不采用特殊光源进行照明，仅从一个或多个摄像系统获取的二维图像信息中确定空间信息，形成三维轮廓数据。被动视觉属于被动传感，其所需景物的照明是靠环境提供的。在利用深度信息进行 3D 场景恢复中，根据视点数目不同，常分为单视点图像深度信息估计、双目立体匹配深度信息估计、运动视觉深度信息估计和深度学习深度信息估计。单视点图像深度信息估计通过单幅图像提取目标的颜色、形状、共面性等二维、三维信息，从而利用少量已知条件获取该目标的空间三维信息。双目立体匹配深度信息估计利用在两个不同的视点获得的同一景物的两幅图像进行立体匹配来恢复出场景物体的深度信息。运动视觉深度信息估计则将双目立体匹配深度信息进一步扩展为利用多帧图像进行立体匹配，得到多幅互相独立的视差图，根据一定的融合准则，将多帧视差图合成为一幅视差图，得到深度信息。

在实现深度估计过程中，为了使估计结果的精准性得到提高，较为常用的方法主要有单目视觉深度检测、双目视觉深度检测、运动视觉深度检测和 RGB-D 图像深度检测等。

3.3.1　基于 RGB-D 技术的图像深度检测

随着人工智能领域技术的不断进步发展，深度学习技术在实际应用中取得了显著的成功，基于 RGB-D 数据的运动识别引起了广泛的关注（廖慧敏，2020）。从功能上来讲，就是在 RGB 普通摄像头的功能上添加了一个深度测量，从实现这个功能的技术层面去分析，TOF 技术起到主要作用。

TOF（time of flight）直译为“飞行时间”。其测距原理是通过给目标连续发送光脉冲，然后用传感器接收从物体返回的光，通过探测光脉冲的飞行（往返）时间得到目标物距离。这种技术与 3D 激光传感器原理基本类似，只不过 3D 激光传感器是通过逐点扫描获得深度信息，而 TOF 相机则是同时得到整幅图像的深度（距离）信息。

TOF 相机采用主动光探测，通常包括以下几个部分：照射单元、光学透镜、成像传感器、控制单元、计算单元。

照射单元需要对光源进行脉冲调制之后再进行发射，调制的光脉冲频率可以高达 100MHz。因此，在图像拍摄过程中，光源会打开和关闭几千次。各个光脉冲只有几纳秒的时长。相机的曝光时间参数决定了每次成像的脉冲数。要实现精确测量，必须精确地控制光脉冲，使其具有完全相同的持续时间、上升时间和下降时间。即使很小的只是 1ns 的偏差即可产生高达 15cm 的距离测量误差。如此高的调制频率和精度只有采用精良的 LED 或激光二极管才能实现。一般照射光源都是采用人眼不可见的红外光源。光学透镜用于汇聚反射光线，在光学传感器上成像。不过与普通光学镜头不同的是，这里需要加一个带通滤光片来保证只有与照明光源波长相同的光才能进入。这样做的目的是抑制非相干光源减少噪声，同时防止感光传感器因外部光线干扰而过度曝光。该传感器结构与普通图像传感器类似，但比图像传感器更复杂，它包含 2 个或者更多个快门，用来在不同时间采样反射光线。因此，TOF 芯片像素比一般图像传感器像素尺寸要大得多，一般在 100μm 左右。相机的电子控制单元触发的光脉冲序列与芯片电子快门的开/闭精确同步。它对传感器电荷执行读出和转换，并将它们引导至分析单元和数据接口。计算单元可以记录精确的深度图。深度图通常是灰度图，其中的每个值代表光反射表面和相机之间的距离。为了得到更好的效果，通常会进行数据校准。

TOF 法根据调制方法的不同，一般可以分为两种：脉冲调制（pulsed modulation）和连续波调制（continuous wave modulation）。

脉冲调制方案的原理比较简单，如图 3-22 所示。它直接根据脉冲发射和接收的时间差来测算距离。脉冲调制方案的照射光源一般采用方波脉冲调制，这是因为其用数字电路来实现相对容易。接收端的每个像素都是由一个感光单元（如光电二极管）组成，它可以将入射光转换为电流，感光单元连接着多个高频转换开关，可以把电流导入不同的可以储存电荷的电容里。

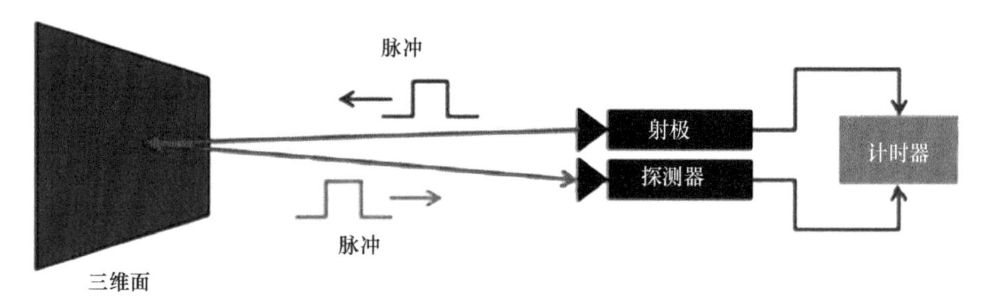

图 3-22　脉冲调制方案的原理图

实际应用中，通常采用的是正弦波调制。由于接收端和发射端正弦波的相位偏移与物体距离摄像头的距离成正比，因此可以利用相位偏移来测量距离（图 3-23）。

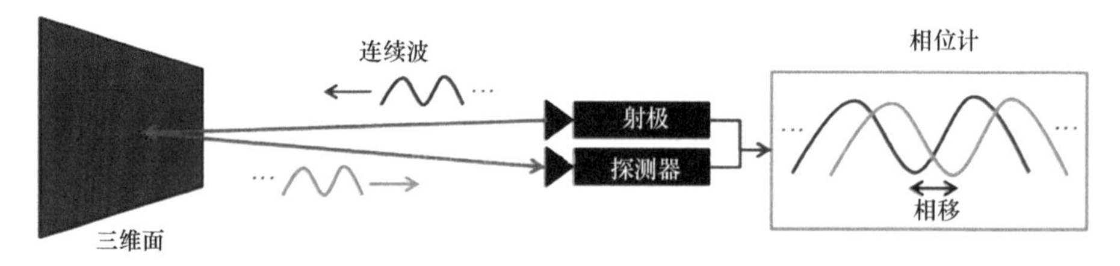

图 3-23　正弦波调制方案原理图

朱冰琳等（2018）以田间种植的玉米和大豆植物为研究对象，并基于机器视觉分析方法对不同生育期的玉米和大豆植物的个体和群体进行了 3D 重建及精度评估，自动提取植物表型信息，如植物高度、冠幅和叶片生长动态等。王亮（2019）基于深度相机实现了苹果采摘机器人的目标检测和路径规划算法研究。RGB-D 相机将来可以应用于检测农产品外部品质，根据图像中所包含的深度信息，确定农产品是否存在外部损伤或者果形等问题。

3.3.2　基于双目视觉的图像深度检测

双目立体视觉能够在多种条件下感知三维场景的立体信息，双目立体视觉的主要优势为精度较高（沈彤等，2015）。双目立体视觉测距就是利用两个摄像机同时拍摄的左右图像对进行立体匹配，根据立体匹配得出的视差图算出目标物体的距离。相机的标定和左右图像对的匹配是该测距方案的关键。双目立体视觉是基于视差，由三角法原理进行三维信息的获取，即由两个摄像机的图像平面与北侧物体之间构成一个三角形。已知两个摄像机之间的位置关系，便可以获得两摄像机公共视场内物体的三维尺寸及空间物体特征点的三维坐标。所以，双目视觉系统一般由两个摄像机构成。双目测距实际操作分 4 个步骤：相机标定—双目校正—双目匹配—计算深度信息。

图 3-24 为双目立体视觉的原理示意图。两摄像机的投影中心连线的距离，即基线距离 B。两摄像机在同一时刻观看时空物体的同一特征点 P，分别在“左眼”和“右眼”上获取了点 P 的图像，它们的坐标分别为 P_{left}=（X_{left}，Y_{left}）；P_{right} =（X_{right} ，Y_{right}）。P_{left} 为左侧相机中 P 点坐标，P_{right} 为右侧相机中 P 点坐标，X_{left} 和 Y_{left} 分别为 P 点在左侧相机中成像位置的横坐标和纵坐标。X_{right} 和 Y_{right} 分别

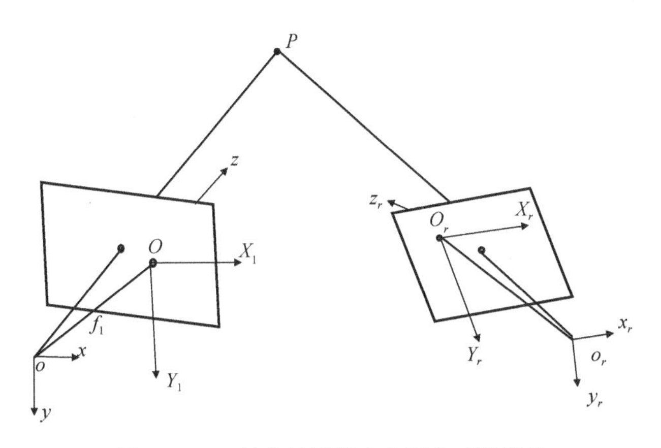

图 3-24　双目立体视觉中空间点三维重建

为 P 点在右侧相机中成像位置的横坐标和纵坐标。假定两摄像机的图像在同一平面上，则特征点 P 的图像坐标的 Y 坐标一定是相同的，即 $Y_{\text{left}} = Y_{\text{right}} = Y$，由三角几何关系可以得到如下关系式：

$$X_{\text{left}} = f\frac{x_c}{z_c} \tag{3-4}$$

$$X_{\text{right}} = f\ \frac{x_c - B}{z_c} \tag{3-5}$$

$$Y = f\ \frac{y_c}{z_c} \tag{3-6}$$

式中，f 为投影距离；x_c、y_c、z_c 分别为空间点 P 的实际坐标。则视差为 $\text{Disparity}=X_{\text{left}}-X_{\text{right}}$。由此可以计算出特征点 P 在摄像机坐标系下的三维坐标：

$$x_c = \frac{B \times x_{\text{left}}}{\text{Disparity}} \tag{3-7}$$

$$y_c = \frac{B \times Y}{\text{Disparity}} \tag{3-8}$$

$$z_c = \frac{B \times f}{\text{Disparity}} \tag{3-9}$$

因此，左摄像机像面上的任意一点只要能在右摄像机像面上找到对应的匹配点，就完全可以确定该点的三维坐标。这种方法是点对点的运算，图像平面上只要存在相应的匹配点，就可以参与上述运算。可以通过后续的计算获取图像的三维坐标信息，其中包含深度信息 z_c。

在分析最简单的平视双目立体视觉的三维测量原理基础上，现在我们就可以考虑一般情况。设左摄像机 $O\text{-}xyz$ 位于世界坐标系原点，且没有发生旋转，图像坐标系为 $O_1\text{-}X_1Y_1$，有效焦距为 f_1；右摄像机坐标系为 $O_r\text{-}xyz$，图像坐标系为 $O_r\text{-}X_rY_r$，有效焦距为 f_r。那么根据摄像机的投影模型我们就能得到如下关系式：

$$\boldsymbol{M}_{lr}\begin{bmatrix} x \\ y \\ z \\ 1 \end{bmatrix} = \begin{bmatrix} r_1 & r_2 & r_3 & t_x \\ r_4 & r_5 & r_6 & t_y \\ r_7 & r_8 & r_9 & t_z \end{bmatrix}\begin{bmatrix} x \\ y \\ z \\ 1 \end{bmatrix} \tag{3-10}$$

$$s_r\begin{bmatrix} X_1 \\ Y_1 \\ 1 \end{bmatrix} = \begin{bmatrix} f_r & 0 & 0 \\ 0 & f_r & 0 \\ 0 & 0 & 1 \end{bmatrix}\begin{bmatrix} x_r \\ y_r \\ z_r \end{bmatrix} \tag{3-11}$$

因为 $O\text{-}xyz$ 坐标系与 $O_r\text{-}x_ry_rz_r$ 坐标系之间的位置关系可通过空间转换矩阵 $\boldsymbol{M}_{lr}$ 表示为

$$\begin{bmatrix} x_r \\ y_r \\ z_r \end{bmatrix} = \boldsymbol{M}_{lr} \begin{bmatrix} x \\ y \\ z \\ 1 \end{bmatrix} \tag{3-12}$$

$$\boldsymbol{M}_{lr} \begin{bmatrix} x \\ y \\ z \\ 1 \end{bmatrix} = \begin{bmatrix} r_1 & r_2 & r_3 & t_x \\ r_4 & r_5 & r_6 & t_y \\ r_7 & r_8 & r_9 & t_z \end{bmatrix} \begin{bmatrix} x \\ y \\ z \\ 1 \end{bmatrix} \tag{3-13}$$

$$\boldsymbol{M}_{lr} = [R | \ T] \tag{3-14}$$

$$\rho_r \begin{bmatrix} X_t \\ Y_t \\ 1 \end{bmatrix} = \begin{bmatrix} f_t r_1 & f_t r_2 & f_t r_3 & f_t t_x \\ f_t r_4 & f_t r_5 & f_t r_6 & f_t t_y \\ r_7 & r_8 & r_9 & t_z \end{bmatrix} \begin{bmatrix} zX_1 / f_1 \\ zY_1 / f_1 \\ z \\ 1 \end{bmatrix} \tag{3-15}$$

$$x = \frac{zX_1}{f_1} \tag{3-16}$$

$$y = \frac{zY_1}{f_1} \tag{3-17}$$

$$z = \frac{f_1 \left(f_r t_x - X_r t_z \right)}{X_r \left(r_7 X_1 + r_8 Y_1 + f_1 r_9 \right) - f_r \left(r_4 X_1 + r_5 Y_1 + f_1 r_6 \right)} \tag{3-18}$$

式中，z 就是图像中的深度信息。通过上述公式我们可以求得双目视觉系统中任意点的深度信息，从而实现对图像中深度信息的检测。

周艳青（2015）以活体羊和标本羊为研究对象，如图 3-25 所示。研究基于双目立体视觉的羊体尺参数的提取算法及羊体三维重构。采用体长、体高、臀高参数建立预估模型，结果表明该模型预测的体重平均相对误差为 3.17%。另外，其在图像分割的前提下提取羊体轮廓线并划分轮廓线区域，提出基于包络线分析识别羊体尺测点算法，实现体长、体宽、体高和胸深等 8 个测点的提取。与体长、体高和臀高参数实测值相比，基于二维图像测点检测的体尺参数平均误差均小于 2cm，相对误差为 1.92%。其采用的双目立体视觉重构的检测误差虽然偏大，但在误差允许的范围内，可满足羊体尺参数测量。陈亚青等（2020）在无人机避障方面，利用双目视觉系统测量图像深度，避免无人机在飞行过程中与障碍发生碰撞。若此技术在无人机上的应用足够成熟，其可以利用在工作环境相较恶劣的农业系统中，无论是在田间作业还是农场作业，避障功能都显得尤为重要。双目视觉在无人机避障上的成熟应用会促进以无人机为载体的在农场等复杂环境中农产品检

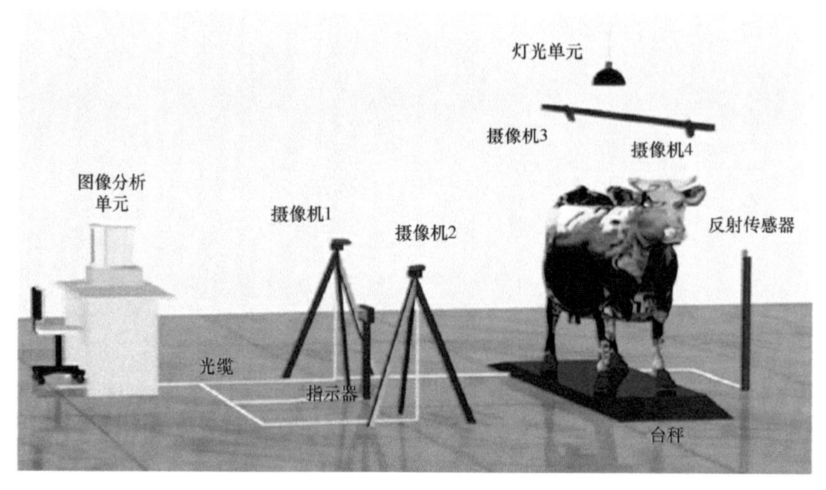

图 3-25　牛体图像采集装置（周艳青，2015）

测的发展。魏纯等（2021）分析了双目视觉系统的工作原理及视觉标定方法，利用 YOLO V2 卷积神经网络算法实现对目标果实的识别。利用双目视觉设计了一套基于双目视觉和机器学习的采摘机器人果实识别与定位系统。现在双目视觉技术应用较为广泛，这是由该项技术的优点决定的。

双目系统的优势表现在：①成本比单目系统要高，但尚处于可接受范围内，并且与激光雷达等方案相比成本较低；②没有识别率的限制，因为从原理上无须先进行识别再进行测算，而是对所有障碍物直接进行测量；③直接利用视差计算距离，精度比单目高；④无须维护样本数据库，因为对于双目没有样本的概念。

双目视觉技术与其他技术相比具有一定的技术优势，但其本身所存在的劣势也是推动其他深度测量技术发展的动力。其缺点主要有以下几点。

（1）计算量非常大，对计算单元的性能要求非常高，这使得双目系统的产品化、小型化的难度较大。所以在芯片或 FPGA 上解决双目的计算问题难度比较大。国际上使用双目的研究机构或厂商，绝大多数是使用服务器进行图像处理与计算，也有部分将算法进行简化后，使用 FPGA 进行处理。

（2）双目的配准效果，直接影响到测距的准确性。

（3）对环境光照非常敏感。双目立体视觉法依赖环境中的自然光线采集图像，而由于光照角度变化、光照强度变化等环境因素的影响，拍摄的两张图片亮度差别会比较大，这会对匹配算法提出很大的挑战。

（4）不适用于单调缺乏纹理的场景。由于双目立体视觉法根据视觉特征进行图像匹配，所以对于缺乏视觉特征的场景（如天空、白墙、沙漠等）会出现匹配困难，导致匹配误差较大甚至匹配失败。

（5）计算复杂度高。该方法需要逐像素匹配；又因为上述多种因素的影响，为保证匹配结果的鲁棒性，需要在算法中增加大量的错误剔除策略，因此对算法要求较高，想要实现可靠商用难度大，计算量较大。

（6）相机基线限制了测量范围。测量范围和基线（两个摄像头间距）关系很大：基线越大，测量范围越远；基线越小，测量范围越近。所以基线在一定程度上限制了该深度相机的测量范围。

就双目立体视觉技术的发展现状而言，要构造出类似于人眼的通用双目立体视觉系统，还有很长的路要走。首先是如何建立更有效的双目立体视觉模型，能更充分地反映立体视觉不确定性的本质属性，为匹配提供更多的约束信息，降低立体匹配的难度。探索新的适用于全面立体视觉的计算理论和匹配有效的匹配准则和算法结构，以解决存在灰度失真，几何畸变（透视、旋转、缩放等），噪声干扰，特殊结构（平坦区域、重复相似结构等），及遮掩景物的匹配问题；算法向并行化发展，提高速度，减少运算量，增强系统的实用性；强调场景与任务的约束，针对不同的应用目的，建立有目的的面向任务的双目立体视觉系统。为了解决上面所提到的问题，双目立体视觉以后必将朝着以下的方向发展。

（1）多种算法、多种匹配方式的融合使用。单一的匹配方法或算法都会有其局限性，为了能够获得更加精确高效的数据结果，将多种匹配方式相结合使用，在整体性能上将会带来改善，这俨然已成为一种趋势。例如，特征匹配和区域匹配相结合，在高鲁棒性的基础上保持密集的视差表面：在全局算法中融合局部算法获得整体优化。不过，机械性的累加也不能收获良好的效果，如调节匹配的准确性和恢复视差的全面性上就存在着矛盾，都需要对具体问题实时分析（张煦等，2017）。

（2）充分利用约束条件得到精确的匹配。较为常用的约束在前文已经提及，如何能选择最优的约束方式，是否有其他信息可以更好地提供约束条件，何种情况下已有的约束条件不再适用而需要使用新的约束方式，这些问题还有待解决。

（3）不断提升匹配精度与效率，逐步在实际应用中发挥更大的作用。无论技术的理论依据与实验测量有多么完美，最终都需要应用到实际中去检验。现阶段人们不断努力的方向都集中在对精度与效率的优化上，尤其是提升精度，可以说这是一套系统的根本所在。无论是计量测试，还是形貌描述的结果，都与精度密不可分。在保证精度的前提下提升效率，增强系统鲁棒性，这无疑将是一个长久的趋势。

3.3.3　基于运动视觉的图像深度检测

运动目标深度估计指的是连续跟踪视频流中的运动目标，并进行目标深度测距，主要包括两种计算机视觉核心的研究方向：视觉目标跟踪和深度估计。视觉目标跟踪指的是在输入图像序列中稳定连续地标记出具有特定语义的运动目标，并提取目标在图像序列中的相关状态，诸如形状、尺寸、方向、速度和轨迹等时空上下文信息（郭承刚，2015）。主要包括两个步骤：一是从不同时刻相邻的两幅或多幅图像中抽取特征点，并建立对应关系；二是根据这些特征点之间的函数关系，计算物体的结构和运动（安泽宇，2021）。运动视觉成像系统如图 3-26 所示。

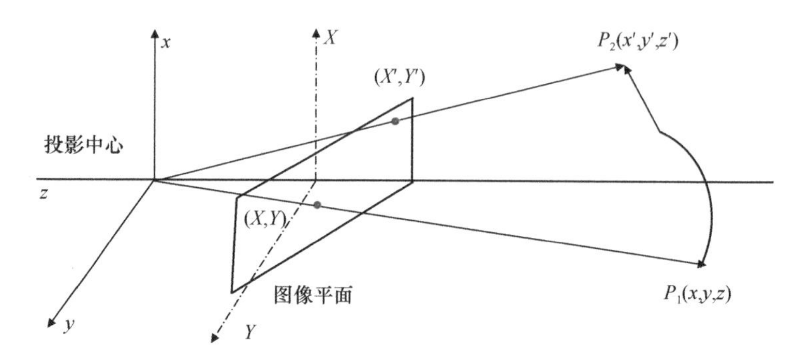

图 3-26　运动视觉深度检测原理图

空间中的任意一被测目标点 P_1（x，y，z），在三维空间经过水平运动、垂直运动及旋转运动到点 P_2（x'，y'，z'），点（X，Y）和（X'，Y'）在图像平面的投影点为 P_1（x，y，z）和 P_2（x'，y'，z'），其中，x、y、z 分别为物体某点初始位置的坐标，x'、y'、z'分别为物体某点末位置的坐标。X 和 Y 为初始位置在成像平面上的投影点的横坐标和纵坐标，X'和 Y'为末位置在成像平面上的投影点的横坐标和纵坐标。根据图 3-26 的信息可以得到函数关系：

$$\begin{bmatrix} X \\ Y \\ Z \end{bmatrix} = \boldsymbol{R} \begin{bmatrix} X \\ Y \\ Z \end{bmatrix} + \boldsymbol{T} \tag{3-19}$$

$$\boldsymbol{R} = \begin{bmatrix} r_{11} & r_{12} & r_{13} \\ r_{21} & r_{22} & r_{23} \\ r_{31} & r_{32} & r_{33} \end{bmatrix} \tag{3-20}$$

$$\boldsymbol{T} = \begin{bmatrix} \Delta X \\ \Delta Y \\ \Delta Z \end{bmatrix} \tag{3-21}$$

式中，$\boldsymbol{R}$ 为旋转矩阵；$\boldsymbol{T}$ 为平移向量。通过坐标的转换计算，则可以得到：

$$x = x + \Delta x \tag{3-22}$$

$$y = y + \Delta y \tag{3-23}$$

$$x = f\frac{X}{Z} \tag{3-24}$$

$$y = f\frac{Y}{Z} \tag{3-25}$$

式中，f为相机成像的焦距，令ΔX，ΔY，ΔZ为位移矢量T的增量，可以得到：

$$\Delta X' = \frac{\Delta X}{\Delta Z} \tag{3-26}$$

$$\Delta Y' = \frac{\Delta Y}{\Delta Z} \tag{3-27}$$

$$\Delta Z' = \frac{\Delta Z}{f} \tag{3-28}$$

代入旋转矩阵$\boldsymbol{R}$可得：

$$X' = \frac{\left(-r_{11}X - r_{12}Y + r_{13}\right)z + \Delta x}{\left(-r_{31}X - r_{32}Y + r_{33}\right) + \Delta z} \tag{3-29}$$

$$Y' = \frac{\left(-r_{21}X - r_{22}Y + r_{23}\right)z + \Delta y}{\left(-r_{31}X - r_{32}Y + r_{33}\right) + \Delta z} \tag{3-30}$$

消去变量z，可得：

$$\frac{\Delta x + X'\Delta z}{\Delta y + Y'\Delta z} = \frac{X'\left(r_{31}X + r_{32}Y - r_{33}\right) + \left(r_{11}X + r_{12}Y - r_{13}\right)}{Y'\left(r_{31}X + r_{32}Y - r_{33}\right)z + \left(r_{21}X + r_{22}Y - r_{23}\right)} \tag{3-31}$$

式中，方程含有 5 个未知量，任意选中 5 个特征点对，就可确定深度z：

$$z = \frac{\Delta x + X'\Delta z}{X'\left(r_{31}X + r_{32}Y - r_{33}\right) + \left(r_{11}X + r_{12}Y - r_{13}\right)} \tag{3-32}$$

根据上述图像深度的计算方法，可以在已知运动物体投影轨迹的情况下计算出图像中包含的深度信息，但是因为此方法的整体精度不高，所以在实际应用中较为少见。近几年，随着深度学习技术的发展，深度估计和视觉里程计方法的性能得到了显著的提高。之前，大多数研究人员的工作都是在监督学习环境下进行深度图的预测，特别是使用卷积神经网络（CNN）设计强大的深度回归模型。这些模型是以像素到像素的学习方式，学习从 RGB 图像到深度图的转换。

3.3.4　基于深度学习的图像深度检测

基于统计模式的深度估计算法由于不受特定场景条件的限制，并且具有较好的适用性，所以得到了越来越广泛的研究。该类算法主要通过机器学习的方法，将大量有代表性的训练图像集和对应的深度集输入定义好的模型中进行有监督的学习，训练完成之后，将实际输入图像输入到训练好的模型中进行深度的计算。这个过程其实非常类似于大脑利用积累的先验知识进行深度感知的过程。其中基于图模型的方法作为最经典的深度估计算法被广泛采用，许多科研工作者在这个方面都做了大量工作。作为开创性的工作，斯坦福大学研发的三维激光扫描仪收集室外场景的彩色图像和对应的真实深度图。近几年，随着深度学习技术的发展，深度估计和视觉里程计方法的性能得到了显著的提高（徐慧慧，2018）。之前，大多数研究人员的工作都是在监督学习环境下进行深度图的预测，特别是使用卷积神经网络（CNN）设计强大的深度回归模型。这些模型是以像素到像素的学习方式，学习从 RGB 图像到深度图的转换。利用卷积神经网络进行图像的深度估计过程大致分为两部分：一方面卷积网络通过处理平面图片，获取平面信息中如图形结构、光影等人类视觉敏感的感知信息；另一方面网络同时处理立体图像对应的差分图像，有效提取复杂环境下的深度信息，从而有效地模仿了人眼立体机制对图像进行感知。在此之外，卷积神经网络根据平面图像与立体图像中差分图像的结构相似性，利用平面图像数据库对网络预学习，从而有效解决了立体图像数据不足的问题，进一步提升深度估计的精确度。

目前，除通过 RGB-D 相机获取图像中的深度信息外，单目视觉的深度检测的主要方法是依靠神经网络结构对图像的深度进行检测和评估。Liu（2019）提出了一种基于 Mask R-CNN 的 Plane-RCNN 可以检测平面区域并从单个 RGB 图像重建分段平面深度图。如图 3-27 所示，从左到右依次为输入图像、分段平面区域、估计深度图和重建平面表面，通过神经网络对不同平面层进行区分，从而实现图像的深度估计。

图 3-27　深度图像估计过程图（Liu et al.，2019）

Plane-RCNN 由三部分组成。第一部分是建立在 Mask R-CNN 基础上的平面检测网络。除了每个平面区域的实例掩膜之外，我们还估计了平面法线和每个像素的深度值。利用已知的相机内在函数，可以从检测到的平面区域进一步地重建 3D 平面。这个检测框架更加灵活，可以处理一张图片里任意数量的平面区域。据我们所知，第一部分是将目标识别中常见的检测网络引入深度图重构任务中。第二部分是一个分割细化网络，联合优化提取到的分割掩膜，以便于更加连贯一致地解释整个场景。这个细化网络通过设计一个简单但有效的神经模块来处理任意数量的平面。第三部分是翘曲损失模块，在训练中强制让同一个场景中不同视角观察的重建平面保持一致，在端到端的检测网络中提高平面参数和深度图的精度。一种深度神经网络结构 Plane-RCNN 可以从单个 RGB 图像中检测和重建分段平面。Plane-RCNN 为了检测出平面的参数和分割掩膜而采用了 Mask R-CNN 的变种算法。然后，Plane-RCNN 联合细化所有的分割掩膜，在训练期间形成一个新的损失率，其还提出了一个新的基准用于在真实样本中能有更细粒度的平面分割。其中，在平面检测、平面分割、重建平面的指标上，Plane-RCNN 的性能要远优于现有的最先进的方法。而且 Plane-RCNN 向成熟稳健的平面检测迈出了重要的一步，这将对机器人技术、增强现实技术和虚拟现实在内的广泛应用产生直接影响。

使用深度学习并基于立体视觉的深度估计取得了可喜的成果。但是，该领域仍然处于起步阶段，尚待进一步发展。下面介绍一些现存的问题，并且突出未来研究的方向。

首先，对于农产品品质无损检测方向而言最主要的问题是相机参数问题。如今研究的绝大多数基于立体视觉的方法都需要矫正过的图片。多视图立体视觉是用平面扫描体或者反向投影图片特征。图像矫正要求已知相机参数，这导致在自然环境中的估计变得困难。许多论文试图通过联合优化相机参数和三维场景的几何结构，来解决单目估计深度和三维形状重建问题（Han et al.，2020）。

其次，是光照条件和复杂的材料特性的问题。不良的光照条件和复杂的材料特性仍然是当前大多数方法面临的挑战。将物体识别、高级场景理解和低级特征学习相结合，可能是解决这些问题的一种有效途径。

空间和深度的分辨率对其也有较大影响，当前大多数方法不能处理高分辨率输入的图像，并且通常生成低空间分辨率和深度分辨率的深度图。深度分辨率特别有限，导致这些方法无法重建细小的结构（如植被和头发），以及距离相机很远的结构。虽然精化模块可以提高估计的深度图的分辨率，但与输入图像的分辨率相比，增加还是太小了。这个问题最近通过分层技术解决了，该技术通过限制中间结果的分辨率来根据实际需要得到不同精度的视差（Yang et al.，2019）。在这些方法中，低分辨率深度图可以实时生成，因此可以用于移动平台上，而高分辨率图则需要更多的计算时间。实时制作高空间和深度分辨率的精确地图仍然是未来研究面临的挑战。

训练是所有神经网络都必须提到的步骤。深度网络在很大程度上依赖于标有真值的训练图像的可用率。这对于深度视差重建是非常昂贵且费力的。同样，这些方法的性能及其泛化能力可能会受到很大影响，包括将模型过度拟合到特定领域的风险。现有方法通过设计不需要标注的损失函数，或者通过使用领域自适应（domain adaptation）和迁移学习（transfer learning）的策略来缓解此问题。无论是领域自适应策略或者迁移学习策略，都不能减少训练的时间。如果深度学习的方法要应用于无损检测领域，如何减少网络的训练时间是一个重要的问题。

传统的深度估计方法，如运动恢复结构和立体视觉匹配，都是建立在多视点的对应特征上的，并且预测的深度图是稀疏的。从单个图像中推断深度信息（单目深度估计）是一个不适定问题。近年来，随着深度神经网络的迅速发展，基于深度学习的单目深度估计得到了广泛的研究，并取得了良好的精度。例如，利用深度神经网络对单个图像进行端到端的稠密深度图估计。为了提高深度估计的精度，之后提出了不同的网络结构、损失函数和训练策略。

在农产品品质无损检测领域，最需要关注此项技术能否实时处理的问题。目前，把深度学习应用在图像深度测量上还有很长的路要走。就该方法的内存需求和处理时间而言，它们会比较难以用在检测设备上，特别是在线式的无损检测设备上。开发轻量级的、能够快速出结果的、端到端的深度网络仍然是未来研究的一个具有挑战性的方向，这对于其在无损检测领域的应用也至关重要（Laga et al.，2020）。

近年来，新的方法不断被引入立体匹配领域，立体视觉技术也不断应用于新领域。近些年有人提出用 SIFT 特征作为输入，使用自组织特征映射模型这种人工神经网络进行立体匹配。也有使用 harrs 角点群进行立体匹配以获取大型器械的位姿算法。相比运算速度，近年来更重视对精度和匹配度的要求。在硬件技术迅速发展的现状下，之前许多不能保证实时性的算法都可以很好地实现。未来立体匹配的研究重点将集中于如何提高精度，对于算法的应用也应是多种算法联合的多层面多尺度的匹配（曹之乐等，2015）。

3.4 运动目标跟踪

20 世纪 90 年代以后，随着计算机硬件、软件技术的飞速发展，高速运行、价格低廉的微型计算机逐渐得到普及，机器视觉领域的研究开始逐渐兴起。近年来，机器视觉在农产品检测领域中发挥着不可忽视、举足轻重的作用。

运动目标跟踪是图像处理和机器视觉领域的重要研究课题之一，近年来在机器人避障、遥感图像分类及军事导航等诸多领域得到了广泛的应用。运动目标跟踪就是在一段序列图像中的每幅图像中实时地找到所感兴趣的运动目标（包括位置、速度及加速度等运动参数；张娟等，2009）。随着无损检测技术的发展，运动目标跟踪也逐渐被应用在农产品品质无损检测中。运动目标跟踪是指在视频或者图像序列中把感兴趣的并且运动的目标从背景中区分并提取出来。现如今，常用的目标跟踪算法有 4 种。概括来说，可以分为光流法、帧差法、背景建模法和深度学习法（金静，2020）。

当需要追踪的目标是多个时，利用循环矩阵的相关滤波跟踪方法将目标与背景区分开来，在使用相关滤波进行多目标跟踪时，需要为每一个目标分配一个目标跟踪器。运动目标跟踪一般步骤如图 3-28 所示。实时多目标跟踪要求当目标存在于视频图像中时，跟踪器能够持续稳定地跟踪目标，同时，跟踪器的跟踪频率高于摄像头采集图像的频率。相关滤波目标跟踪算法运算复杂度低、速度快、跟踪效果好，在多目标跟踪任务中，使用相关滤波跟踪器对运动目标进行跟踪，能够达到实时跟踪的目的（黄齐，2020）。

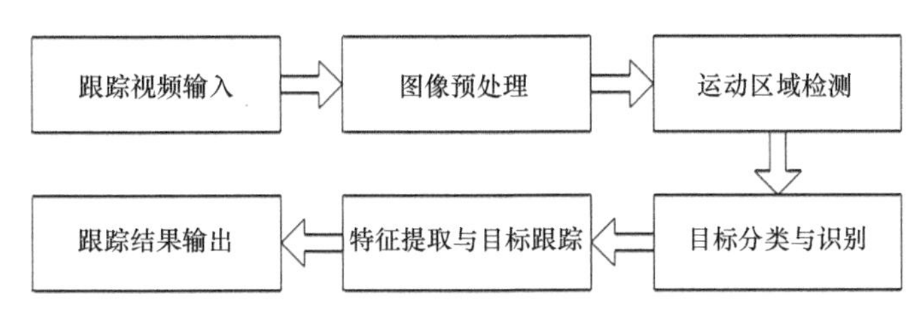

图 3-28　运动目标跟踪一般步骤（尹宏鹏，2009）

3.4.1　基于光流算法的运动目标追踪

光流是一种简单实用的图像运动的表达方式，通常定义为一个图像序列中的图像亮度模式的表观运动，即空间物体表面上的点的运动速度在视觉传感器的成像平面上的表达。这种定义认为光流只表示一种几何变化。1998 年 Negahdaripour 将光流重新定义为动态图像的几何变化和辐射度变化的全面表示。光流的研究是利用图像序列中的像素强度数据的时域变化和相关性来确定各自像素位置的“运动”，即研究图像灰度在时间上的变化与景象中物体结构及其运动的关系。一般情况下，光流由相机运动、场景中目标运动或两者的共同运动产生的相对运动引起的。光流计算方法大致可分为六类：基于匹配的方法、频域的方法、梯度的方法、能量的方法、基于相位的方法和神经动力学法。

基于匹配的光流计算方法包括基于特征和基于区域两种。基于特征的方法不断地对目标的主要特征进行定位和跟踪，对大目标的运动和亮度变化具有鲁棒性。存在光流很稀疏的问题，而且特征提取和精确匹配也十分困难。基于区域的方法先对类似的区域进行定位，然后通过相似区域的位移计算光流。这种方法在视频编码中得到了广泛的应用。然而，它计算的光流仍不稠密。

基于频域的方法，也称为基于能量的方法，利用速度可调的滤波组输出频率或相位信息。虽然能获得高精度的初始光流估计，但往往涉及复杂的计算。另外，进行可靠性评价也十分困难。

基于梯度的方法利用图像序列亮度的时空微分计算 2D 速度场（光流）。由于计算简单和效果较好，基于梯度的方法得到了广泛的研究。虽然很多基于梯度的光流估计方法取得了较好的光流估计，但在计算光流时涉及可调参数的人工选取、可靠性评价因子的选择困难，以及预处理对光流计算结果的影响，少量帧中噪声的存在及图像采集过程中形成的频谱混叠都将严重影响基于梯度的方法的结果精度。

基于能量的方法又称为基于频率的方法，在使用该类方法的过程中，要获得均匀流场的准确的速度估计，就必须对输入的图像进行时空滤波处理，即对时间和空间的整合，但是这样会降低光流的时间和空间分辨率。基于频率的方法往往会涉及大量的计算，另外，要进行可靠性评价也比较困难。

基于相位的方法是由 Fleet 和 Jepson 提出的，Fleet 和 Jepson 最先提出将相位信息用于光流计算的思想。当我们计算光流的时候，相比亮度信息，图像的相位信息更加可靠，所以利用相位信息获得的光流场具有更好的鲁棒性。基于相位的光流算法的优点是：对图像序列的适用范围较宽，而且速度估计比较精确，但也存在着一些问题：第一，基于相位的模型有一定的合理性，但是有较高的时间复杂性；第二，基于相位的方法通过两帧图像就可以计算出光流，但如果要提高估计精度，就需要花费一定的时间；第三，基于相位的光流计算法对图像序列的时间混叠是比较敏感的。

神经动力学方法是利用神经网络建立的视觉运动感知的神经动力学模型，它是对生物视觉系统功能与结构比较直接的模拟。尽管光流计算的神经动力学方法还很不成熟，然而对它的研究却具有极其深远的意义。随着生物视觉研究得不断深入，神经方法无疑会不断完善，也许光流计算乃至计算机视觉的根本出路就在于神经机制的引入。神经网络方法是光流技术的一个发展方向。

光流法检测运动物体的基本原理是给图像中的每一个像素点赋予一个速度矢量，这就形成了一个图像运动场，在运动的一个特定时刻，图像上的点与三维物体上的点一一对应，这种对应关系可由投影关系得到，根据各个像素点的速度矢量特征，可以对图像进行动态分析。如果图像中没有运动物体，则光流矢量在整个图像区域是连续变化的。当图像中有运动物体时，目标和图像背景存在相对运动，运动物体所形成的速度矢量必然与邻域背景速度矢量不同，从而检测出运动物体及位置。采用光流法进行运动物体检测的问题主要在于大多数光流法计算耗时，实时性和实用性都较差。但是光流法的优点在于光流不仅携带了运动物体的运动信息，而且还携带了有关景物三维结构的丰富信息，它能够在不知道场景的任何信息的情况下，检测出运动对象。下面详细介绍一下光流法的实际作用原理。图 3-29 展示的便是三维空间内物体的运动在二维成像平面上的投影。得到的是一个描述位置变化的二维矢量，但在运动间隔极小的情况下，我们通常将其视为一个描述该点瞬时速度的二维矢量，称为光流矢量。

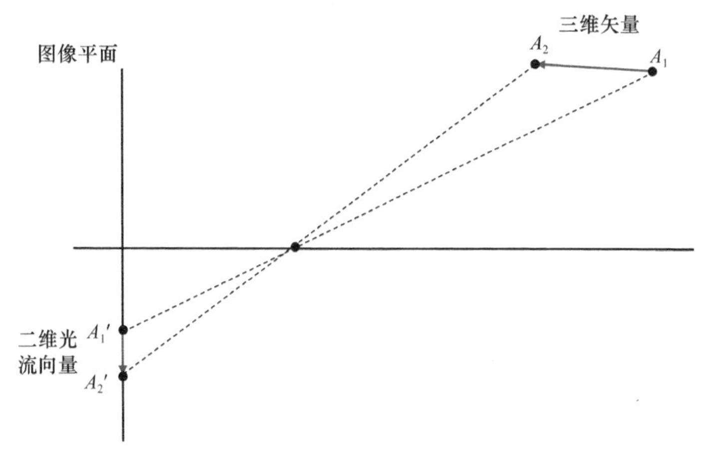

图 3-29　三维运动在二维平面内的投影

其中前一帧时间为 t，后一帧时间为 $t+\Delta t$ 。则前一帧 I 的像素点 $I(x,y,z,t)$ 在后一帧中的位置为 $I(x+\Delta x,y+\Delta y,z+\Delta z,t+\Delta t)$ ，x、y、z 分别为图像中的像素位置坐标。根据亮度恒定假设：

$$I(x,y,z,t)=I(x+\Delta x,y+\Delta y,z+\Delta z,t+\Delta t) \tag{3-33}$$

根据小运动假设，将式（3-33）右侧用泰勒级数展开：

$$\begin{aligned}&I(x+\Delta x,y+\Delta y,z+\Delta z,t+\Delta t)\\&=I(x,y,z,t)+\frac{\partial I}{\partial x}\Delta x+\frac{\partial I}{\partial y}\Delta y+\frac{\partial I}{\partial z}\Delta z+\frac{\partial I}{\partial t}\Delta t\\&+H.0.T\end{aligned} \tag{3-34}$$

根据式（3-33）和式（3-34）可以得到：

$$\frac{\partial I}{\partial x}\Delta x+\frac{\partial I}{\partial y}\Delta y+\frac{\partial I}{\partial z}\Delta z+\frac{\partial I}{\partial t}\Delta t=0 \tag{3-35}$$

或者下面的公式：

$$\frac{\partial I}{\partial x}Vx+\frac{\partial I}{\partial y}Vy+\frac{\partial I}{\partial z}Vz+\frac{\partial I}{\partial t}=0 \tag{3-36}$$

而对于二维图像而言，只需要考虑 x，y，t 即可，其中 I_x，I_y ，I_t 分别为图像在（x，y，t）方向的差分，写为如下形式：

$$\left(I_xV_x+I_yV_y\right)=-I_t \tag{3-37}$$

现在有两个未知数，只有一个方程。因此用到第三个假设：空间一致性假设，LK 算法是利用 3×3 窗口内的 9 个像素点建立 9 个方程。简写为下面的形式：

$$\begin{bmatrix} I_{x1} & I_{x1} \\ I_{x2} & I_{x2} \\ \vdots & \vdots \\ I_{x9} & I_{x9} \end{bmatrix} \begin{bmatrix} V_x \\ V_x \end{bmatrix} = \begin{bmatrix} -I_{t1} \\ -I_{t2} \\ \vdots \\ -I_{t9} \end{bmatrix} \tag{3-38}$$

当然两个未知数，9 个方程，这是一个超定的问题，这里采用最小二乘法解决：

$$\boldsymbol{A}^{\mathrm{T}}\boldsymbol{A}\vec{v} = \boldsymbol{A}^{\mathrm{T}}(-b) \tag{3-39}$$

$$\vec{v} = \left(\boldsymbol{A}^{\mathrm{T}}\boldsymbol{A}\right)^{-1}\boldsymbol{A}^{T}(-b) \tag{3-40}$$

$$\begin{bmatrix} V_x \\ V_x \end{bmatrix} = \begin{bmatrix} \sum I_{xi}^{\ 2} & \sum I_{xi}I_{yi} \\ \sum I_{xi}I_{yi} & \sum I_{yi}^{\ 2} \end{bmatrix}^{-1} \begin{bmatrix} -\sum_{xi} I_{ti} \\ -\sum I_{yi} I_{ti} \end{bmatrix} \tag{3-41}$$

根据上式累加邻域像素点在三个维度的偏导数并做矩阵运算，即可算出该点的光流（V_x，V_y）。

利用光流算法的原理，如图 3-30 所示，周航等（2014）探索了一种通过特定昆虫颜色的关联分析模型而建立起的光流估计跟踪算法，用于检测农田害虫的数量，并进行一定的运动跟踪。梁习卉子等（2019）为了实现无人植保车在棉田全覆盖视觉导航，提出了一种基于视频的棉花行动态计数方法，可以准确地对棉花行实现动态计数，有很好的泛化能力，识别率高于 90%，平均每帧检测时间为 32ms，满足实际田间作业要求。李盛辉等（2017）为了满足智能农业车辆安全正常作业，提出了基于光流算法的运动障碍目标检测。陈琛（2020）利用金字塔 LK 光流法，通过图像中角点的位置变化，实现苹果采摘机器人对苹果的目标跟踪。如图 3-31 所示，在获取苹果所在位置之前，通过角点检测找出图像中角点的位置。比较两帧图像中苹果的对应角点位置，利用角点的位置变化实现对苹果的目标跟踪（图 3-32）。

图 3-30　光流跟踪效果（周航等，2014）

图 3-31　角点提取效果（陈琛，2020）

图 3-32　金字塔 LK 光流跟踪效果（陈琛，2020）

光流法的缺点主要体现在：计算量大，耗时长，在对实时性要求苛刻的情况下并不适用；由于变化的光线会被错误地识别为光流，因此该方法对光线敏感，从而会影响到识别效果。而帧差法由于基本原理的不同，会对外界光线的变化有一定的抗干扰能力。

3.4.2　基于帧差法的运动目标追踪

摄像机采集的视频序列具有连续性的特点。如果场景内没有运动目标，则连续帧的变化很微弱，如果存在运动目标，则连续的帧和帧之间会有明显的变化。帧差法的提出也是借鉴了上述的思想，如图 3-33 所示，由于场景中的目标在运动，目标的影像在不同图像帧中的位置不同。帧差法是一种简单易行的运动目标检测方法，它在连续两个或者多个相邻的图像帧之间做图像差分，对各个像素的差分值进行阈值化来检测图像中的运动目标。像素值变化小于阈值的是背景像素点，反之像素值变化大于阈值的将其判定为前景像素，从而得到二值化的前景检测结果。该方法的本质是用前一帧图像作为当前图像的背景模型。由于相邻帧之间的时间很短，背景更新速度快且不会积累。因此帧差法具有较好的实时性。算法也易于实现，计算量小。帧差法可以分为两帧差分法和三帧差分法。

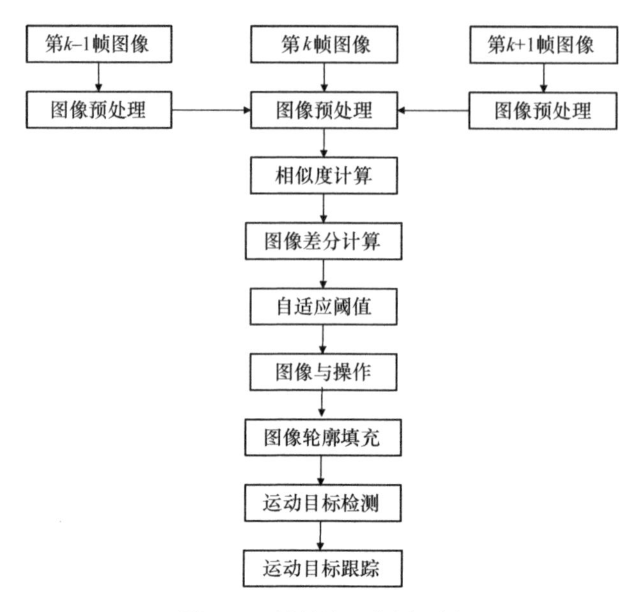

图 3-33　帧差法工作原理图

1. 两帧差分法

两帧差分法的运算过程如下所示。记视频序列中第 n 帧和第 $n-1$ 帧图像为 f_n 和 f_{n-1}，两帧对应像素点的灰度值记为 f_n（x，y）和 f_{n-1}（x，y）。x、y 分别为图像中像素点的横坐标和纵坐标。按照式（3-42）将两帧图像对应像素点的灰度值进行相减，并取其绝对值，得到差分图像 D_n，设定阈值 T，按照式（3-43）逐个对像素点进行二值化处理，得到二值化图像 R_n'。其中，灰度值为 a 的点即为前景（运动目标）点，对于八位的图像，a 的值为八位图像的最大灰度值 255，灰度值为 0 的点即为背景点；对图像 R_n'进行连通性分析，最终可得到含有完整运动目标的图像 R_n。

$$D_n(x,y)=\left|f_n(x,y)-f_{n-1}(x,y)\right| \tag{3-42}$$

$$R_n'(x,y)=\begin{cases}a, & D_n(x,y)>T\\0, & D_n(x,y)\leqslant T\end{cases} \tag{3-43}$$

2. 三帧差分法

两帧差分法适用于目标运动较为缓慢的场景，当运动较快时，由于目标在相邻帧图像上的位置相差较大，两帧图像相减后并不能得到完整的运动目标，因此，人们在两帧差分法的基础上提出了三帧差分法，三帧差分法的运算过程如图 3-32 所示。记视频序列中第 $n+1$ 帧、第 n 帧和第 $n-1$ 帧的图像分别为 f_{n+1}、f_n 和 f_{n-1}，三帧对应像素点的灰度值记为 $f_{n+1}(x, y)$、$f_n(x, y)$ 和 $f_{n-1}(x, y)$，按照式（3-44）和式（3-45）分别得到差分图像 D_{n+1} 和 D_n，对差分图像 D_{n+1} 和 D_n 进行与操作，得到图像 D_n'，然后再进行阈值处理、连通性分析，最终提取出运动目标。

$$D_n'(x,y) = \left|f_{n+1}(x,y) - f_n(x,y)\right| \cap \left|f_n(x,y) - f_{n-1}(x,y)\right| \tag{3-44}$$

$$\max_{(x,y)\in A}\left|f_n(x,y) - f_{n-1}(x,y)\right| > T + \lambda \frac{1}{N_A} \sum_{(x,y)\in A}\left|f_n(x,y) - f_{n-1}(x,y)\right| \tag{3-45}$$

式中，N_A 为待检测区域中像素的总数目；λ 为光照的抑制系数；A 可设为整帧图像。添加项表达了整帧图像中光照的变化情况。如果场景中的光照变化较小，则该项的值趋于零；如果场景中的光照变化明显，则该项的值明显增大，导致式（3-45）右侧判决条件自适应地增大，最终的判决结果为没有运动目标，这样就有效地抑制了光线变化对运动目标检测结果的影响。

王栓等（1999）提出一种基于差分图像的运动目标检测算法，检测结果是符号化了的图像，与现有其他方法相比它能更好地处理跟踪目标之间的重叠及目标的暂时消失等情况。刘钟远（2016）在三帧差分运动目标检测算法的基础上提出一种改进的基于粒子滤波与稀疏表示结合的运动目标跟踪算法，可以用在相对复杂的环境下对目标进行跟踪检测。如图 3-34 所示，王智文等（2021）通过计算相邻三帧图像的相似度，并求取相邻帧之间的差分图像，对差分图像进行与操作后进行轮廓填充来获取运动目标，可以精确检测与跟踪运动目标，克服帧间差分运动目标检测方法存在的缺陷。

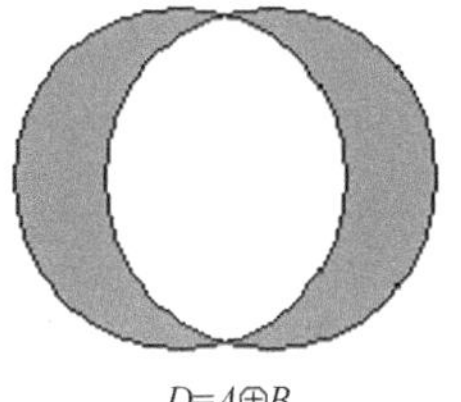

$D=A\oplus B$

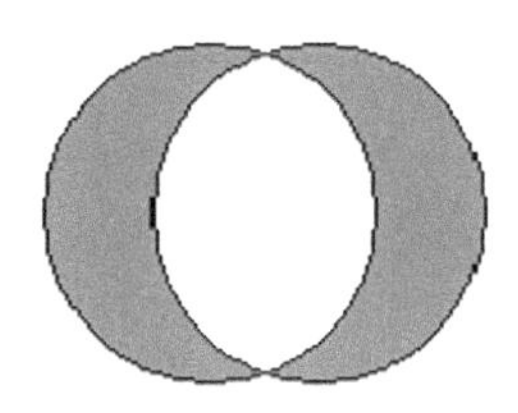

$E=B\oplus C$

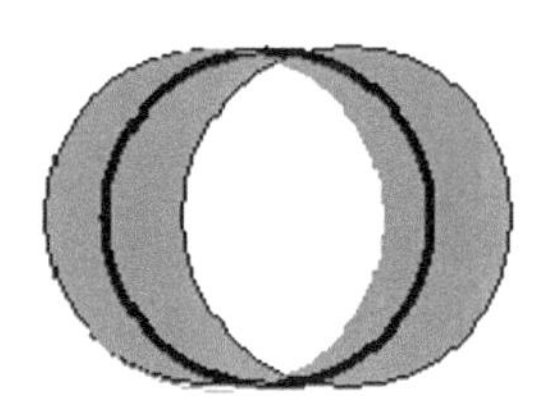

$F=D\cap E$

图 3-34　三帧差分法关系示意图

帧差法是目前运用相对较多的进行目标追踪的方法之一，但是由于相邻两帧间的时间间隔非常短，用前一帧图像作为当前帧的背景模型具有较好的实时性，其背景不积累，且更新速度快、算法简单、计算量小。算法的不足在于对环境噪声较为敏感，阈值的选择相当关键，选择过低不足以抑制图像中的噪声，过高则忽略了图像中有用的变化。对于比较大的、颜色一致的运动目标，有可能在目标内部产生空洞，无法完整地提取运动目标。

3.4.3 基于背景建模的运动目标追踪

背景建模法主要思路是根据当前的背景估计，将对序列图像的运动目标检测过程转化为一个二值化分类过程，将每一个像素根据特定模型划分成序列图像背景和运动目标前景两类，再进行后期处理从而得到检测结果。理想的背景模型是从没有任何前景的帧图像捕获的图像，但这种情况有一定局限性，不能很好地适应卫星视频中目标繁多的特征。因此，所研究的算法必须要有一定的自适应能力。背景建模方法的关键在于背景模型，它是分割背景和前景最重要的部分。背景模型主要分为单模态背景模型和多模态背景模型，选取模型的依据是序列图像的模态特性。如果序列图像的像素颜色相对单一，可以用单模态背景模型来描述。例如，水波纹、晃动的树叶、光照变化的建筑等许多复杂场景（吴昱舟等，2018）。

1. 平均背景建模

计算每个像素的平均值作为它的背景建模。检测当前帧时，只需要将当前帧像素值 $I(x,y)$ 减去背景模型中相同位置像素的平均值 $u(x,y)$，得到差 $d(x,y)$，将 $d(x,y)$ 与一个阈值 T_H 进行比较，大于阈值的就认为是前景，否则为背景。输出图像为二值图像。

$$d(x,y)=I(x,y)-u(x,y) \tag{3-46}$$

$$\text{output}(x,y)=\begin{cases}1,x<0\\0,\text{otherwise}\end{cases} \tag{3-47}$$

$$F_t(x,y)=\left|I_t(x,y)-I_{t-\text{inter}}(x,y)\right| \tag{3-48}$$

$$u_{\text{diff}}(x,y)=\frac{1}{M}\sum_{t=\text{inter}+1}^{M}F_t(x,y) \tag{3-49}$$

2. 单高斯背景建模

高斯背景模型是一种运动目标检测过程中提取并更新背景和前景的方法（田鹏辉，2013）。单高斯背景模型认为，对一个背景图像，特定像素亮度的分布满足高斯分布，即对背景图像 B，每一个点（x，y）的亮度满足 B（x，y）～N（u，d）：

$$p(x)=\frac{1}{\sqrt{2\pi d}}\mathrm{e}^{\frac{-(x-u)^2}{D}} \tag{3-50}$$

$$D=2d^2 \tag{3-51}$$

即每一个点（x，y）都包含了两个属性，均值 u 和方差 d；计算一段时间内的视频序列图像中每一个点的均值 u 和方差 d，作为背景模型。对于一幅包含前

景的任意图像 G，对图像上的每一个点（x，y）计算

$$p(x)=\frac{1}{\sqrt{2\pi d}}\mathrm{e}^{\frac{-(x-u)^2}{D}}>T \tag{3-52}$$

式中，T 为一个常数阈值，若比此阈值大则认为该点是背景点，否则为前景点。接下来就是背景的更新，每一帧图像都参与背景的更新：

$$B_t(x,y)=p\times B_{t-1}(x,y)+(1-p)\times G_t(x,y) \tag{3-53}$$

式中，p 为一个常数，用来反映背景更新率，p 越大，背景更新得越慢。一般情况下，背景更新后 d 的变化很小，所以在更新背景以后一般不再更新 d。

如图 3-35 所示，刘冬（2020）利用背景建模的方法对环境变化剧烈的日落过程中奶牛目标检测进行试验，选取 32 帧具有有效牛身信息的提取结果进行统计，

(a)原始图像，包括晴天(左)、雨天(中)和夜晚(右)

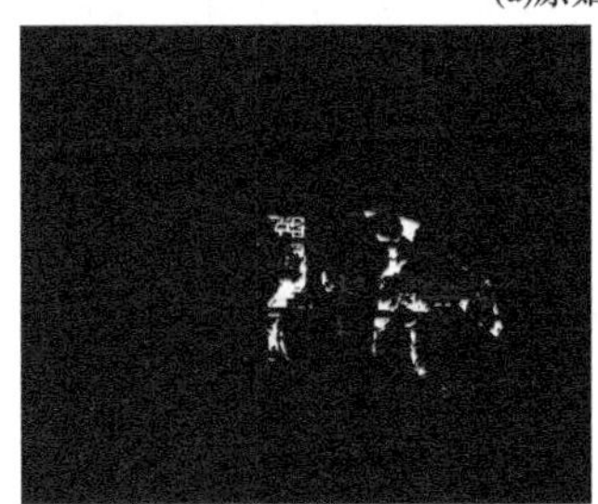

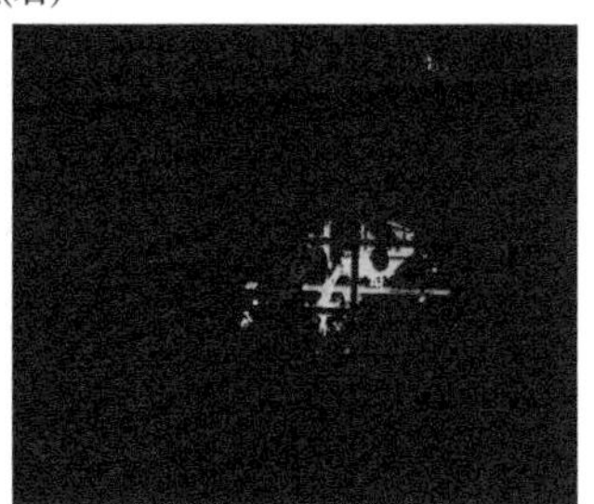

(b)背景建模方法检测结果

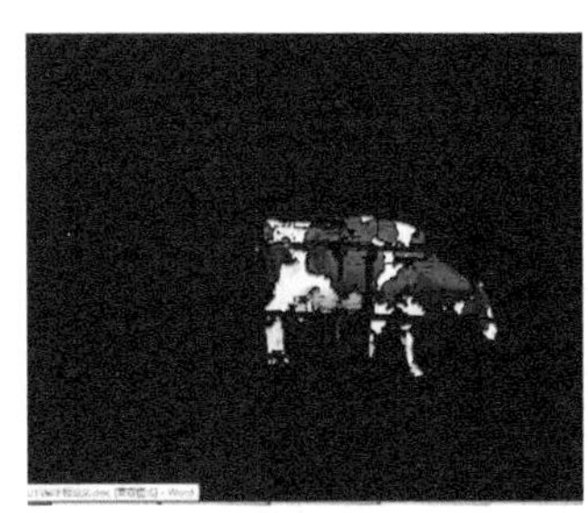

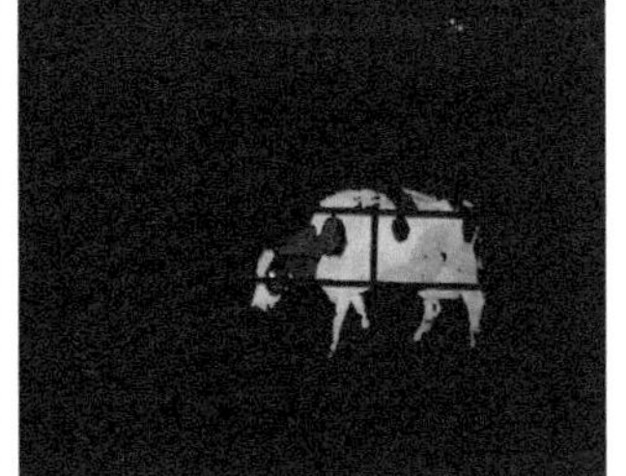

(c)改进的背景建模方法检测结果

图 3-35　背景建模方法检测结果对比（刘冬，2020）

经典背景建模方法与其改进后的建模方法相比，平均前景误检率由 37.68%降低到 18.18%，降低了 19.5%。平均背景误检率降低了 13.37%。

虽然背景建模法在运算量和样本衰减最优上有着较大的优势，但算法自身也存在着局限性。首先是静止目标问题，若目标长时间处于静止状态，运动目标会逐渐被背景吸收。其次，在某些特定场景，某些投射阴影会被误以为是前景，造成干扰。运动目标不完整的问题也会造成该方法的适用性较差。

3.4.4 基于深度学习的运动目标追踪

深度学习类方法代表有 D&T（detect and track）。该方法是一种用来解决视频中的目标检测问题的标准方法。我们的目标是通过同时使用卷积神经网络进行检测和跟踪，在多个帧的图像上直接推断跟踪小片段。该方法使用基于检测和跟踪的损耗来训练端到端的全卷积架构，此方法又被称为联合检测和跟踪方法。网络的输入由连续帧图像组成，这些图像首先通过一个卷积网络主干产生卷积特征，这些特征在检测和跟踪任务中被共享。通过计算相邻帧的图像的特征响应之间的卷积互相关值，估计不同特征尺度下的局部位移。除了这些特性之外，此方法还使用了一个 ROI 池化层对预选矩形框(BOX)进行分类和回归,以及一个 ROI 跟踪层来跨帧回归 BOX 的转换（平移、比例、长宽比）。该算法架构的后部分是由完全卷积的 ROI 池化层、ROI 跟踪层组成，并且可以为对象检测和跟踪进行端到端的训练。最后，为了在视频中推断出物体的运动轨迹，此方法将基于跟踪小片段的检测连接起来。

当前有较多的深度学习目标检测模型，以 YOLO 系列模型为例。YOLO 系列深度学习目标检测模型主要是完成对目标位置的检测及目标类别的检测，通过判断预测矩形框的置信度是否大于某个阈值，比如 0.7，来判断预测位置的准确性。通过判断该预测矩形框属于某类的概率是否大于某个阈值来判断类别预测的准度。在位置和类别同时预测正确的情况下，对目标物体的检测正确。以包裹检测来说明，预测矩形框所在区域包含包裹且与真实包裹的边界矩形框重叠区域极高，则表示预测正确记为 1，若预测矩形框所在区域不包含包裹或是与真实包裹的边界矩形框重叠区域极小，则表示预测错误，记为 0。真实标记数据的正样本（包裹）用 1 表示，负样本（非包裹）用 0 表示。用混淆矩阵来表示模型预测值与真实标记数据之间的组合。

传统的粒子滤波（PF）在目标颜色与背景颜色相似或目标被遮挡时效果较差，在 PF 和 DSmT 的框架下提出了一种改进的跟踪算法。根据定位线索，Fang 等（2011）提出了一种基于信息融合的多运动目标跟踪方法。实验结果表明，该方法能准确地跟踪杂波场景中的交叉目标，有效地处理了高冲突信息。因此，所提出的方法提高了多目标跟踪的可靠性和合理性，在证据高度冲突的情况下仍能获得鲁棒性较强的跟踪结果。

Masoud 等（2017）利用神经网络方法实现无人机的目标追踪研究了基于图像的视觉伺服（IBVS）机构在控制四旋翼直升机平动和旋转运动中的应用。孙晓霞和庞春江（2019）针对目标追踪过程中目标快速运动、尺度变化导致追踪失败及追踪速度较慢的问题，结合全卷积对称网络结构与目标尺度估计方法，提出了一种基于全卷积对称网络的目标尺度自适应追踪算法。通过深度学习的方法对运动目标进行追踪是一种新兴的方法，由于其实现方法的特殊性，随着神经网络结构的发展，对运动目标进行追踪会变得更加容易实现。目前通过深度学习进行运动目标追踪还比较少地运用在农产品品质无损检测领域，随着消费者对农产品质量要求的不断提高和检测技术的发展，基于深度学习的运动目标追踪在在线式检测中会有很大的应用前景。

当前视觉跟踪技术努力的方向是建立一个具有鲁棒性、准确性和快速性的视觉跟踪系统。但视觉跟踪技术在这个方面中每前进一步都是非常困难的，因为该技术的发展与感知特性的研究紧密联系在一起。由于目前对人的感知特性没有一个主流的理论，其数学模型更是难以建立。同时，在计算机视觉中大多数问题是不适定的，这就更增加了视觉跟踪技术发展的难度（侯志强和韩崇昭，2006）。但是，视觉跟踪技术具有广阔的应用前景，并不仅局限于前边所介绍的几种方法。随着计算机技术的不断发展，视觉跟踪技术作为计算机视觉领域中的核心技术之一，在一些关键技术中具有越来越重要的作用，如机器人技术、智能武器系统、虚拟现实技术等。同时近几十年来，数学理论方面取得了巨大的进步，使计算机视觉技术在发展过程中可以很好地利用这些数学工具处理视觉跟踪问题。因此，尽管视觉跟踪技术在农产品品质无损检测领域的应用还存在着许多困难，但是其所具有的强大的生命力必将使这一技术得到强有力的发展，并对人们未来的生活产生深远的影响。

参考文献

安泽宇. 2021. 计算机视觉中的深度估计分析. 信息记录材料, 22(1): 221-223.

蔡佩, 全惠敏. 2021. 基于 CNN 和亮度均衡的人脸活体检测算法. Journal of Central South University, 28(1): 194-204.

曹玉栋, 祁伟彦, 李娴, 等. 2019. 苹果无损检测和品质分级技术研究进展及展望. 智慧农业, 1(3): 29-45.

曹之乐, 严中红, 王洪. 2015. 双目立体视觉匹配技术综述. 重庆理工大学学报(自然科学), 29(2): 70-75.

陈琛. 2020. 苹果采摘机器人振荡苹果跟踪识别算法. 浙江工业大学硕士学位论文.

陈亚青, 张智豪, 李哲. 2020. 无人机避障方法研究进展. 自动化技术与应用, 39(12): 1-6.

陈艳军, 张俊雄, 李伟, 等. 2012. 基于机器视觉的苹果最大横切面直径分级方法. 农业工程学报, 28(2): 284-288.

杜雨亭, 李功燕, 许绍云. 2019. 基于卷积神经网络的脐橙果梗脐部检测算法及应用. 计算机应用与软件, 36(7): 208-212.

郭承刚. 2020. 面向远程环境目标感知的视觉跟踪与深度估计算法研究. 电子科技大学博士学位论文.

侯志强, 韩崇昭. 2006. 视觉跟踪技术综述.自动化学报, (4): 603-617.

胡振超. 2020. 基于深度学习的脑电情感识别研究及实现. 南京邮电大学博士学位论文.

黄齐. 2020. 背景变化的多运动目标实时在线跟踪方法研究. 电子科技大学硕士学位论文.

季方芳, 吴明清, 赵阳, 等. 2019. 基于 IGS-SVM 模型的牛肉生理成熟度预测方法. 食品科学, 40(15): 71-77.

金静. 2020. 复杂视频场景下的运动目标检测与跟踪研究. 兰州交通大学博士学位论文.

李功燕, 李鲜, 张愍, 等. 2020. 品质分级为果蔬产业创造更大价值. 中国农村科技, (9): 20-23.

李理, 殷国富, 刘柯岐. 2010. 田间果蔬采摘机器人视觉传感器设计与试验. 农业机械学报, 41(5): 152-157, 136.

李林升, 曾平平. 2019. 改进深度学习框架 Faster-RCNN 的苹果目标检测. 机械设计与研究, 35(5): 24-27.

李龙, 彭彦昆, 李永玉. 2018b. 苹果内外品质在线无损检测分级系统设计与试验. 农业工程学报, 34(9): 267-275.

李龙, 彭彦昆, 李永玉, 等. 2018a. 基于纹理和梯度特征的苹果伤痕与果梗/花萼在线识别. 农业机械学报, 49(11): 328-335.

李奇, 冯华君, 徐之海, 等. 1999. 计算机立体视觉技术综述. 光学技术, (5): 71-73.

李青, 彭彦昆. 2015. 基于机器视觉的猪胴体背膘厚度在线检测技术. 农业工程学报, 31(18): 256-261.

李盛辉, 周俊, 姬长英, 等. 2017. 自主导航农业车辆全景视觉光线的自适应方法研究. 江苏农业科学, 45(16): 177-184.

李文采, 李家鹏, 田寒友, 等. 2019. 基于 RGB 颜色空间的冷冻猪肉储藏时间机器视觉判定. 农业工程学报, 35(3): 294-300.

李子荣. 2019. 基于机器学习的胸部 X 光片分类及胸部病变定位方法研究. 兰州大学博士学位论文.

梁琨, 丁冬, 彭增起, 等. 2015. 基于决策树雪花牛肉大理石花纹分级模型. 食品科学, 36(17): 65-70.

梁习卉子, 陈兵旗, 李民赞, 等. 2019. 质心跟踪视频棉花行数动态计数方法. 农业工程学报, 35(2): 175-182.

廖慧敏. 2020. 基于 RGB-D 群猪图像个体分割的研究. 华中农业大学硕士学位论文.

凌晨, 张鑫彤, 马雷. 2020. 基于 Mask R-CNN 算法的遥感图像处理技术及其应用. 计算机科学, 47(10): 151-160.

刘冬. 2020. 精准畜牧中机器视觉关键技术研究及应用. 西北农林科技大学博士学位论文.

刘鸿飞, 黄敏敏, 赵旭东, 等. 2018. 基于机器视觉的温室番茄裂果检测. 农业工程学报, 34(16): 170-176.

刘钟远. 2016. 复杂环境下运动目标检测和跟踪技术研究. 电子科技大学硕士学位论文.

马本学, 李锋霞, 王丽丽, 等. 2013. 大型瓜果品质检测分级技术研究进展. 农机化研究, 35(1): 248-252.

马利. 2015. 计算机视觉中深度信息估计算法的研究. 东北大学博士学位论文.

马龙. 2018. 基于计算机视觉的鸭蛋双黄、裂纹、新鲜度无损检测研究. 南京农业大学博士学位论文.

沈彤, 刘文波, 王京. 2015. 基于双目立体视觉的目标测距系统. 电子测量技术, 38(4): 52-54.

宋怡焕, 饶秀勤, 应义斌. 2012. 基于DT-CWT和LS-SVM的苹果果梗/花萼和缺陷识别. 农业工程学报, 28(9): 114-118.

孙晓霞, 庞春江. 2019. 基于全卷积对称网络的目标尺度自适应追踪. 激光与光电子学进展, 56(1): 242-250.

田鹏辉. 2013. 视频图像中运动目标检测与跟踪方法研究. 长安大学博士学位论文.

田有文, 程怡, 王小奇, 等. 2015. 基于高光谱成像的苹果虫伤缺陷与果梗/花萼识别方法. 农业工程学报, 31(4): 325-331.

佟超, 韩勇, 冯巍, 等. 2021. 医学图像深度学习处理方法的研究进展. 北京生物医学工程, 40(2): 198-202.

王福娟. 2011. 机器视觉技术在农产品分级分选中的应用. 农机化研究, 33(5): 249-252.

王干, 孙力, 李雪梅, 等. 2017. 基于机器视觉的脐橙采后田间分级系统设计. 江苏大学学报(自然科学版), 38(6): 672-676.

王浩, 曾雅琼, 裴宏亮, 等. 2020. 改进 Faster R-CNN 的群养猪只圈内位置识别与应用. 农业工程学报, 36(21): 201-209.

王欢. 2009. 运动目标检测与跟踪技术研究. 南京理工大学博士学位论文.

王亮. 2019. 基于深度相机的苹果采摘机器人的目标检测和路径规划算法研究. 江苏大学硕士学位论文.

王栓, 艾海舟, 何克忠. 1999. 基于差分图像的多运动目标的检测与跟踪. 中国图像图形学报, (6): 26-31.

王智文, 王宇航, 蒋联源, 等. 2021. 基于关联帧差分法的运动目标检测与跟踪. 现代电子技术, 44(2): 174-178.

魏纯. 2021. 采摘机器人果实识别与定位研究——基于双目视觉和机器学习. 农机化研究, (43)11: 239-242.

吴昱舟, 姚力波, 刘勇等. 2018. 基于帧差和背景建模的卫星视频目标检测. 海军航空工程学院学报, (5): 441-446, 472.

徐慧慧. 2018. 基于单目图像的深度估计算法研究. 山东大学博士学位论文.

杨张鹏. 2019. 基于柑橘表面颜色的分级技术与控制系统研究. 中南林业科技大学硕士学位论文.

尹宏鹏. 2009. 基于计算机视觉的运动目标跟踪算法研究.重庆大学硕士学位论文.

应义斌, 景寒松, 马俊福, 等. 1999. 机器视觉技术在黄花梨尺寸和果面缺陷检测中的应用. 农业工程学报, (1): 203-206.

应义斌, 景寒松, 马俊福, 等. 2000. 黄花梨品质检测机器视觉系统. 农业机械学报, (2): 113-115.

张红旗, 刘宇, 郝敏. 2015. 基于机器视觉的番茄果实图像分割方法研究. 农机化研究, 37(3): 58-61.

张娟, 毛晓波, 陈铁军. 2009. 运动目标跟踪算法研究综述. 计算机应用研究, 26(12): 4407-4410.
张丽文, 田银, 柏霜, 等. 2017. 羊眼肌肉大理石花纹等级模型的建立. 食品科技, 42(1): 157-162.
张萌, 钟南, 刘莹莹. 2017. 基于生猪外形特征图像的瘦肉率估测方法. 农业工程学报, 33(12): 308-314.
张煦, 朱振宇, 张合富. 2017. 双目立体视觉匹配技术现状与发展. 计测技术, (37): 4.
张彦娥, 魏颖慧, 梅树立, 等. 2016. 基于多尺度区间插值小波法的牛肉图像中大理石花纹分割. 农业工程学报, 32(21): 296-304.
张震. 2019. 基于机器视觉的果蔬分级系统研究. 青岛大学硕士学位论文.
章文英, 应义斌. 2001a. 苹果果梗和表面缺陷的计算机视觉检测方法研究. 浙江大学学报(农业与生命科学版), (5): 114-117.
章文英, 应义斌. 2001b. 苹果图象的低层处理及尺寸检测. 浙江农业学报, (4): 38-41.
赵鑫龙, 彭彦昆, 李永玉, 等. 2020. 基于深度学习的牛肉大理石花纹等级手机评价系统. 农业工程学报, 36(13): 250-256.
赵雪梅, 吴军, 陈睿星. 2021. RMFS-CNN: 遥感图像分类深度学习新框架. 中国图象图形学报, 26(2): 297-304.
周海英, 化春键, 方程骏. 2013. 基于机器视觉的梨表面缺陷检测方法研究. 计算机与数字工程, 41(9): 1492-1494.
周航, 王忻, 彭丹, 等. 2014. 基于关联光流法的农田昆虫检测算法. 甘肃农业大学学报, (3): 171-175, 180.
周彤, 彭彦昆. 2013. 牛肉大理石花纹图像特征信息提取及自动分级方法. 农业工程学报, 29(15): 286-293.
周艳青. 2015. 双目立体视觉测量系统关键技术的研究与实现. 内蒙古农业大学硕士学位论文.
朱冰琳, 刘扶桑, 朱晋宇, 等. 2018. 基于机器视觉的大田植株生长动态三维定量化研究. 农业机械学报, 49(5): 263-269.
宗泽, 郭彩玲, 张雪, 等. 2015. 基于深度相机的玉米株型参数提取方法研究. 农业机械学报, 46(S1): 55-61.
Bennedsen B S, Peterson D L. 2005. Performance of a system for apple surface defect identification in near-infrared images. Biosystems Engineering, 90(4): 419-431.
Bennedsen B S, Peterson D L, Tabb A. 2005. Identifying defects in images of rotating apples. Computers and Electronics in Agriculture, 48(2): 92-102.
Brian H W, Zou G Y, Fang Y H, et al. 2021. Computer vision technologies for safety science and management in construction: A critical review and future research directions. Safety Science, 135: 105130.
ElMasry G, Cubero S, Moltó E, et al. 2012. In-line sorting of irregular potatoes by using automated computer-based machine vision system. Journal of Food Engineering, 112: 60-68.
Fan S, Li J, Zhang Y, et al. 2020. On line detection of defective apples using computer vision system combined with deep learning methods. Journal of Food Engineering, 286: 110102.
Fang Y W, Wang Y, Jin W. 2011. Multiple moving targets tracking research in cluttered scenes. Procedia Engineering, 16: 54-58.
Gerrard D E, Gao X, Tan J. 1996. Beef marbling and color score determination by image processing. Journal of Food Science, 61(1): 145-148.
Gómez S J, Moltó E, Camps-Valls G, et al. 2008. Automatic correction of the effects of the light

source on spherical objects. An application to the analysis of hyperspectral images of citrus fruits. Journal of Food Engineering, 85(2): 191-200.

Han X, Laga H, Bennamoun M. 2020. Image-based 3d object reconstruction: State-of-the-art and trends in the deep learning era. IEEE PAMI, 43(5): 1578-1604.

Huang W, Li J, Wang Q, et al. 2015. Development of a multispectral imaging system for online detection of bruises on apples. Journal of Food Engineering, 146: 62-71.

Laga H, Jospin L V, Boussaid F, et al. 2020. A survey on deep learning techniques for Stereo-based depth estimation. IEEE Transactions on Pattern Analysis and Machine Intelligence. doi: 10.1109/TPAMI, 3032602.

Leemans V, Destain M F. 2004. A real-time grading method of apples based on features extracted from defects. Journal of Food Engineering, 61(1): 83-89.

Leemans V, Magein H, Destain M F. 1998. Defects segmentation on 'Golden Delicious' apples by using colour machine vision. Computers and Electronics in Agriculture, 20(2): 117-130.

Leemans V, Magein H, Destain M F. 1999. Defect segmentation on 'Jonagold' apples using colour vision and a Bayesian classification method. Computers and Electronics in Agriculture, 23(1): 43-53.

Leemans V, Magein H, Destain M F. 2002. AE—Automation and emerging technologies: on-line fruit grading according to their external quality using machine vision. Biosystems Engineering, 83(4): 405-412.

Li J, Luo W, Wang Z, et al. 2019. Early detection of decay on apples using hyperspectral reflectance imaging combining both principal component analysis and improved watershed segmentation method. Postharvest Biology and Technology, 149: 235-246.

Li L, Peng Y K, Li Y Y, et al. 2020a. Rapid and low-cost detection of moldy apple core based on an optical sensor system. Postharvest Biology and Technology, 168: 111276.

Li L, Peng Y, Li Y, et al. 2020b. Online detection of tomato internal and external quality attributes by an optical sensing system. Sensing for Agriculture and Food Quality and Safety XII, 11421: 11421OT.

Li L, Peng Y, Yang C, et al. 2020c. Optical sensing system for detection of the internal and external quality attributes of apples. Postharvest Biology and Technology, 162: 111101.

Liang X L, Xu J. 2021. Biased ReLU neural networks. Neurocomputing, 423: 71-79.

Liu C, Kim K, Gu J, et al. 2019. PlaneRCNN: 3d plane detection and reconstruction from a single image. Proceedings of the IEEE/CVF Conference on Computer Vision and Pattern Recognition: 4450-4459.

Lv J, Ni H, Wang Q, et al. 2019a. A segmentation method of red apple image. Scientia Horticulturae, 256: 108615.

Lv J, Wang Y, Ni H, et al. 2019b. Method for discriminating of the shape of overlapped apple fruit images. Biosystems Engineering, 186: 118-129.

Lv P Y, Lin C Q, Sun S L. 2019c. Dim small moving target detection and tracking method based on spatial-temporal joint processing model. Infrared Physics & Technology, 102: 102973.

Masoud S, Hamed J A, Amirkhani A, et al. 2017. Vision-based control of a quadrotor utilizing artificial neural networks for tracking of moving targets. Engineering Applications of Artificial Intelligence, 58: 34-48.

Mizushima A, Lu R F. 2013. An image segmentation method for apple sorting and grading using support vector machine and OTSU's method. Computers and Electronics in Agriculture, 94: 29-37.

Raphael L. 2018. Machine learning based analysis of night-time images for yield prediction in apple orchard. Biosystems Engineering, 167: 114-125.

Ren S, He K, Girshick R. 2015. Faster R-CNN: towards real-time object detection with region proposal networks. IEEE Transactions on Pattern Analysis and Machine Intelligence, 39(6): 91-99.

Ronneberger O, Fischer P, Brox T. 2015. U-Net: Convolutional networks for biomedical image segmentation. In International conference on Medical Image Computer and Computer-Assisted Intervetion (MICCAI). Cham: Springer, 9351: 234-241.

Subbiah J, Ray N, Kranzler G A. et al. 2004. Computer vision segmentation of the longissimus dorsi for beef quality grading. Transactions of the ASABE, 47(4): 1261-1268.

Throop J A, Aneshansley D J, Anger W C, et al. 2005. Quality evaluation of apples based on surface defects: development of an automated inspection system. Postharvest Biology and Technology, 36(3): 281-290.

Unay D, Gosselin B, Kleynen O, et al. 2011. Automatic grading of Bi-colored apples by multispectral machine vision. Computers and Electronics in Agriculture, 75(1): 204-212.

Vincent L, Soille P. 1991. Watersheds in digital spaces: An efficient algorithm based on immersion simulations. IEEE Transactions On Pattern Analysis And Machine Intelligence, 13(6): 583-598.

Yang G, Manela J, Happold M, et al. 2019. Hierarchical deep stereo matching on high-resolution images. IEEE CVPR: 5515-5524.

Zhang B H, Huang W Q, Gong L, et al. 2015. Computer vision detection of defective apples using automatic lightness correction and weighted RVM classifier. Journal of Food Engineering, 146: 143-151.

第 4 章　农产品品质可见/近红外光谱及荧光光谱检测的人工智能技术

视觉技术可实现农产品的外部品质检测，但农产品的内部品质往往决定了其食用口感与营养价值，因而也是影响消费者购买行为的关键因素之一。可见/近红外光谱技术与有机分子中含氢基团（O—H、N—H、C—H）振动的合频和各级倍频的吸收区一致，通过扫描样品的近红外光谱，可以得到样品中有机分子含氢基团的特征信息，结合特定的化学计量学算法，可实现农产品内部品质的定性、定量分析，具有方便、快速、高效、准确和成本较低、不破坏样品、不消耗化学试剂、不污染环境等优点，因而受到越来越多的青睐。本章主要介绍了可见/近红外光谱及荧光光谱检测分析中模型建立、学习和更新等问题，以及大数据与可见/近红外光谱的应用问题。

4.1　光谱学习及模型更新

4.1.1　可见/近红外光谱技术

农产品是典型的灰色多组分体系，通过化学计量学算法将已知农产品的理化值与可见/近红外光谱建立数学模型，从而实现未知样品品质的定量预测。代表性的可见/近红外光谱建模过程如图 4-1 所示。

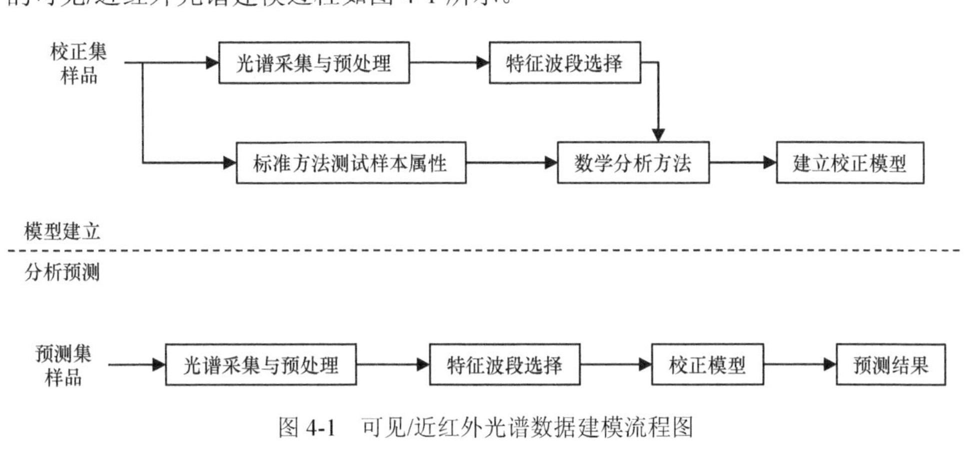

图 4-1　可见/近红外光谱数据建模流程图

试想已得到I组光谱数据和II组光谱数据，相对于校正集，II组的光谱数据是否属于I组的子集，换而言之，II组的光谱数据是否可由I组的光谱向量线性表示。若是其子集，则II组的光谱可被由I组光谱建立的多元线性模型直接预测，反之，相对于已建立的多元回归模型，II组的数据属于“新样本”，并不能用已建立的模型直接预测。因此，在遇到后者的情况时，需要采用相应的模型更新技术对II组的数据进行修正和更新，使得原有的多元模型成立。针对本研究中的苹果内部品质在线检测，经多年数据的积累和验证，发现不同年份的苹果模型并不能通用，因此需要针对此问题扩大、更新模型的应用范围，建立一个长期、可靠和准确的多元模型。其中，对于不同的应用场景，可将模型更新分为两类：①不同仪器之间的模型传递；②同一仪器之间的模型更新。

1. 不同仪器之间的模型传递

不同仪器、不同测试环境之间的光谱往往存在系统误差，而这种系统误差又可分为线性和非线性两种。其中，对前者的校正较易于实现，但对后者的校正往往需要更为复杂的计算、新样本的选择及模型的迭代与更新。针对不同的校正对象，可将模型传递分为三类：①对多元模型回归系数的校正；②对预测结果的直接校正；③对光谱的校正。

（1）对多元模型回归系数的校正

Forina 等（1995）提出了一种针对两种仪器光谱的回归系数校正方法。该方法首先确定I组数据和II组数据的模型回归系数，即向量 a 和 b，再根据两者的线性关系求得转换矩阵 $\boldsymbol{F}$。其中，矩阵 $\boldsymbol{F}$、向量 a 和 b 之间的关系可由式（4-1）得到：

$$b = \boldsymbol{F}a \tag{4-1}$$

式中，$\boldsymbol{F}$ 为转换矩阵；a 和 b 分别为I组数据和II组数据的回归系数。事实上，在代入式（4–1）之前，需要针对不同数据集合首先完成模型的建立，因此其本质与重新建模无区别，并且计算和实现过程较为烦琐，因此很少应用。

（2）对预测结果的直接校正

针对两种不同仪器之间，若只存在线性系统误差时，可使用斜率/截距算法，即S/B算法（slope bias correction method）完成对结果的直接校正（Osborne and Fearn，1983）。其中，S/B算法可由式（4-2）实现：

$$Y_{i,\ \mathrm{corr}} = \frac{1}{S_i}\left(\boldsymbol{Y}_i - B_i\boldsymbol{l}\right) \tag{4-2}$$

式中，$Y_{i,\ \mathrm{corr}}$ 为经过S/B算法校正后的预测结果；S_i 和 B_i 分别为针对II组数据，建立模型并完成预测后，真实值和模型预测值之间一元线性回归后得到的斜率和截距；$\boldsymbol{l}$ 为 n 维元素均为 1 的列向量，即 $\boldsymbol{l}=[1,1,1,\cdots,1]$；$\boldsymbol{Y}_i$ 为原始的、未进行校正的预测结果。

Fan 等（2019）采集了 2012～2018 年苹果光谱数据，探究了近红外光谱技术检测糖度模型对于不同年份苹果适用性的问题。其研究结果表明，对于不同年份的光谱数据，单独建模的结果较好，但不同年份之间的模型并不能通用。因此，Fan 等（2019）利用 S/B 算法校正后，不同年份之间的预测结果均有较大的提升，其中预测集的均方根误差值从原有的 0.704%～1.716%降低到 0.501%～0.654%，如图 4-2 所示。Dong 等（2018）利用近红外光谱技术实现了鸡蛋新鲜度的定量检测，并探究了不同品种之间模型传递的问题。通过对比直接标准化和 S/B 算法对最终预测的校正效果发现，S/B 算法较优，其中预测集的相关系数为 0.908，预测集均方根误差为 0.133%。吉纳玉等（2017）基于苹果、梨、桃 3 种水果可溶性固形物含量（SSC）范围、果型大小及果皮厚度等相近的物理化学特性，采用斜率/截距（slope/bias）算法，用少量的梨和桃样品作为标准传递样品，将苹果可溶性固形物含量预测模型应用于梨和桃的可溶性固形物含量预测，校正后模型对梨和桃样品的预测误差降低了 50%以上，如图 4-3 所示。综合以上的研究成果，S/B 算法可实现对不同年份和不同品种之间模型预测结果的校正，但 S/B 算法成立的

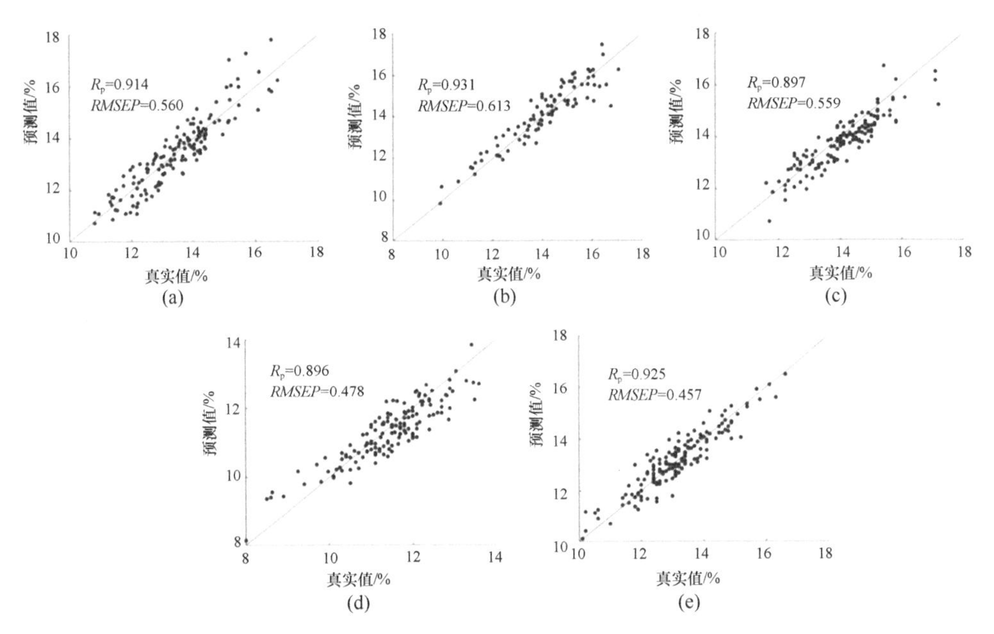

图 4-2　不同年份之间苹果糖度 S/B 算法校正结果（Fan et al.，2019）

（a）～（e）分别为 2014 年、2015 年、2016 年、2017 年、2018 年的校正结果

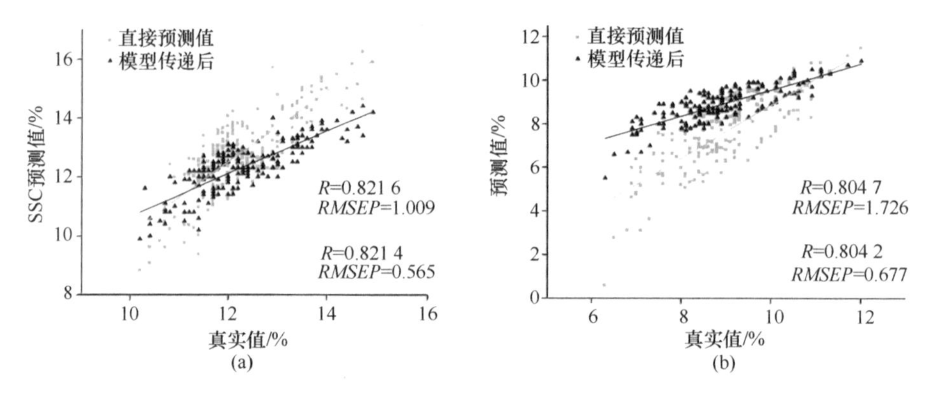

图 4-3　斜率/截距法校正前和校正后梨（a）和桃（b）SSC 预测值（吉纳玉等，2017）

前提为，需要预测值和实际值之间的线性相关性较高，并且 S/B 算法并不能实际提高预测模型的相关系数，仅起到降低预测误差的作用。因此，S/B 算法仅在特定条件下成立，在模型预测相关系数低的条件下并不适用。

（3）对光谱的校正

根据 Lambert-Beer 定律，对于含有 J 个不同化学成分的物料，针对含氢基团对光的选择性吸收，将 Lambert-Beer 定律写作矩阵形式，可得：

$$\boldsymbol{x}_{i,y}=\boldsymbol{c}_{i,y}\boldsymbol{S}_y^{\mathrm{T}}+\boldsymbol{e}_y \tag{4-3}$$

式中，$\boldsymbol{x}_{i,y}$ 为第 y 组数据中，第 i 个样本的吸收光谱；$\boldsymbol{c}_{i,y}$ 向量为样本中含有的不同化学成分的浓度；$\boldsymbol{S}_y^{\mathrm{T}}$ 为对应不同化学成分的吸光能力矩阵；$\boldsymbol{e}_y$ 为随机误差矩阵，由光谱仪的信噪比决定，在实际公式的推导中，认为信噪比约等于 0。对于不同光学仪器，尽管经过了黑、白参考的校正和吸光度的转换，但 $\boldsymbol{S}_y^{\mathrm{T}}$ 依然有所区别。基于式（4-3）的条件，Wang 等（1992）提出了 DS（direct standardization）算法，用于不同仪器之间的光谱校正，已被广泛用于光谱不同仪器之间的校正和传递。此外，PDS 算法和 DS 算法原理类似，只是前者考虑了不同仪器之间波长点的漂移与波长宽度之间的关系。

Panchuk 等（2017）利用 DS 算法将测定小杏仁饼中糖含量的 PLS 模型，成功地应用于另一台 NIR 仪器获得的光谱，得到了精度损失较小的转移模型。李庆波等（2007）将 DS 算法应用于多元校正模型的传递，并探讨了模型转换集样品（标准化样品）的选择方法；在两台 AOTF 近红外光谱仪上进行的模型传递实验中，首先采用欧氏距离算法选择转换集样品，然后采用 DS 方法进行模型传递，取得了较好的传递效果。DS 算法不仅可以应用于不同仪器之间光谱的传递，也适用于同一仪器的长时间漂移或者部件的更换、测量环境的改变等引入的光谱差异的校正。

PDS 算法是最常用的模型传递方法之一，PDS 算法的局部校正和多变量特性使其优于其他的标准化算法，它能够同时对吸光度强度的变化、波长点的偏移和谱峰展宽进行校正，通常也作为其他新的模型传递方法的参比方法。Alamar 等（2007）利用 PDS 算法（窗口大小为 15 个波长点），通过 15 个标准传递样品，将苹果中可溶性固形物模型在 FT-NIR 和二极管阵列光谱仪之间成功地进行了传递。Pu 等（2017）利用 10 个转移样本的 PDS 算法，使香蕉果肉可溶性固形物的偏最小二乘校准模型从近红外光谱仪转移到高光谱成像仪，转移后相关系数为 0.925，均方根误差为 1.592%，如图 4-4 所示。研究结果表明，可以将校准模型从简单易用的微型近红外光谱仪转移到更昂贵和复杂的高光谱成像系统。

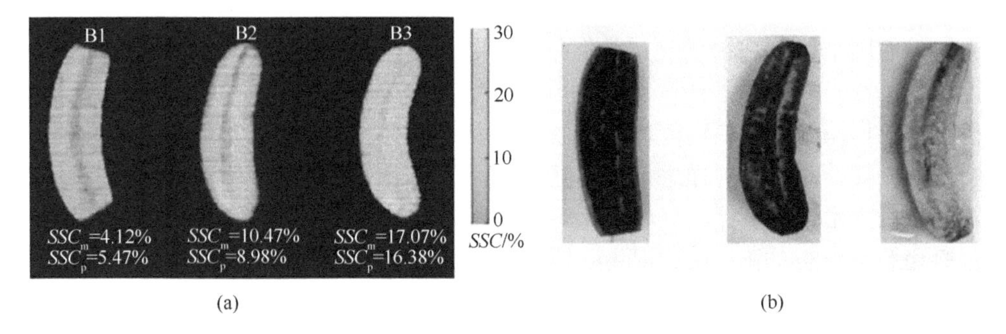

图 4-4　模型转移后香蕉的可溶性固形物分布图（a）和淀粉碘测试（b）（Pu et al.，2017）

SSC_m. the measured *SSC*，可溶性固形物含量的实测值；SSC_p. the predict *SSC*，可溶性固形物含量的预测值

RS（reverse standardization）和 PRS（piecewise reverse standardization）算法是继 DS 和 PDS 算法后的两种经典模型传递算法，与之不同的是 RS 和 PRS 算法经过标准化之后是将原模型的建模光谱转换成新仪器条件下的光谱，从而产生一个新的模型。即这两种标准化方法将原模型直接转移到与新的测试条件相匹配，应用中不再需要对新条件下的测定光谱通过转换矩阵转换后再预测。

2. 同一仪器之间的模型更新

若 I 组数据和 II 组数据之间，$\boldsymbol{c}_{i,y}$ 和 $\boldsymbol{S}_y^{\mathrm{T}}$ 均不相等，则 DS 和 PDS 等多元校正算法无法完成解析和计算。DS 和 PDS 算法成立的前提为，I 组数据和 II 组数据应为同一批样本，并且保证 $\boldsymbol{c}_{i,1}$ 和 $\boldsymbol{c}_{i,2}$ 相等。因此对不同品种、不同年份之间的模型更新，DS 和 PDS 算法并不适用。虽然 Fan 等（2019）在对不同年份的苹果糖度预测时，使用 S/B 算法降低了预测误差，但前文也指出，只有当预测相关系数较高时，S/B 算法才是有效的。此外，农产品品质的光学检测方法是一个软测量（或模式识别）问题，其本质是建立农产品光谱信息与其品质参数的数学模型。然而，农产品易受产地、年份的影响，提取的光谱特征参数也有所变化，当待测样本的产地或年份发生改变时，模型的预测精度将会下降。建立一个全新的模型又比较昂贵，因此如何对已有模型进行更新，使得更新后的模型具有鲁棒性，不随产地和年份的改变而改变，这对提高无损检测精度和降低实际成本具有很高的应用价值。

目前，模型更新方法主要是通过从未标记样本中选取部分样本及其检测指标的真实值作为更新集添加到原始训练集中来扩大建模的样本空间并重新训练模型来提高模型的检测能力。无论是分类模型还是预测模型，如何选择有效的更新集样本和减少更新集样本所需真实标签的数量，对于模型更新至关重要。模型更新的思想是将原有数据集合中的样本进行有针对性的替换或添加，因此在更新过程中需要定义 3 组数据集合，即校正集、更新集和验证集。在更新之前，校正集即为原始的用于建立 PLS 的光谱数据集合，更新集是从新年份样本中挑选到的代表性样本，验证集是独立于更新集和校正集的，并且属于新年份样本。在更新之后，校正集包括原始的校正集也包括添加的代表性样本。Guo 等（2017）在研究种子的内部品质检测时，同样遇到了不同年份模型不通用的问题，并将其原因归结为不同年份样本栽培条件、气候变化等因素所导致的内部成分的改变，同时利用皮尔逊相关系数法在新年份数据集中选择代表性样本，更新原有建模集，使得模型准确率最高提高了 35.8%。Farrell 等（2012）提出了一种新样本的标记选择方式，实现了药片数据的模型更新，其模型准确率提高了 51%。总结模型更新的方法，其主要步骤包括：①选择代表性样本；②将代表性样本添加到原有校正集中；③更新模型并实现“新样本”的预测。此外，本节将以苹果不同年份之间糖度模型更新方法，引出一种新的样本选择的方式，以提高模型的泛化能力。

（1）KS 算法

KS 算法是一种基于欧式距离的样本选择方法，已广泛地用于模型建立前的代表性样本的选择（陈奕云等，2017；李华等，2011；Sales et al.，1997）。其中，KS 算法的选样依据可由式（4-4）表示：

$$d_{\mathrm{ks}}(p,q)=\sqrt{\sum_{j=1}^{N}\left[x_p(j)-x_q(j)\right]^2},p\in[1,N],q\in[1,N] \tag{4-4}$$

式中，$d_{\mathrm{ks}}(p,q)$ 为两条光谱之间计算得到的欧式距离；N 为光谱的维度，本研究中 N=1024；p 和 q 分别对应两条光谱的样本编号；x_p 和 x_q 为两条不同的光谱；j 为光谱的第 j 波长。

（2）SPXY 算法

SPXY 算法是在 KS 算法的基础上发展而来的，并且也在前人的研究中证明了其有效性（吴建虎等，2020；王世芳等，2019；Galvão et al.，2005）。其中，SPXY 算法的选样依据可由式（4-5）和式（4-6）计算得到：

$$d_y(p,q)=\sqrt{\left(y_p-y_q\right)^2},p\in[1,N],q\in[1,N] \quad (4\text{-}5)$$

$$d_{\mathrm{spxy}}(p,q)=\frac{d_{\mathrm{ks}}(p,q)}{\max d_{\mathrm{ks}}(p,q)}+\frac{d_y(p,q)}{\max d_y(p,q)},p\in[1,N],q\in[1,N] \quad (4\text{-}6)$$

式中，$d_{\mathrm{ks}}(p, q)$是由式（4-4）得到的两个光谱之间的欧氏距离；y_p和y_q分别为第 p 和第 q 个样本的理化值；$d_y(p, q)$为两个样本之间理化值的差异；$d_{\mathrm{spxy}}(p, q)$为 SPXY 算法的选样依据；符号 max 表示取最大值操作。相比于 KS 算法，SPXY 考虑了样本理化值的差异。因此对于建模集合样本的选型，SPXY 具有一定优势。但是在进行 SPXY 计算时，需要将新数据集合中的所有样本的理化值采用传统化学方式得到，因此其计算较为复杂。

（3）评价因子算法

对于数据集合 I 和数据集合 II，利用奇异值分解算法（singular value decomposition，SVD）可将原始光谱，即矩阵 $\boldsymbol{X}_1$ 和矩阵 $\boldsymbol{X}_2$ 分解为

$$\boldsymbol{X}_1=\boldsymbol{U}_1\boldsymbol{\Sigma}_1\boldsymbol{V}_1^{\mathrm{T}} \quad (4\text{-}7)$$

$$\boldsymbol{X}_2=\boldsymbol{U}_2\boldsymbol{\Sigma}_2\boldsymbol{V}_2^{\mathrm{T}} \quad (4\text{-}8)$$

式中，矩阵 $\boldsymbol{X}_1$ 和矩阵 $\boldsymbol{X}_2$ 分别为数据集合 I 和数据集合 II 的光谱矩阵；$\boldsymbol{U}_1$、$\boldsymbol{\Sigma}_1$、$\boldsymbol{V}_1$ 和 $\boldsymbol{U}_2$、$\boldsymbol{\Sigma}_2$、$\boldsymbol{V}_2$ 分别为 SVD 分解后得到的 3 个矩阵，包括 2 个正交矩阵和 1 个对角矩阵；定义 $\boldsymbol{T}_1=\boldsymbol{U}_1\boldsymbol{\Sigma}_1$ 和 $\boldsymbol{T}_2=\boldsymbol{U}_2\boldsymbol{\Sigma}_2$，与样本的化学成分浓度有关；$\boldsymbol{V}_1$ 和 $\boldsymbol{V}_2$ 分别为两组数据的光谱载荷矩阵，理论上是代表了苹果样本不同化学成分的吸收能力。

在得到式（4-7）和式（4-8）后，定义矩阵 $\boldsymbol{P}$ 为 $\boldsymbol{V}_1$ 矩阵的子集，并向该子集的正交方向上投影，EF 算法的选样依据可由式（4-9）得到：

$$w_i=x_i\left(\boldsymbol{I}-\boldsymbol{P}\boldsymbol{P}^{\mathrm{T}}\right)x_i^{\mathrm{T}},\boldsymbol{P}\in\boldsymbol{V}_1 \quad (4\text{-}9)$$

式中，w_i 为第 i 个样本在矩阵 $\boldsymbol{P}$ 正交方向上的投影，理想情况下，$w_i=0$，但由于新的仪器状态、检测环境和样本条件的影响，$w_i\neq0$；矩阵 $\boldsymbol{P}$ 是矩阵 $\boldsymbol{V}_1$ 的前 k 列，代表了光谱的 PCA 载荷。因此，将第二组样本，即数据集合 II 代入式（4-9）中，w_i 的大小决定了原光谱矩阵 $\boldsymbol{X}_1$ 对“新样本”的解释能力。w_i 数值越大，则解释能力越差，原光谱矩阵建立的 PLS 模型并不能适用于该样本，反之，w_i 数值越小，则解释能力越强，原光谱矩阵建立的 PLS 模型可适用于该样本。

在本节中，不同年份的苹果数据来源于中国农业大学农产品无损检测实验室，

其中模型更新效果主要取决于新数据集合中样本的选择是否具有代表性，其中不同数据集合之间的样本、模型更新逻辑如图 4-5 所示。更新步骤主要包括：①从数据集合 II 中选择代表性样本，并从数据集合 I 中剔除 w_i 数值较小的样本；②更新数据集合 II 中的样本，同时更新模型；③以数据集合 III 的 100 个样本作为验证，用以验证更新后的模型。在未进行更新时，不同预处理方法得到的预测结果如表 4-1 所示。其中，验证集误差最小为 1.3324%，原有模型并不能适用于“新样本”。因此，需要选择适当的方法对原有模型进行更新。此外，本节中参与分析的苹果样本数据分两个年度完成。数据集合 I 的 310 个‘富士’苹果样本于 2019 年完成，数据集合 II 和数据集合 III 的 300 个苹果样本于 2020 年完成。

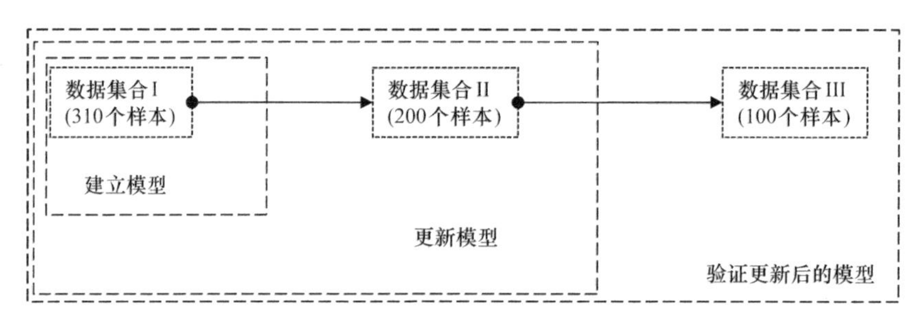

图 4-5　不同数据集合之间模型更新逻辑

表 4-1　不同预处理方法对不同年份苹果的预测结果

预处理方法	R_c	$RMSEC$/%	R_p	$RMSEP$/%
RAW	0.9325	0.4969	0.6281	1.5665
SNV	0.9525	0.4581	0.6792	1.6598
MSC	0.9459	0.4625	0.7014	1.4089
OPLECm	0.9214	0.5075	0.6624	1.6328
EMSC	0.9357	0.4982	0.6744	1.6472
NSR	0.9614	0.4268	0.7221	1.3324

注：NSR. 归一化光谱比值算法；SNV. 标准正态变换；MSC. 多元散射校正；RAW. 原始光谱；OPLECm. 改进光程估计与校正；EMSC. 扩展乘性散射校正

在更新的前期，样本个数较少，则计算得到的 w_i 值较大，随着样本个数的增大，w_i 值呈现出先快速减小后缓慢减小的趋势，如图 4-6 所示。其中，w_i 与更新样本的个数呈现指数型函数衰减（exponential decay function，EDF）的规律。并且，利用 EDF 函数拟合图 4-6 所示 w_i 值和样本个数的规律，其相关系数 R 为 0.9942。

图 4-7 为 EF 算法的模型更新结果，其横坐标为选样个数，纵坐标为数据集合 III 模型预测后的均方根误差。随着选样个数的增多，与图 4-6 所示 w_i 值和样本个数的规律类似，$RMSEP$ 呈现先快速减小后逐渐趋于平稳的趋势。其中，EF 算法

更新后，模型的预测结果为相关系数 R_p 为 0.9112，均方根误差 *RMSEP* 为 0.4516%。

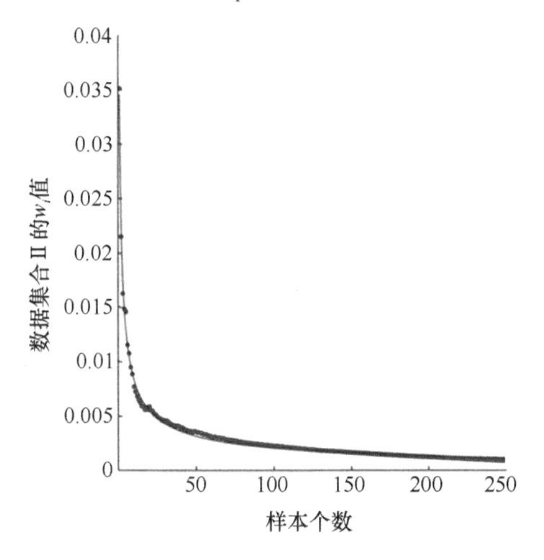

图 4-6　EF 更新 w_i 随样本个数变化的变化规律

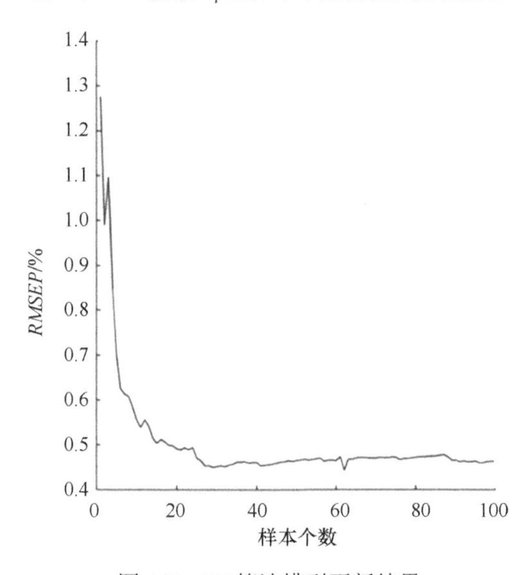

图 4-7　EF 算法模型更新结果

在模型更新前，基于数据集合 I 建立的模型直接代入数据集合 III 中，得到的 R_p 为 0.7221，*RMSEP* 为 1.3324%，因此需要相应的算法对原模型进行更新。经过对比 KS、SPXY、EF 算法对苹果 SC 模型选样更新结果，其中表 4-2 为不同选样更新算法的结果比对。EF 算法在选样效率和预测精度上均达到了最优，对于验证集合，R_p 为 0.9112，*RMSEP* 为 0.4516%。此外，SPXY 算法优于 KS 算法，但根据 SPXY 计算方式，其选样需要所有样本理化值的参与，因此其在实际应用中不如 KS、EF 算法计算方便。

表 4-2　不同选样更新算法的结果比对

选择样本算法	R_c	$RMSEC$/%	R_p	$RMSEP$/%
KS	0.9325	0.4969	0.8216	0.5665
SPXY	0.9525	0.4581	0.9025	0.4641
EF	0.9459	0.4625	0.9112	0.4516

3. 深度学习算法与可见/近红外光谱

人工智能领域深度学习算法的最新进展表明，数据驱动的深度学习建模技术可以在大型数据集中发现复杂的结构，并从数据中提取关键特征，而无须人工干预（Chen et al.，2018），因此近些年在可见/近红外光谱分析中应用广泛。罗龙强等（2020）比较了不同的光谱预处理方法，如标准反射光谱校正、多元散射校正等，结合深度学习算法，实现了种子活力的精准检测。该研究比较了支持向量机、K 邻近和距离判别分析等机器监督学习建模方法，发现利用标准反射光谱校正的预处理算法结合距离判别分析可达到最佳的预测效果，其对种子活力的预测准确率达到了 100%。杜敏等（2013）采用支持向量机算法对枸杞子产地进行快速无损辨识，并比较多项式核函数（polynomial kernel）、归一化多项式核函数（normalized polynomial kernel）、PUK 核函数（personal number unlock kernel）、RBF 核函数（radial basis function kernel），试验结果表明多项式核函数的识别率最高，外部验证集的识别正确率达到 100%。

Chen 等（2018）提出了一种基于卷积神经网络（CNN）的红外光谱端到端定量分析建模新方法，该方法可以直接将采集到的原始光谱信息的全部波段范围作为输入，而无须进行光谱预处理和特征波长选择。如图 4-8 所示，所提出的集成 CNN 方法主要包括以下 3 个过程：①采用 Bootstrap 采样方法从原始光谱数据集中随机生成 N 个训练子集，用以降低模型过拟合的风险；②使用 CNN 为每个训练子集和建立定量分析模型；③汇总子集和的 CNN 模型以确立全局最优模型。

传统的开源深度学习网络结构的默认输入是 2D 或 3D 图像，不适用于光谱的直接输入。因此，在使用深度学习算法时，为了套用现有的网络框架，需进行以下变换：① 假设一维 NIR 信号为特殊的二维图像，即该图像仅包含一行（或一列）；②设计一种可以与输入的近红外光谱信号相匹配的一维卷积核函数（1D-CNN 网络），通过分析卷积核大小、卷积核数、步幅大小和最小批处理大小等确定最优参数，该方法可以减少用户的建模知识，并且易于使用。

Chao 等（2019）开发了一种新的 1D-CNN 体系结构，称为加权 1D-CNN 模型，并实现了叶片氮素含量的精准检测，模型的预测决定系数达到了 0.984，预测均方根误差为 0.038。其深度学习网络结构如图 4-9 所示。

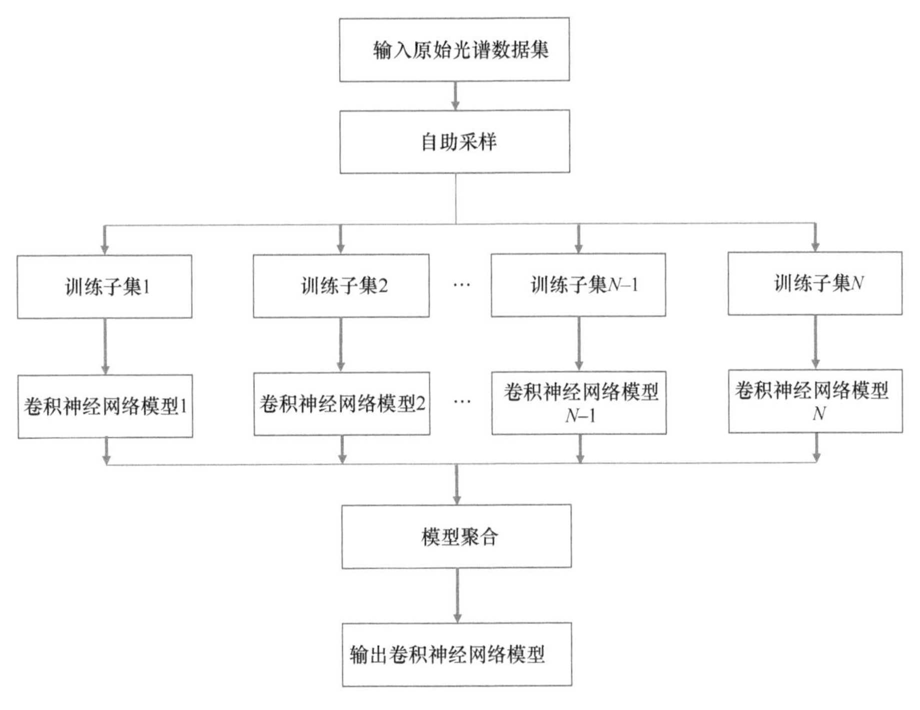

图 4-8　基于集成卷积神经网络（CNN）的红外光谱建模框架流程图（Chen et al.，2018）

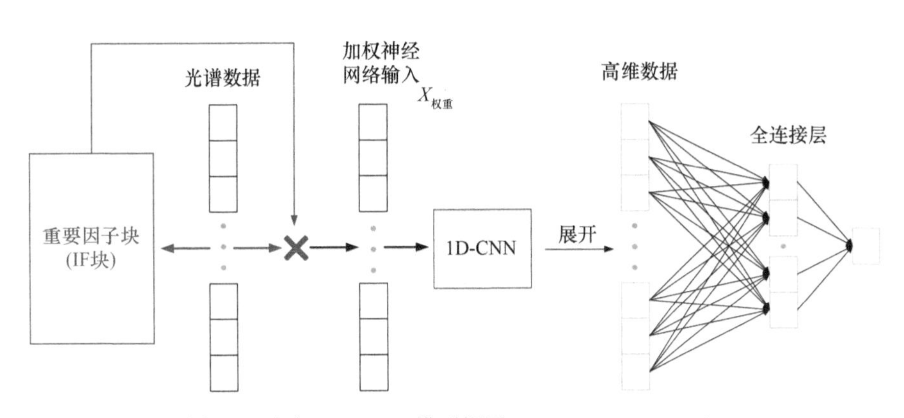

图 4-9　加权 1D-CNN 模型框图（Chao et al.，2019）

其中，IF 块的结构如图 4-10 所示，源自于一种特殊类型的神经网络的概念，即自动编码器（AE），在经典 AE 模型中，编码器的输入是原始数据，编码器网络的输出是隐藏特征，由于编码器的隐藏特征通常具有比输入更低的维度，因此 AE 是一种有效的降维方法，通常低维度特征可以进一步解决不同的问题。

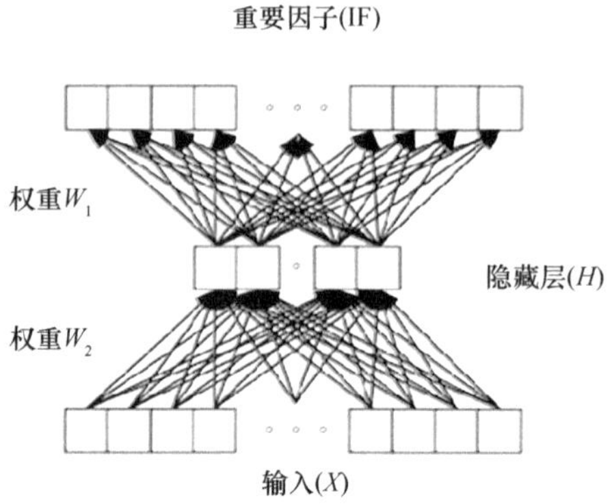

重要因子(IF)

权重W_1

隐藏层(H)

权重W_2

输入(X)

图 4-10　IF 块结构（Chao et al.，2019）

Zhang 等（2020）采用可见/近红外结合机器学习以淀粉指数作为成熟度指标来确定苹果的成熟度。不同成熟度的苹果的平均反射光谱如图 4-11 所示。成熟度不同的苹果的光谱趋势基本相似，但是光谱反射率随苹果成熟度的增加而降低，这表明成熟苹果的内部物质含量发生了很大变化。以近红外光谱作为深度学习网络的输入，使用 5 种机器学习算法（最小二乘支持向量机、概率神经网络、极限学习机、偏最小二乘判别分析和线性判别分析）进行苹果成熟度建模，预测准确率为 84.24%～89.52%，同时基于光谱指数的线性判别模型也成功预测了苹果的成熟度，其中，概率神经网络算法在检测精度和速度上达到了最优，该方法简单易用，是后续便携式设备研发的重要方向。Bai 等（2019）基于可见/近红外光谱技术，将特征波长筛选技术与深度学习算法相结合，实现了多个产地、多个品种苹果可溶性固形物的精准检测，预测集相关系数和均方根误差分别为 0.990 和 0.274%。

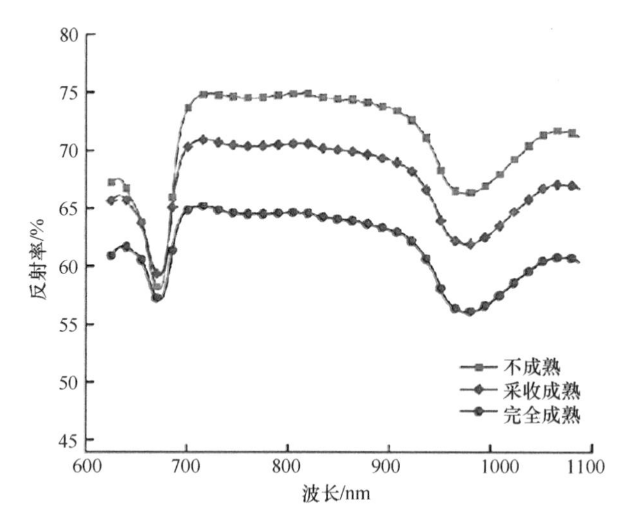

图 4-11　成熟度不同的苹果的平均反射光谱（Zhang et al.，2020）

综上所述，由于智慧农业的快速发展，人工智能也在农产品领域有着越来越深层次的应用。与人工智能技术相结合，可见/近红外光谱技术在检测速度、检测准确率等方面均有比较明显的提升。然而在面对复杂的实际工作时，由于神经网络等隐层节点数不易确定，许多效果得不到理论的解释，但随着人们逐步对其进行深入研究，人工智能在农产品检测领域也会迎来新的生机。

4.1.2 高光谱技术

高光谱图像就是在光谱维度上进行了细致的分割，不仅是传统所谓的黑、白或者 R、G、B 的区别，而是在光谱维度上也有 N 个通道。因此，通过高光谱设备获取到的是一个数据立方，不仅有图像的信息，并且在光谱维度上进行展开，结果不仅可以获得图像上每个点的光谱数据，还可以获得任一个谱段的影像信息（张义志等，2020）。高光谱成像技术是基于非常多窄波段的影像数据技术，它将成像技术与光谱技术相结合，探测目标的二维几何空间及一维光谱信息，获取高光谱分辨率的连续、窄波段的图像数据。

相对于传统的图像处理，高光谱可以获得更丰富的信息。例如，人眼只能接收 3 个光谱频段中物体的光能量信号：红色、绿色和蓝色。也就是我们常称的发光三原色，但是事实上我们能够看到由这 3 种颜色组合产生的橙色、紫色、青绿色等更细微的色彩。但是，我们并不能区分纯黄色与红绿二色混合色的差异，这也被称为“同色异谱”。但是高光谱成像却可以轻松分辨其中的区别。

1. 高光谱成像的检测原理和优势

高光谱成像仪器结构简单，由数据采集系统（包括高光谱摄像机、位移平台、光源、透镜）和采集处理系统两部分构成，其中精密相机和光源是数据采集的主要影响因素，研究者可以根据相机与光源的位置，在反射、透射、相互作用 3 种模式下进行选择，以适用于表面和内部检测。

典型的高光谱装置如图 4-12 所示，主要包括光源、光谱仪、CCD（charge coupled device）相机、计算机等。其中，光源为整个系统提供照明，一般需光强控制器控制。光经光纤传输至探头照射样品，光谱仪中的光学元件把输入的宽带光分散成不同频率的单色光，并将其投射到 CCD 相机上实现光谱成像。整个系统由计算机进行控制。

高光谱成像的优点：①无损检测，方便对农产品生产过程中的中间体进行实时监测；②成像操作简单，出结果快；③融合深度学习算法，识别精度高；④图谱合一，光谱分辨率高，适用范围广。与单点光谱技术相比，HSI 技术不仅适合均匀样品分析，而且适合非均匀样品分析。

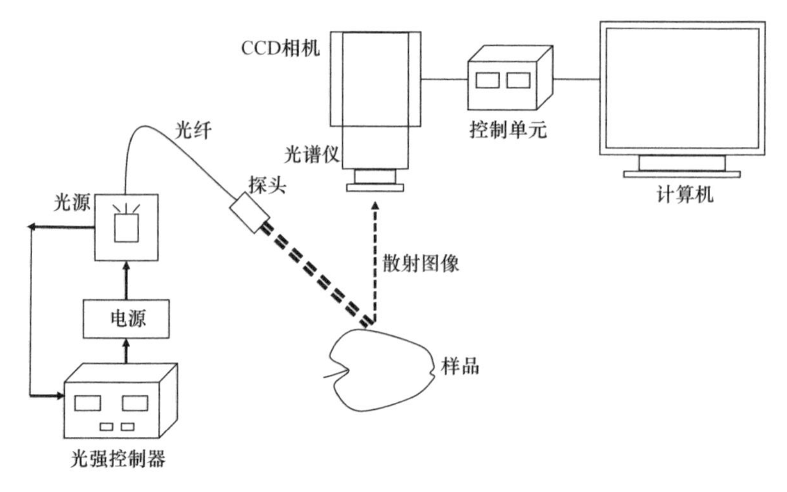

图 4-12　高光谱成像系统结构图（Peng and Lu，2007）

2. 高光谱成像预处理方法

利用高光谱立方体图像中的光谱信息结合光谱解析和数学建模方法，可以预测和评估被检测样品每一点的内外部品质安全属性。利用高光谱立方体图像中的图像信息，结合图像处理方法，可以检测样品整体的表面或内部品质安全属性。因此，利用高光谱技术，通过一次连续扫描，可以无损检测农畜产品的内部和外部品质安全参数（贾敏和欧中华，2015），同时实时在线检测，目前高光谱被广泛应用于农畜产品无损检测评估领域（李勋兰等，2015）。

（1）数据降噪

高光谱预处理的目的是避免影响高光谱成像的干扰现象发生，譬如光散射、粒度大小或形态差异。高光谱预处理技术主要包括降噪、散射校正和导数处理。其中，高光谱数据的降噪包含两种方式，其一为空间维度的降噪，常使用中值滤波、均值滤波等方式；其二为光谱维度的降噪，常使用多项式拟合去噪，如 Savitzky-Golay 算法（SG）可以提高光谱的平滑性，降低噪声的干扰。

（2）散射校正

散射校正方法包括多元散射校正（multiplicative scatter correction，MSC）和标准正态变量变换（standard normal variate transformation，SNV）等，MSC 和 SNV 两者结合被广泛用于高光谱图像的散射校正。

（3）导数处理

导数法可以消除光谱的基线漂移、偏移和背景的干扰。一阶导数用于消除光谱基线的平移，二阶导数用于消除基线的旋转。导数变换可以突出特征波段，但也可能会放大背景噪声，必须进行优化。

高光谱图像波段较多，相邻波段之间必然有着很强的相关性，这使得所观测到的数据在一定程度上存在冗余现象，而且数据量大，为数据的处理带来了压力，数据的膨胀导致计算机处理负荷大幅增加。另外，在高光谱图像数据获取过程中出现的噪声将会使图像中的光谱信息产生“失真”。因此需要进行数据降维，以压缩数据量和提高运算效率，同时可以简化和优化特征，并最大限度保留信号和压缩噪声。近些年，人工智能相关方法由于能够快速准确地处理数据而被逐渐应用在高光谱农畜产品检测评估领域中。

3. 特征波段提取和建模方法

（1）特征波段提取

高光谱成像技术的特征波段提取方法包括：连续投影算法（successive projection algorithm，SPA）、竞争性自适应重加权采样法（competitive adaptive reweighted sampling，CARS）、载荷权重法（loading weight，LW）、回归系数法（regression coefficient，RC）、无信息变量消除法（uninformative variable elimination，UVE）、区间偏最小二乘回归法（interval partial least squares regression，iPLS）、反向区间偏最小二乘回归法（backward interval partial least squares regression，Bi-PLS）、正向区间偏最小二乘回归法（forward interval partial least squares regression，FiPLS）、遗传算法-偏最小二乘回归法（genetic algorithms partial least squares regression，GA-PLS）等。

（2）建模方法

机器学习算法很多，包括贝叶斯算法、距离算法、决策树算法、人工神经网络算法、降维算法和集成算法。目前常用高光谱数据的建模算法包括：主成分分析（principal component analysis，PCA）、偏最小二乘判别分析（partial least squares discriminant analysis，PLS-DA）、BP 神经网络、极限学习机（ELM）、最小二乘支持向量机（LS-SVM）、卷积神经网络（CNN）等。

在人工智能和工业 4.0 背景下，以智能化作为目标要求，将高光谱成像技术融合人工智能，如深度学习、支持向量机、随机森林等，无论是在建模还是特征提取方面，既能获得优于传统算法的预测精度，又能从大量无标注的单个样本中提取高光谱数据集的本质特征。尽管深度学习算法作为建模及特征提取的数据处理手段，可以最大限度地预测真实值，但庞大的数据量是完善深度学习的基础，这对实验样本量提出了大数据的要求。

针对果蔬品质安全无损检测，高光谱成像技术结合人工智能方法可以对水分、淀粉、色素等影响果蔬营养品质的组成成分分析，可溶性固形物、酸度、糖度及硬度等影响果蔬口感风味的食用指标测定，外部特征识别、表面缺陷及污染物检测、冻伤检验的外部品质评定，以及根据新鲜度、成熟度等对果蔬进行品质分级评定。基于高光谱成像技术的生鲜肉无损检测研究，主要包括生鲜肉的化学成分分析、食用品质评价、品质分级评定、品种鉴定判断及安全性指标评价等方面，除此之外，在农产品产量检测、农产品产业链辅助等领域也都有很多应用。

4. 高光谱结合深度学习

深度学习是一种有效的机器学习算法，用于从原始数据中提取特征以进行分类、回归和检测。

目前深度学习在农产品高光谱成像领域的应用正在不断增加。郭文川和董金磊（2015）将高光谱成像技术和人工神经网络结合实现无损检测桃硬度。将全波长及经选取的特征波长作为神经网络的输入，通过经验公式（林喜娜等，2010）确定隐含层节数，结果表明，基于全光谱建立的 BP 网络模型具有最好的预测性能；倪超等（2019）采用高光谱结合深度学习利用堆叠自适应加权自编码器逐层提取与输出相关的低维非线性高阶特征，将此高阶特征作为分类器的输入，并采用极限学习机和形态学方法等优化结果，算法对籽棉地膜分选识别率达 95%。

Liu 等（2020）设计了一种利用光谱仪收集花生高光谱数据并利用深度学习技术识别发霉花生的方法。首先采用如图 4-13 所示装置收集花生高光谱数据。其中高光谱相机垂直于地面上的黑色橡胶带。黑色橡胶带是用于模拟表面磨砂且反射率低的工业传送带。将花生随机放在橡胶带上，并尽量避免花生相互重叠，共获得了 16 个花生图像，每个图像约有 150 个籽粒。然后，使用低通滤波器对图像进行平滑处理，以消除光谱中的噪声。

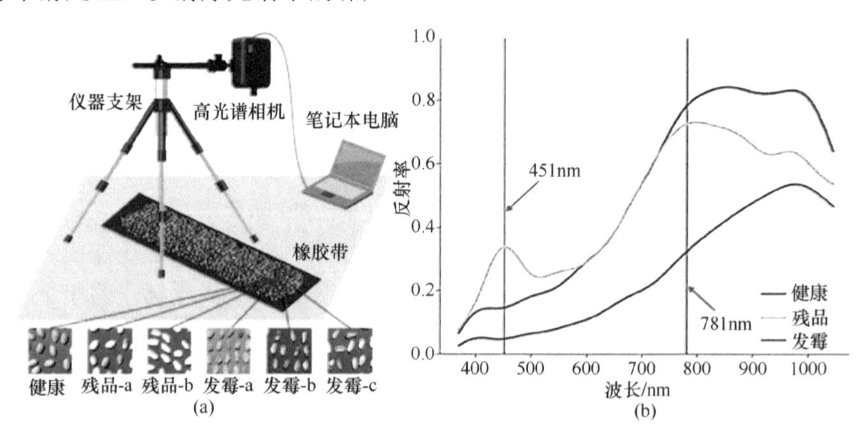

图 4-13　花生高光谱采集系统及光谱曲线示例（Liu et al.，2020）

所采用的 Hypernet-PRMF 模型架构如图 4-14 所示。该模型包括 4 个部分：特征预提取、下采样、上采样和预测。特征预提取部分用于增强对不同花生特征的区分；下采样部分用于实现从低级功能到高级功能；上采样部分用于实现从高级功能到语义信息的转换。并最终使用分水岭分割算法进行预测。

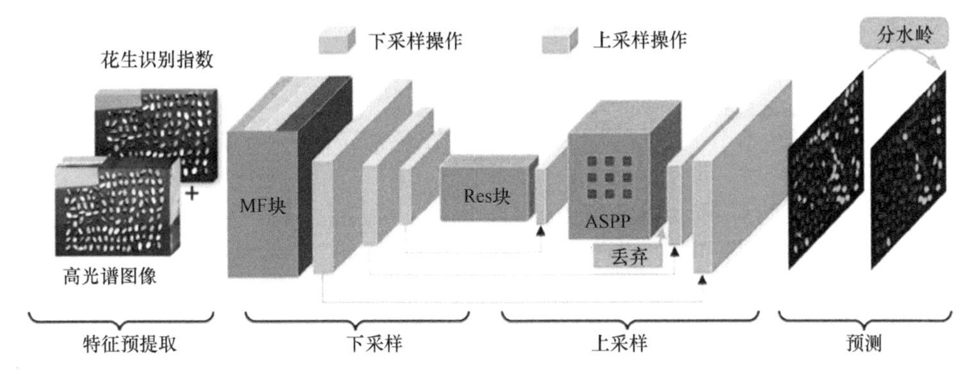

图 4-14　Hypernet-PRMF 网络的结构（Liu et al.，2020）

该模型采用 3 下采样和 3 上采样的编解码结构，并通过跳过连接将低级特征和高级特征连接起来。该模型应用了特征预提取和多特征融合块。最大池层由 2 步可分卷积代替，以减少下采样中的信息丢失，并确保参数的数量不会太大。另外，添加了两个剩余的块 ASPP 和 Dropout 以增强网络的性能。

5. 高光谱结合决策树

决策树是在已知各种情况发生概率的基础上，通过构成决策树来求取净现值大于等于零的概率。

决策树目前在农产品高光谱成像领域多用于农产品分类、缺陷检测等定性分析。Ren 等（2020）使用高光谱数据结合 3 种决策树对红茶的质量进行了评估，研究表明决策树模型的结果主要取决于决策树与训练数据冲突最小的因素，并采用数据融合（光谱和纹理）的概念来构建模型。另外，还有采用逻辑模型树（LMT）的方法，用于在每个节点中创建逻辑回归，目前大多数研究中，分类精度都超过 90%（Luo et al.，2019）。

Velásquez 等（2017）以日本牛肉大理石花纹的分类标准作为参考，并将标准数字化，获得不同标准等级的具体参数（平均圆度、平均伸长率、脂肪条纹单位面积等），用于后续建模。

如图 4-15 所示，可以确定 440nm 和反射率为 34.39%时可以最大限度区分脂肪和瘦肉，使用反射率 34.39%来预测决策树在 440nm 波长处的类别，高于 34.39%的为脂肪。通过决策树确定波长 440nm 处的反射率可以识别脂肪和瘦肉，从而避免了高光谱图像中的数据处理问题，并简化分类过程。

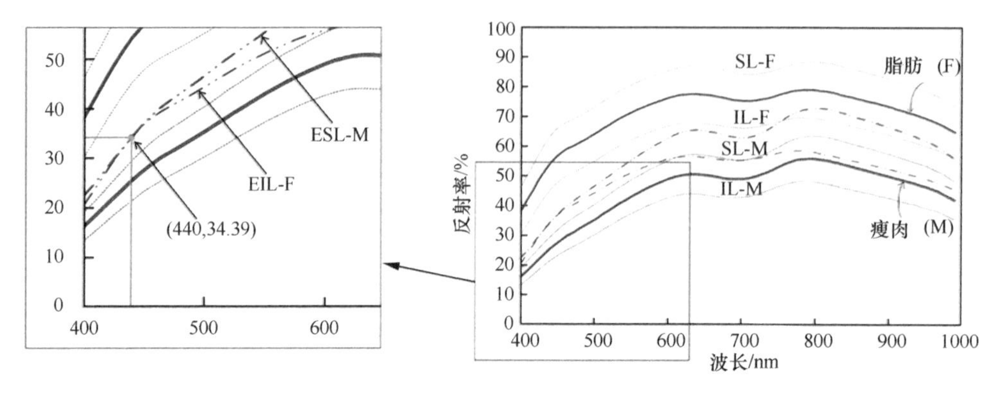

图 4-15　瘦肉（M）和脂肪（F）光谱（Velásquez et al.，2017）

SL. 上限值；IL. 下限值；ESL-M. 延伸上限值-瘦肉；EIL-F. 延伸下限值-脂肪

6. 高光谱结合随机森林

随机森林是一个包含多个决策树的分类器，且输出的类别是由个别树输出的类别的众数而定。

随机森林因其在分类方面良好的易用性和性能而在机器学习中占据重要地位，Che 等（2018）采用高光谱结合随机森林提取苹果的瘀伤区域并标明随机森林可以结合弱分类器来获得具有高分类精度和强大抗噪能力的强分类器。Vu 等（2016）在检测水稻种子品种纯度中发现结合光谱和空间特征以构建随机森林模型时，准确性从 74%提高到 84%。

Tan 等（2018）将随机森林用于开发苹果瘀伤识别模型。研究发现，通过应用图像阈值化操作，很难获得完整的苹果瘀伤区域的分割图像，并且对该瘀伤区域边缘的误判概率很高。因此，在随机森林中进行了苹果瘀伤和非瘀伤区域光谱的监督训练，以建立良好的识别模型。所开发的模型能够成功预测苹果的未瘀伤区域和瘀伤区域之间的过渡，从而能够通过提取光谱数据来准确识别瘀伤区域。对不同等级瘀伤预测结果如图 4-16 所示。

7. 高光谱结合线性判别分析

线性判别分析（linear discriminant analysis，LDA）是对 Fisher 线性鉴别方法的归纳，这种方法使用统计学、模式识别和机器学习方法，试图找到两类物体或事件的特征的一个线性组合，以能够特征化或区分它们。所得的组合可用来作为一个线性分类器，更常见的是，为后续的分类做降维处理。

由于 LDA 的鲁棒性，目前被广泛应用于农产品分类中，Mahesh 等（2008）很早就采用 LDA 对小麦的种类进行判别。Liu 等（2010）使用基于 Gabor 滤波器的高光谱成像技术对猪肉质量进行分类。

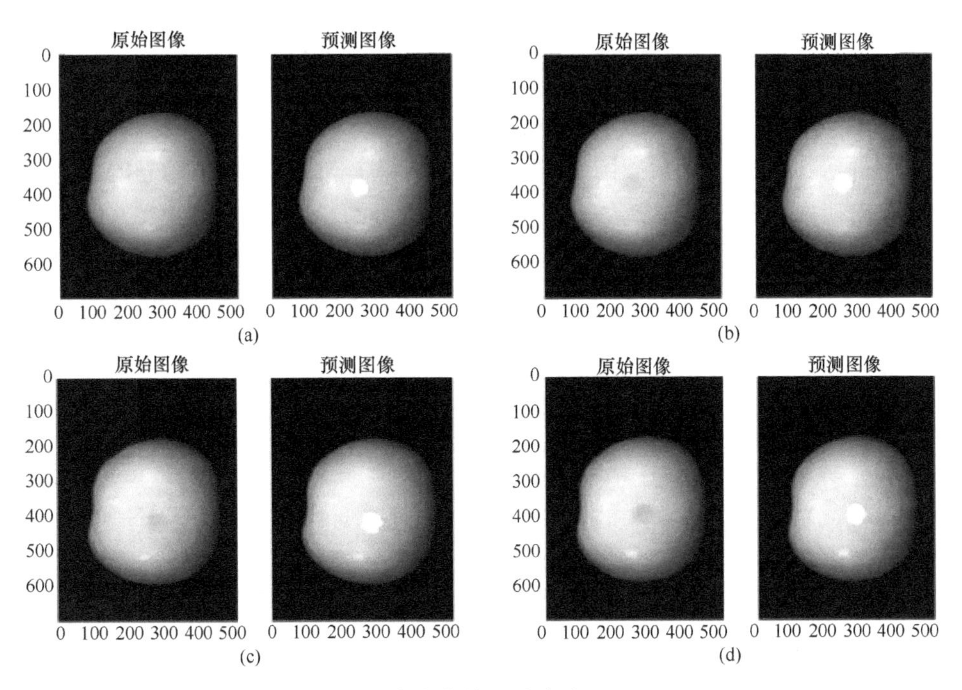

图 4-16　4 种不同程度瘀伤的识别结果（Tan et al.，2018）
（a）瘀伤等级 1.轻微瘀伤；（b）瘀伤等级 2.一般瘀伤；（c）瘀伤等级 3.中等瘀伤；（d）瘀伤等级 4.严重瘀伤

Xia 等（2019）开发了一种多线性判别分析（MLDA）算法，可选择最佳波长并减少分类特征，以提高数据的处理速度，并与 SPA 和 UVE 波长选择算法进行比较，通过最小二乘支持向量机建立玉米种类判别模型，结果如图 4-17 所示，基于 MLDA 波长选择算法的模型具有很好的区分不同玉米的能力，最佳波长数量为 10。

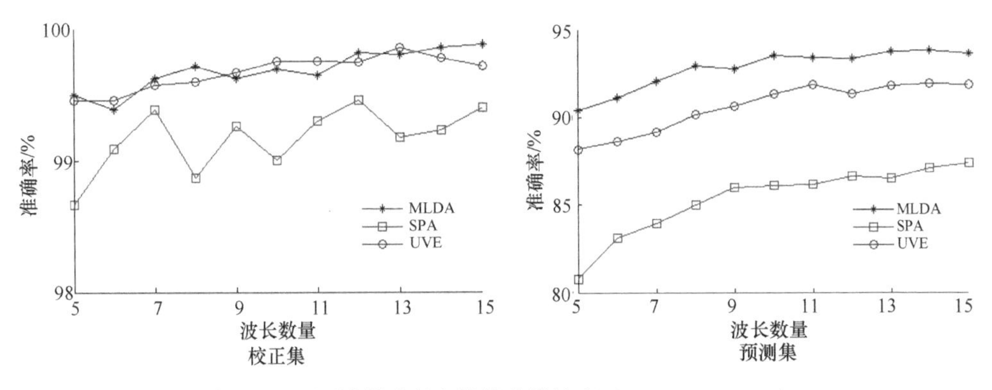

图 4-17　不同波长选择方法的分类精度（Xia et al.，2019）

8. 高光谱结合支持向量机

支持向量机是一类按监督学习方式对数据进行二元分类的分类器，其决策层边界是对学习样本求解的最大边距超平面。SVM 使用铰链损失函数计算经验风险并在求解系统中加入了正则化项以优化结构风险。

基于 SVM 的机器学习技术已广泛用于农产品分类、疾病检测、掺假等领域。在 Bonah 等（2020）的研究中引入遗传算法（GA）和粒子群优化（PSO）的概念来优化支持向量机的内核参数以提高分类精度。同时 Bonah 等（2020）还介绍了最小二乘支持向量机，可有更好的预测结果和更快的执行时间。

Chu 等（2020）采用支持向量机判断玉米是否被真菌感染。采用 SPA 提取特征波长以减少冗余信息，并采用 SVM 进行建模分析，其准确率可达 100%。如图 4-18 所示为玉米原始光谱及不同主成分选定波长贡献率。

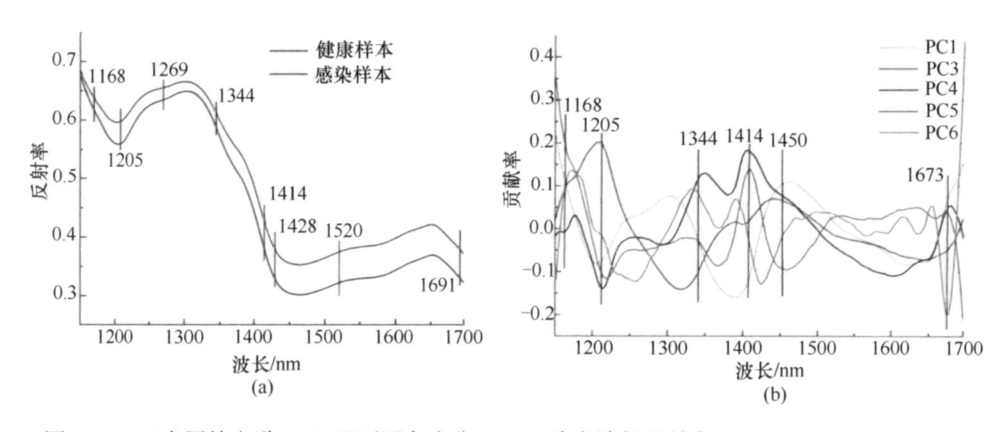

图 4-18 玉米原始光谱（a）及不同主成分（PC）选定波长贡献率（b）（Chu et al.，2020）

9. 高光谱成像技术面临的问题与挑战

（1）硬件方面

高光谱成像技术在硬件设施和购置成本等方面仍面临一些挑战。需要硬件创新、成像组件的改进才能满足更高性能高光谱成像系统，譬如探测器的性能直接决定了图像性质，而低成本的 CMOS 探测器，噪声和暗电流太高，需要设法提升性能同时保证低价，以降低购买成本。再如，推扫式高光谱成像一次只能成像给定场景的一条直线，需要较长时间才能获得整个样本的高光谱数据立方体。对于快速变化的场景高光谱采集速度还需提高，同时人工智能算法运算量大幅增加，计算速度仍需大幅度提高，对硬件要求进一步增加。

（2）软件方面

高光谱采集系统需要图像采集和控制、光谱数据提取和预处理、多元数据分析和图像处理软件支持，这些操作单元尚未集成到单个软件包中，给数据处理带来了困扰。高光谱图像通常检测宽波段，需要很大的存储空间，这也在后处理过程中给在线筛选带来了挑战。另外，人工智能平台众多，算法众多，如何选择合适的平台及算法问题尚未解决，且人工智能大多需要大量数据进行训练，要想满足实际应用的需求，就要发展变量选择算法识别有效波长区域，建立高效的高光谱成像系统，同时要开发可基于小样本进行训练的算法及 5G 建设成熟后所带来的数据的高速传输。

（3）数据处理

高光谱立方体数据的特征融合方面还缺乏合适的方法，光谱信息和空间信息的融合需要复杂的参数选择，主要依赖于研究者经验和被测对象。目前新开发的双分支卷积神经网络具有融合光谱域和空间域的潜力，应该着力开发出基于数据融合的高光谱成像数据处理技术，提高人工智能在高光谱检测中的应用。

综上所述，随着人工智能技术的发展突飞猛进，计算机的运算能力日益提高，算法的鲁棒性和高效性大大增强，再加上在硬件方面的创新，这些都必将有助于实现高光谱成像技术产生的大数据的快速准确处理，进而满足工业化大生产实时性的需求，这也为高光谱成像技术在农产品领域的应用提供了良好的前景。

4.1.3　荧光光谱技术

物质吸收电磁辐射后受到激发，受激发原子或分子在去激发过程中再发射波长与激发辐射波长相同或不同的辐射。当激发光源停止辐照试样以后，再发射过程立刻停止，这种再发射的光称为荧光。

1. 荧光光谱检测原理

通常情况下，分子处于单重态的基态。分子受到紫外至红外激励的光子入射作用后，受激引起电子能级的跃迁或振动和转动能级的跃迁，分子受激后，处于电子激发的单重态的某种振动激发态的分子或通过内部转换和振动弛豫的非辐射，相继发射荧光光子，回到电子基态得到荧光光谱；或通过激发单重态和激发三重态间的系间窜跃和振动弛豫至三重态放出能量回到基态得到荧光光谱的光子。

每一种物质的分子或原子结构是独一无二的，原子能级图也就有不同的分布，原子能级跃迁也就会辐射出不同频率的电磁波，就好比是人的指纹；每一种物质的荧光效应都有其特定的吸收光的波长和发射的荧光波。利用这一特性，可以对物质进行检测。

任何荧光化合物都具有两个特征光谱：激发光谱和发射光谱。荧光激发光谱是指让不同波长的激发光激发荧光物质使之发生荧光，而让荧光以固定的发射波长照射到检测器上，然后以激发光波长为横坐标、以荧光强度为纵坐标所绘制的图，即为荧光激发光谱，荧光发射光谱的形状与激发光的波长无关。荧光发射光谱是指使激发光的波长和强度保持不变，而让荧光物质所发出的荧光通过发射单色器照射于检测器上，亦即进行扫描，以荧光波长为横坐标、以荧光强度为纵坐标作图，即为荧光光谱，又称为荧光发射光谱。激发光谱反映了某一固定的发射波长下所测量的荧光强度对激发波长的依赖关系；发射光谱反映了某一固定激发波长下所测量的荧光的波长分布（叶宪曾和张新祥，2007）。荧光光谱能够提供激发谱、发射谱、峰位、峰强度、量子产率、荧光寿命、荧光偏振度等信息，是荧光分析定性和定量的基础。

2. 荧光检测的特点

荧光光谱的特点：①Stokes 位移，激发光谱与发射光谱之间有波长差，发射光谱波长比激发光谱波长长；②发射光谱的形状与激发波长无关；③镜像规则，荧光发射光谱与它的吸收光谱呈镜像对称关系。

荧光分析就是基于物质的光致发光现象而产生的荧光的特性及其强度进行物质定性和定量的分析方法。目前，也广泛作为一种表征技术来研究体系的物理、化学性质及其变化情况，如生物大分子构象及性质的研究。荧光光谱适用于固体粉末、晶体、薄膜、液体等样品的分析。根据样品分别选配石英池（液体样品）或固体样品架（粉末或片状样品）。荧光光谱分析可与显微镜结合，获得微区分析结果。荧光是无损伤、非接触的分析技术，还可用于自动检验、批量筛分、远程原位分析和活体分析。

荧光分析的优点：①灵敏度高。与常用的紫外-可见分光光度法比较，荧光是从入射光的直角方向检测，即在相对暗背景下检测荧光的发射，而分光光度法是在入射光的直线方向检测，即在亮背景下检测暗线。因此一般荧光检测分析的灵敏度要比分光光度法大 2～3 个数量级。②选择性强。荧光光谱包括激发光谱和发射光谱。所以荧光法既能依据特征发射，又可按照特征吸收，即用激发光谱来鉴定物质。假如某几种物质的发射光谱相似，可从激发光谱差异区分它们。若其吸收谱相同，则可用发射谱将其区别。③试样量少、方法简单。由于灵敏度高，所以可大大减少样品用量，特别是在使用微量样品时，效果明显。④提供较多的物理参数。可提供包括激发光谱、发射光谱及荧光强度、量子产率、荧光寿命、荧光偏振等许多物理参数，这些参数反映了分子的各种特性，且通过它们可以得到被研究分子的更多信息。但是也存在应用范围不够广泛、对环境敏感（干扰因素多）等缺点。

不同结构荧光化合物都有特征的激发光谱和发射光谱，因此可以将荧光物质的激发光谱与发射光谱的形状、峰位与标准溶液的光谱图进行比较，从而达到定性分析的目的。在低浓度时，溶液的荧光强度与荧光物质的浓度成正比：$F=Kc$。式中，F 为荧光强度；c 为荧光物质浓度；K 为比例系数。这就是荧光光谱定量分析的依据。

3. 荧光光谱系统基本组成

荧光光谱仪主要组成部分包括激发光源、单色器和滤光片、检测器及读出装置。

（1）激发光源

激发光源配有能发生很窄汞线的低压汞灯。使用高压汞灯，谱线被加宽，而且也存在高强度的连续带。光源应具有足够的强度且光强稳定。

（2）单色器

单色器的作用是把光源发出的连续光谱分解成单色光，并能准确方便地“取出”所需要的某一波长的光，它是光谱仪的心脏部分。单色器主要由狭缝、色散元件和透镜系统组成，其中色散元件是关键部件。色散元件是棱镜和反射光栅或两者的组合，它能将连续光谱色散成为单色光。棱镜是利用不同波长的光在棱镜内折射率不同将复合光色散为单色光的。光栅可定义为一系列等宽、等距离的平行狭缝。光栅的色散原理是以光的衍射现象和干涉现象为基础的。常用的光栅单色器为反射光栅单色器。狭缝是单色器的重要组成部分，直接影响到分辨率。狭缝宽度越小，单色性越好，但光强度也随之减小。

（3）检测器

主要有硒光电池、光电管和光电倍增管等。目前来说，由于荧光的强度较弱，一般以光电倍增管作检测器。选择光电倍增管要考虑响应波长、灵敏度和噪声水平等。蓝敏管对蛋白质、核酸的测量适用，而红敏管则适用于荧光染料检测。

（4）读出装置

包括数字电压表、记录仪和阴极示波器等。

4. 荧光光谱及与人工智能的结合

（1）荧光结合深度学习网络算法

荧光光谱已应用于很多不同领域，特别是需要无损、显微、化学分析、成像分析的场合。无论是需要定性还是定量的数据，荧光分析都能快速、简便地提供重要信息。在农畜产品的无损检测领域更是广泛使用。

陈晖（2019）研究采用时间分辨荧光分析方法快速检测食用植物油掺假情况的

可行性和实用性，将菜籽油、花生油、葵花籽油分别加入山茶油制备成食用植物油掺假样品。掺假浓度范围为 0～50%（*V*/*V*），掺假浓度梯度为 1%，菜籽油-山茶油掺假样品、花生油-山茶油掺假样品和葵花籽油-山茶油掺假样品共计 153 个。

将样品置于 10mm×10mm 的石英四通比色皿中进行时间分辨荧光光谱（TRFS）的采集。每个样品重复装样 3 次进行光谱采集，取平均光谱作为最终样品光谱。采用 5 点窗口的 Savitzky-Golay 平滑算法进行预处理，以降低光谱噪声的影响。

判别自编码网络（DAE）是自编码网络流行学习方法中的一种（Chen et al.，2018），DAE 的基本概念是定义一种监督型人工神经网络，该神经网络可以将一个给定的输入定义一个低维表示，十分适合非线性和指纹（标签）信息的提取（Peleato et al.，2018）。

DAE 包含两个部分：编码层和解码层。其结构如图 4-19 所示。编码类似于用一个函数 v（x）将输入向量 x 转换成一个低维表示 z，这个低维表示 z 作为人工神经网络隐藏层的输出。解码函数接收这个输出 z，然后给出一个重构的输入（x）[如 x=g（z）]。当输入 x 与重构的输入 x 以某种条件接近时，DAE 完成训练。通过给人工神经网络的隐藏层 z 施加一个维度限制，DAE 就可以实现降维和特征提取任务，而不是简单地复制初始输入。隐藏层 z 中的数据即为降维数据，重构的输入 x 为 z 的展开，它们均包含特征信息。

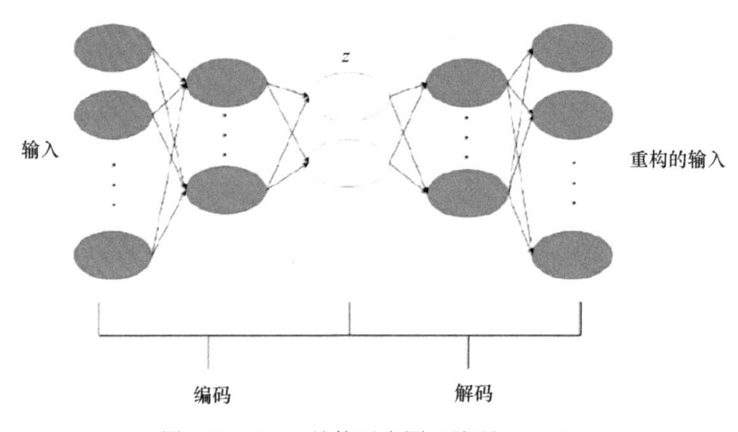

图 4-19　DAE 结构示意图（陈晖，2019）

DAE 的工作步骤分为 3 步：限制玻尔兹曼机训练、编码和解码。限制玻尔兹曼机训练是一个预训练步骤。为了获得 DAE 合适的初始权值，首先会使用限制玻尔兹曼机的两层网络进行单独训练。在经过多次限制玻尔兹曼机训练后，编码和解码网络就会获得由限制玻尔兹曼机训练得到的网络权值作为初始网络权值；然后以重构数据和原始数据间误差最小为原则，利用消耗函数防止过拟合并增强稀疏性。原始光谱输入经过编码和解码后，利用梯度下降法求取全局最优值，从而确定高维数据的低维本质维数表征，最终实现对原始数据的降维和信息的有效提取。DAE-ANN 显示出了最佳的预测性能，各掺假油 R_p^2 均在 0.92 以上。

Wu 等（2021）提出了一种基于小样本总同步荧光（TSyF）光谱结合卷积神经网络（CNN）的方法来区分不同的植物油、掺假植物油，并鉴定和量化假冒植物油。通过对预训练的 CNN、作为特征提取器的预训练 CNN 和传统化学计量学进行微调 3 种方式，对 4 种典型的植物油进行了分类。

数据扩充可以解决数据不足的问题并提高准确性，还可以提高神经网络的鲁棒性并避免网络学习过度拟合。TSyF 光谱轮廓图是 RGB（红色、绿色、蓝色）图像，尺寸为 781 像素×523 像素，但是 VGG-16 网络要求输入到网络的图像为 224 像素×224 像素。因此，植物油样品需要数据增强和图像预处理。数据扩充可以看作是通过一些转换注入了关于数据不变属性的先验知识。为了模拟频谱中附加传感器噪声引起的抖动，考虑将噪声注入作为数据增强方法。另外，如果忽略了光谱仪的校正，光谱轮廓图将略有不对齐。图像偏移被视为模拟峰值校正对频谱图影响的一种方式。采用裁剪和缩放对图像进行预处理，利用最近邻插值方法来完成缩放操作。最后，针对不同的植物油识别任务，采用一定策略来微调 VGG-16 网络。

第一步是噪声注入。通过式（4-10）注入。第二步是转变。频谱图可以通过沿水平和垂直方向随机移动多达 10 个像素（每个方向 10 个图像）来获得 20 个图像。原始图像和具有噪声注入的图像都经过此步骤。第三步是裁剪包含光谱信息的区域。在尺寸为 781 像素×523 像素的光谱图像的中心区域，裁剪了一个较小的 430 像素×290 像素的小块。该小块包含 TSyF 频谱的大多数特征。第四步是将上一步中获得的补丁缩放为 224 像素×224 像素，以满足 VGG-16 的输入要求。经过上述 4 个步骤，1 个原始图像被扩充为 42 个可用于网络输入的图像。

$$x_{mn}^{\text{noise}} = x_{mn} + norm(\mu = 0, \sigma = 0.02)x_{mn} \tag{4-10}$$

式中，x_{mn}（$m = 1, 2, \cdots, 101, n = 1, 2, \cdots, 12$）为原始 TSyF 光谱矩阵中的荧光强度值；$\mu$ 为期望值；x_{mn}^{noise}（$m=1, 2, \cdots, 101, n = 1, 2, \cdots, 12$）为噪声注入后的荧光强度；$\sigma$ 为噪声水平；*norm* 函数返回一个服从正态分布的随机数。将 16 个样品的 TSyF 光谱输入 VGG-16 网络中，将 VGG-16 的 FC6 和 FC7 层与 SVM 结合使用，以确定哪一层更适合植物油分类。

CNN 辅助的 TSyF 光谱实现了 4 种植物油的分类、芝麻油的鉴定及假冒芝麻油的鉴定和定量。当将 VGG-16 用作特征提取器以分析光谱特征，然后与 SVM 结合使用时，在 3 个模型中，鉴别精度达到 100%。在预测伪造芝麻油含量的定量实验中，预测结果具有良好的线性关系，*RMSEC* 和 *RMSEV* 的值较低。这些结果证实了在探索性实验中开发方法的可靠性。与其他植物油样品检测方法相比，TSyF 光谱法充分体现了操作简单、信息量大、对样品无损伤的优点。CNN 表现出强大的提取光谱指纹特征的能力，弥补了传统算法在光谱分析中的缺点。同时，将预训练的网络架构应用于食品安全领域，建立了一个小样本的深度学习模型，避免了烦琐的数据准备，拓宽了深度学习的应用范围。

（2）荧光结合随机森林算法

樊凤杰等（2020）采用局部线性嵌入算法提取中药三维荧光光谱特征，并将此特征采用随机森林建模，实现对中药药性的正确分类，最优正确率达 96.6%。竞霞等（2019）利用随机森林协同日光诱导叶绿素荧光及反射率光谱监测小麦条锈病。

翁海勇等（2020）分析了柑橘叶片的叶绿素荧光图像与淀粉、蔗糖、葡萄糖和果糖含量之间的关系，采用随机森林算法构建以上成分的预测模型并基于各成分的预测建立柑橘黄龙病的诊断模型。

首先探讨了柑橘黄龙病对柑橘叶片淀粉、蔗糖、葡萄糖和果糖含量的影响，如图 4-20 所示，染黄龙病柑橘叶片中淀粉、蔗糖、葡萄糖和果糖的含量明显高于健康柑橘叶片中的含量。以上 4 个成分与植物光合作用密切相关，故可以通过叶绿素荧光信号来判别柑橘是否患病。

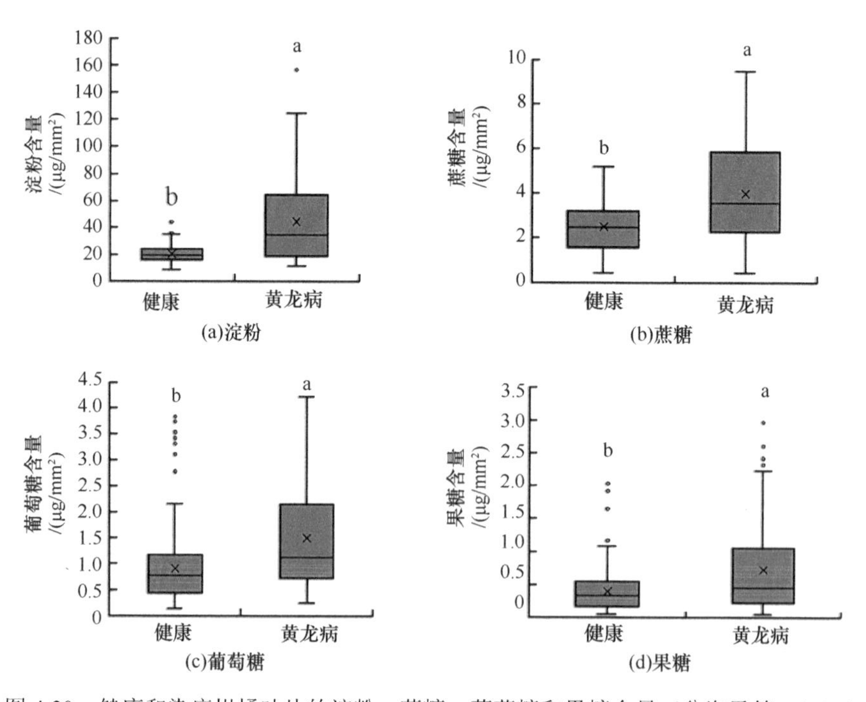

图 4-20 健康和染病柑橘叶片的淀粉、蔗糖、葡萄糖和果糖含量（翁海勇等，2020）

通过随机森林建立分类模型，图 4-21 显示了采用各自最佳决策树的棵数和节点处分类属性的个数建立的淀粉、蔗糖、葡萄糖和果糖随机森林模型校正集和预测集的预测性能。结果表明，叶绿素荧光参数能够较好地表征叶片碳水化合物含量，进而说明叶绿素荧光技术具有快速诊断柑橘黄龙病的潜力。

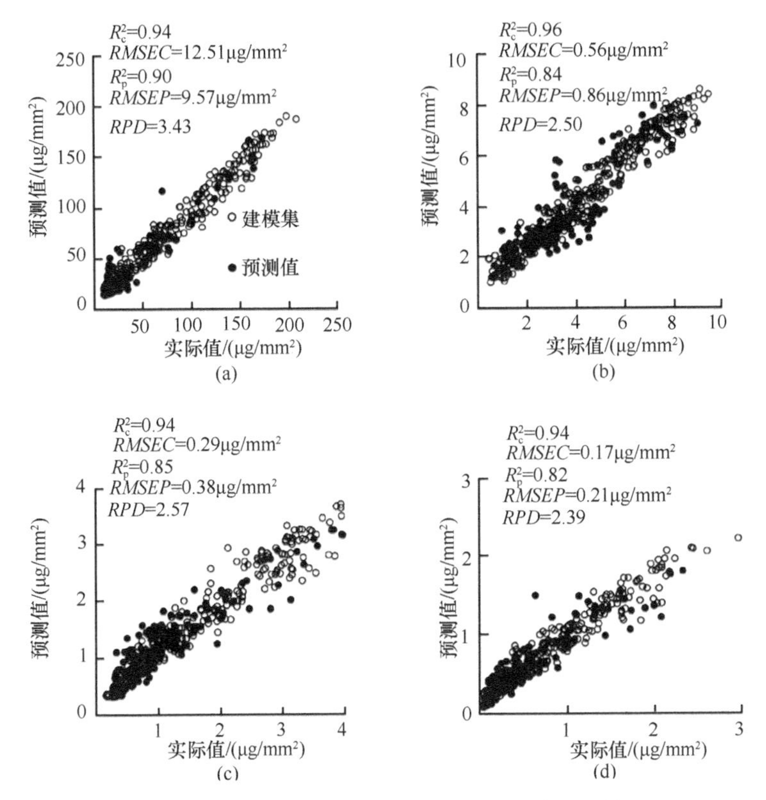

图 4-21　实测值与随机森林模型预测值分布（翁海勇等，2020）

（a）淀粉；（b）蔗糖；（c）葡萄糖；（d）果糖

基于叶绿素荧光参数建立的随机森林模型建模集和预测集的识别正确率分别为 100%和 97.5%。采用淀粉、蔗糖、葡萄糖和果糖建立的随机森林模型建模集和预测集的识别正确率则分别为 100%和 98.75%。两种参数建立的判别模型对柑橘黄龙病的总体识别正确率相当，说明叶绿素荧光成像技术可用于柑橘黄龙病的快速诊断。

（3）荧光结合线性判别算法

苏文华等（2020）采用前表面荧光光谱法鉴别不同冷藏时间的大黄鱼鲜度。归一化后的大黄鱼肉色氨酸及烟酰胺腺嘌呤二核苷酸（NADH）光谱图如图 4-22 所示。

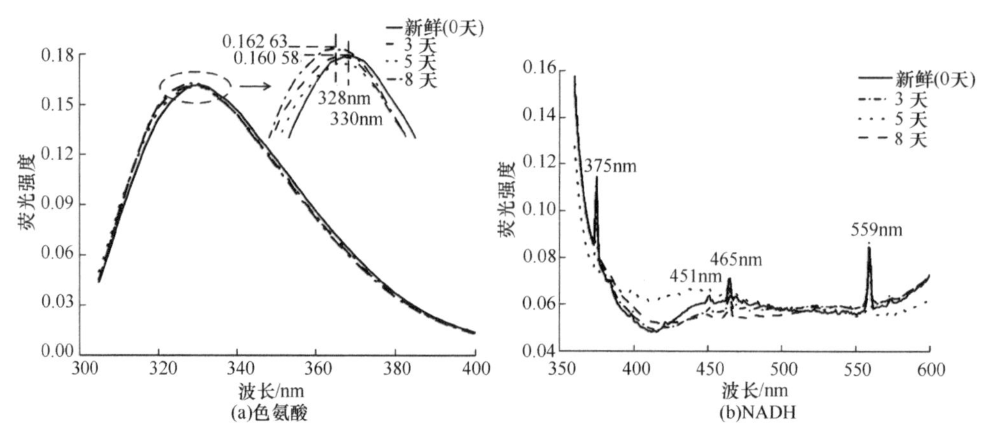

图 4-22　大黄鱼归一化荧光发射光谱（苏文华等，2020）

采用 Fisher 线性判别分析（FLDA）共获得 3 个典则判别函数，其特征值为 50.905、27.589、1.929，分别能解释方差的 63.3%、34.3%、2.4%。根据典则判别函数得分绘制二维散点图可知，色氨酸和 NADH 判别函数得分图类内聚情况较为集中（图 4-23）。采用交叉验证色氨酸和 NADH 荧光光谱总的判别正确率分别为 100%和 98%。

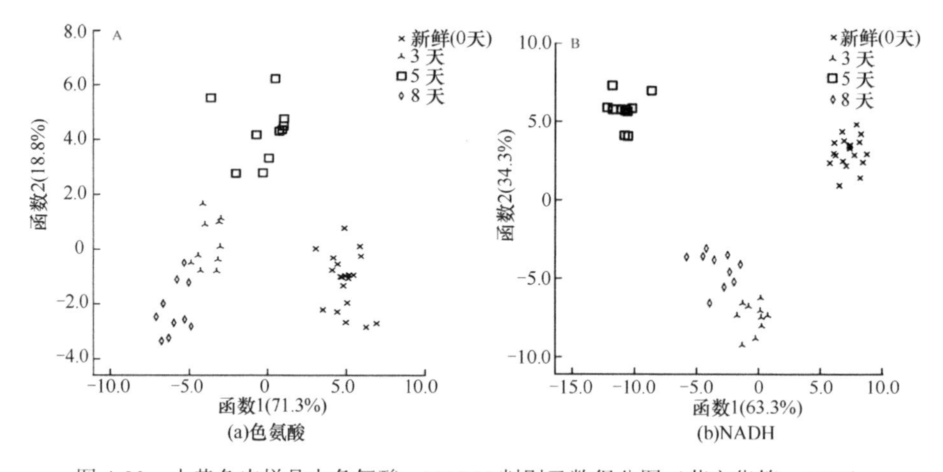

图 4-23　大黄鱼肉样品中色氨酸、NADH 判别函数得分图（苏文华等，2020）

虽然目前荧光在农产品品质无损检测领域的应用并不是特别多，但是荧光在医学、生物学等方面的应用非常广泛，相信随着人们对人工智能如何结合荧光光谱研究的不断深入，荧光光谱作为一种具有高选择性、高灵敏度和低检测限等诸多优点的光谱技术现已将其与化学计量学等学科结合起来，若未来能与纳米技术、人工智能等其他交叉学科进一步结合，发挥各学科技术的优势，相信在不久的将来，荧光光谱技术将在农产品检测领域得到广泛应用。

4.2　云服务及大数据的应用

随着互联网、物联网等信息技术及应用的不断发展，数据的规模和产生方式也发生了巨大的变化，大数据时代已经来临。在现代化农业发展中，大数据技术是不可或缺的重要技术手段，能够准确把握农业生产基本规律、提高农业资源利用率和分析农产品安全质量。随着互联网的发展，全球各存储端的光谱数据库都可以调用，数据量显著增加，进而增加了无损检测技术中的计算压力。与传统的数据集合相比，大数据可以通过挖掘和应用创造出巨大的价值，因此数据的处理和分析方法就显得非常重要。进入大数据时代以来，研究者发现传统的数据挖掘分析方法已经无法满足分析、计算的需求。谈到大数据，不可避免地提及云计算技术，云计算结合大数据是时代发展的必然趋势。本质上讲，云计算强调的是计算能力；而大数据强调的是处理、计算的对象。二者并不是孤立存在的，而是相互关联的。云计算与大数据的关系包括两个层面。

（1）云计算的资源共享、高拓展性、服务特性可以用来搭建大数据平台，进行数据管理和运营；云计算架构及服务模式为大数据提供基础的信息存储、分享解决方案，使大数据挖掘及知识生产实现成为可能。

（2）大数据技术对存储、分析、安全的需求，促进了云计算、云存储、云安全技术的快速发展，推动了云服务的成长。

近红外光谱分析技术与大数据和云计算技术是相辅相成、相得益彰的关系。近红外光谱分析技术应用至今，积累了海量的近红外光谱分析数据，为大数据分析提供了基础性数据；同时，大数据、云计算和物联网等技术的发展，为近红外光谱分析技术搭建网络化平台提供了可能。大数据和云计算技术的发展可以推动近红外光谱分析技术发展，近红外光谱与新技术、新方法的融合应用为分析技术开辟了新的发展方向。

4.2.1　大数据及其特点

互联网、物联网技术和其他网络终端设备的出现与普及，也使得工作、学习及生活当中无处不在的数据正以指数级速度迅速膨胀。在此背景下，一个崭新的概念——大数据（big data）应运而生，成为世界各国关注的热点。大数据时代的技术基础集中表现在数据挖掘，通过特定的算法对大量的数据进行自动分析，从而揭示数据当中隐藏的规律和趋势。大数据挖掘技术、大数据的存储和处理技术及分析算法的研发，使大数据技术在国家治理模式、教育行业、医疗健康和农业治理及光谱数据共享等许多方面开始发挥巨大的作用，基于分析结果为用户提供辅助决策并发掘潜在的价值。从理论上来看，所有产业都会从大数据的发展中受益。

大数据可以理解为以多元形式存在，所涉及的数据量规模巨大到无法通过目前常规软件工具，在合理时间内进行抓取、管理和处理的数据集合。大数据的特点通常用 5 个“V”来概括，如图 4-24 所示：①数据容量（volume）巨大，存储单位从过去的 GB 到 TB，甚至到 PB、EB 级。②数据类型（variety）繁多、格式多样，主要包括结构化数据、非结构化数据、源数据和处理数据等。③价值（value）密度低，在大量的数据中，有价值的信息比例不高，价值密度的高低与数据总量的大小成反比。例如，在一段视频中，有价值数据可能仅为 1min、2min，甚至 1s、2s。但是大数据中蕴藏的信息非常丰富，可挖掘价值很高。④速度（velocity）快，数据的产生速度快，对它的处理速度也要快。往往在秒级时间内，就可以从海量的数据中获得高价值的信息，以满足实时数据分析需求。⑤真实性（veracity）、可信性、安全性高。例如，通过对用户进行身份验证，可以解决某些数据的真实性（专业性）问题。

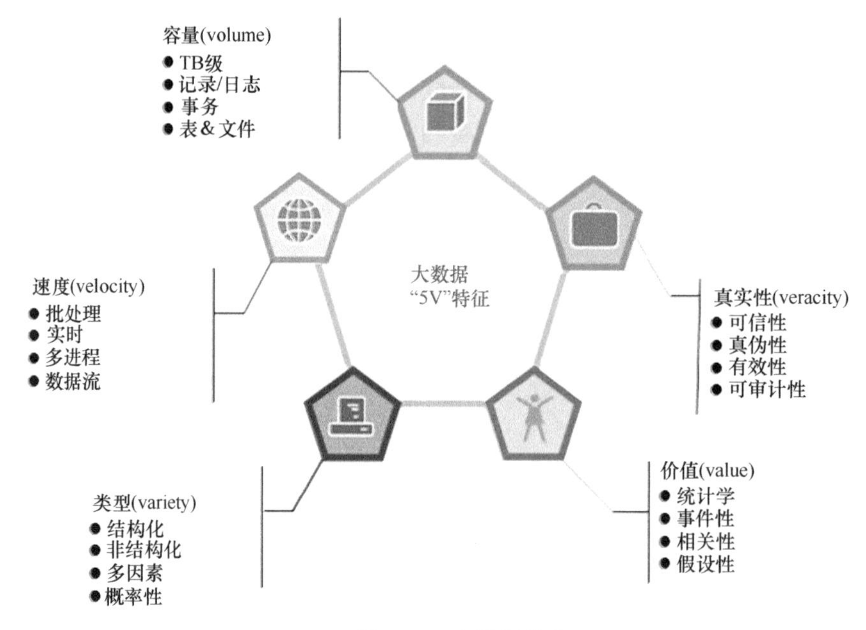

图 4-24　大数据特点

4.2.2　大数据应用

随着因特网技术的不断发展，各行各业都迎来了大数据时代。在商业领域，利用大数据关联分析，通过了解消费者行为模式的变迁而挖掘新的商业模式、优化商品价格和优化劳动力投入、控制预算开支、提升服务质量。在医疗领域，大数据分析被用于复杂疾病的早期诊断、助推医疗产品研发、催生新医疗服务模式等方面已经取得了一定的效果。在生命科学领域，大数据技术被用于基因组学、生物医学、生物信息学等研究。此外，大数据技术还被用在革新教学模式的探索、基于物联网大数据的智慧城市规划及在线社交网络等领域。

大数据不仅改变了社会经济生活，也影响着每个人的生活和思维方式。未来大数据会朝着以下几方面发展。

1）规模更大、种类更多、结构更复杂的数据，大数据的存储技术将建立在分布式数据库的基础上，支持类似于关系型数据库的事务机制，可以通过 SQL 语法高效地操作数据；

2）大数据促进科技的交叉融合：促使云计算、物联网、计算中心和移动网络等技术的充分融合，还催生了许多学科的交叉融合；

3）以人为本的大数据：纵观人类社会的发展，人的需求及意愿始终是推动科技进步的动力。通过挖掘和分析处理，大数据可以为人的决策提供参考，但是并不能取代人的思考。

4.2.3　近红外光谱大数据分析与应用

随着近红外光谱分析技术的广泛应用和发展，近红外数据类型逐渐从传统数据变成近红外光谱大数据。正是在近红外光谱数据分析技术的支持下，近红外光谱分析已广泛应用于食品、制药、石油化工、生命科学、农业等各个行业。在食品行业，近红外光谱技术用于各种类型食品品质参数的快速或在线分析，以及食品真伪和产地的快速鉴别，如肉品产地和品种的快速鉴定（Ren et al.，2013），鸡蛋种类的鉴别（王彬等，2018）及孵化蛋的受精情况（祝志慧等，2012），食用油真伪和掺杂的鉴别（薛雅琳等，2010），水果内、外部品质和产地的检测及酒类和调味品中理化指标的检测（谢广发等，2011），蜂蜜成分含量、真伪、产地判别（钟艳萍等，2010）等。在烟草行业，近红外光谱模型库越来越丰富，预测准确性也越来越高，在配方设计和质量监控中发挥着重要作用（李瑞丽等，2013）。在农业上，近红外光谱用于农作物果蔬新鲜度识别和农作物生长检测、农药含量的分析、饲料营养价值的快速测定及病虫害诊断等（李小龙等，2013）。近红外光谱还被用来快速测定以禽类粪便为原料的有机肥的总养分含量（黄光群等，2010），不仅可以用于生产过程的控制分析，还可以为合理施肥施药提供帮助。此外，近红外光谱技术不仅能够分析土壤有机成分，还可以分析土壤矿物质成分和预测土壤性质，逐渐成为土壤定位管理和数字土壤信息中海量数据获取的重要技术（李民赞等，2013）。

纵观国内外发展状况，近红外光谱分析技术应用场景逐渐广阔。可以说，近红外光谱技术的广泛应用推动了社会的快速发展。随着近红外光谱技术在各个行业的深入应用，各个行业近红外光谱数据的数据量正在呈几何级数增长，近红外光谱数据逐渐呈现如下几个特征。

1. 数据标准化

为了建立准确和稳定的近红外光谱模型，通常需要准备大量的标准样品，测量它们的近红外光谱和分析目标的参考值。在实际应用中，仪器之间的部件差异或测量条件的差异（Wang et al.，2015），会影响模型的预测性能。即使是同一台仪器，随着关键部件的老化或更换，也会致使模型失效（Yang et al.，2019）。同时，光谱数据类型由单一类型向多类型转变。在大规模生产中，需要多台仪器对多条生产线甚至是不同厂家的数据进行采集。不同生产线、不同仪器、不同类型原料和不同生产节点中间产品光谱的产生，大大丰富了近红外光谱的数据类型（刘言等，2015b），整个建模过程十分费时且花费巨大。近红外检测设备厂商均无法提供定量、定性建模的标准数据，必须搜集全国所有不同类型、不同厂家、不同批次药物的近红外光谱进行分析和建模，不同类型、厂家、批次的样本的近红外光谱汇集到一起，组成超过以往任何类型的近红外光谱数据库。依托网络技术，构建近红外光谱标准数据库，推动我国近红外技术进入全面信息化的大数据时代。

2. 数据分析与挖掘

在数据采集技术迅速发展的同时，数据的集成与挖掘技术也得到发展。通过数据集成，将结构复杂的数据转换为便于处理的数据结构，通过对数据的整理保证数据的质量及可靠性。传统的数据处理分析方法，包括普鲁克分析（褚小立等，2002）、因子分析（王艳斌等，2005）、相关分析、回归分析（Wu et al.，2014）等仍然可以用于大数据分析。但由于大数据本身数据量大、实时性强的特点，传统方法在处理大数据时也存在众多局限性。因此，研发了专门针对大数据的分析方法，如散列法（Alexandr and Piotr，2008）、Trie 树等。同时，出现了处理不同类型的大数据分析方法如对文本进行分析的自然语言处理（NLP）技术（Genevieve and George，2005）和对社交网络进行分析的线性代数法（Dunlavy et al.，2011）等。基于分布式文件系统（Ghemawat et al.，2003）、分布式数据库（Chang et al.，2008）及开源平台的云技术为大数据分析奠定了基础。通过云技术实现了海量数据的分布存储、大数据的高效管理及大数据深度挖掘。

在近红外光谱定量分析过程中，只有利用光谱数据与化学测量值建立稳定的定量模型，才能实现对未知样品待测组分精准的预测。常规分析校正方法主要包括多元线性回归（MLR）（褚小立，2011）、偏最小二乘回归（PLS）和非线性校正支持向量机回归（SVM）（彭彦昆，2016）、独立成分回归（Shao et al.，2009）等。数据分析是大数据处理流程中的核心部分，通过对数据进行分析，可以发现数据的价值。由于分析对象已经从传统近红外光谱数据转变为近红外光谱大数据，分析方法仍然是传统的数据分析方法。这一点严重制约了近红外光谱技术的进一步发展，因为传统分析方法不能充分挖掘大数据中的有效信息。随着应用的深入，出现了一些以大数据分析方法为基础的应用。例如，在农产品领域中，一种基于近红外光谱技术的物联网系统正在逐步形成。以云服务近红外分析平台为基础，使用数据挖掘等分析技术对搜集到的不同产地原料的光谱及不同工厂所产产品的光谱进行分析，得到不同产地原料的特点及不同工厂对生产原料的不同要求。依据分析结果，对原料的购买量进行调整、存储点进行重新布置，不仅保证了工厂对特殊原料的需求，也大大降低了运输和存储原料的成本。该系统的建成对于工业化生产的规模化、标准化管理与成本控制有十分重要的意义。

3. 数据共享

私人数据库建设导致各检测机构重复投入大量人力、物力，数据资源无法共享；大数据存储是指利用云平台，将大量不同类型的光谱数据集合起来搭建共享数据库，对外提供数据访问、分析的功能。随着互联网的深入发展，共享时代已成为社会发展的必然趋势，网络上涌现出一大批共享数据库。世界各地的可见/近红外光谱研究者已经创建了区域到全球的共享光谱库。欧洲建立了具有物理化学和生物特性的表层土壤成分数据库（Padarian et al.，2018）。与此同时，国内的部分检测机构也都开始尝试建立近红外谱图数据库，其中江西出入境检验检疫局检验检疫综合技术中心的“基于物联网的纺织纤维成分快速检测-近红外数据处理中心的建立与示范”项目应该说是一个比较大的突破，但其主要侧重于通过物联网技术协助其他机构进行谱图分析，应用范围受限，无法满足各个实验室自行分析、处理数据的需求。在“互联网+”的新形势下，现有的数据库及数据库的运行模式均无法解决近红外光谱分析研究中的普及应用问题。共享数据库有助于克服近红外光谱图资源少、种类少和开发图谱资源难度大的应用瓶颈问题及无法共享共用的缺陷。幸运的是大数据技术为化学计量学计算研究搭建了高灵活性平台。

张后兵等（2019）搭建了近红外纤维成分共享数据库。共享数据库的架构主要由应用层、系统服务层和云存储层三部分组成，如图 4-25 所示。应用层：由检测机构的用户组成，无论在任何地方，任何一个授权用户通过平台都可以登录到共享数据库平台，并读取云存储数据库平台中的共享数据。系统服务层：共享数据库平台，系统服务层是云存储平台中可以灵活扩展的、直接面向用户的部分。根据用户需求，开发出特定的应用接口，满足各种用户的需求。

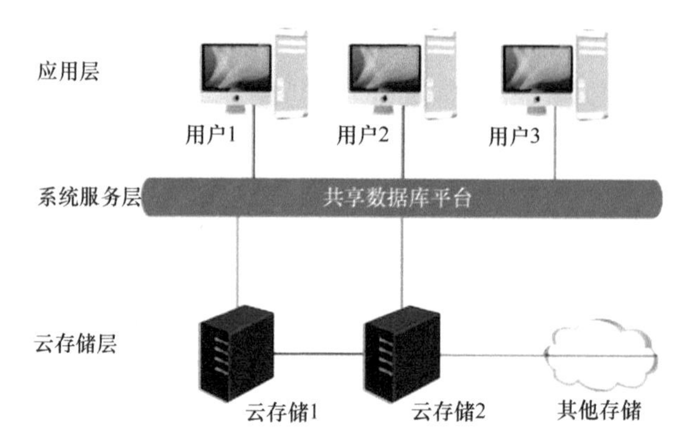

图 4-25　共享数据库的基本架构（张后兵等，2019）

近红外纤维成分无损检测共享谱图数据库主要通过管理系统及 PC 端展示页面，实现的功能包括：用户管理、权限管理、设备管理、类别管理、谱图管理、日志列表、积分管理、在线支付、黑名单管理、检测类型管理、日志管理和数据统计等功能，如图 4-26 所示。通过合理设置积分管理机制，包括注册初始化积分、上传获取积分、下载扣除积分、被下载奖励积分、购买积分等多种途径的积分获取模式，以提升平台用户的活跃度和参与度。

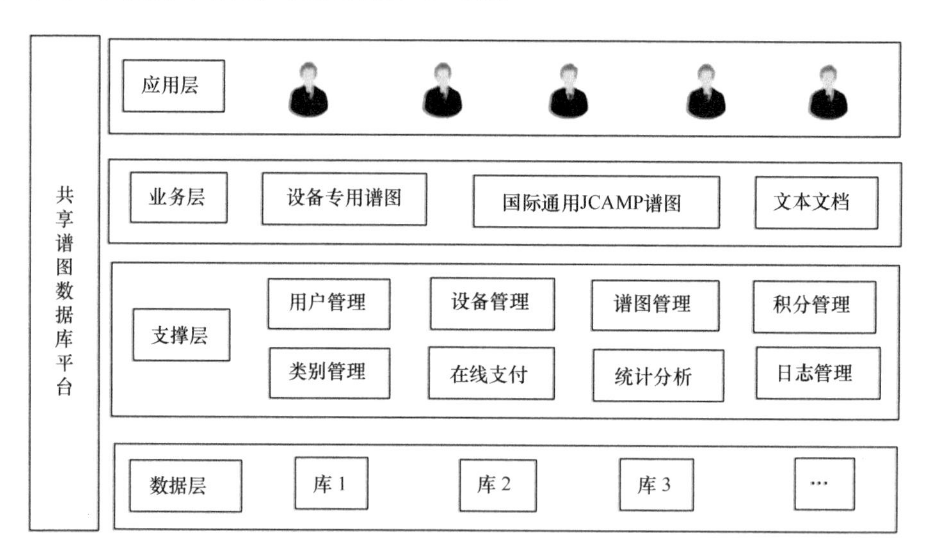

图 4-26　共享数据库功能示意（张后兵等，2019）

①用户管理：仅区分超级管理用户和普通用户。为了谱图安全性及溯源特性，用户除使用常规密码加密之外，另需绑定计算机的 MAC 地址和网络 IP 地址作为联合绑定条件，MAC 地址和 IP 地址获取流程如图 4-27 所示。②权限管理：系统权限分为图谱列表、添加图谱、删除图谱、下载图谱和上传图谱。管理员具备为用户分

配权限、谱图审核功能权利和谱图停用功能。③设备管理：平台对设备进行统一维护，可以实现添加设备、编辑设备、删除设备等。④类别管理：通过对谱图类别的统一管理，便于控制信息录入的差异。⑤谱图管理：主要实现图谱列表、添加谱图、编辑谱图、删除谱图等功能。⑥日志列表：对用户谱图上传、下载、积分等内容进行统计。⑦数据统计可筛选条件：时间段、用户、设备名称、谱图名称、成分类别、组分数等。⑧积分管理：注册初始积分、上传获取积分等多种途径。

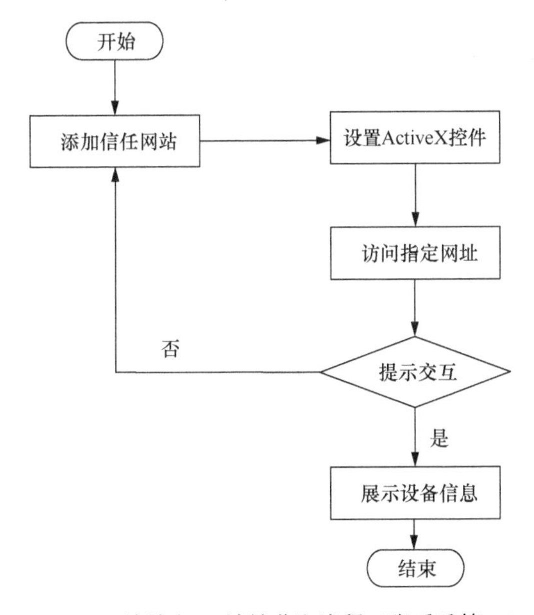

图 4-27　MAC 地址和 IP 地址获取流程（张后兵等，2019）

近红外纤维成分无损检测共享数据库的成功搭建，有效实现了不同近红外检测设备纤维成分谱图数据的综合利用，将有助于突破单一实验室近红外纤维成分谱图资源少、种类少、开发谱图资源难度大的应用瓶颈问题，为近红外纤维成分无损检测的普及应用提供了一种重要的便捷途径。

4.2.4　化学计量学中的大数据难点问题

1. 可视化问题

随着近红外光谱技术在各个领域的深入发展，分析数据的数量级逐渐变大，许多数据分析过程中均出现了“大数据化”的特征，而相应的方法也随着数据量的增大而发展，近红外光谱数据和 NIRS 数据分析方法都变得非常复杂。对于大数据应用分析者而言，最关心的是大数据分析结果的解释与展示，大数据可视化对于数据的分析解释至关重要。相反，可能会使应用者产生困扰甚至误用。因此，为了提升大数据的解释和展示能力，数据可视化技术得到了广泛应用和发展。大数据的可视化问题一直是大数据研究的热点问题（刘言等，2015a）。通过可视化结果分析，抽象的数据能够以图形或图表的形式展现在屏幕上，有利于使用者分析和展示数据结果。在化学计量学领域，最常用的两种多元校准方法——主成分分析（PCA）和偏最小二乘法（PLS）是快速有效的数据挖掘方法。两者均是基于数据间的相关性，将多个指标表示成少数几个主成分或者潜变量下的得分，并通过得分图显示出来。利用得分图可以容易地发现数据内部潜在的规律。因此，需要及时研发能够管理和处理大量近红外光谱大数据的新型分析方法。另外，在处理近红外光谱（NIRS）大数据时，由于不可避免的光谱或化学错误，通常会出现异常值，这将严重影响最终的建模精度。Wang 等（2018）通过将内部时延估计和库克距离测量相结合，提出了内部时延估计-库克方法来检测 NIRS 分析数据中的异常样本。该方法有效提高了样本的光谱和化学异常值检测性能，直观地帮助研究人员表达和解释研究结果。因此需要开发新颖的数据挖掘方法来预处理和分析光谱信息以提取相关分析信息及筛选异常样本，对于解决大数据可视化问题有着很重要的借鉴意义。

2. 安全问题

随着互联网、物联网和云计算等技术的快速发展，全球数据量出现爆炸式增长，人们意识到利用大数据的优势可以为其生活带来巨大的便利；同时也带来了不小的挑战，包括大数据的安全和隐私问题、大数据的采集和管理问题等。大部分数据都是存储在服务器上，一旦服务器崩溃或是受到病毒攻击，用户就无法正常使用，严重时会导致重要资源丢失。如何面对这几个问题的挑战，对大数据未来的发展至关重要。

1）大数据基础设施安全威胁：基础设施包括存储设备、运算设备、一体机和其他基础软件（如虚拟化软件）等。为了支持大数据的应用，需要创建支持大数据云环境的基础设施，如非授权访问、信息泄露或丢失、网络基础设施传输过程中破坏数据完整性、拒绝服务攻击和网络病毒传播等。

2）大数据存储安全威胁：大数据集中的后果是将复杂多样的数据存储在一起，以往的结构化存储系统已经无法满足大数据应用的需要，因此需要采用面向大数据处理的存储系统架构。大数据对存储的需求主要体现在海量数据处理、大规模集群管理、低延迟读写速度和较低的建设成本及运营成本等方面。

3）大数据带来的隐私问题：大数据通常包含机密数据，如数据信息、属性信息、行为信息等。如果大数据应用的各环节不能妥善保护数据安全，极易造成数据隐私泄露。大规模网络主要面临的问题包括安全数据规模巨大、安全事件难以发现、安全的整体状况无法描述和安全态势难以感知等。

4）云安全问题：大数据系统通常将收集的数据集成在云中，这可能是一个潜在的安全威胁。如果存储的数据没有加密，并且没有适当的数据安全性，就会出现安全问题。常见的云安全威胁可分为九大类：数据丢失和泄漏、网络攻击、不安全的接口、恶意的内部行为、云计算服务滥用或误用、管理或审查不足、共享技术存在漏洞、未知的安全风险和法律风险。

5）其他安全威胁：大数据除了在安全基础设施、存储、网络等方面面临上述安全威胁外，还包括：①网络化社会使大数据易成为攻击目标，②大数据滥用风险，③大数据误用风险。

鉴于大数据资源在安全方面的战略价值，除在基础软硬件设施建设、网络攻击监测、防护等方面努力之外，针对国内大数据服务及大数据应用方面还有如下建议。

1）对重要大数据应用或服务进行国家网络安全审查。对于涉及机密近红外光谱的重要大数据应用或服务，应纳入国家网络安全审查的范畴，尽快制定明确的安全评估规范，确保这些大数据平台具备严格可靠的安全保障措施。

2）合理约束敏感和重要部门对社交网络工具的使用。科研单位、企业及重要信息系统单位，应避免、限制使用社交网络工具作为日常办公的通信工具，并做到办公用移动终端和个人移动终端的隔离，以防止重要和机密信息的泄露。

3）敏感和重要部门应谨慎使用第三方云计算服务。云计算服务是大数据的主要载体，越来越多的科研单位、企事业单位将电子政务、企业业务系统建立在第三方云计算平台上，但由于安全意识不够、安全专业技术力量缺乏、安全保障措施不到位，第三方云计算平台自身的安全性往往无法保证。因此，企业及重要信息系统单位，应谨慎使用第三方云服务，避免使用公共云服务。同时国家应尽快出台云服务安全评估检测的相关规范和标准。

4.2.5　近红外光谱云分析系统的基本构成

随着大数据、深度学习算法、互联网和云计算等技术的发展，近红外光谱分析技术在工农业生产、服务业和人们日常生活等方面的应用，将近红外光谱分析技术与云计算技术相结合，可以更好地推动近红外光谱分析技术的发展，进一步提高近红外光谱分析技术在不同领域的发展以满足人们生活、生产的需要。云计算（Liu et al.，2019）是分布式处理、并行处理和网格计算的新发展。将近红外光谱分析系统部署到云计算中心，实现已有 NIR 分析的硬件、软件资源，近红外光谱模型，云计算基础设施平台和 NIR 云计算软件分析系统的共享。使用云计算的另外一个优点是在这一分析过程中用户不必关心处理器的维护与升级，这些将由云计算中心提供服务，可以节省用户的硬件和软件的投入与维护成本。用户根据需求租用相应服务器，支付相应的费用即可。

1. 云计算及其特点

目前，对云计算的定义还没有统一的标准，云计算不是一种单一的技术，而是计算机与网络技术发展相融合的计算方式或服务模式。通过云计算，共享的软硬件资源和信息可以按需提供给用户，具有随时随地、按需、便捷地访问共享资源池的优势。云计算的三大特点：①应用层面。以一种新的计算模式，将现有的不同软硬件资源组合成虚拟化的资源池。②服务层面。用户可以跨越地域的限制，随时随地通过网络获取各类资源。③技术层面。云计算是一种新的软硬件基础架构，通过计算资源的中心化处理，进行海量数据处理与存储，通过网络为用户提供服务。云计算架构通常可以分为 3 个层次：基础设施类即服务层（infrastructure as a service，IaaS）、平台即服务层（platform as a service，PaaS）、软件即服务层（software as a service，SaaS）。云计算的结构如图 4-28 所示。

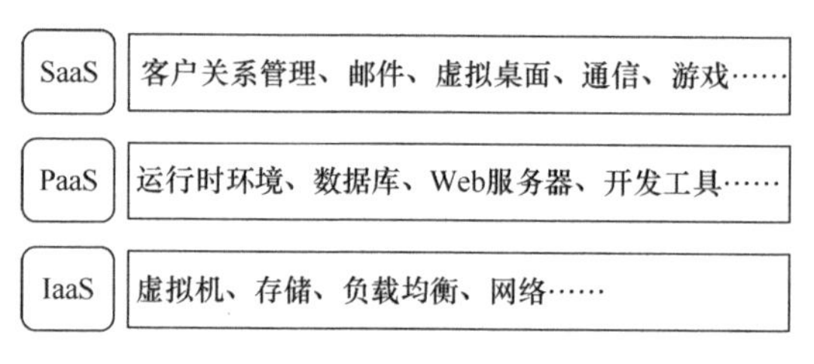

图 4-28　云计算结构

基础设施类即服务层：主要是指数据中心按需为用户提供的计算能力和存储能力等基础设施服务，主要包括计算服务器、虚拟网络、环境监控设备、通信设备和存储资源等。平台即服务层：主要是指软件研发的平台，是整个云计算系统的核心层，通过互联网为用户提供一整套开发、运行和运营应用软件的支持平台。主要包括并行程序设计、开发环境、结构化海量数据的分布式存储管理系统和海量数据分布式文件系统及实现云计算的其他系统管理工具。软件即服务层：通过网络为用户提供简单的软件应用服务及用户交互接口等，用户可以根据实际需求，通过登录浏览器来远程获取应用软件服务，以降低投资硬件、软件和开发团队的费用。

2. 近红外光谱云服务系统

在传统的近红外光谱分析中建立光谱分析模型难度大，主要是因为不同研究者或科研单位相互独立，对于同一样品进行近红外光谱分析时都需要重复进行相同的化学浓度测试实验，没有实现共享已有的光谱分析模型，造成硬件和软件重复建设、投入成本高、仪器设备利用率低、项目研发周期长。传统近红外光谱分析系统的完整流程如图 4-29 所示。近红外光谱云分析系统的核心思想是：以云计算为平台，构建一个公共的、开放的近红外光谱分析系统，在网络上实现平台共用和资源共享。在云计算中心构建一个高性能的分布式服务器，然后在服务器上开发近红外光谱的预处理算法、定量分析算法及定性分析算法等，并存储已有的光谱模型。任何人在任何地方、任何时候都可以通过网页的方式访问该系统，利用已有的光谱分析模型，用户只需上传样品的光谱数据，就能返回用户想要的分析结果，实现光谱模型和近红外分析系统在硬件和软件上的资源共享。避免近红外光谱分析硬件和软件上的重复建设，从而节省近红外光谱分析技术成本，缩短近红外光谱分析的研发周期，有利于推动近红外光谱分析技术的应用。

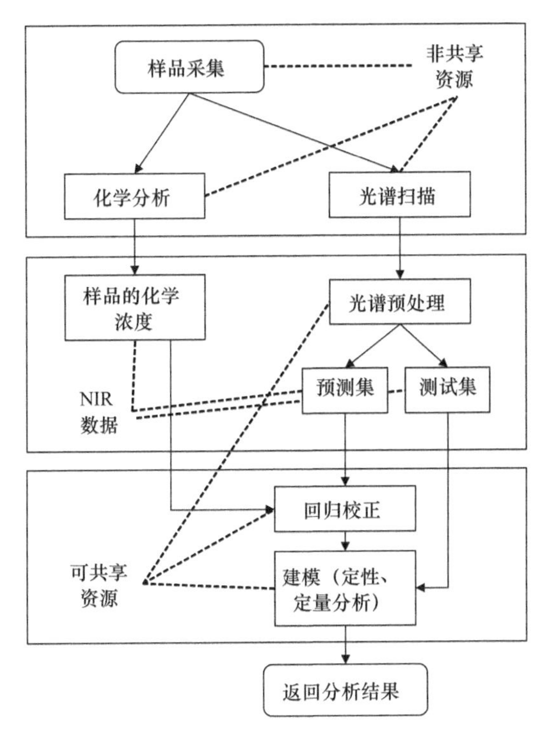

图 4-29　NIR 与云计算完整分析流程图（黄华等，2014）

（1）云服务

云服务是基于互联网的相关服务的增加、使用、交互模式，通常涉及通过互联网来提供动态易扩展且经常是虚拟化的资源。云服务是指通过网络以按需、易扩展的方式获得所需服务。这种服务可以是 IT 和软件、互联网相关，也可以是其他服务。这意味着计算能力也可作为一种商品通过互联网进行流通。云计算模式分为公共云、私有云和混合云 3 类，见图 4-30。

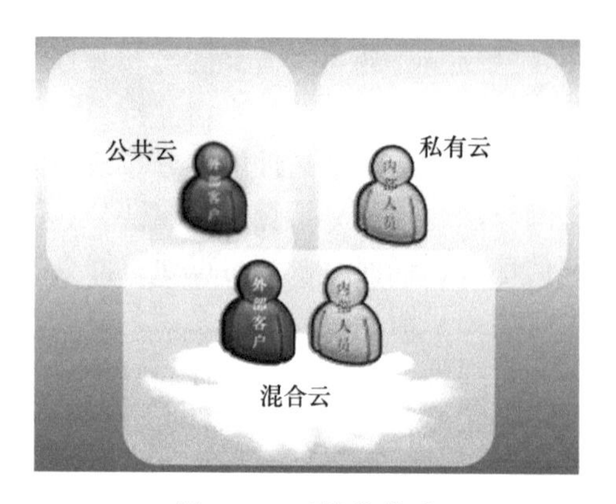

图 4-30　云计算模式

公共云（public cloud）：由服务供应商创造各类计算资源，用户以免费或按量付费的方式通过网络获取资源，其运营与维护完全由云提供商负责。私有云（private cloud）：私人或企业单独构建云计算系统，并可以在基础设施上部署应用程序。混合云（hybrid cloud）：出于信息安全方面的考虑，有些信息无法放置在公共云上，又希望使用公共云提供的计算资源，则可以使用混合云模式。目前，国外的云计算服务提供商主要有 Amazon、Google、Microsoft、Salesforce 和 VMware 等；国内主要有阿里云、腾讯云和华为云等。

云计算服务提供商主要为企业和个人用户提供计算和存储资源及为应用开发者提供开发平台。云计算主机由云计算服务提供商维护和升级。终端用户仅需要通过有线或无线的方式接入因特网，就能实现远程分析，节省了终端设备的成本。近红外光谱云分析系统是将完成近红外光谱分析的主机搬移到云计算中心，与传统的近红外光谱分析系统相比，用户不需要构建主机所需要的硬件和软件等成本费用，只需要按计算量来付费或租用主机。洪胜杰等（2017）开发出了基于 Android 手机的移动近红外木材鉴别云服务系统。近红外珍稀木材云检测系统开发主要分为三大部分：①用 Java 语言程序构建 4 类珍稀木材的检测模型；②云检测服务器端的开发和检测模型的云端部署；③Android 应用程序的开发。系统架构如图 4-31 所示。

为了提高近红外珍稀木材检测设备的便携性，建立了基于 Android 手机的移动近红外木材鉴别云服务系统的设计方案。设计了设备到手机、到云服务器的三层架构。该系统实现了 Android 手机程序和近红外云服务检测 JavaWeb 服务器端的交互，可用于实地的珍稀木材红木检测，把近红外的检测工具变得更加轻便便携，操作更加简单，手持化程度更高，解决了 Android 手机在近红外光谱数据方面计算能力弱、耗时久的问题，该系统为近红外光谱检测模型的建立、云端部署与 Android 应用程序的开发提供参考。

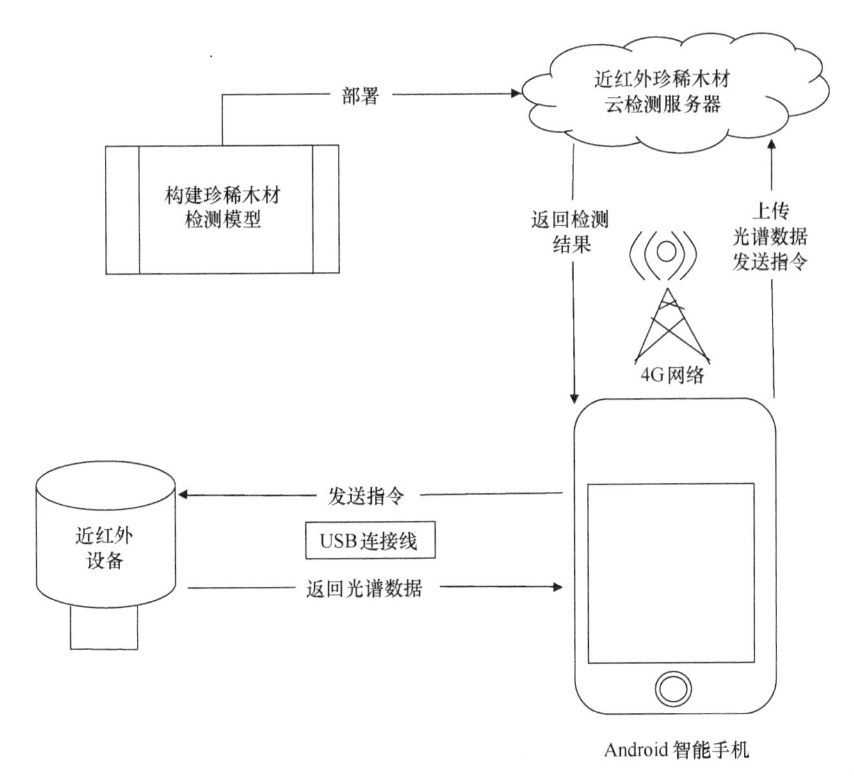

图 4-31　系统框架图（洪胜杰等，2017）

（2）近红外光谱云服务系统架构

黄华等（2014）以云计算为中心，构建了一个公共的、开放的近红外光谱云分析系统，如图 4-32 所示。该系统可以实现近红外光谱数据的预处理、定量分析、定性分析及光谱模型查找和光谱模型转移等功能。并具有以下优势：①易于光谱建模。通过近红外光谱云分析系统的模型查找功能，获得相关光谱模型。②按需配置，硬件扩容方便。③接入方便。用户可以通过网页访问云服务器，使用近红外光谱云分析系统，可以实现远程在线操作。④易于资源共享。用户可以通过远程桌面使用近红外光谱云计算系统，实现硬件基础设备和软件算法上的共享。

在 NIR 云分析系统中，整个系统由云计算中心和用户端两部分构成。云计算中心分成 3 层：基础设施层、光谱算法层、光谱模型层。在基础设施层中，根据系统对处理器运算能力和存储容量的需求，在云计算中心租用相应的服务器和存储器等，以提供光谱处理所需要的基础设施。在光谱算法层中，采用自下而上的设计思路，将底层处理模块与顶层控制模块分开设计。在底层模块算法中，底层模块完成各种算法处理，一个模块实现一个算法，主要包括中值滤波、基线校

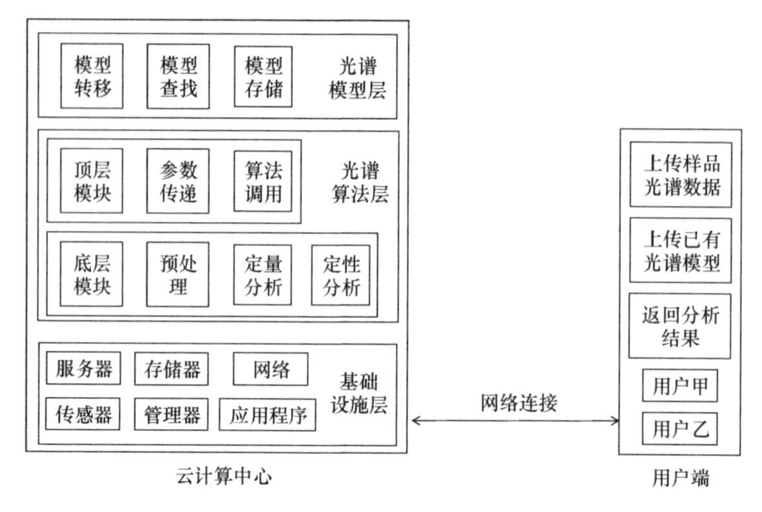

图 4-32　NIR 云分析系统架构

正、正交信号校正（OSC）及小波去噪等光谱预处理算法；主成分回归（PCR）、偏最小二乘回归（PLS）、人工神经网（ANN）、支持向量机（SVM）等光谱定量、定性分析算法；在控制模块中实现各个底层模块的调用和参数传递。在光谱模型层中，实现对已有光谱模型的查找、新光谱模型的存储及光谱模型的转换。

远程用户端通过有线或无线的网络连接登录近红外光谱云分析系统，远程用户只需要上传样品的 NIR 光谱数据，然后在近红外光谱云分析系统中选择相应的功能模块，调用合适的定量或定性分析模型，即可实现近红外光谱的远程分析并返回分析结果至用户端。用户也可以上传新的光谱模型，让其他的研究者共享，进而丰富、扩展近红外光谱云分析系统。

近红外光谱云分析系统实现步骤如图 4-33 所示。从图中可以看出，实现基于云计算的近红外光谱分析系统需要 6 个步骤：①对构建的系统进行需求分析。②云服务器上安装 MATLAB 应用程序和 Web 开发软件包（SDK）。③安装云服务器主机需要的相关软件，建立一个完整的 NIR 主机。④基于 MATLAB 开发工具编写近红外光谱预处理，定量、定性分析的各种算法子程序。⑤在云服务器上部署近红外光谱云分析系统。⑥用户通过网页访问云服务器主机和近红外光谱分析系统。

近红外光谱云分析系统主要功能如图 4-34 所示。近红外光谱云计算分析系统主要功能包括光谱文件的输入、存储和输出；各种光谱的预处理算法，如标准正态变换、多元散射校正、平滑去噪及正交信号校正等；光谱定量、定性分析算法如主成分回归、支持向量机回归、多元线性回归、偏最小二乘回归和人工神经网络等；定性、定量分析模型的导入、查找与转移及对未知样品浓度的预测。

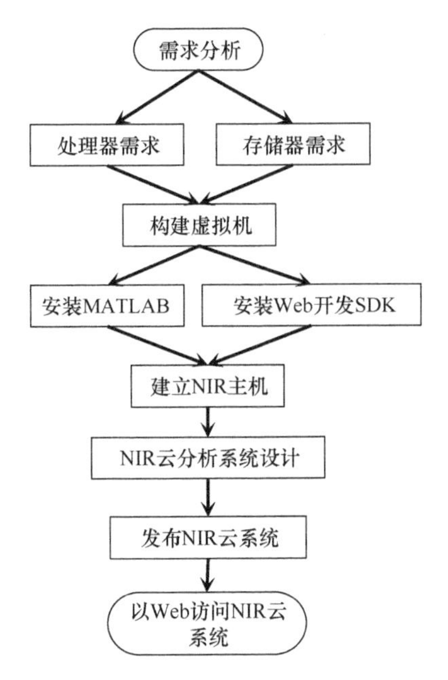

图 4-33　近红外光谱分析的云计算实现步骤

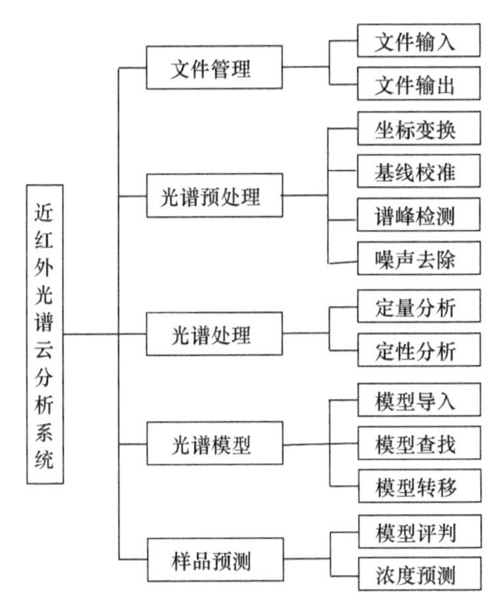

图 4-34　近红外光谱云计算分析系统功能框图（黄华等，2014）

在云服务器上开发了近红外光谱分析系统，系统的主要功能包括光谱文件的输入、输出，各种光谱的预处理算法，光谱定量、定性分析算法，光谱模型的导入、查找与转移及对未知样品浓度的预测。不同的研究者或不同的研究单位都可以通过网页访问和使用该系统，从而使得近红外光谱的建模工作简单、节省了硬件和软件成本、缩短了项目研究周期、实现了远程分析和资源共享。

4.2.6 云计算的应用

1. 云计算与大数据

大数据的应用将使分析结果更准确、更精细。农产品充分利用光谱分析技术进行分析检测，将优化农业生产过程，改良农业产品品质，应用前景更为广阔。一方面，云计算为大数据提供了技术支撑。云计算的核心技术主要包括计算机集群、分布式存储、分布式计算等。通过使用 Hadoop 和 Spark 框架搭建云计算平台，实现了预测模型的建立。另一方面，大数据是云计算的重要应用。随着农业领域光谱数据量的日益增加，相比于传统数据挖掘方式，云计算在光谱数据挖掘中的应用体现出更明显的优势。窦刚等（2016）基于近红外光谱开发了快速的木材树种分类识别系统，有望建成大数据平台，应用于海关植检等部门。农业大数据的发展及应用使得农产品所具有的信息更加充分地表达出来，同时大数据技术的发展，实现了数据从“静态”到“动态”的转变，最后数据分析和处理输出技术更加智能化。

2. 云计算与物联网

首先，物联网是大数据的重要来源，云计算为大数据提供了技术支撑。万物互联之后，物联网上会产生更多的大数据。其次，物联网需要云计算为其提供技术支撑。无论是物联网本身的业务服务，还是其生成的大数据，都需要云计算为其提供计算资源和计算能力。最后，云计算需要依靠物联网和大数据这样的“杀手”级应用驱动其自身的发展。廖胜和任重（2017）开发了农产品品质监管系统，不仅可以满足消费者了解果蔬的品质和溯源需求，还能借助服务平台实现对果蔬生产销售等环节的有效监督和管理。近红外光谱技术的果蔬品质和溯源检测系统如图 4-35 所示。

首先利用光源发射的连续光束照射被测果蔬，利用光谱仪对果蔬光谱数据进行采集，然后通过计算机或手机传输到互联网用户终端设备上，并利用部署在云计算中心的模型完成光谱数据的对比、分类识别，实现了果蔬检测数据发布、信息共享、监管和果蔬光谱数据库的完备等操作。

Guillermo 等（2020）开发了一种基于近红外光谱（NIRS）技术高效分析奶牛场饲料营养价值的便携式仪器系统。该系统硬件包含一个高性能的光谱仪，首先光源正对样本照射，然后被送到衍射光栅分成不同的波长，聚焦镜收集衍射辐射，并将其发送到数字反射镜阵列（DMD），只有期望的波长被检测器反射，用于控制移动样品架、DC-DC 转换器，用于将 3.7V 的电池电压转换为 5V，为伺服

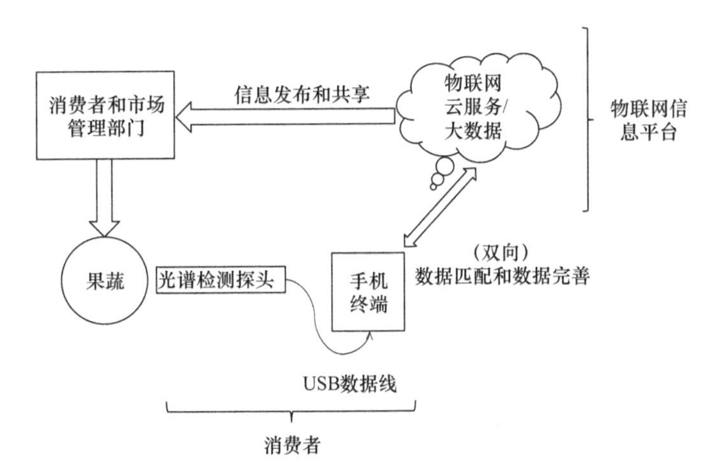

图 4-35　基于近红外光谱和物联网技术的果蔬品质和溯源检测系统（Guillermo et al.，2020）

电机供电。3.7V，1800mAh 锂聚合物电池，被用于为系统供电。控制器、微控制器板（ESP32）、伺服电机（MG90S）用于驱动饲料运动。测量系统的总体方案如图 4-36 所示。

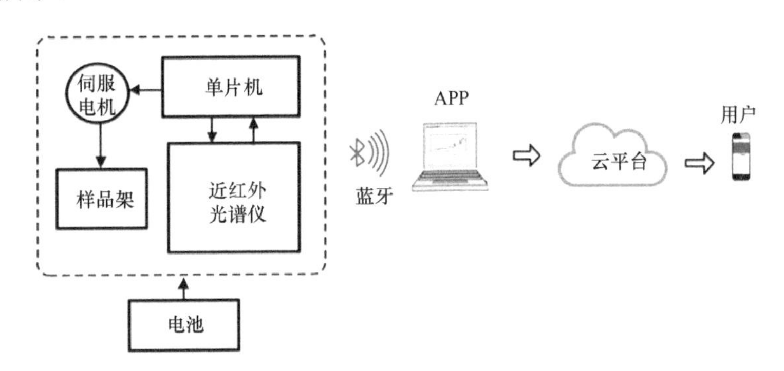

图 4-36　测量系统的总体方案

单片机分别与近红外光谱仪和伺服电机相连接，负责控制伺服电机转动样品架。为确保数据均匀，驱动样品架旋转，分光计进行多次测量以求平均值。数据通过蓝牙发送至嵌入在光谱仪的移动应用程序中，再通过计算机发送到云平台，最后用户可通过互联网进行访问。由于物联网、云计算和机器学习算法的快速发展，伴随分布式存储、计算的应用，避免了存储、计算能力的限制。一旦在云中部署一个或多个模型，实时应用就可以得以实现。

3. 云计算与人工智能

云计算是一种按使用量付费的模式，这种模式提供可用的、便捷的和按需的网络访问，进入可配置的计算机资源共享池，这些资源能够被快速提供，只需投入很少的管理工作，或与服务供应商进行很少的交互。人工智能是大数据和云计算的一个应用场景。传统的机器人只会代替我们做一些已经输入好的指令工作，而人工智能则包括了机器学习。机器人从被动接受指令开始主动地进行学习，从模式化实行指令到自主判断，根据不同情况就会实行不同的指令。未来人工智能必将取代传统机器人，甚至它的发展会导致更多基层员工失业，如工厂一线员工、银行职员、司机等。总之，一方面，云计算为人工智能提供了技术平台和技术支撑。在深度学习的样本训练阶段，样本数据可达到大数据的量级，这时需要云计算的存储和计算能力。另一方面，人工智能的推广和普及也加大了云计算的需求，对云计算提出了新的要求，从而进一步促进了云计算技术的发展。云计算与人工智能的关系如图 4-37 所示。

图 4-37　云计算与人工智能关系图

4. 云计算与实时监控

随着云计算技术的发展，农业与云计算的有机结合是农业发展的必然趋势，云计算对农业的发展起到至关重要的作用。近红外网络化是指利用互联网、服务器或其他方式将多台近红外分析设备连接为一个整体的质量分析系统（隋莉等，2017)，利用该系统能够实现对光谱信息的实时分析和模型优化。大力发展在线检测系统和大数据平台，实现实时数据对比，能够及时将采集到的光谱信息进行归类，建立精准的数学模型（陈锋平，2019)。客户终端产生的数据可以实时传递至服务器，管理人员可以调取、查看产生的数据和光谱并进行统计分析，实现近红外光谱预测结果的实时监控，为精细化管理提供数据基础。应用大数据平台构建更为全面、科学、合理、系统的光谱检测仪器的标准体系，实时监测产品品质变化，保证产品质量稳定，才能将光谱分析技术的特点发挥到极致。随着近红外预测结果的准确性和一致性的提高可以进一步增大数据库样本从而更好地实现大数据的价值，为各部门搭建一个信息共享平台。

5. 云计算与虚拟现实

随着网络技术的发展，终端接入网络的速率大幅上升，借助云端强大的处理能力和数据服务，在提升用户体验的前提下设法降低终端成本，已经成为虚拟现实技术走向实用化的一条必经之路。

虚拟现实云化后，借助云计算技术，在云端可以提供强大的逻辑计算能力、图像处理能力和数据处理能力，同时云端最新 GPU 强大的渲染能力和人工智能的分析能力，也可以弥补终端处理能力的不足，为用户提供更为真实的沉浸感。

4.2.7　近红外光谱大数据与云计算的发展及其应用前景

近红外光谱分析技术应用至今，推动了工农业生产、服务业和人们日常生活等方面的发展。伴随物联网、云计算、大数据等技术的兴起，发挥近红外光谱分析与其结合的优势，在未来一段时期内，近红外光谱技术将会得到飞速发展，近红外光谱技术有望成为与时代特征（如大数据、云计算和物联网等）最相关的一项分析技术。面对近红外光谱分析技术广阔的应用前景，以下几方面是未来值得关注的研究方向。

（1）构建基于分布式架构的共享数据库的大数据云平台。其主要目的是突破单一实验室资源少、种类少、光谱资源获取难度大的瓶颈问题；同时，节省了大量的人力、物力和财力等，为近红外无损检测的普及应用提供了高效、便捷的途径，充分提高了近红外光谱数据的利用性。

（2）构建基于云平台的近红外光谱自动化（智能）建模系统。基于云计算平台部署传统的近红外光谱定量、定性分析建模方法，开发分布式的化学计量学服务系统，结合建模经验及共享网络软、硬件资源优势，实现近红外光谱分析自动化建模，近红外光谱分析技术的普通用户和高级用户均可享受到云计算的便利性、实用性和网络资源、网络平台，可为模型开发和维护提供远程服务。

（3）满足不同应用场景的 APP、微信小程序、公众号等“互联网+”应用的设计与开发。其主要功能和目的是针对不同应用场景或职能部门，利用云服务平台进行在线统计分析计算，并对结果进行可视化展示。实现有效信息的深度挖掘、发挥云计算+物联网的便捷性。

（4）将近红外光谱与云计算结合技术应用于农产品产地溯源和鉴别，通过建立溯源系统实现农产品产地判别和追溯。其目的是保证农产品的真实性，为地理标志产品、地区特征性产品产地真伪鉴别提供关键技术。通过对农产品信息进行统一编码，实现自动关联企业信息、生产记录、产品信息、消费反馈等数据，最终实现溯源模型系统建立。云计算技术应用是时代发展的潮流，随着产地溯源技术不断发展和溯源范围的不断扩大，在此过程中会产生大量的数据，将这些溯源数据汇总构建产地溯源云平台是未来溯源技术的发展方向之一，搭建云平台有利于已有溯源资源的共享与应用。对农产品产地溯源能够实现对农业用地实际情况的评价，最终为制定农业产业发展政策和监管部门推行农产品品牌认证提供科学依据。

参 考 文 献

陈锋平. 2019. 农产品光谱分析检测技术的探索. 福建农机, 3: 34-38.
陈晖. 2019. 基于时间分辨荧光技术的食用植物油质量安全检测方法的研究. 江苏大学博士学位论文.
陈奕云, 赵瑞瑛, 齐天赐, 等. 2017. 结合光谱变换和Kennard-Stone算法的水稻土全氮光谱估算模型校正集构建策略研究. 光谱学与光谱分析, 37(7): 2133-2139.
程武. 2019. 樱桃番茄内部品质近红外光谱检测方法研究及便携式装置研发. 江苏大学硕士学位论文.
程玉虎, 冀杰, 王雪松. 2012. 基于 Help-Training 的半监督支持向量回归. 控制与决策, 27(2): 205-210.
褚小立. 2011. 化学计量学方法与分子光谱分析技术. 北京: 化学工业出版社.
褚小立, 袁洪福, 陆婉珍. 2002. 普鲁克分析用于近红外光谱仪的分析模型传递. 分析化学, 30(1): 114-119.
窦刚, 陈广胜, 赵鹏. 2016. 基于近红外光谱反射率特征的木材树种分类识别系统的研究与实现. 光谱学与光谱分析, 36(8): 2425-2429.
杜敏, 巩颖, 林兆洲, 等. 2013. 样品表面近红外光谱结合多类支持向量机快速鉴别枸杞子产地. 光谱学与光谱分析, 32(5): 1211-1214.
樊凤杰, 轩凤来, 白洋, 等. 2020. 基于三维荧光光谱特征的中药药性模式识别研究. 光谱学与光谱分析, 40(6): 1763-1768.
郭文川, 董金磊. 2015. 高光谱成像结合人工神经网络无损检测桃的硬度. 光学精密工程, 23(6): 1530-1537.
洪胜杰, 顾玉琦, 寿国忠. 2017. 移动近红外珍稀木材鉴别云服务系统的设计与实现. 计算机应用与软件, 34(1): 214-217+221.
黄光群, 王晓燕, 韩鲁佳. 2010. 基于支持向量机的有机肥总养分含量 NIRS 分析. 农业机械学报, 41(2): 93-98.
黄华, 祝诗平, 刘碧贞. 2014. 近红外光谱云计算分析系统构架与实现. 农业机械学报, 45(8): 294-297.
吉纳玉, 李明, 吕文博, 等. 2017. 基于Slope/Bias算法的相近种类水果模型传递研究. 光谱学与光谱分析, 37(1): 227-231.
贾敏, 欧中华. 2018. 高光谱成像技术在果蔬品质检测中的应用. 激光生物学报, 27(2): 119-126.
竞霞, 白宗璠, 高媛, 等. 2019. 利用随机森林法协同 SIF 和反射率光谱监测小麦条锈病. 农业工程学报, 35(13): 154-161.
李华, 王菊香, 邢志娜, 等. 2011. 改进的 K/S 算法对近红外光谱模型传递影响的研究. 光谱学与光谱分析, 31(2): 362-365.
李民赞, 郑立华, 安晓飞, 等. 2013. 土壤成分与特性参数光谱快速检测方法及传感技术. 农业机械学报, 44(3): 73-87.
李庆波, 张广军, 徐可欣, 等. 2007. DS 算法在近红外光谱多元校正模型传递中的应用. 光谱学与光谱分析, (5): 873-876.
李瑞丽, 张保林, 王建民. 2013. 近红外光谱检测技术在烟草分析中的应用及发展趋势. 河南农业科学, 42(6): 1-6.
李小龙, 马占鸿, 赵龙莲, 等. 2013. 基于近红外光谱技术的小麦条锈病和叶锈病的早期诊断. 光谱学与光谱分析, 33(10): 2667-2665.
李小昱, 钟雄斌, 刘善梅, 等. 2014. 不同品种猪肉 pH 值高光谱检测的模型传递修正算法. 农业机械学报, 45(9): 216-222.
李勋兰, 易时来, 何绍兰, 等. 2015. 高光谱成像技术的柚类品种鉴别研究. 光谱学与光谱分析, 35(9): 2639-2643.
廖胜, 任重. 2017. 基于物联网框架下的近红外果蔬品质检测及溯源系统研究. 智能处理与应用, 7(12): 56-58.
林喜娜, 王相友, 丁莹. 2010. 双孢蘑菇远红外干燥神经网络预测模型建立. 农业机械学报, 41(5): 110-114.
刘言, 蔡文生, 邵学广. 2015a. 大数据与化学数据挖掘. 科学通报, 60(8): 694-703.
刘言, 蔡文生, 邵学广. 2015b. 近红外光谱分析方法研究: 从传统数据到大数据. 科学通报, 60(8): 704-713.
罗龙强, 姚辛励, 何赛灵. 2020. 可见-近红外多光谱数据对水稻种子成活率的判定. 光谱学与光谱分析, 40(1): 221-226.
倪超, 李振业, 张雄, 等. 2019. 基于短波近红外高光谱和深度学习的籽棉地膜分选算法. 农业机械学报, 50(12): 170-179.
潘建超, 薛东升, 刘少勇. 2011. 近红外漫反射光谱法快速测定黄芩药材中黄芩苷和汉黄芩含量. 中国医药指南, 9(34): 54-56.
彭彦昆. 2016. 农畜产品品质安全光学无损快速检测技术. 北京: 科学出版社.
苏文华, 汤海青, 欧昌荣, 等. 2020. 前表面荧光光谱法鉴别不同冷藏时间的大黄鱼鲜度. 核农学报, 34(2): 339-347.
隋莉, 郭团结, 杨红伟, 等. 2017. 饲料企业近红外规模化应用关键控制点. 饲料加工与检测技术, 53(11): 108-113.
唐金亚, 黄敏, 朱启兵. 2015. 基于主动学习的玉米种子纯度检测模型更新. 光谱学与光谱分析, 35(8): 2136-2140.
王彬, 王巧华, 肖壮, 等. 2018. 基于可见-近红外光谱及增强回归树算法的鸡蛋种类鉴别. 华中农业大学学报, 37(1): 95-100.
王世芳, 韩平, 崔广禄, 等. 2019. SPXY 算法的西瓜可溶性固形物近红外光谱检测. 光谱学与光谱分析, 39(3): 738-742.
王艳斌, 袁洪福, 陆婉珍. 2005. 一种基于目标因子分析的模型传递方法. 光谱学与光谱分析, 25(3): 398-401.
翁海勇, 何城城, 许金钗, 等. 2020. 叶绿素荧光成像技术下的柑橘黄龙病快速诊断. 农业工程学报, 36(12): 196-203.
吴建虎, 李桂峰, 彭彦昆, 等. 2020. 可见–近红外反射光谱检测小米糊化特性. 光谱学与光谱分析, 40(10): 3247-3253.
谢广发, 徐榕, 樊阿萍, 等. 2011. 近红外光谱技术在黄酒理化指标快速检测中的应用. 中国酿造, (11): 182-185.

谢丽娟, 应义斌. 2012. 转基因番茄鉴别模型维护方法. 江苏大学学报(自然科学版), 33(5): 538-542.

徐云绯. 2020. 基于近红外光谱及模型传递的苹果可溶性固形物含量检测. 安徽大学硕士学位论文.

薛雅琳, 王雪莲, 张蕊, 等. 2010. 食用植物油掺伪鉴别快速检验方法研究. 中国粮油学报, 25(10): 116-118.

叶宪曾, 张新祥. 2007. 仪器分析教程. 北京: 北京大学出版社.

张后兵, 涂红雨, 陈丽华, 等. 2019. 近红外纤维成分无损检测共享数据库的构建及实现. 现代纺织技术, 27(1): 51-55.

张彦君, 蔡莲婷, 丁玫, 等. 2010. 近红外技术在聚丙烯物性测试中的应用研究. 当代化工, 39(1): 93-97.

张义志, 王瑞, 张伟峰, 等. 2020. 高光谱技术检测农产品成熟度研究进展. 湖北农业科学, 59(12): 5-8.

钟艳萍, 钟振声, 陈兰珍, 等. 2010. 近红外光谱技术定性鉴别蜂蜜品种及真伪的研究. 现代食品科技, 26(11): 1280-1282.

祝志慧, 王巧华, 王树才, 等. 2012. 基于近红外光谱的孵前种蛋检测. 光谱学与光谱分析, 32(4): 962-965.

Alamar M C, Bobelyn E, Lammertyn J, et al. 2007. Calibration transfer between NIR diode array and FT-NIR spectrophotometers for measuring the soluble solids contents of apple. Postharvest Biology and Technology, 45(1): 38-45.

Alexandr A, Piotr I. 2008. Near-optimal hashing algorithms for approximate nearest neighbor in high dimensions. Communications of the ACM, 51(1): 117-122.

Bai Y, Xiong Y, Huang J, et al. 2019. Accurate prediction of soluble solid content of apples from multiple geographical regions by combining deep learning with spectral fingerprint features. Postharvest Biology and Technology, 156: 110943.

Bonah E, Huang X, Yi R, et al. 2020. Vis-NIR hyperspectral imaging for the classification of bacterial foodborne pathogens based on pixel-wise analysis and a novel CARS-PSO-SVM model. Infrared Physics and Technology, 3(105): 1350-4495.

Chang F, Dean J, Chemawat S, et al. 2008. Bigtable: A distributed storage system for structured data. ACM Transactions on Computer Systems, 26(2): 1-26.

Chao N, Wang D, Tao Y. 2019. Variable weighted convolutional neural network for the nitrogen content quantization of Masson pine seedling leaves with near-infrared spectroscopy. Spectrochimica Acta Part A: Molecular and Biomolecular Spectroscopy, 2(15): 32-39.

Che W, Sun L, Zhang Q, et al. 2018. Pixel based bruise region extraction of apple using Vis-NIR hyperspectral imaging. Computers and Electronics in Agriculture, 3(146): 12-21.

Chen H, Geng D, Chen T, et al. 2018. Second-derivative laser-induced fluorescence spectroscopy combined with chemometrics for authentication of the adulteration of camellia oil. Cyta-Journal of Food, 16(1): 747-754.

Chen Y, Wang Z. 2018. Quantitative analysis modeling of infrared spectroscopy based on ensemble convolutional neural networks. Chemometrics and Intelligent Laboratory Systems, 10(15): 1-10.

Chu X, Wang W, Ni X, et al. 2020. Classifying maize kernels naturally infected by fungi using near-infrared hyperspectral imaging. Infrared Physics and Technology, 3(105): 1350-4495.

Dong X, Dong J, Li Y, et al. 2019. Maintaining the predictive abilities of egg freshness models on new variety based on vis-nir spectroscopy technique. Computers and Electronics in Agriculture,

156: 669-676.
Dunlavy D M, Kolda T G, Acar E. 2011. Temporal link prediction using matrix and tensor factorization. ACM Transactions on Knowledge Discovery from Data, 5(2): 1-27.
Fan S, Li J, Xia Y, et al. 2019. Long-term evaluation of soluble solids content of apples with biological variability by using near-infrared spectroscopy and calibration transfer method. Postharvest Biology and Technology, 151: 79-87.
Farrell J A, Higgins K, Kalivas J H. 2012. Updating a near-infrared multivariate calibration model formed with lab-prepared pharmaceutical tablet types to new tablet types in full production. Journal of Pharmaceutical and Biomedical Analysis, 61: 114-121.
Feudale R N, Woody N A, Tan H, et al. 2002. Transfer of multi-variate calibration models: A review. Chemometrics and Intelligent Laboratory Systems, 64(2): 181-192.
Forina M, Drava G, Armanino C, et al. 1995. Transfer of calibration function in near-infrared spectroscopy. Chemometrics and Intelligent Laboratory Systems, 27(2): 189-203.
Galvão R K H, Araujo M C U, Jos G E, et al. 2005. A method for calibration and validation subset partitioning. Talanta, 67(4): 736-740.
Genevieve B M. George H. 2005. Automated detection of adverse events using natural language processing of discharge summaries. Journal of the American Medical Informatics Association, 12: 448-457.
Ghemawat S, Gobioff H, Leung S T. 2003. The google file system. ACM SIGOPS Operating Systems Review, 37(5): 29-43.
Guillermo R, Francisc F, Marta V, et al. 2020. A portable IoT NIR spectroscopic system to analyze the quality of dairy farm forage. Computers and Electronics in Agriculture, 175: 105578.
Guo D, Zhu Q, Huang M, et al. 2017. Model updating for the classification of different varieties of maize seeds from different years by hyperspectral imaging coupled with a pre-labeling method. Computers and Electronics in Agriculture, 142: 1-8.
Huang M, Tang J Y, Yang B, et al. 2016. Classification of maize seeds of different years based on hyperspectral imaging and model updating. Computers and Electronics in Agriculture, 122: 139-145.
Jacobs A. 2009. The pathologies of big data. Communications of the Acm, 52(8): 36-44.
Liu L, Ngadi M O, Prasher S O, et al. 2010. Categorization of pork quality using Gabor filter-based hyperspectral imaging technology. Journal of Food Engineering, 8(99): 284-293.
Liu S, Guo L, Ya X, et al. 2019. Internet of things monitoring system of modern eco-agriculture based on cloud computing. IEEE Access, 7: 37050-37058.
Liu Z, Jiang J, Qiao X, et al. 2020. Using convolution neural network and hyperspectral image to identify moldy peanut kernels. LWT- Food Science and Technology, 132: 109815.
Luiz G, Marco A B. 2017. Pharmaceutical applications using NIR Technology in the cloud. Society of Photo-Optical Instrumentation Engineers (SPIE) Conference Series. doi: 10.1117/12.2264239.
Luo X, Li H, Wang H, et al. 2019. Vision-based detection and visualization of dynamic workspaces. Automation in Construction, 8(104): 1-13.
Macho S, Rius A, Callao M P, et al. 2001. Monitoring ethylene content in heterophasic copolymers by near-infrared spectroscopy: Standardisation of the calibration model. Analytica Chimica Acta, 445(2): 213-220.
Mahesh S, Manickavasagan A, Jayas D S, et al. 2008. Feasibility of near-infrared hyperspectral imaging to differentiate Canadian wheat classes. Biosystems Engineering, 9(101): 50-57.
Melton C B, Hripcsak G. 2005. Automated detection of adverse events using natural language processing of discharge summaries. Journal of the American Medical Informatics Association,

12(4): 448-457.

Osborne B G, Fearn T. 1983. Collaborative evaluation of universal calibrations for the measurement of protein and moisture in flour by near infrared reflectance. International Journal of Food Science and Technology, 18(4): 453-460.

Ozdemir D, Mosley M, Williams R. 1998. Hybrid calibration models an alternative to calibration transfer. Applied Spectroscopy, 52(4): 599-603.

Padarian J, Minasny B, McBratney A B. 2018. Using deep learning to predict soil properties from regional spectral data. Geoderma Regional, 16(15): 1-9.

Panchuk V, Kirsanov D, Oleneva E, et al. 2017. Calibration transfer between different analytical methods. Talanta, 170: 457-463.

Peleato N M, Legge R L, Andrews R C. 2018. Neural networks for dimensionality reduction of fluorescence spectra and prediction of drinking water disinfection by-products. Water Research, 136: 84-94.

Peng Y, Lu R. 2007. Analysis of spatially resolved hyperspectral scattering images for assessing apple fruit firmness and soluble solids content. Postharvest Biology and Technology, 48(1): 52-62.

Pu Y Y, Sun D W, Riccioli C, et al. 2017. Calibration transfer from Micro NIR spectrometer to hyperspectral imaging: A case study on predicting soluble solids content of Bananito fruit(*Musa acuminata*). Food Analytical Methods, (11): 1-13.

Ren G, Wang Y, Ning J, et al. 2020. Using near-infrared hyperspectral imaging with multiple decision tree methods to delineate black tea quality. Spectrochimica Acta Part A: Molecular and Biomolecular Spectroscopy, 237: 118407.

Ren R, Chai C, Lu X, et al. 2013. Prospects of applying near infrared spectroscopy in aquatic products. Science and Technology of Food industry, 34(2): 361-363.

Sales F, Callao M P, Rius F X. 1997. Multivariate standardization techniques using UV–Vis data. Chemometrics and Intelligent Laboratory Systems, 38(1): 63-73.

Schimleck L R, Kube P D, Raymond C A, et al, 2006. Extending near-infrared reflectance(NIR)pulp yield calibrations to new sites and species. Journal of Wood Chemistry and Technology, 26(4): 299-311.

Shao X, Liu Z, Cai W. 2009. Extraction of chemical information from complex analytical signals by a non-negative independent component analysis. Analyst, 134(10): 2095-2099.

Tan W, Sun L, Yang F, et al. 2018. Study on bruising degree classification of apples using hyperspectral imaging and GS-SVM. Optik, 4(154): 581-592.

Velásquez L, Cruz-Tirado J P, Siche R, et al. 2017. An application based on the decision tree to classify the marbling of beef by hyperspectral imaging. Meat Science, 11(133): 43-50.

Vu H, Tachtatzis C, Murray P, et al. 2016. Spatial and spectral features utilization on a Hyperspectral imaging system for rice seed varietal purity inspection. 2016 IEEE RIVF International Conference on Computing & Communication Technologies, Research, Innovation, and Vision for the Future(RIVF): 169-174.

Wang M, Zheng K, Yang G, et al. 2015. A robust Near-Infrared calibration model for the determination of chlorophyll concentration in tree leaves with a calibration transfer method. Analytical Letters, 48(11): 1707-1719.

Wang Y, Liu Q, Hou H, et al. 2018. Big data driven outlier detection for soybean straw near infrared spectroscopy. Journal of Computational Science, 26: 178-189.

Wang Y, Lysaght M J, Kowalski B R. 1992. Improvement of multivariate calibration through instrument standardization. Analytical Chemistry, 64: 562-564.

Wu X, Zhao Z, Tian R, et al. 2021. Exploration of total synchronous fluorescence spectroscopy combined with pre-trained convolutional neural network in the identification and quantification of vegetable oil. Food Chemistry, 335: 127640.

Wu X, Zhu X, Wu G, et al. 2014. Data mining with big data. IEEE Transactions on Knowledge and Data Engineering, 26(1): 97-107.

Xia C, Yang S, Huang M, et al. 2019. Maize seed classification using hyperspectral image coupled with multi-linear discriminant analysis. Infrared Physics and Technology, 9(103): 1350-4495.

Yang J, Lou X, Yang H, et al. 2019. Improved calibration transfer between near-Infrared (NIR)spectrometers using canonical correlation analysis. Analytical Letters, 52(14): 2188-2202.

Zhang M, Zhang B, Li H, et al. 2020. Determination of bagged 'Fuji' apple maturity by visible and near-infrared spectroscopy combined with a machine learning algorithm. Infrared Physics and Technology, 12(111): 1350-4495.

Zhang X. 2014. Interactive patent classification based on multi-classifier fusion and active learning. Neurocomputing, 127(3): 200-205.

第5章　农产品品质拉曼光谱检测的人工智能技术

本章主要介绍了人工智能技术在农产品拉曼光谱检测中的一些应用，包括拉曼光谱特征的学习及表面增强拉曼光谱技术结合免疫层析法，采用抗原抗体结合的原理从而识别农产品的待测成分。此外，还介绍了大数据与多参数同时检测在拉曼光谱检测中的应用。

5.1　拉曼光谱特征学习

与近红外光谱同样广泛应用于农产品品质无损检测的拉曼光谱技术，是一门基于拉曼散射效应而发展起来的光谱分析技术，根据分子结构的各个振动能级反映的光谱变化，提供分子中独特化学键的振动和转动信息（李永玉等，2012）。近年来，拉曼光谱技术凭借着其无须样品前处理、快速、操作简便、无损伤等优点在农产品品质安全分析中得到了快速发展。

5.1.1　拉曼光谱技术特征

当光照射到物质上时，会发生弹性散射和非弹性散射，其中弹性散射又称为瑞利散射，而非弹性散射根据物质分子和光子之间的能量传递方向不同，又分为斯托克斯散射和反斯托克斯散射，两者统称为拉曼散射，但由玻尔兹曼定律知，反斯托克斯谱线的强度要远远弱于斯托克斯谱线，故在实际应用中，拉曼光谱仪一般只记录斯托克斯线。拉曼散射光和瑞利散射光的频率（入射光频率）之差称为拉曼位移，如图 5-1 所示，图中 E_0 为基能级，hv_0 为弹性散射过程中的能量变化，斯托克斯散射在散射过程中损失 hv_1 的能量，反斯托克斯散射得到 hv_1 的能量，斯托克斯散射与反斯托克斯散射发生的频率变化相同，称之为拉曼位移。拉曼位移就是分子的振动或转动频率，它与入射光频率无关，而与分子结构有关。分子结构的特异性决定每一种物质有自己的特征拉曼光谱，拉曼谱线的数目、位移值的大小和谱带的强度等都与物质分子振动和转动能级有关，从而也具有特异性。从特征拉曼频率可以确定分子中的原子团和化学键的存在，从相对强度的变化能够确定化学键的含量，而物质化学环境的变化则会引起拉曼特征频率的微小位移，从特征频率位移的大小和方向能判定原子团和化学键所处化学环境的变化。

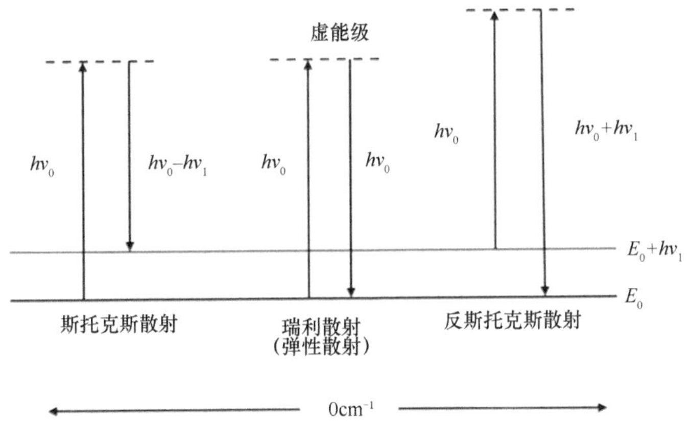

图 5-1　拉曼光谱原理图（郑晓春等，2014）

随着光学仪器的发展、激光技术和纳米技术的成熟，针对拉曼光谱特征信息的获取产生了多种不同的拉曼分析技术。20 世纪 70 年代，激光技术的发展催生出了“激光拉曼技术”，因激光具有很好的单色性、方向性和强度，所以产生的拉曼光谱稳定性强、利于分析。但普通的激光拉曼光谱因其灵敏度有限，多侧重于农畜产品品质检测。

共振拉曼光谱（RRS）是基于共振拉曼效应发展起来的一种激光拉曼技术（徐冰冰等，2019）。当激发光频率落在物质某一电子吸收带的半宽度内时，产生的拉曼效应称为严格共振拉曼效应。当激发光的频率与待测分析物分子的某个电子吸收峰接近或重合时，这一分子的某个或几个特征拉曼谱带强度可达到正常拉曼谱带的 10^4～10^6 倍，故可以在光谱图中呈现更丰富的光谱特征信息，从而克服了常规拉曼光谱灵敏度低的缺点，并具有所需样品浓度低、反映结构的信息量大等优点。

傅里叶拉曼光谱采用近红外激光（1064nm）作为激发光源，一方面，因为荧光现象是拉曼光谱最大的干扰因素，而荧光大都集中在可见光谱区域，所以采用 1064nm 的近红外激发光源可有效地消除荧光背景；另一方面，1064nm 的近红外激发光源的能量低，产生的热效应小，可测试 90%的化合物，从而进行拉曼光谱分析（Abbas et al.，2009）。傅里叶变换拉曼光谱（FT-Raman）技术中迈氏干涉仪采用激光频率为基准（周玲等，2017），如图 5-2 所示，使得 FT-Raman 的光谱频率精度大大提高；迈氏干涉仪的动静距离决定傅里叶变换拉曼光谱仪的分辨率，增加动镜移动距离可以提高 FT-Raman 光谱的分辨率。另外，因为近红外线在光导光纤中具有较好的传递性能，所以傅里叶变换拉曼光谱技术在遥控测量中有非常好的应用前景。同时，FT-Raman 光谱技术也存在一些问题：①因光学过滤器的限制，在低波数区的测量性能不如色散型拉曼光谱技术；②因为水在近红外光谱区有吸收，所以 FT-Raman 光谱技术在测量水溶液时会受到一定的影响。

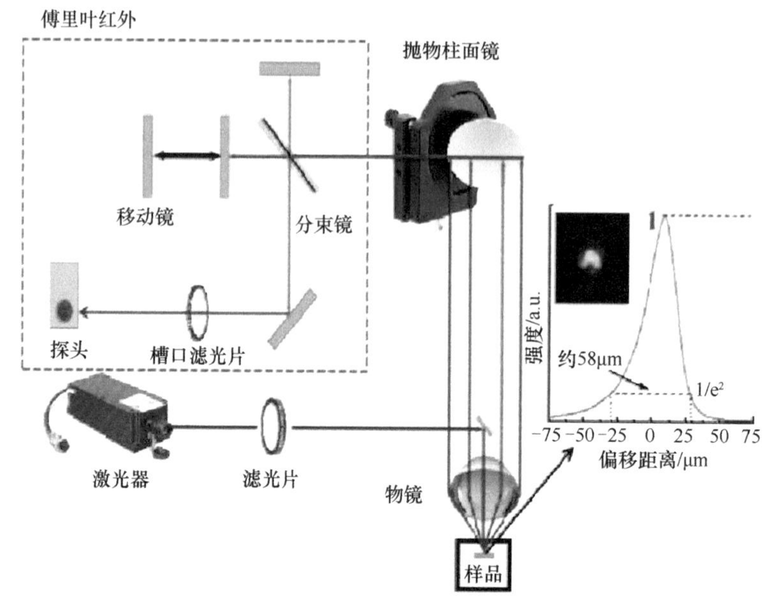

图 5-2　傅里叶变换拉曼光谱光路原理图（周玲等，2017）

共聚焦显微拉曼技术是将拉曼光谱分析技术与显微分析技术结合起来的一种应用技术。它将入射激光通过显微镜聚集到样品上，从而可以在不受周围物质干扰的情况下，精确获得所照试样微区的有关化学成分、晶体结构、分子相互作用及分子取向等各方面的拉曼光谱信息，如图 5-3 所示。与其他传统技术相比，它更易于直接获得大量有价值信息，共聚焦显微拉曼光谱不仅具有常规拉曼光谱的特点，还有自己的独特优势，辅以高倍光学显微镜，共聚焦显微拉曼光谱技术因具有高倍光学显微镜，与其他常规拉曼技术相比具有微观、原位、多相态、稳定

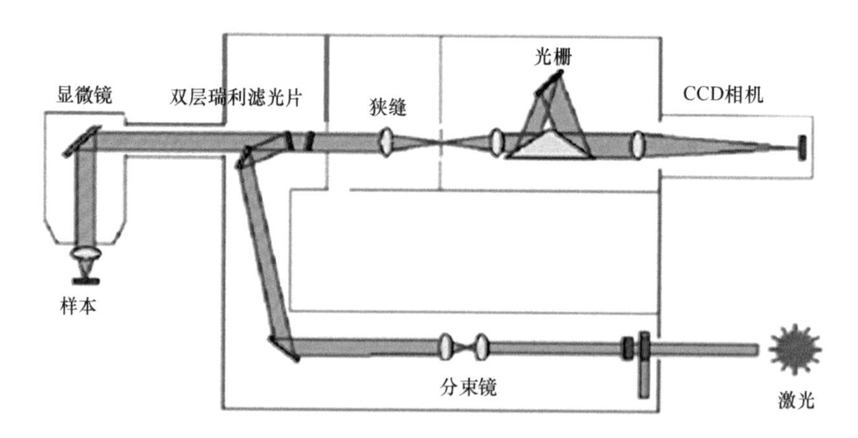

图 5-3　共聚焦显微拉曼光谱光路原理图（罗洁等，2016）

性好、空间分辨率高等独特的优势，还可实现逐点扫描，从而获得高分辨率的三维图像（钟会清等，2017）。目前，共聚焦显微拉曼光谱技术已经在环境污染、文物的鉴定和修复、肿瘤检测、产品结构的原位和无损检测、公安法学等方面得到了广泛的应用。

拉曼散射效应是一个非常弱的过程，一般能接收到的散射信号的强度仅约为入射光强的 10^{-10}，导致检测灵敏度很低。再加上荧光背景的干扰等，增加了拉曼光谱技术在分析痕量物质时的难度。而表面增强拉曼散射（SERS）相比于拉曼光谱具有更高的分辨率和灵敏度，它能够使待测分子信息增强几百万倍甚至更大数量级，如图 5-4 所示，因此表面增强拉曼光谱技术成为拉曼光谱研究的热点（甘盛等，2016）。在吡啶吸附的粗糙银电极上观察到 SERS 现象。尽管学术界对 SERS 增强机制尚未达成共识，但多数学者认为 SERS 增强主要表现为物理增强和化学增强。物理增强是指金属表面局域电场的增强，也称为电磁增强。化学增强认为拉曼散射信号的增强是吸附在粗糙金属表面的分子极化率的改变引起的（董前民等，2013）。表面增强基底的纳米结构质量是获取高质量 SERS 信号的关键。目前使用的活性基底有金属电极活性基底、金属溶胶活性基底和针尖增强拉曼活性基底等。

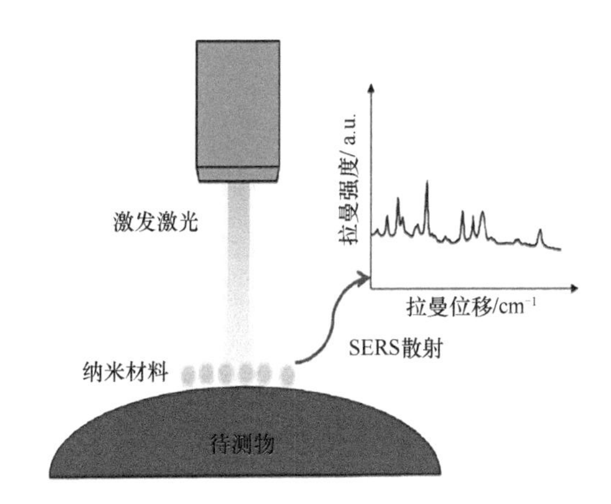

图 5-4　表面增强拉曼光谱检测原理图（李延等，2018）

拉曼光谱对对称结构分子的检测很有效，在分析分子结构方面与红外光谱互相补充。例如，水的红外吸收很强，但是其拉曼散射非常弱，因此拉曼光谱技术特别适合水溶液体系（闫帅等，2021）。与常规化学分析技术相比，拉曼光谱技术具有无损、快速、环保、无须制备试样、无须消耗化学试剂、所需样品量少等特点，再加上激光光源的优势使得拉曼光谱已广泛应用到农畜产品无损检测的各个方面。

5.1.2 拉曼光谱特征识别

拉曼光谱信息蕴藏于拉曼谱峰之中，因此拉曼谱峰识别是拉曼光谱定性分析中至关重要的一个环节。定性分析过程就是通过匹配拉曼光谱中拉曼特征峰的位置与其对应的振动状态的过程。拉曼谱峰的特征包括峰高、半峰宽、峰面积、峰中心点位置，但由于拉曼光谱中峰值较多，导致拉曼谱峰的识别成为一个难点。至今，人们针对各类化学图谱的谱峰识别问题已经提出了很多种方法，目前化学谱峰定性分析主要分为时间窗法（王崇杰和崔玉影，1997）、导数法（刘明明等，2009；杨志勇等，2020）、匹配模式法（胡劲松，2012；胡劲松等，2005）、灰色关联度分析法（曹建等，2010）及反向传播（back propagation，BP）神经网络法（余波等，1997）几个大类。在谱峰识别中，目前主要需要解决的问题有以下 3 个。

1）能够判别真峰与假峰；

2）有较强的重叠峰分解能力，能够识别距离较近的谱峰；

3）能够从光谱噪声中辨别出强度比较弱的峰。

上述特征峰识别方法各有优缺点，有的适合于从高噪声基底的光谱中找出强度较弱的峰（毕云峰等，2015），有的分辨重叠峰的能力比较强，有的方法计算简单、寻峰速度快（汪雪元等，2020）。以下介绍几种常用和较智能的算法。

1. 对称零面积变换法

峰判定方法分为峰高的统计性判定和峰净面积的统计性判定及峰形判定。对称零面积变换法属于峰面积判定法，所谓的对称零面积变换寻峰是用面积为零的对称“窗”函数与实验测得光谱数据进行卷积变换，对变换后的数据进行阈值处理获得光谱峰位置的方法（陈川等，2016）。对称零面积窗函数 C_j 具有如下性质：

$$\sum_{j=-m}^{m} C_j = 0 \text{ 且 } C_j = C_{-j} \tag{5-1}$$

若 y_i 为实验光谱，经过对称零面积变换后的光谱数据 y_i' 可表示为

$$y_i' = \sum_{j=-m}^{m} C_j y_{i+j} \tag{5-2}$$

由于 C_j 的“0”面积性质和对称特性，其对信号的线性基底和趋势的卷积变换将为零，有谱峰存在的地方则不为零（大于），变换值最大处 ipeek 即为谱峰位置。

对称零面积变换寻峰一般可以选择方波函数、高斯函数及高斯函数的二阶导数、余弦平方函数、洛伦兹函数等对称函数作为变换函数。有研究证明，当对称零面积变换函数与实验谱的峰形函数一致，且其半高全宽 σ 相等时，变换谱数据的峰

值与变换谱均方根误差之比达到最大，寻峰效果最优。因此，寻峰的关键是找到合适的“类峰形函数”，并以此构建满足式（5-1）要求的对称零面积变换函数。

光谱线的自然线型一般为洛伦兹线型，但实际得到的光谱线型会因一些机制变化而发生变化。例如，光源中发光原子（分子）的无规则运动引起的多普勒展宽为高斯线型，进行光吸收（或发射）的原子与气体分子之间的相互作用（碰撞）产生的展宽为洛伦兹线型。另外，谱线线型还与光谱类型、探测仪器色散系统的线扩散函数（一般为高斯线型）、探测环境等有关系，因此一般应用佛克托（Voigt）函数对光谱线型进行描述。Voigt 函数形式上是洛伦兹函数和高斯函数的卷积，其精确计算比较复杂，应用中多用其近似形式。而在一些光谱处理如谱峰拟合过程中也经常应用高斯和洛伦兹线型来作为谱线的近似，二者各有特点，在实际应用中选取其中一种线性进行谱峰拟合，然后构造对称零面积变换函数，如式（5-3）所示：

$$C(j)=f(j)-\frac{1}{W}\sum_{-\infty}^{m}f(j) \tag{5-3}$$

式中，$C(j)$ 为对称零面积变换函数；$W=2m+1$ 为变换函数的窗口宽度；$f(j)$ 为所选择的类峰形函数。

经过对称零面积变换函数变换后获得的变换谱去除了背景和趋势影响，并对随机性的噪声有一定的平滑作用。但是否存在着光谱峰还需要有一判定标准。在常规光谱分析时经常采用信号峰为“3δ”作为判定物质存在与否的标准，其中 δ 为光谱中随机噪声信号的标准偏差。对于变换谱，也可以其标准偏差作为单位找峰，即定义一个阈值函数，如式（5-4）所示

$$T(i)=\frac{y'_i}{\delta y'}=y'_i\Big/\left[\sum_{i=0}^{n-1}(y'_i-\overline{y'})^2\Big/n\right]^{1/2} \tag{5-4}$$

式中，

$$\overline{y'}=\frac{1}{n}\sum_{i=0}^{n}y'_i=\frac{1}{n}\sum_{i=0}^{n}\sum_{j=-\infty}^{\infty}C(j)y(i+j) \tag{5-5}$$

若在某位置 ipeek 处 T（ipeek）取值大于某一阈值，则认定此处存在一光谱峰。由于对称零面积变换函数变换过程中的卷积平滑作用，一般取阈值因子为 2～2.5 即可寻峰。

2. 导数法

导数法寻峰属于峰高寻峰法，包括了一阶、二阶导数法（胡广春等，2008）。这两种方法各有侧重，一阶导数法计算量小，可快速搜寻到大多数的单独的峰，适用于单一物质的拉曼光谱峰值寻找（解苑明和屈建石，1983）。其寻峰步骤如下

所述。

首先，将光谱看作一条连续的曲线，对其做平滑后求其一阶导数，通过找到一阶导数为 0 的位置的左侧一阶导数的极大值 m_1 和右侧一阶导数的极小值 m_2 来确定谱峰宽度 m：

$$m = m_2 - m_1 \tag{5-6}$$

通过峰宽限制条件来判断真假峰，

$$0.8FWHM \leqslant m \leqslant 3FWHM \tag{5-7}$$

式中，$FWHM$ 为峰的半波宽，当峰宽 m 太小时，是由于统计涨落造成的假峰，太大时会被认为是康普顿边缘，必须被剔除。一阶导数法能够自动、快速地寻峰，找出绝大部分的单峰，但对于重叠峰的识别能力较弱。二阶导数法相较于一阶导数法在这方面的能力强一些。

对谱曲线求二阶导数后，发现谱曲线的二阶导数在峰位出现了负的极值，可以通过这个特征来识别峰位。对于重叠峰，虽然谱曲线只有一个局部极大值，但仍可以通过识别谱曲线的曲率变化来辨别重叠峰内各组分峰的峰位，具体步骤如下：先找出二阶导数负的极小值的峰位，当其二阶导数极值的绝对值 $\left|\overline{y}''m_p\right|$ 大于其标准偏差若干倍，则可认为 m_p 为一个峰的峰位，峰判定条件为

$$\frac{\overline{y}''_{m_p}}{\overline{\Delta y}''_{m_p}} = \frac{\left|\sum_{K}^{j=-K} c_{K,i} y_{m_{p+j}}\right|}{\sqrt{\sum_{K}^{j=-K} c_{K,j}^2 y_{m_{p+j}}}} \geqslant THR_1 \tag{5-8}$$

式中，K 为求 m 点二阶导数时，在 m 点左右取的数据点数；$2K+1$ 为变换窗口；$c_{K,j}$ 为求二阶导数时的权重因子；THR_1 为事先设定的寻峰阈值；$y_{m_{p+j}}$ 为 m_{p+j} 点处峰值；$\Delta y''_{m_p}$ 为二阶导数极小值的标准偏差。

为了进一步剔除假峰，在找到的峰位 m_p 左右各取一个相邻二阶导数值进行如下的判定：

$$-\left(\frac{\overline{y}''_{m_{p-1}}}{\overline{\Delta y}''_{m_{p-1}}} + \frac{\overline{y}''_{m_{p+1}}}{\overline{\Delta y}''_{m_{p+1}}}\right) \geqslant THR_2 \tag{5-9}$$

当满足式（5-9）后，即认为找到了一个有意义的峰。式中，$\overline{y}''_{m_{p-1}}$、$\overline{y}''_{m_{p+1}}$ 为峰位左右相邻两点的二阶导数值；$\overline{\Delta y}''_{m_{p-1}}$、$\overline{\Delta y}''_{m_{p+1}}$ 为其相应的标准偏差；THR_2 为事先设定的另一个寻峰阈值，THR_2=1.7。二阶导数法可以分辨出相距为 $FWHM$，

而净面积比例为 1∶4 的两个峰。

3. 协方差法

协方差法作为一种新的寻峰方法，不仅有很好的分辨重叠峰的能力，而且很适合在统计涨落很大的高本底谱上寻找弱峰，是一种较好的寻峰方法（庞巨丰和郑桂芳，1985）。

这种方法的基本原理是一个设定的谱函数：

$$y_{m+j} = h_m C_j + B, \quad -K < j \leqslant +K \tag{5-10}$$

式中，B 为本底，设为一个常数；在谱数据的第 m 点附近用最小二乘法进行函数拟合，求出峰高 h_m。峰形函数为高斯函数：

$$C_j = \exp\left[-2.773\left(j/\omega^2\right)\right] \tag{5-11}$$

式中，ω 峰为 $FWHM$。如果第 m 点是峰位，则 h_m 在道址应该是一个局部极大值。用最小二乘曲线拟合的基本原理可以导出：

$$R_m = \frac{h_m}{\Delta h_m} \frac{\sum_{j=-k}^{k} g_j \sum_{j=-k}^{k} g_j C_j y_{m+j} - \sum_{j=-k}^{k} g_j C_j \left(\sum_{j=-k}^{k} g_j y_{m+j}\right)}{\sqrt{\sum_{j=-k}^{k} g_j \left\{\sum_{j=-k}^{k} g_j C_j^2 \left[\sum_{j=-k}^{k} g_j - \left(\sum_{j=-k}^{k} g_j C_j\right)^2\right]\right\}}} \tag{5-12}$$

式中，Δh_m 为 h_m 的标准偏差；y_{m+j} 为设定的谱函数。

$$g_j = \exp\left[-2\left(\frac{j}{\omega}\right)^4\right] / y_{m+j} \tag{5-13}$$

$$k = 1.1FWHM$$

按道址计算 R_m 值。当 R_m 值某道址出现局部极大值并超过寻峰阈值 THR 时，在该道存在一个有意义的峰。在实际应用中，THR 可选在 2～4。

用式（5-12）计算 R_m 时，求和范围是 $j=-k$ 至 $j=k$。为了更好地分辨出落在一个强峰“肩缝”上的弱峰，可以在一个峰 1 的左半部分和右半部分分别计算 R_m 值，寻找相互靠得很近的组分峰。在求和范围为 $j=-m$ 至 j=0 时，由式（5-12）计算出 R_{Lm} 值。求和范围在 j=0 至 j=k 时，由式（5-12）计算出 R_{Rm} 值。分别检索 R_m 和 R_{Rm} 并找出局部极大值，可以在重峰区内找出更多组分峰的峰位。

由于协方差法以峰形函数拟合各点谱数据，所以 R_m 对于统计涨落造成的宽度很窄的峰不敏感，这使得协方差法应用在统计涨落很大的高本底上寻找弱峰，而假峰出现的概率很小。缺点是计算公式较为复杂，运行速度较慢。

4. 基于 Voigt 函数的谱峰识别方法

这是基于峰形的峰值识别方法，将拉曼特征峰看作一个用 Voigt 函数描述的谱峰线性（高颖等，2019）。整条光谱曲线用 Voigt 函数叠加形式进行表示。再用某种优化算法对峰参数进行估计以达到最好的拟合效果。

Voigt 线性近似表达式如下（李津蓉等，2014）：

$$V(v,[\alpha,\omega,\gamma,\theta])=\theta\alpha\exp\left[-\frac{4\ln 2(v-\omega)^2}{\gamma^2}\right](1-\theta)\alpha\frac{\gamma^2}{(v-\omega)^2+\gamma^2} \tag{5-14}$$

式中，v 为波数；Voigt 线性轮廓主要有 4 个峰参数：α（峰高）、ω（峰的中心位置）、γ（峰的宽度）和 θ（Gaussian-Lorentzian 系数）。因为拉曼光谱仪的分辨率一般小于实际拉曼光谱峰的半宽，因此，采用式（5-14）对拉曼信号进行拟合可以达到较好的拟合效果。

对多组分拉曼光谱定性分析时，将光谱看作是多个纯物质光谱的线性叠加。假设光谱 $A(v)$ 所对应的混合物中包含所有可能出现的 M 种成分，首先将 $A(v)$ 进行光谱解析，即通过如下优化目标得到组成光谱 $A(v)$ 的 L 个独立的 Voigt 峰参数：

$$\min A(v)-\sum_{L}^{I=1}V\left(v,\phi_i\right) \tag{5-15}$$

式中，$A(v)$ 为混合物的光谱。对式（5-14）进行优化得到的 L 个 Voigt 峰进行归一化，得到 L 个高度为 1 的 Voigt 峰 $V\left(v,\phi_i\right)$，$\phi_i=(\alpha_i,\omega_i,\gamma_i,\theta_i)^T$ 为第 i 个 Voigt 峰的参数，i=1,⋯，L。则基准峰集合 $\Omega=\{V(v,\phi_i),i=1,\cdots,L\}$。因为基准峰的高度已经进行单位化，则基准峰的线性参数不再包括高度参数，只需包括中心位置 ω、半宽 ω 和 Gaussian-Lorentzian 系数 θ，即峰参数 $i=\left[\omega_i,\ \gamma_i,\theta_i\right]$。

此时，混合物光谱可以由集合 Ω 中的 L 个 Voigt 峰进行解析，表示为基准峰的加权形式：

$$A_i(v)=\sum_{L}^{j=1}w_{i,j}V\left(v,\phi_j\right)\qquad i=1,2,\cdots,M \tag{5-16}$$

在利用基准峰对混合物光谱进行解析的过程中，只需要对每个峰在混合物中的组合权值 $w_{i,j}$ 进行调整即可适应不同成分浓度的变化。另外，考虑到混合物各种成分的浓度发生改变，也导致了分子之间的相互作用发生变化，这可能会使得谱峰发生非线性变化。因此，在基于基准峰集合对混合物光谱进行解析时，还需要对每个基准峰的 3 个参数：中心位置、半宽和 Gaussian-Lorentzian 系数在一定范围内同时进行调整，优化目标式及约束条件如下：

$$\min A(v)-\sum_{L}^{j=1}w_{i,j}V\left(v,\phi_j\right)\quad i=1,2,\cdots,M \tag{5-17}$$

式中，$\phi_{i,j}=\left[\omega_{i,j},\gamma_{i,j},\theta_{i,j}\right]$为第$j$个基准峰在第$i$个混合物光谱中的参数调整结果；$\phi_i=\left[\phi_{i,1},\cdots,\phi_{i,j}\right]$为所有$L$个基准峰参数的调整结果；$w_{i,j}=\left[w_{i,1},\cdots,w_{i,L}\right]$为第$i$个混合物光谱解析所得的权值向量。式（5-17）得到的加权系数矩阵$W=\left\{w_{i,j}\right\}$，$i=1,\cdots,M;j=1,\cdots,L$。$W$的行向量$w_i$为基于$L$个基准峰对第$i$个混合物进行解析所得到的峰权值；$W$的列向量$p_i$为$M$个混合物光谱在第$j$个 Voigt 基准峰上的权值。再将每个列向量$p_j=\left[W_{1,j},\cdots,W_{M,j}\right]$分别与浓度矩阵$C$的列向量$C_m=\left[C_{1,m},\cdots,C_{M,m}\right]$进行线性相关分析，当其线性相关系数矩阵$P=\left\{\rho_{j,m}\right\}(j=1,\cdots,L;m=1,\cdots,M)$中$\rho_{j,m}>0.9$，则可认为第$j$个解析峰强度与第$m$种成分浓度之间具有较强的线性相关性，由此可以判断第j个解析峰为第m种成分所对应的特征峰。通过以上方法即可找到每种成分所对应的特征峰集合$V_m=\left\{V_j\left|\rho_{j,m}>0.9\right.\right\},j=1,\cdots,L,m=1,\cdots,M$。

5. 基于 C4.5 决策树算法的谱峰识别

拉曼光谱仪在长时间工作后，拉曼光谱峰难免会发生漂移，若漂移范围超过窗口区间则出现无法识峰或者识峰错误。研究引入模糊数学来解决这一问题，但隶属度函数一般根据经验选区，具有很大的主观性，容易导致误判。决策树是一种常见的机器学习方法。C4.5 决策树算法是数据分类算法中比较常用的经典算法之一，得到的结果较为准确，理解性强，容易看懂。该算法同时也是一种监督学习，首先给定多个样本，每个样本都有一组特征属性和一个类别，这些类别是事先确定的，通过监督学习得到一个分类器（决策树模型）。这个分类器能够对新出现的对象根据其特征属性给出正确的分类（廖建平等，2020）。

利用导数的辨识峰算法获得的峰位置达上百个，只知道峰位置，不知道这个峰到底是哪个组分。该方法是根据保留时间设定窗口区间来定性组分，即对于每个成分，根据该成分的标准保留时间预先设定其窗口变动区间阈值，只要实际拉曼光谱分析所得的保留时间在标准保留时间的窗口变动区间内，便定性该组分峰。然而拉曼光谱分析流程是多因素耦合的复杂非线性系统，受多因素影响，导致拉曼光谱会出现非规则、不确定性变化，如峰位的前后移动、峰形的扩展收缩。显然，如果此时仍然采用固定阈值对拉曼光谱图分析处理就会产生较大的误差，易出现对气体色谱峰的误判和漏判现象，影响检测的正确性和准确性。

C4.5 决策树算法对组分峰进行定性，在决策树对根结点选取时，采用二分法对连续属性进行离散化处理，从而得到特征属性的自适应阈值；接着利用特征属性作为结点进行决策树分类，得到 7 个组分峰；再按照预定顺序对 7 个组分峰进行定性，从而避免利用保留时间设定的窗口区间所带来的特征峰识别错误。采用 C4.5 决策树算法对组分峰进行定性研究的流程如图 5-5 所示。

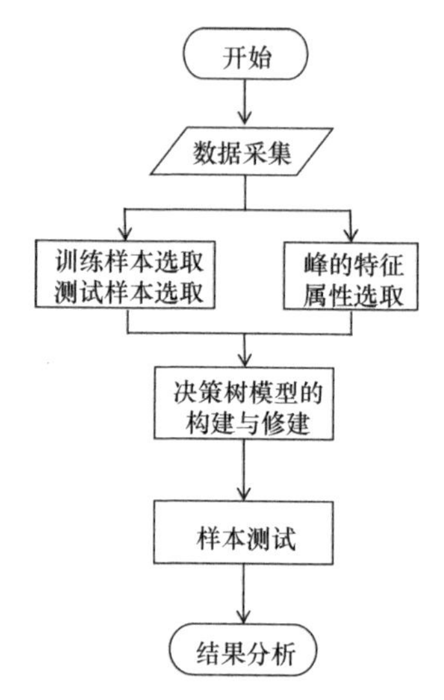

图 5-5　采用 C4.5 决策树算法对组分峰进行定性研究的流程（廖建平等，2020）

测得的峰属性包括：起始点、中间点、结束点、峰高、峰宽、峰面积、高宽比（峰高/峰宽）、峰间距和峰类型等。本节将其属性分为两类：第一类为决策特征属性（用于决策树算法的数据分类）；第二类为无效属性，即非第一类属性。定义决策树算法峰定性的特征属性集为

$$U=\{峰高，峰宽，峰面积，峰中点位置\}$$

经过数据准备及数据选取之后，本节得到了训练样本集 D，测试样本集 Q_1～Q_6 及特征属性集 U。充分利用特征属性集，选择最优的特征属性进行组合，建立分类规则，分类出有效峰。

传统方法根据经验固定阈值大小，而本节算法特征属性集 U 中的 4 个特征属性（峰高、峰宽、峰面积和峰中点位置）都是连续值，将数据进行预处理（离散化），从而自适应阈值。本节利用二分法对连续属性进行处理，得到自适应阈值。

定义 h、w、s 和 p 分别为训练样本集 D 中特征属性峰高、峰宽、峰面积和峰中点位置的连续属性。以峰高 h 为例，基于划分点 t 可将训练样本集分为 D_{t+}和 D_{t-}，其中，D_{t-}包含峰高不大于 t 的样本，D_{t+}包含峰高大于 t 的样本。显然，对相邻的属性取值 h_i 与 h_{i+1} 来说，t 在区间$\left[h_i,h_{i+1}\right)$ 中任意取值所产生的划分结果相

同。即把区间$\left[h_i,h_{i+1}\right]$的中位点$h_{i+\frac{1}{2}}$作为阈值进行训练样本集的划分。

C4.5 决策树算法采用自顶向下的贪婪搜索历遍可能的决策树空间。该算法的构造过程从“特征属性集 U 中哪一个特征将在树的根结点被测试”的问题开始，分类能力最好的特征属性将被选作树的根结点，然后为该根结点特征的每个可能值产生一个分支，并将训练样本集 D 排列到适当的分支之下（样本的特征属性值对应的分支）：重复整个过程，用每个分支结点关联的训练样本来选取在该结点被测试的最佳特征。特征参数集 U 中共有 4 个特征参数（h, w, s, p），利用 C4.5 决策树算法的增益率来选择最佳的划分特征属性，以峰高 h 为例。

步骤 1：计算信息熵。信息熵是度量样本集纯度最常用的一种指标。当前训练样本集 D 中有效峰所占的比例为 P_k（k=1，2），则 D 的信息熵定义如下：

$$Ent(D)=-\sum_{k=1}^{2}P_k\log_2 P_k \tag{5-18}$$

式中，$Ent(D)$ 的值越小，D 的纯度越高：训练样本集 D 中包含有效峰和无效峰。

步骤 2：对数据离散化处理之后，计算出用特征属性峰高 h 对训练样本集 D 进行划分所获得的信息增益：

$$Gain(D,a)=Ent(D)-\sum_{\lambda\in\{-,+\}}\frac{\left|D_t^{\lambda}\right|}{|D|}Ent(D_t^{\lambda}) \tag{5-19}$$

利用特征属性峰高 h 对训练样本集 D 进行划分，则会产生 V 个分支结点，其中，D_v 为第 v 个分支结点包含了 D 中所有在峰高 h 上取值为 h_v 的样本；$\frac{\left|D^{\lambda}\right|}{|D|}$为分支结点的权重，即样本数越多的分支结点，其影响越大。

步骤 3：C4.5 决策树算法是从候选划分属性中找出信息增益高于平均水平的属性，再从中选择增益率最高的。增益率定义如下：

$$Gain\_ratio(D,h)=\frac{Gain(D,h)}{IV(h)} \tag{5-20}$$

式中，

$$IV(h)=-\sum_{v=1}^{V}\frac{\left|D^v\right|}{|D|}\log_2\frac{\left|D^v\right|}{|D|} \tag{5-21}$$

式中，$IV(h)$ 称为特征属性 h 的固有值。一般来说属性 h 的可能取值越多（V 越大），则 $IV(h)$ 的值通常会越大。

步骤 4：分别比较峰高、峰宽、峰面积和峰中点位置的增益率的大小，选择增益率最大的参数作为最佳划分点，即根结点。接着在每个分支结点循环以上过程。执行完此步骤即可分出有效峰个数与无效峰个数。

对上述介绍的寻峰算法进行简要的对比分析。对于弱峰寻找的能力，谱数据中的统计涨落会导致假峰的产生和弱峰被掩盖，提高寻峰阈值可以有效抑制假峰出现的概率，但同时会减小弱峰被找到的概率，协方差法在这些方法中对弱峰寻找有较突出的优势，能够针对不同的统计涨落来拟合峰形。一阶导数法对弱峰寻找的能力最差。而对于重叠峰识别，基于 Voigt 峰形函数的分解方法能够找出最多组分的峰形。综上所述，寻峰方法应该对每种方法取长补短，既要自动寻峰，运行快速，还要能够适应不同峰形进行区分。利用如今流行的深度学习算法（王崴，2014）加上实时高通量的云计算能力，未来寻峰算法能够总结出一套完整的算法系统。

5.2 拉曼光谱建模方法与 SERS 免疫分析技术

建立样品待测指标的数学预测模型是光谱数据分析的重要环节，利用拉曼光谱建模最常用的方法是多元线性回归、偏最小二乘方法和支持向量机等，最近也有越来越多的研究报道利用人工神经网络方法建立样品待测指标的数学预测模型。此外，SERS 免疫分析技术可定向结合待测指标分子，检测精度高，得到了较快的发展。

5.2.1 使用人工神经网络进行建模

人工神经网络是模仿延伸人脑认知功能的新型智能信息处理系统。利用拉曼光谱检测农产品品质也应用到越来越多的人工神经网络模型。长短期记忆网络（long short-term memory，LSTM）是循环神经网络的变体，它可以很好地处理序列数据并且解决了循环神经网络长期依赖的问题。卢诗扬等（2021）选择了美国及中国山东和四川的 369 个樱桃作为研究样本，结合樱桃拉曼光谱信息建立不同产地樱桃的 LSTM 网络模型，预测结果如图 5-6 所示：图中标签 1、2 和 3 分别表示樱桃的产地为美国、中国山东和四川。从图中可以看出所建立的 LSTM 产地判别模型能以较高的准确率实现不同产地樱桃的鉴别，但也存在将美国产地的樱桃错判为中国山东的现象。最终美国、中国山东和四川产地的樱桃判别率分别为 100%、97.44%和 100%。

LSTM 网络会只记住需要记住的信息，遗忘掉无用信息，这样会更加有效地保留有用信息，从而具有长期记忆的特点。因此，该鉴别模型在农产品产地溯源

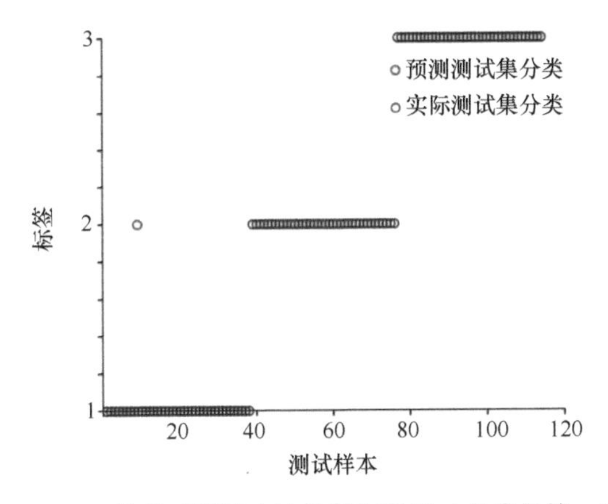

图 5-6　LSTM 模型对樱桃产地的判别结果（卢诗扬等，2021）

方面有着较好的效果，对人工智能在产地溯源方面的应用进行了探索，为产地溯源技术的发展提供了一种新的思路。深度学习应用于拉曼光谱建模需要大量的样本进行训练，然而由于拉曼光谱采集设备和材料、人力等成本的影响，很难获得大批量的数据，此外，拉曼光谱采集易受荧光等因素干扰，这些问题都制约了将深度学习应用于拉曼光谱。李灵巧等（2021）选取 9 类药品进行拉曼光谱采集并进行分类。将采集到的数据采用 4 种方法处理：①使用原始拉曼光谱利用支持向量机（SVM）直接进行建模分类；②使用原始拉曼光谱利用卷积神经网络（CNN）直接进行建模分类；③使用偏移法（data augment）扩充拉曼光谱数据样本，并利用 CNN 进行建模分类；④使用深度卷积生成对抗网络方法（DCHAN）扩充拉曼光谱数据样本，并利用 CNN 进行建模分类。试验结果如图 5-7 所示：利用深度卷积生成对抗网络可以有效地扩增样品数据，利用卷积神经网络建模预测集分类结果从 75%提升到 98.52%。

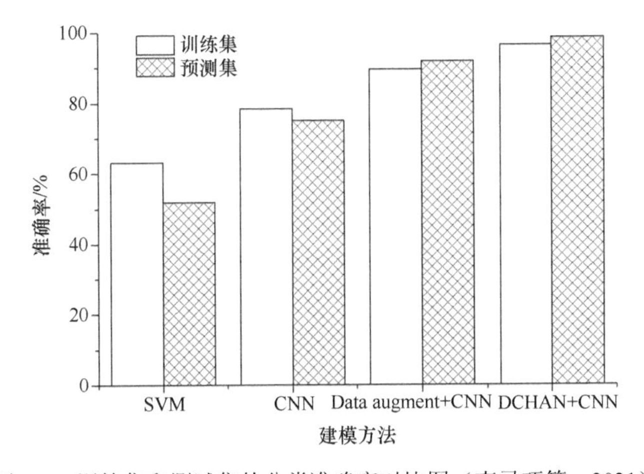

图 5-7　训练集和测试集的分类准确率对比图（李灵巧等，2021）

利用该方法可实现由少量的拉曼光谱生成更多的拉曼光谱以扩充数据集，为解决数据集样本量不够而引发的深度学习分类精度较低的问题提出了一个新的思路，但是该方法扩增的拉曼光谱图像与原始光谱图不能用同样的指标进行衡量，如何更直观地反映生成谱图和原谱图的关系还有待研究。

Zhu 等（2021）将表面增强拉曼散射与一维卷积神经网络相结合，提出了一种用于茶叶中农药残留识别的新型分析方法。采用龙井茶分别掺入毒死蜱单一农药，福美双和毒死蜱二者混合农药，福美双、毒死蜱和啶虫脒三者混合农药，福美双、毒死蜱、啶虫脒和溴氰菊酯四者混合农药；将茶叶烘干后，如图 5-8 所示，采用手持拉曼光谱仪对含有农药的茶叶进行检测。如图 5-9 所示，采集的拉曼光谱可通过无线网络传输到云服务器，由云服务器对拉曼光谱数据进行建模。采用偏最小二乘建模（PLS-DA）、K 近邻算法（K-NN）、支持向量机（SVM）、随机森林（RF）和一维卷积神经网络（1D-CNN）5 种方法进行建模。对比研究表明，

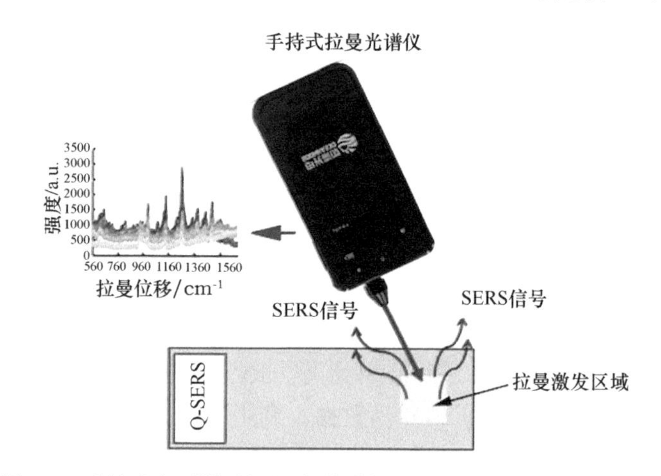

图 5-8　手持式表面增强拉曼光谱采集示意图（Zhu et al.，2021）

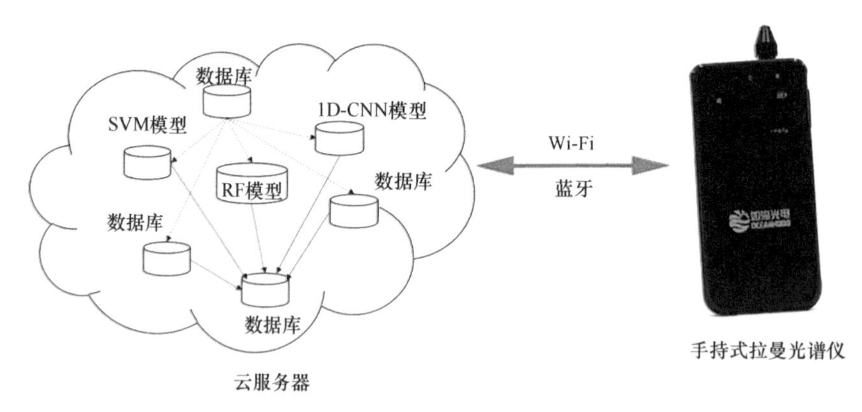

图 5-9　手持式拉曼光谱仪与云服务器之间的通信示意图（Zhu et al.，2021）

1D-CNN 方法比其他 4 种传统的识别方法具有更好的识别精度、稳定性和灵敏度。结果表明，采用 1D-CNN 可以 100%对不同农药残留进行判别。

利用拉曼光谱对农产品品质进行检测，由于农产品的实时检测特性，小型化便携式检测设备逐渐受到大家的重视。采用无线传输云服务器，可在云服务器中对模型进行计算，提高了手持式拉曼光谱仪检测速度，降低了硬件的要求及成本。此外，采用 1D-CNN 可以快速现场识别茶叶中的农药残留。利用神经网络建立拉曼光谱在线实时检测模型报道较少。

Yan 等（2020）首次采用深度学习方法卷积神经网络建立了基于在线拉曼光谱的中药材（山羊角）水解过程定量校准模型。如图 5-10 所示为山羊角水解拉曼光谱在线检测设备。采集到拉曼光谱信息采用卷积神经网络（CNN）和偏最小二乘（PLS）方法分别建立预测模型，预测结果如表 5-1 所示，采用卷积神经网络预测模型对其中 4 种浓度的氨基酸所建立的预测模型效果较好。

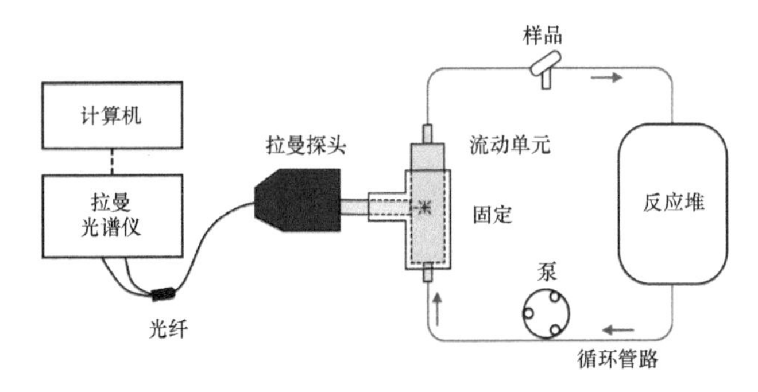

图 5-10　用于山羊角水解监测的拉曼在线测量系统原理图（Yan et al，2020）

表 5-1　优化后的 CNN 模型和 PLS 模型的性能

分析物	CNN 模型				PLS 模型					
	校正集		验证集		预处理	主因子数	校正集		验证集	
	RESEP	R^2	*RESEP*	R^2			*RESEP*	R^2	*RESEP*	R^2
SUM	2.5318	0.9873	**2.5793**	**0.9870**	MSC+UV	5	2.4264	0.9883	2.8061	0.9846
AA1	0.9384	0.9817	1.3910	0.9612	MSC+UV	5	0.7483	0.9882	**0.7599**	**0.9884**
AA2	0.5957	0.9668	**0.8413**	**0.9370**	**MSC+Ctr**	5	0.4350	0.9821	1.0176	0.9077
AA3	0.1841	0.9748	**0.1665**	**0.9751**	**MSC+Par**	4	0.1502	0.9827	0.2189	0.9570
AA4	0.9507	0.9781	**1.0093**	**0.9702**	**MSC+UV**	5	0.7108	0.9863	1.2495	0.9543
AA5	0.5720	0.9759	0.8925	0.9441	MSC+UV	5	0.3504	0.9907	**0.7303**	**0.9626**
AA6	0.2171	0.9797	0.5031	0.9020	MSC+UV	5	0.2638	0.9698	**0.3819**	**0.9435**

注：SUM 代表 17 种氨基酸总浓度；AA1 代表 Gly、Ala、Val、Ile、Leu、Pro 6 种氨基酸的浓度之和；AA2 代表 Thr、Ser 2 种氨基酸的浓度之和；AA3 代表 Cys、Met 2 种氨基酸的浓度之和；AA4 代表 Asp、Glu 2 种氨基酸的浓度之和；AA5 代表 Lys、His、Arg 3 种氨基酸的浓度之和；AA6 代表 Tyr、Phe 2 种氨基酸的浓度之和。黑体代表该浓度的氨基酸对应的模型相对较好

资料来源：Yan et al.，2020

虽然采用卷积神经网络结合拉曼光谱在线检测相比于PLS模型表现出较好的效果，但是此方法需要大量的数据进行学习训练，而且计算较为复杂，结合大数据云服务平台，建立物联网农产品拉曼光谱在线检测系统为今后的发展方向。食品中的微生物是食品腐败的关键因素，由于食品中的致病菌的种类及分布数量都较为复杂，利用神经网络模型对食品中致病菌进行检测将是未来的发展方向。Yan等（2021）制备了7个不同菌属的23株细菌进行接种、孵化、培育，分别采集其对应的拉曼光谱信号。然后，利用核主成分分析提取原始数据的非线性特征，并利用决策树算法在血清型水平上对单个细菌细胞进行评价和判别。结果表明，仅用一个模型识别所有菌株时，独立测试集的平均预测正确率为 86.23%±0.92%，但对某些菌株存在较高的误判率。采用4级分类模型，不同层次的识别模型的准确率在87.1%～95.8%，实现了对菌株的高效预测。基于拉曼光谱结合机器学习对食品中的病原菌检测具有较好的效果。

采用便携式拉曼光谱检测设备或在线进行检测，结合物联网云服务器建立深度学习模型对农畜产品质量进行检测是今后的发展方向。

5.2.2 SERS与免疫层析技术

表面增强拉曼散射（SERS）技术是一种能够使待测物分子的拉曼信号增强约10^6倍数量级的增强技术。对于SERS效应的增强机理，目前普遍得到认同的主要有以下两种：物理增强模式即电磁场增强和化学增强模式即电荷转移增强（Jiang et al.，2018）。免疫分析技术是指基于抗原和抗体之间的相互作用检测各种物质（如药物、激素、蛋白质、细菌等）的分析方法（Dzantiev et al.，2014）。抗原抗体之间的相互作用是指抗原与相应抗体之间所发生的特异性结合反应，抗原抗体分子之间存在着结构互补性和亲和性，依靠非共价键（静电引力、分子间作用力、氢键结合力和疏水作用）的相互作用进行结合，且抗原与抗体结合形成抗原抗体复合物的过程是一种动态平衡。抗原抗体反应的主要特点有：①抗原抗体结合反应的专一性也称为特异性，这是由于抗原表面的位点与抗体超变区中抗原结合位点之间在化学结构和空间构型上呈互补关系，如果表位结构有很小的差异就会阻止两者的特异性结合；②抗原抗体的反应与二者的比例有关，在最佳比例时，才会出现最强的结合反应；③可逆性，一般来说外界环境诸如离子强度等都会对抗原抗体的反应产生较大的影响，通过改变这些条件可使抗原抗体复合物解离。

表面增强拉曼光谱免疫分析是将表面增强拉曼光谱的高灵敏度与免疫反应的高特异性相结合的新型分析方法，巧妙地将免疫分析技术、纳米技术与拉曼光谱技术三者有机结合，具有独特的优越性，如灵敏度极高、不受水的干扰等。表面增强拉曼光谱免疫分析最早是由Rohr课题组建立，他们将固相抗体和拉曼标记过的抗体通过目标物相连形成夹心复合物，通过检测标记抗体的信号进行目标物的检测，获得较好的效果（Rohr et al.，1989）。该技术一般由拉曼标记免疫探针、免疫反应、基底材料三个要素构成，三者相辅相成，缺一不可。其中的探针材料和免疫反应的类型是目前研究最多的两个方面，前者的主要目的是在材料的表面获得更高的增强因子，而后者则是针对不同类型待测物而采用的免疫反应模式，如检测大分子物质会使用夹心法（常化仿，2013）。

Cheng 等（2016）采用免疫磁珠和表面增强拉曼光谱对动物尿中的克伦特罗进行检测。利用克伦特罗抗原制备了免疫磁珠，该磁珠可与克伦特罗定向结合，使得拉曼散射信号更加明显。检测结果如图 5-11 所示，检测限可达到 1ng/mL。

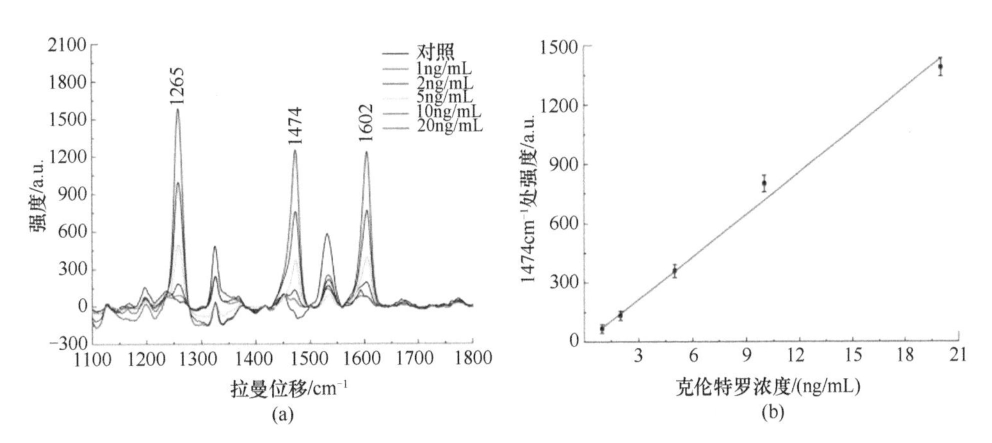

图 5-11　（a）盐酸克伦特罗在不同标准溶液浓度下的 SERS 光谱及（b）$1474cm^{-1}$ 处拉曼特征峰强度与克伦特罗浓度的光系（Cheng et al.，2018）

Cheng 等（2018）利用沙丁胺醇抗原制备了免疫磁珠，对动物尿液中的沙丁胺醇进行检测，采用猪、羊和牛的尿液配置不同浓度的沙丁胺醇溶液，通过免疫磁珠表面增强，采集其拉曼光谱图像，检测结果如图 5-12 所示，沙丁胺醇在 $1145cm^{-1}$ 拉曼特征峰处强度与沙丁胺醇的浓度呈现出较好的线性相关，检测结果可达到 0.1ng/mL。

邓淀甸（2019）建立了一种基于表面增强拉曼散射（SERS）免疫层析检测方法用于超灵敏检测食品中苏丹红Ⅰ。合成和表征了金银核壳双金属纳米棒（Au@AgNRs），并将其用作制备基底材料。将抗苏丹红Ⅰ的多克隆抗体固定连接在拉曼分子的表面。用测试纸上的拉曼信号强度对苏丹红Ⅰ进行定量分析，检测过程可在 15min 内完成。Li 等（2019）介绍了一种基于表面增强拉曼散射（SERS）的免疫层析（ICA）方法，对牛奶中氯氰菊酯和苯氰菊酯两种农药进行检测。采用抗体共轭金纳米粒子作为 SERS 基底，通过抗原和抗体的免疫特异性结合，将

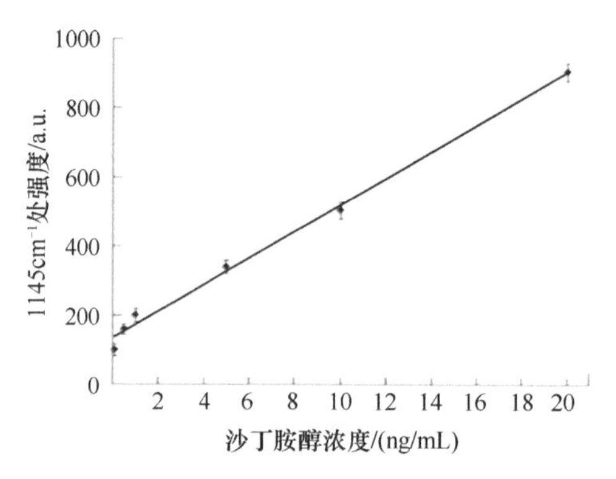

图 5-12 1145cm^{-1}处拉曼特征峰强度与沙丁胺醇浓度的关系（Cheng et al.，2018）

拉曼报告子标记的 AuNPs 固定在 ICA 条的检测线上。研究表明，该 SERS-ICA 方法具有较高的特异性、灵敏度和重现性。史巧巧（2018）介绍了一种表面增强拉曼散射结合免疫层析技术检测牛奶中抗生素残留的方法。如图 5-13 所示，利用金纳米粒子（AuNPs）、4-氨基苯硫酚（PATP）、免疫抗原溶液（BSA）和新霉素单克隆抗体（NEOmAb）制备了拉曼免疫探针，然后采用 SERS 采集光谱。不同浓度的试剂条分别沿检测线随机采集 10 个点然后检测其在 1078cm^{-1}处的拉曼强度，如图 5-14 所示，可以看出随着新霉素浓度的升高，拉曼强度逐渐降低，在相同浓度的试纸条中，随机测定 10 个数据，偏差较小，稳定性强，且不同浓度与 1078cm^{-1}处的拉曼强度之间具有较好的线性关系。然后对拉曼光谱强度进行定量分析，新霉素的最低检测限为 0.216pg/mg。

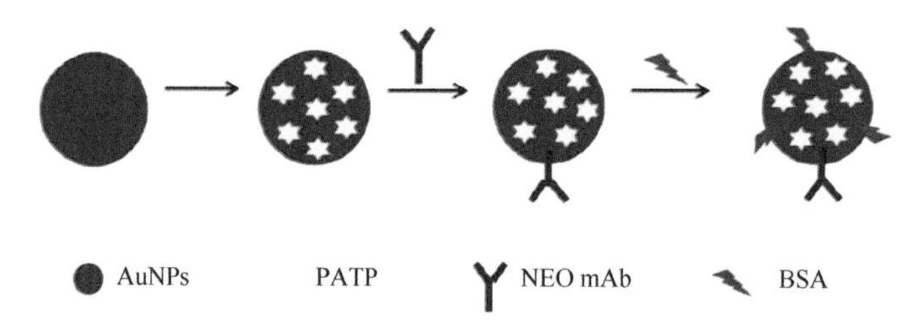

图 5-13 拉曼免疫探针制备示意图（史巧巧，2018）

之后，史巧巧又以 γ Fe_2O_3@AuNFs-PATP 为基底制备新霉素拉曼免疫探针，制备示意图如图 5-15 所示，利用此方法对新霉素的检测限降低到 0.17pg/mg。

采用 SERS 结合免疫分析技术可以很好地应用于微量农产品品质的检测，免疫层级技术模仿人类的抗原和抗体特异性选择结合，增强了待测物质的拉曼散射信号，另外利用 SERS 可以对待测物质进行定量检测，提高了检测精度。但是该方法制备较为复杂，对农产品不能进行无损检测，因此后续仍需继续研究。

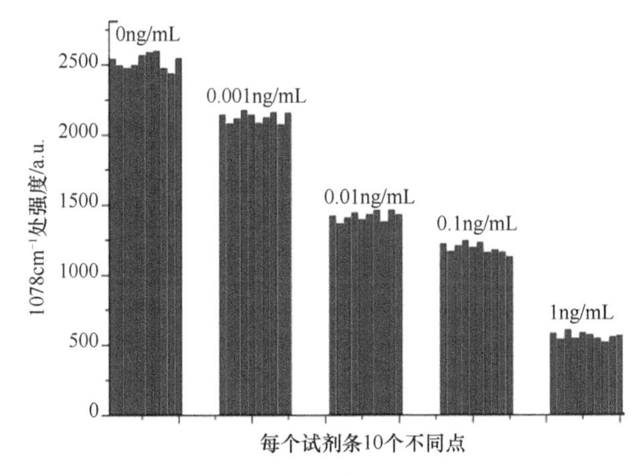

图 5-14　不同浓度的试剂条在 1078cm^{-1} 处的 SERS 强度（史巧巧，2018）

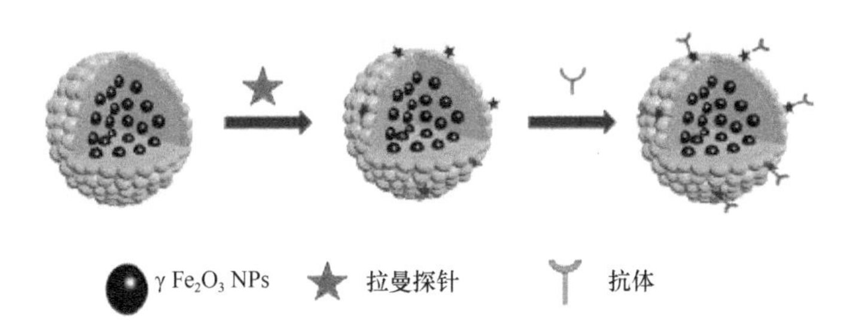

图 5-15　拉曼探针制备示意图（史巧巧，2018）

5.3　拉曼光谱与大数据

随着拉曼光谱技术的不断发展及便携式拉曼光谱仪的普及和民用化，拉曼光谱数据得到快速的积累，在农产品品质无损检测中，逐步形成了以农产品品质及其相关目标物数据为基础、以多学科交叉分析技术为手段的大数据体系，并在农产品品质的数据获取、数据存储管理及数据分析应用等方面取得了较快的研究进展，利用拉曼光谱大数据开展农产品品质检测尤其是农产品的定性检测已逐渐成为研究热点，并推动了农产品品质检测由单一参数检测向多参数同时检测方向发展。

5.3.1　农产品拉曼光谱数据的获取

大数据的形成依赖于海量数据的获取和积累，由于各类便携式拉曼光谱仪的推广使用，农产品品质相关的拉曼光谱数据量呈现出快速增长的态势，并且在普通拉曼光谱技术的基础上已经衍生出很多“增强”技术，能够获得更丰富、灵敏的拉曼光谱。如表 5-2 所示，目前用于拉曼光谱数据采集的技术主要涉及激光共振拉曼光谱技术、傅里叶变换拉曼光谱技术、共聚焦显微拉曼光谱技术、表面增强拉曼光谱技术、空间偏移拉曼光谱技术和拉曼光谱成像技术等，同时为了满足复杂混合物的检测要求，微流控技术、免疫分析方法、薄层色谱分离技术和空芯光纤等方法也被结合使用。利用这些技术进行检测的农产品包括果蔬、肉品、禽蛋、茶叶、蜂产品、粉状农产品、液态农产品等，活跃在农畜产品分级、掺假鉴别、变质或腐败鉴定及食用品质指标检测等工作中。这些光谱数据涉及农产品的种类、营养成分、污染物、残留物、新鲜度、地域等多维度信息，逐渐呈现出规模大、类型多样、产生速度快、价值密度低的大数据特征。

表 5-2　拉曼光谱技术的系统组成和光谱信息特点

拉曼光谱技术	系统组成	光谱特点
激光共振拉曼光谱技术	特定波长激发光源、分光单色器、光纤探头等	共振拉曼效应、特征拉曼谱带达到正常拉曼谱带的 10^4～10^6 倍
傅里叶变换拉曼光谱技术	激发光源、迈克尔孙干涉仪、特殊滤光器、检测器等	荧光背景弱、光谱频率精度高、分辨率高
共聚焦显微拉曼光谱技术	高倍光学显微镜、共焦针孔阑、激发光源、分光单色器等	杂散光信号弱、拉曼散射强度增强、空间分辨率和灵敏度高
表面增强拉曼光谱技术	纳米基底、激发光源、分光单色器、光纤探头等	分辨率和灵敏度更高、可减弱荧光背景、可能存在基底光谱特征
空间偏移拉曼光谱技术	Y 型光纤探头、CCD 相机等	荧光背景弱、灵敏度高、含深层物质光谱信息
拉曼光谱成像技术	成像光谱仪、CCD 相机、激发光源、图像采集卡	空间维度和光谱维度信息的 2D 图像、可视化

资料来源：刘晨等，2020；李扬裕等，2020；翟晨等，2016

目前，农畜产品拉曼光谱检测的研究热点主要集中在开发便携式、稳定性高、重复率高、原位无损的检测技术和设备。便携式拉曼光谱仪以其使用成本低、应用范围广、集成化高和性能稳定等优势，许多公司都致力于便携式拉曼光谱仪的研制和开发。随着光栅加工技术、高灵敏度 CCD 相机、半导体激光光源、全息滤光片、光纤技术和嵌入式技术的出现和提升，极大地推进了便携式拉曼光谱仪的小型化、智能化和信息化。表 5-3 列举了国内外的便携式拉曼光谱仪，早期国外便携式拉曼光谱仪以优良的性能在中国占有大部分市场份额，不过近年来国产设备精度和稳定性的提高及成熟的服务、相对便宜的价格，国产拉曼光谱仪也得到了推广和应用。

随着国内外便携式拉曼光谱技术的日渐成熟，便携式拉曼光谱仪已经被运用到农业生产监测和检测的全过程中。在农业生产初级阶段，便携式拉曼光谱仪以其良好的机动性受到青睐，为种植和养殖过程的监管和检测带来了极大的便利。高菲等（2017）采集动物源性饲料的脂质拉曼光谱（图 5-16），结合脂肪酸特性分

表 5-3　国内外便携式拉曼光谱仪的优势及其应用

地区	企业	代表型号	特点	应用
国外	必达泰克（BWTEK）公司	iRaman 便携式拉曼光谱仪	光谱范围广、体积小、重量轻、功耗低、触屏操作	食品安全、矿产识别、环境污染等
	海洋光学（Ocean Optics）公司	Apex-785 拉曼系统	高灵敏度、高分辨率、宽光谱范围、短积分时间	食品安全、化工制药企业、毒品识别、爆炸物等
	史密斯检测（Smiths Detection）公司	Responde RCT 鉴别仪	便携耐用、可迅速鉴别不明液体和固体	食品安全、化工制药企业、进出口检疫等
国内	奥普天成（厦门）科技有限公司	ATR6500CH 手持式拉曼光谱识别仪	超薄、超快速检测、电池可更换无限续航	食品安全、工业物质识别、文物鉴定等
	北京卓立汉光仪器有限公司	Finder Edge1064nm 手持式拉曼光谱仪	灵敏度高，特异性强，可检测弱信号，可构建云计算“大数据监管”平台	食品安全、化工制药、毒品等
	达闼科技（北京）有限公司	凌晰 MR-5S	极速检测、混合物比例分析、云端 AI 平台、数据库管理	食品安全、生物医药、化工、安检等

资料来源：王毅，2019

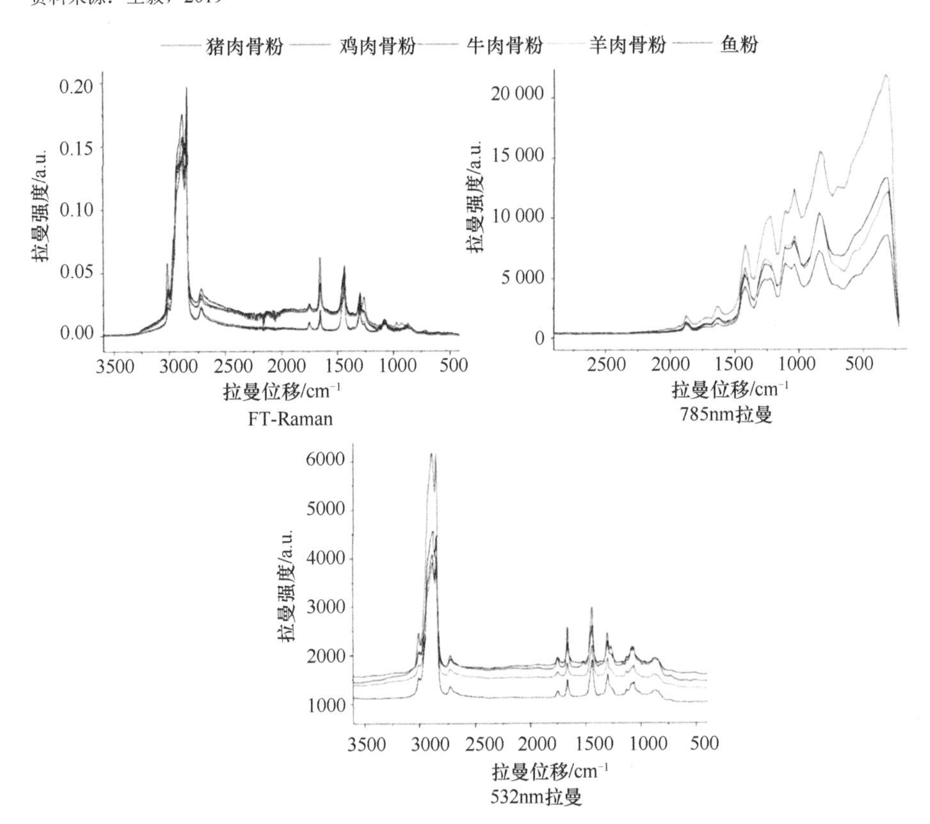

图 5-16　不同种属动物源性饲料脂质成分的 FT-Raman、785nm、532nm 拉曼光谱

析，特征峰比（1654 cm^{-1}/1748cm^{-1} 和 1654 cm^{-1}/1445cm^{-1}）与动物源性饲料脂质不饱和度呈现高度相关性（R^2＞0.940）。

从图 5-16 中可以看出，FT-Raman 和 532nm 拉曼光谱呈现典型的脂质拉曼光谱图，具有较高质量的光谱信息。由于鱼粉样品成分复杂，提取的脂质成分中含较多杂质或大量脂溶性色素(类胡萝卜素等)，导致其脂质颜色呈深褐色。在 785nm 和 832nm 波长激发下没有得到有效拉曼光谱。不同种属动物源肉骨粉脂质 785nm 拉曼光谱的荧光效应较强，其中鸡肉骨粉的荧光背景最大，其光谱强度比其余肉骨粉的光谱强度高约 2 倍，有效光谱信息较少。结合化学计量学方法发现，532nm 拉曼光谱较傅里叶拉曼光谱具有更好的动物源性饲料种属鉴别潜力。可发现对于同一物质，不同的光谱技术和仪器采集到的光谱信息存在差异，因此应根据待检测物质的特性选择合适的仪器设备进行采集，才能获得更高质量的光谱。

在农产品加工阶段，拉曼光谱技术快速、实时、无损的检测优势，给农产品的鉴定和分级带来了曙光。祁龙凯等（2014）以荔枝蜜为研究对象，获得了荔枝蜜中的营养成分如氨基酸、糖类、蛋白质等指纹图谱，炼蜜相比原蜜的特征谱峰吸收强度更高，通过对 20 批次荔枝蜜在激光拉曼光谱仪下进行检测，发现拉曼指纹图谱高度相似，表明拉曼光谱技术可以直接快速检测出主要成分特征峰，如图 5-17 所示。

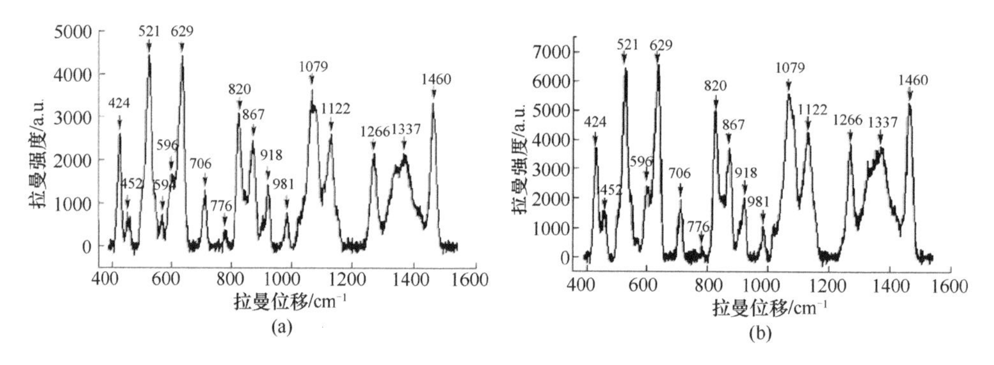

图 5-17 荔枝原蜜拉曼光谱扫描图（a）及荔枝炼蜜拉曼光谱扫描图（b）

由图 5-17（a）和（b）直观分析，荔枝原蜜和炼蜜的拉曼光谱差异性不明显，只是加工后较加工前各拉曼峰强度明显高一些，说明加工前后荔枝蜜在化学成分种类上没有显著变化，在相关成分含量上有较显著差异，可对相关成分进行定量检测。

在不同的阶段，通过不同的技术和设备采集不同的农作物和产品，得到的光谱汇集到一起，形成了巨大的数据体系，蕴藏了丰富的营养、安全、产地等信息，为利用好如此庞大的数据，随之产生了多种多样的数据管理和应用体系。

5.3.2 农产品拉曼光谱数据的储存与管理

随着数据体量不断增大，各类拉曼光谱数据库和相关数据管理分析平台纷纷建立，多种学科领域数据分析和挖掘技术也开始研发与应用，逐渐形成了数据体量大、增长速度快、多学科、多种生长环境下农产品的差异性等各类信息。欧美发达国家在 20 世纪 80 年代初期就着手构建技术交叉、数据多样的品质大数据体系，该体系涵盖了农产品从地域到品质的多个尺度拉曼光谱数据库，他们对各类材料、化学成分等进行了大量的实验，获得了大量的拉曼谱图，这些资料厚达数千页，查找比对起来十分不便。近年来计算机和网络技术的发展，又对这些数据资料进行归纳整理，构建了数字化的数据库系统。

目前主要的、大型的拉曼光谱数据库均由国外企业收费提供。KnowItAll 拉曼光谱库是世界最大的高质量拉曼光谱数据库，拥有 25 000 多张拉曼光谱图，涵盖营养成分、生物化学、矿物和半导体材料等，通过此数据库可获取大量化合物的光谱图，其中包括单体、聚合物及有机和无机化合物。使用 Wiley KnowItAll 软件及来自众多仪器厂商的软件进行检索，可以实现快速而精准的光谱识别。其主要应用于拉曼光谱、未知拉曼光谱的识别、使用拉曼光谱参考数据库解析拉曼光谱、拉曼光谱分析、拉曼光谱的材料表征和化学分类、拉曼光谱反褶积、拉曼光谱混合分析、拉曼光谱库光谱检索。

HORIBA 版数据库，可以用于全谱检索、数据库创建及官能团分析等。KIA 可通过 HORIBA 的 LabSpec 6 软件一键点击链接导入光谱用于数据库分析。KIA HORIBA 版光谱数据库由 HORIBA 的光谱数据组成，共包含数千条光谱，其中大多数是在 HORIBA Scientific 的色散型拉曼光谱仪器上获得。该数据库共包括 5 个子库，涵盖一些常用及特殊的化合物/材料，可以根据需要进行有针对性地检索，帮助用户将光谱与 HORIBA Scientific 光谱仪器（如 LabRAM、XploRA、HE 及模块化拉曼光谱仪）上获得的未知数据进行最佳匹配。另外，还有萨特勒（Sadtler）拉曼光谱数据库等，但这些成熟的商业数据库价格往往昂贵，增加了仪器使用和光谱分析的成本。

近年来，我国也在致力于建立我们自己的拉曼光谱数据库。董鹍等（2008）采用目前最先进的数据库软件平台，进行了大量的实际样品测试，构建了一套拉曼光谱数据库系统。该数据库包括农药、化学药剂、原生矿物宝玉石及其填充物、毒品、打印复印墨迹等数个子数据库，总计有近千条图谱及数据信息。可以通过中文名称、英文名称、化学式、特征峰等多种方式进行查询。同时该系统具有智能化的模糊查询功能。赵瑜等（2015）对拉曼无损检测液体的方法制定了规范化操作规程（SOP），并对每个注射液品种建立拉曼模型，根据动态验证的结果调节每个品种的个体化阈值，获取规范的拉曼光谱，最终建立了 114 个液体注射剂品种的拉曼无损筛查数据库，用于液体注射剂的快速无损筛查。液体注射液拉曼快速无损筛查数据库部分标准光谱，如图 5-18 所示。

图 5-18 列出了部分注射剂的名称及活性成分的标准拉曼光谱图，可针对假药和劣药拉曼光谱进行比对，实现快速筛查。随着液体注射剂拉曼光谱的不断累积，

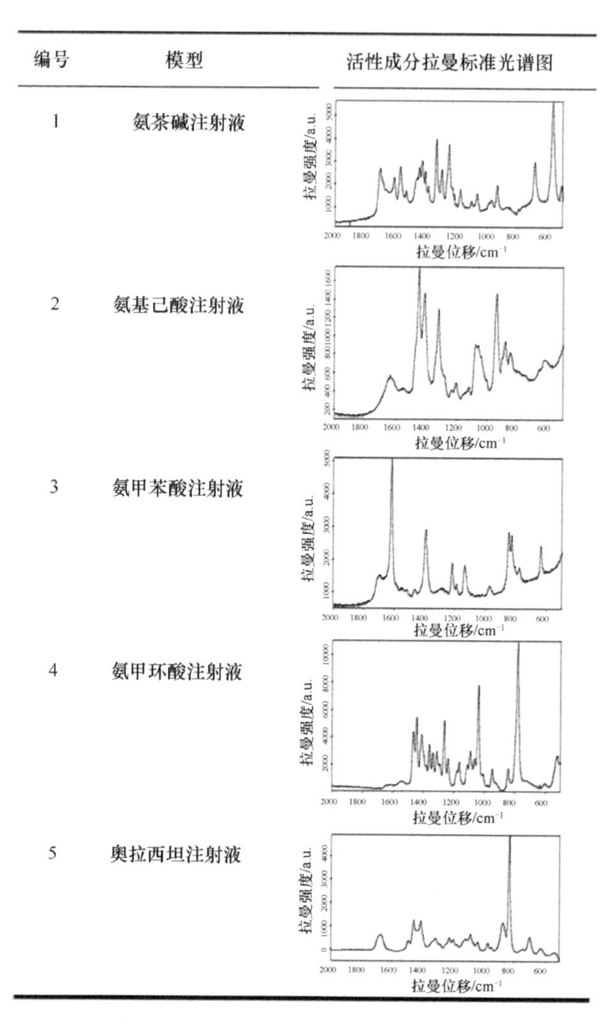

编号	模型	活性成分拉曼标准光谱图
1	氨茶碱注射液	
2	氨基己酸注射液	
3	氨甲苯酸注射液	
4	氨甲环酸注射液	
5	奥拉西坦注射液	

图 5-18　液体注射液拉曼快速无损筛查数据库部分标准光谱

数据库进一步完善，即可实现现场液体注射液快速无损检测。这对于食品添加剂、农药残留和兽药残留等方面的检测具有借鉴意义。

随着我国互联网、云计算、人工智能等高新技术的快速发展，一些企业也将拉曼光谱数据上传至云端，将云端数据互联互通，构建拉曼光谱数据库。达闼科技（北京）有限公司以自身云端计算的优势，在数据库技术领域发展迅猛。该公司开发凌晰 MR-5S 便携式拉曼光谱仪支持本地与云端的基础库、扩展库和用户自建库，即云端与本地数据通过云检测平台互联互通，实现数据的同步管理，自动更新。此外，个人用户与企业用户，在使用终端进行检测的时候，云端数据库不断更新，无形地丰富了云端的数据内容，为检测物质种类的增加与准确度提升提供了可能性。图 5-19 为凌晰 MR-5S 便携式拉曼光谱仪数据库架构示意图。

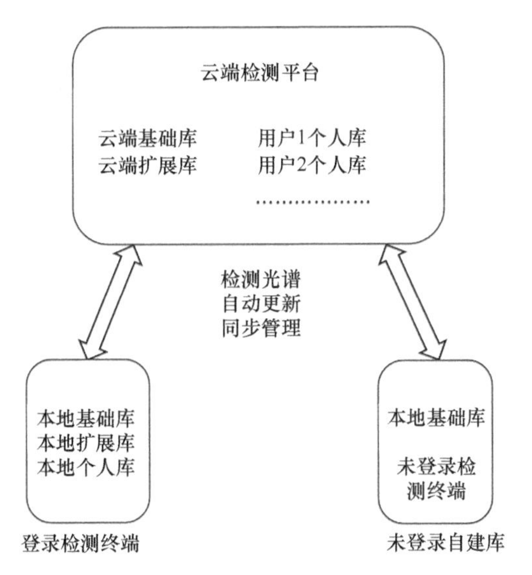

图 5-19　凌晰 MR-5S 数据库架构示意图

但是现有的拉曼数据库都是偏重于某一领域，如晶体拉曼数据库、高分子拉曼数据库等，目前在生化方面应用普遍，但还没有一个包含全部物质的拉曼光谱数据库。由于拉曼图谱比较复杂，不像光衍射图谱那样测量结果单一确定，即使化学成分一致，结构的不同也会导致拉曼图谱在峰的强度、半高宽峰位上存在差异，而且所得到的图谱需要具有专业知识的人通过大量的数据分析才能对样品进行有效检测，因此要进行图谱的查找、比对和分析具有一定的困难。同时，虽然拉曼光谱的数据量得到了海量的积累，但是目前光谱的采集和样品的设置尚未形成统一的规范，大量同类型的光谱差异较大，尤其在定量分析方面，拉曼光谱大数据的优势不能够被充分发挥。在农产品检测方面，建立相应食品非法添加物、农药、兽药、营养成分等物质的标准拉曼数据库是非常必要的。相信拉曼光谱在农产品检测方面的深度应用下，在深度学习、人工智能等高新技术的帮助下，这些问题终将能被解决。

5.3.3　农产品拉曼光谱数据的分析与应用

庞大的拉曼光谱数据包含了丰富的物质特征信息，科学地对其进行分析与光谱采集一样重要。拉曼光谱分析是一种现代光谱分析方法，主要利用拉曼散射确定物质的化学成分和每种物质的含量。通过分析散射光相对于入射光的拉曼位移，可以确定物质的化学组成，并且可以分析拉曼特征峰的强度来确定每种组分的浓度，从而实现对物质的定量、定性分析。

1. 定量分析

由于 SERS 技术能够提供丰富的化学分子结构信息，具有高灵敏度、高选择性、受水和荧光信号干扰小的优点，在食品、农业、工业、生物医学等众多领域得到了广泛的应用，成为痕量组分定量分析的代表，传统拉曼光谱定量分析的一般步骤如下所述。

1）获得待测物质的标准光谱；

2）利用拉曼光谱仪对已知物浓度的样本的拉曼光谱进行采集；

3）由拉曼光谱及标准光谱确定光谱分析域；

4）通过拉曼光谱与物质浓度的线性关系建立定量分析模型；

5）通过模型对未知物质浓度进行预测。

主流的 SERS 定量分析技术为外标法、内标法、计量学多元分析法。SERS 外标法定量技术是根据目标物质某一特征拉曼峰的峰强度（峰高或峰面积）随物质浓度变化产生相应梯度变化的标准曲线进行定量的技术，是最常用的 SERS 定量分析技术。根据目标物是否具有 SERS 响应，SERS 外标法定量技术又可分为直接定量及间接定量技术。内标法定量技术是根据定量峰与内标峰的相对强度值和目标物浓度之间的关系曲线对样品中目标物进行定量分析。另外，复杂体系的 SERS 定量分析准确度不仅由目标物浓度决定，还受样品中其他具有 SERS 响应的组分、增强基底的物理性质（如颗粒尺寸、形状、聚集程度、与不同目标物质的吸附能力）、测试条件等因素影响。刘察等（2019）合成了对甲氨蝶呤和伏立康唑具有普适性响应的金纳米复合（AuNPS-PDDA）基底，借助表面增强拉曼光谱技术，通过连续小波变换将甲氨蝶呤和伏立康唑的光谱信号转换到小波空间，依据小波空间特征匹配分析混合物的拉曼光谱，显著减轻信号中基线变化和随机噪声的影响，成功地识别出混合物中 1.0×10^{-8}mol/L 甲氨蝶呤和 2.86×10^{-4} mol/L 伏立康唑，实现了半定量的检测。

由于 SERS 信号波动性较大，分析重现性欠佳，使用传统的基于峰高或峰面积的单变量 SERS 定量法有时较难获得混合物的准确结果，并且不同仪器和基底之间待测物的拉曼光谱特征峰相对强度存在差异。目前 SERS 技术在实际中多用于样品的定性和半定量分析，而对混合物组分进行定量分析时，多通过常规拉曼光谱技术结合机器学习和神经网络算法等技术实现。温国基等（2021）提出了一种基于遗传算法（geneticalgorithm，GA）与线性叠加模型的拉曼光谱定量分析算法。只需知道一种主要物质的拉曼光谱，即可基于一批包括该物质的混合物样本，结合相关分析方法获得各组分的特征峰位；之后利用遗传算法拟合优化混合物对应的纯物质光谱矩阵；最后利用拟合得到的光谱矩阵，建立了一种混合物中各种物质的拉曼光谱定量分析模型，为混合物中大多数纯物质光谱未知的情况提供了一种解决方案。

虽然各个应用领域各个对象的高质量拉曼光谱数据库不断被建立起来，但无法将其直接应用于新的仪器或者新的环境。通常需要进行光谱传递或者标准化，校正仪器之间的误差或者不同的环境对拉曼光谱产生的影响。

为了解决上述部分问题，一些学者开始研究光谱之间的关系和传递。光谱传递或者模型传递在近红外领域研究得较为深入，在拉曼领域则研究得相对较少。董学峰（2013）研究了基于仪器信号响应函数的拉曼光谱传递，提出了一种无须选择一组有代表性的样本建立统计模型，只需构建一个高斯函数进行卷积运算，就能消除源机与目标机在分辨率上的区别，从而将拉曼光谱从高分辨率光谱仪传递至低分辨率光谱仪的简便方法；同时，结合现有的波数校正方法与相对拉曼强度校正方法，即可实现拉曼光谱的传递。实验结果表明，该方法借助校正光源与标准荧光片，就能较好地实现拉曼光谱在一台仪器上或者不同仪器之同的传递。为了实现拉曼数据库在不同仪器之间的应用，董学峰等（2013）还提出了一种基于分段直接标准化的拉曼光谱传递方法。该方法无须对光谱仪信号响应进行机理分析，只要通过少数基于马氏距离选择的传递样本建立统计模型，就能获得不同仪器间的拉曼光谱转换系数。这给拉曼光谱的标准化及不同仪器之间的传递带来了深远的影响，是对传统定量分析方法的一种改进，促进了拉曼光谱法定量分析的稳定性和普适性。

2. 定性分析

拉曼光谱以其特有的优势，在定性检测方面取得了巨大的研究进展，在手持式拉曼光谱仪中得到广泛的应用，并且实现了拉曼光谱数据的自动化处理与定性分析。手持拉曼光谱的数据处理与定性分析主要包括光谱质量估计、光谱处理、谱峰识别、光谱模式识别 4 个步骤。

高质量的拉曼光谱对于后续样品的定性、定量分析及光谱共享至关重要。实际测量时，拉曼光谱中存在着多种干扰源，主要包括：激光及拉曼散射光的发射噪声，CCD 探测器的散粒噪声、暗电流噪声及读出噪声，样品、样品容器等的荧光和磷光背景、样品及其周围环境的黑体辐射，环境中射线导致的尖峰等。所以，测得样品的拉曼光谱之后，应对光谱的质量进行评估，以确定该次测量是否有效，主要有噪声标准差估计和信噪比估计两种方法。

拉曼光谱数据处理技术是指在对样品进行定性、定量分析之前对所测光谱进行一定的处理，为后续建立定性、定量分析模型提供高质量的数据，以获得稳定、可靠的分析结果，关于预处理方法的介绍已有很多，故在此不再额外介绍。

拉曼光谱信息蕴藏于拉曼谱峰之中，因此拉曼谱峰识别是拉曼光谱定性分析中至关重要的一个环节，目前研究最普遍的是连续小波变换法（continuous wavelet transform，CWT）识别谱峰，该方法通过在小波系数矩阵中搜索谱峰引起的局部极大值形成的脊线。拉曼光谱的判别分析技术是指利用未知样品的拉曼光谱判断样品归属的技术，属于化学计量学中的模式识别问题。化学计量学中的模式识别方法大致可以分为有管理的方法（判别分析法）、无管理的方法（聚类分析法）、基于特征投影的降维显示法等，从而获得两类间的相似度、变量对样品判别的重要性、样品与某类的相关性等信息，实现定性分析。于迎涛等（2020）选取降温作为扰动因子，选取与橄榄油相似度很高的大豆油作为假冒组分，采用同步二维拉曼相关谱，结合系统聚类分析，针对橄榄油低量掺假（5%、10%、20%）开展鉴别研究。对同步二维拉曼相关谱的系统聚类分析显示，纯橄榄油和低量掺假橄榄油的盲样均得到准确鉴别，采用降温作为扰动因子的同步二维拉曼相关谱具有很高的辨识力，对橄榄油中掺杂地沟油等其他假冒组分，以及其他油品的防伪鉴别等二分类问题具有理论和实用价值。

基于拉曼光谱的定性分析相关研究已经成熟，已经开发出很多成熟的鉴别产品。Mu 等（2019）开发了基于云服务器的高灵敏智能手机拉曼系统，用于乙醇、丙酮及其混合物等材料识别。拉曼光谱仪集成到智能手机的背面，智能手机通过无线通信功能与云服务器连接。设备终端仅负责收集和上传数据到云服务器；云服务器采用基于 TensorFlow 的深度学习方法，对样品光谱与数据库中标准光谱进行匹配识别分析；再将检测结果传输到智能终端，实现了算法、数据库和终端设备相互分离，便于算法和数据库的及时更新，实现二元混合物的识别，如图 5-20 所示。

图中红色曲线是数据库中的标准拉曼光谱，蓝色曲线是样品采集得到的拉曼光谱。该系统可根据当前光谱信号与噪声比（SNR）自动判断积分时间，并在 SNR 达到一定水平时停止采集。当功率为 300mW 时，三种物质的自动采集时间分别为 0.58s、0.32s 和 0.43s，算法分析时间为 0.3s，无线上传和下载时间小于 0.5s，总检测时间小于 2s。该系统与同类型便携式拉曼系统相比，在体积重量、架构、算法、检测速度无线网络和地理信息系统等方面具有明显的优势。

农产品系统是动态的，化学上是复杂的，是含有大量生物分子的异质基质，并且在地域上各具特色。仅对农产品的品质和安全进行定量和定性检测是不能够满足当代顾客需求的。因此在农业物联网的大背景下，结合大数据分析，发展出了新的应用——拉曼光谱指纹溯源技术。

农产品产地溯源主要是通过分析表征不同地域来源农产品的特征性指标，并以此特征指标来实现农产品产地溯源。通过分析农产品的有机组成、挥发性成分、同位素含量与比率等特征成分或指标，结合化学计量学研究方法，建立起能区分农产品产地来源的特征性指纹图谱，从而对不同产地的农产品进行产地溯源。Mandrilea 等（2016）利用不同地区、不同年份的葡萄酒拉曼光谱特征，将差异分

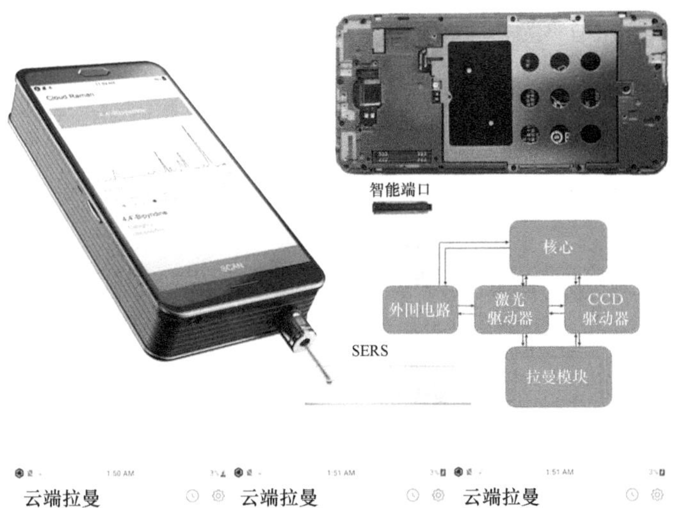

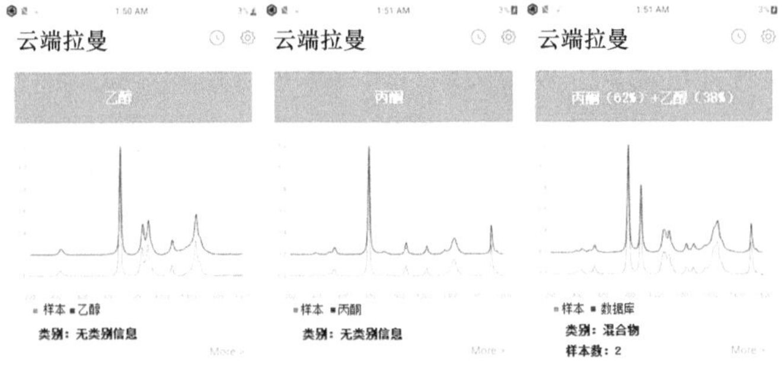

图 5-20　基于智能手机的拉曼系统（Mu et al.，2019）

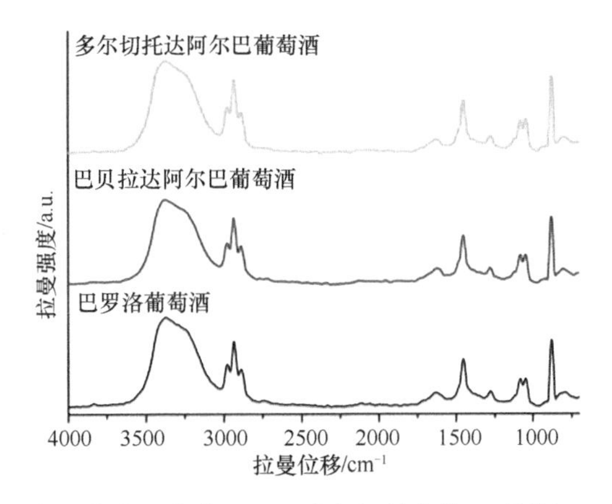

图 5-21　多尔切托达阿尔巴葡萄酒光谱（100%多尔切托葡萄）（绿色），巴贝拉达阿尔巴葡萄酒光谱（至少 85%巴贝拉葡萄）（红色）和巴罗洛葡萄酒光谱（100%内比奥洛葡萄）（黑色）

析应用于葡萄酒光谱数据的分类，提出了一种快速、敏感和无损的葡萄酒分析方法，实现了葡萄酒的葡萄品种、产区和老化时间鉴定和溯源。

从图 5-21 中可以看到，比较了多尔切托、巴贝拉和内比奥洛葡萄制作的葡萄酒的拉曼光谱，这些不同葡萄酒的拉曼光谱非常相似，这说明仅靠单一变量分析是不可行的。研究者采用多变量方法，以确保更完整地解释光谱中的特征模式。将葡萄差异性、生长环境的差异性都作为鉴别因素。

卢诗杨等（2021）提出了一种 LSTM 网络与拉曼光谱技术结合对不同产地樱桃实现快速无损鉴别的技术。将来自美国、中国山东和四川的 369 个樱桃作为研究样本，用拉曼光谱仪在 785nm 激光下获得了不同产地樱桃的光谱数据。并且以每条经过基线校正后的拉曼光谱数据作为网络输入数据，基于 LSTM 网络构建了能对不同产地樱桃实现快速鉴别的判别模型，并且以样本判别准确率 A、样本精确率 P、样本召回率 R 和样本 F 值作为评价指标，探究了不同预处理方法对 LSTM 网络判别模型性能的影响。结果表明：当样本训练集和测试集的比例为 85∶38 时，直接采用原始拉曼光谱数据的 LSTM 网络模型对产地鉴别能力不高，鉴别准确率为 79.87%。但当使用预处理过的拉曼光谱数据，模型的鉴别准确率维持在 92%以上。并且光谱经过 SG+MSC 预处理后模型的鉴别准确度最好，鉴别准确率达 99.12%。同时在采用 SG+MSC 预处理的方法下，LSTM 网络鉴别模型的精确率、召回率、F 值均较高，表明了所提出的 LSTM 网络模型有较好的性能可实现对不同产地樱桃的鉴别，为樱桃的产地溯源提供了一种新的思路。

图 5-22 为 LSTM 的结构图，其中，x_i 为当前序列的输入、h_{i-1} 为上一序列点的隐藏层输出、c_i 为经输入门后的临时单元状态、h_i 为当前序列隐藏层的输出。记忆细胞内包含遗忘门、输入门、输出门，用来选择性地存储信息。首先，通过遗忘门将 c_{i-1} 内的冗余信息清除，从而减小网络负担。其次，输入门根据当前序列输入信息更新单元状态变为 c_i。最后，输出门根据当前序列的输入与当前序列的状态得到新的输出，该输出也为下一个序列点的输入。

田芳明（2018）以东北地区大米为研究对象，利用拉曼光谱技术结合化学计量学方法及计算机编程技术，针对地域相近大米产地和品种无损检测分类难的问题，实现了单籽粒大米产地、品种的检测。首先利用拉曼光谱仪获取了黑龙江省包含 5 个品种、5 个产地的 8 种大米光谱，建立了基于拉曼光谱的近地域大米身份识别模型，提出了基于拉曼光谱特征峰面积的大米身份识别方法，并且开发了大米身份识别软件系统，大米身份识别系统总体架构如图 5-23 所示。

大米身份识别系统采用 4 层结构。数据输入层主要用来导入 DNU 和 PRN 文件格式的拉曼光谱数据，导入 32 个主要测试指标的大米成分数据，其中，160 是由拉曼光谱分析仪导出不含基波的拉曼光谱数据；数据上传层主要用来将导入到客户端的数据远程上传到服务器；数据存储和支持层依托阿里云平台服务器建

记忆细胞
c_{i-1}
c_i
遗忘门
输入门
输出门
输出
h_i
输入
x_i
h_{i-1}

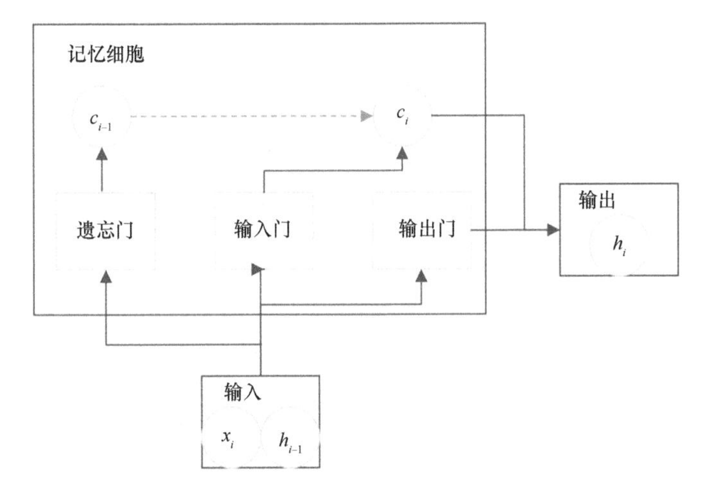

图 5-22　LSTM 结构图（刘培贞等，2019）

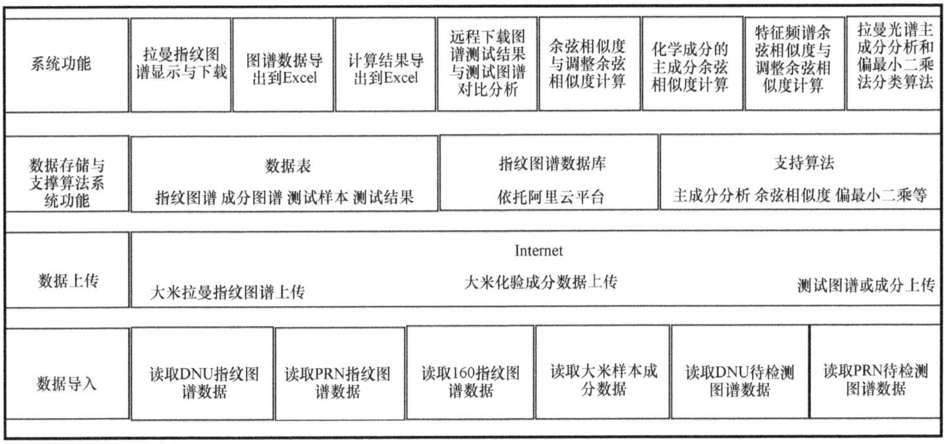

系统功能
拉曼指纹图谱显示与下载
图谱数据导出到Excel
计算结果导出到Excel
远程下载图谱测试结果与测试图谱对比分析
余弦相似度与调整余弦相似度计算
化学成分的主成分余弦相似度计算
特征频谱余弦相似度与调整余弦相似度计算
拉曼光谱主成分分析和偏最小二乘法分类算法
数据存储与支撑算法系统功能
数据表
指纹图谱 成分图谱 测试样本 测试结果
指纹图谱数据库
依托阿里云平台
支持算法
主成分分析 余弦相似度 偏最小二乘等
数据上传
Internet
大米拉曼指纹图谱上传
大米化验成分数据上传
测试图谱或成分上传
数据导入
读取DNU指纹图谱数据
读取PRN指纹图谱数据
读取160指纹图谱数据
读取大米样本成分数据
读取DNU待检测图谱数据
读取PRN待检测图谱数据

图 5-23　大米身份识别系统总体架构表（田芳明等，2018）

立指纹图谱数据库，包括样本指纹图谱、样本成分图谱、测试图谱和测试结果数据集，存储相关支持算法；系统功能层由图谱显示、下载、导出和计算分析等组成，完成大米产地溯源和大米身份识别。

此外，前文介绍的手持式拉曼光谱仪，在系统里内置 4G、GPS、GPRS、Bluetooth、Wi-Fi 等多种模块，结合样品光谱信息，使设备在识别物质的同时还能准确记录地点信息，将农产品的时间、空间和样品信息进行三维可视化呈现，同时检测结果可以生成 PDF 报告或者生成二维码，可更好地推进农产品的溯源，全程检测，这也是目前手持式拉曼光谱仪发展的重要方向。

当前基于拉曼光谱的物质识别问题的前沿研究大多是针对二分类或者三分类

等类别数较少的任务，在多分类问题上还存在挑战。虽然深度学习在拉曼光谱多分类问题中被广泛利用，但这往往需要大规模的拉曼标准数据库作为支撑。同样地，拉曼光谱法定量分析的推广和应用也依赖标准的拉曼数据库，这就需要形成规范的光谱采集流程和标准化的仪器设备。

随着检测技术的不断发展及农产品内部成分的复杂化，依靠单一的技术已无法实现有效的产地溯源，越来越多的研究者开始关注多种溯源技术的联用，以提高食品产地溯源的准确率。不同溯源技术之间可以通过多参数、多指标、多技术融合的方式进行结合，对同位素指纹溯源技术、矿物质元素指纹溯源技术、有机成分指纹溯源技术、近红外光谱指纹溯源技术、拉曼光谱指纹溯源技术、核磁共振指纹溯源技术、高光谱指纹溯源技术等进行结合使用，充分利用每一种溯源技术的优点，在提高食品产地溯源的准确性上有着广阔的应用前景。

参考文献

毕云峰, 李颖, 杜增丰, 等. 2015. 对称零面积变换结合 L-M 拟合自动识别重叠光谱峰. 光谱学与光谱分析, 35(8): 2339-2342.

曹建, 范竞敏, 安晨光. 2010. 灰色关联度分析在变压器油色谱峰辨识中的应用. 电网技术, 7(34): 206-210.

常化仿. 2013. 表面增强拉曼光谱结合胶体金免疫层析技术(SERS-ICA)的研究和应用. 苏州大学硕士学位论文.

陈川, 葛良全, 谷懿, 等. 2016. 采用对称零面积法的高统计涨落谱线峰位解析研究. 核电子学与探测技术, 36(2): 229-231.

邓淀甸. 2019. 基于表面增强拉曼光谱的高灵敏定量免疫层析分析方法的研究. 苏州大学硕士学位论文.

董鹍, 王锭笙, 段云彪, 等. 2008. 拉曼光谱数据库及信息查询系统. 光散射学报, 20(4): 359-362.

董前民, 杨艳敏, 梁培, 等. 2013. 表面增强拉曼散射(SERS)衬底的研究及应用. 光谱学与光谱分析, 33(6): 1547-1552.

董学锋. 2013. 拉曼光谱传递与定量分析技术研究及其工业应用. 浙江大学博士学位论文.

甘盛, 赖青鸟, 李志成, 等. 2016. 金、银纳米颗粒溶胶对三种瘦肉精分子拉曼表面信号增强效果及性质比较研究. 现代食品科技, 32(1): 52-57.

高菲. 2017. 基于脂质特异性的不同动物源性饲料光谱鉴别方法与模型. 中国农业大学博士学位论文.

高颖, 戴连奎, 朱华东, 等. 2019. 基于拉曼光谱的天然气主要组分定量分析. 分析化学, 47(1): 67-76.

胡广春, 刘晓亚, 郝樊华. 2008. γ 能谱特征峰定位算法分析. 中国核科技报告, (2): 1-10.

胡劲松. 2012. 基于小波和模式匹配的变压器色谱倾斜峰辨识方法. 计算机与应用化学, 29(2): 249-251.

胡劲松, 鲍吉龙, 周方洁, 等. 2005. 基于模式匹配的变压器色谱峰辨识算法. 电力系统自动化,

29(21): 89-91.
李津蓉, 戴连奎, 武晓莉. 2014. 基于 Voigt 峰的未知成分光谱拟合算法及其在甲醇汽油定量分析中的应用. 分析化学, 42(10): 1518-1523.
李灵巧, 李彦晖, 殷琳琳, 等. 2021. 基于 DCGAN 的拉曼光谱样本扩充及应用研究. 光谱学与光谱分析, 41(2): 400-407.
李延, 彭彦昆, 翟晨. 2018. 基于拉曼光谱的PE膜包装食用农产品品质检测误差的校正方法. 光谱学与光谱分析, 38(9): 2800-2805.
李扬裕, 马建光, 李大成, 等. 2020. 空间偏移拉曼光谱技术及数据处理方法研究. 光谱学与光谱分析, 40(1): 71-74.
李永玉, 彭彦昆, 孙云云, 等. 2012. 拉曼光谱技术检测苹果表面残留的敌百虫农药. 食品安全质量检测学报, 3(6): 672-675.
廖建平, 单杰, 李志军, 等. 2020. C4.5 决策树算法的阈值自适应色谱峰研究与实现. 河南科技大学学报自然科学版, 2(41): 41-52.
刘察, 臧颖超, 曾惠桃, 等. 2019. 基于小波空间特征匹配及表面增强拉曼光谱技术快速检测混合物中的甲氨蝶呤和伏立康唑. 分析测试学报, 38(6): 668-674.
刘晨, 陈复生, 夏义苗, 等. 2020. 拉曼光谱技术在食品分析中的应用. 食品工业, 41(4): 267-271.
刘明明, 夏炳乐, 杨俊. 2009. 自动化色谱谱图解析——谱峰的自动识别与快速解析. 色谱, 27(3): 351-355.
刘培贞, 贾玉祥, 夏时洪, 等. 2019. 一种面向电力运维作业的 LSTM 动作识别方法. 系统仿真学报, 31(12): 2837-2844.
卢诗扬, 张雷蕾, 潘家荣, 等. 2021. 拉曼光谱结合 LSTM 长短期记忆网络的樱桃产地鉴别研究. 光谱学与光谱分析, 41(4): 1177-1181.
罗洁, 王紫薇, 宋君红, 等. 2016. 不同品种牛乳脂质的共聚焦拉曼光谱指纹图谱. 光谱学与光谱分析, 36(1): 125-129.
庞巨丰, 郑桂芳. 1985. 自动找峰方法的比较. 计量学报, 6(3): 213-220.
祁龙凯, 林励, 陈地灵, 等. 2014. 荔枝蜜拉曼光谱指纹图谱的研究. 现代食品科技, 30(3): 201-205.
史巧巧. 2018. 表面增强拉曼散射结合免疫层析技术检测牛奶中抗生素残留的方法研究. 江南大学博士学位论文.
田芳明. 2018. 基于拉曼光谱与有机成分分析的大米身份识别. 吉林大学博士学位论文.
汪雪元, 何剑锋, 刘琳, 等. 2020. 小波变换导数法 X 射线荧光光谱自适应寻峰研究. 光谱学与光谱分析, 40(12): 3930-3935.
王崇杰, 崔玉影. 1997. 色谱数据中单高斯峰的数值处理方法. 分析仪器, (4): 28-30.
王崴. 2014. 一种新的变压器色谱峰辨识和峰定性的优化方法. 测控技术, 33(3): 94-97.
王毅. 2019. 便携式拉曼光谱仪及数据处理关键技术研究.电子科技大学硕士学位论文.
温国基, 戴连奎, 刘薇. 2021. 基于遗传算法与线性叠加模型的混合物组成拉曼光谱定量分析. 分析化学, 49(1): 85-94.
解苑明, 屈建石. 1983. γ 谱分析程序中的寻峰方法. 核电子学与探测技术, 3(4): 12-17.
徐冰冰, 金尚忠, 姜丽, 等. 2019. 共振拉曼光谱技术应用综述. 光谱学与光谱分析, 39(7): 2119-2127.

闫帅, 李永玉, 彭彦昆, 等. 2021. 基于底物内标的蜂蜜中硝基呋喃妥因拉曼信号校正方法. 光谱学与光谱分析, 41(2): 546-551.

杨志勇, 单杰, 卜冠南, 等. 2020. 变压器色谱峰识别研究综述. 电器工业, (7): 54-56.

于迎涛, 王季锋, 孙玉叶, 等. 2020. 采用降温扰动二维相关拉曼光谱鉴别掺假橄榄油. 光谱学与光谱分析, 40(12): 3727-3731.

余波, 王汝笠, 陈高峰, 等. 1997. 基于人工神经网络的多路光学相关器相关峰的实时识别. 红外与毫米波学报, 16(1): 28-33.

张蕊. 2019. 基于机器学习的拉曼光谱智能分析. 厦门大学硕士学位论文.

翟晨, 彭彦昆, Chao K L, 等. 2016. 农畜产品安全无损检测扫描式拉曼光谱成像系统设计. 农业机械学报, 47(12): 279-284.

赵瑜, 纪南, 尹利辉, 等. 2015. 液体注射剂拉曼无损筛查数据库的建立. 药物分析杂志, 35(7): 1263-1273.

郑晓春, 彭彦昆, 李永玉, 等. 2014. 拉曼光谱技术在农畜产品品质安全检测中的进展. 食品安全质量检测学报, 5(3): 665-673.

钟会清, 张武, 侯雨晴, 等. 2017. 激光共焦显微拉曼光谱技术在人舌鳞癌细胞检测中的应用. 中国医学物理学杂志, 34(7): 753-756.

周玲, 张美景, 王召, 等. 2017. 激光拉曼和傅里叶变换红外光谱仪在安乃近冷却结晶过程中的应用研究. 天津科技大学学报, 32(3): 34-38.

Abbas O, Fernández Pierna J A, Codony R, et al. 2009. Assessment of the discrimination of animal fat by FT-Raman spectroscopy, Journal of Molecular Structure, 924-926: 294-300.

Cheng J, Su X, Han C, et al. 2018. Ultrasensitive detection of salbutamol in animal urine by immunomagnetic bead treatment coupling with surface-enhanced Raman spectroscopy. Sensors and Actuators B: Chemical, 255: 2329-2338.

Cheng J, Su X, Wang S, et al. 2016. Highly sensitive detection of clenbuterol in animal urine using immunomagnetic bead treatment and surface-enhanced Raman spectroscopy. Scientific Reports, 6(1): 313-3170.

Dzantiev B B, Byzova N A, Urusov A E, et al. 2014. Immunochromatographic methods in food analysis. TrAC Trends in Analytical Chemistry, 55: 81-93.

Jiang Y, Sun D, Pu H, et al. 2018. Surface enhanced Raman spectroscopy(SERS): A novel reliable technique for rapid detection of common harmful chemical residues. Trends in Food Science & Technology, 75: 10-22.

Li X, Yang T, Song Y, et al. 2019. Surface-enhanced Raman spectroscopy(SERS)-based immunochromatographic assay(ICA)for the simultaneous detection of two pyrethroid pesticides. Sensors and Actuators B: Chemical, 283: 230-238.

Mandrile L, Zeppa G, Giovannozzi A M, et al. 2016. Controlling protected designation of origin of wine by Raman spectroscopy. Food Chem, 211: 260-267.

Mu T, Li S, Feng H H, et al. 2019. High-sensitive smartphone-based Raman system based on cloud network architecture. IEEE Journal of Selected Topics in Quantum Electronics, 25(1): 1-6.

Rohr T E, Cotton T, Fan N, et al. 1989. Immunoassay employing surface-enhanced Raman spectroscopy. Analytical Biochemistry, 182(2): 388-398.

Yan S S, Wang S, Qiu J, et al. 2021. Raman spectroscopy combined with machine learning for rapid detection of food-borne pathogens at the single-cell level. Talanta, 226: 122195.

Yan X, Zhang S, Fu H, et al. 2020. Combining convolutional neural networks and on-line Raman spectroscopy for monitoring the Cornu Caprae Hircus hydrolysis process. Spectrochimica Acta

Part A: Molecular and Biomolecular Spectroscopy, 226: 117589.

Zhou Y, Joshi. 2014. Quantitative SERS-based detection using Ag-Fe_3O_4 nanocomposites with an internal reference. Journal of Materials Chemistry C Materials for Optical & Electronic Devices 2: 9964-9968.

Zhu J, Sharma A S, Xu J, et al. 2021. Rapid on-site identification of pesticide residues in tea by one-dimensional convolutional neural network coupled with surface-enhanced Raman scattering. Spectrochimica Acta Part A: Molecular and Biomolecular Spectroscopy, 246: 118994.

第 6 章　农产品品质其他检测方法的人工智能技术

除了以上介绍的主要方法外，农产品检测还有一些其他的技术，如介电特性检测方法、生物传感器技术、声音感知技术、X 射线透射检测技术等。这些技术经过多年的发展，在农产品检测中的应用也较多，下面将逐一进行介绍。

6.1　介电特性检测方法

介电特性是指介电体物质中的束缚电荷对外加电场与磁场应激的响应特性。农产品物料在微观上作为不均匀的电介质，随着农产品采摘后内部物质的转化，生物内部不同的组织影响了农产品内部生物分子中排列电荷对外加电场的响应特性。宏观上表现为影响不同的介电特性参数。农产品的主要介电参数有相对介电常数 ε_r'、相对介电损耗因数 ε_r''、介质损耗角正切 $\tan\delta$ 和介质等效阻抗$|Z|$等。通过测量农产品的介电特性参数，建立相关参数与含水量、新鲜度等品质之间的数学关系，以此来监测农产品的生长情况，并检测农产品储藏过程中的保鲜程度，从而为物料的深加工和分级提供一种新的技术手段。因此，了解介电特性对于不同农产品的检测应用具有重要的意义（郭文川和朱新华，2009）。

6.1.1　介电参数电学性质

介电常数，又称为电容率（permittivity），是电位移 D 与电场强度 E 之比：ε=D/E，其单位为 F/m。介电常数是表征电介质最基本的参量，是衡量电介质在电场下的极化行为或储存电荷能力的参数。

电介质在电场作用下，电导和部分极化过程会将一部分电能转变为其他形式的能（如热能），即发生电能的损耗。介电损耗是指电介质在单位时间内每单位体积中将电能转换为热能而损耗的能量。电介质的介电损耗一般用耗损角正切值 $\tan\delta$ 表示（赵格格，2020），并定义为

$$\tan\delta = \frac{W_1}{W_2} \tag{6-1}$$

式中，W_1 为介质损耗的功率（有功功率）；W_2 为无功功率。

电介质在电场作用下的损耗形式主要分为极化损耗、电导损耗及游离损耗（邱四伟，2012）。

1）极化损耗。在外电场中各种介质极化的建立引起了电流，此电流与极化松弛等有关，引起的损耗称为极化损耗。只有缓慢极化过程才会引起能量损耗，如偶极子的极化损耗。它与温度和电场的频率有关。

2）电导损耗。在电场作用下，电载流子做定向漂移，形成传导电流，电流大小由介质本身性质决定，这部分传导电流以热的形式消耗掉，被称为电导损耗。气体的电导损耗很小，而液体、固体中的电导损耗则与它们的结构有关。非极性的液体电介质、无机晶体和非极性有机电介质的介质损耗主要是电导损耗。而在极性电介质及结构不紧密的离子固体电介质中，则主要由极化损耗和电导损耗组成。它们的介质损耗较大，并在一定温度和频率上出现峰值。

3）游离损耗。气体间隙中的电晕损耗和液、固绝缘体中局部放电引起的功率损耗被称为游离损耗。电晕是在空气间隙中或固体绝缘体表面气体的局部放电现象，但这种放电现象不同于液、固体介质内部发生的局部放电。局部放电是指液、固体绝缘间隙中，导体间的绝缘材料局部形成“桥路”的一种电气放电，这种局部放电可能与导体接触或不接触。

6.1.2　介电特性测量方法

目前，国内外常见的介电特性测量技术有平行极板（电容器）技术、同轴探头技术、传输线技术、自由空间法和谐振腔技术等。

1. 平行极板（电容器）技术

平行极板（电容器）技术是将待测样品放置到两平行电极板之间构成一个电容器，利用电介质放置于电容器中时电容容量的变化来测量样品的介电特性，这是传统的介电特性测量方法，其构成如图 6-1 所示。平行极板（电容器）技术是国内测量介电特性的主要技术，该技术中常用的测量仪器为 LCR 测试仪，用于测量待测样品的电容、电感和等效阻抗等介电特性参数值。本方法的特点是测量原理简单、精度比较高、测量仪器成本低，但测量信号的频率范围一般在 100MHz 以下（Hewlett-Packard，2006；Kandala and Nelson，2005）。

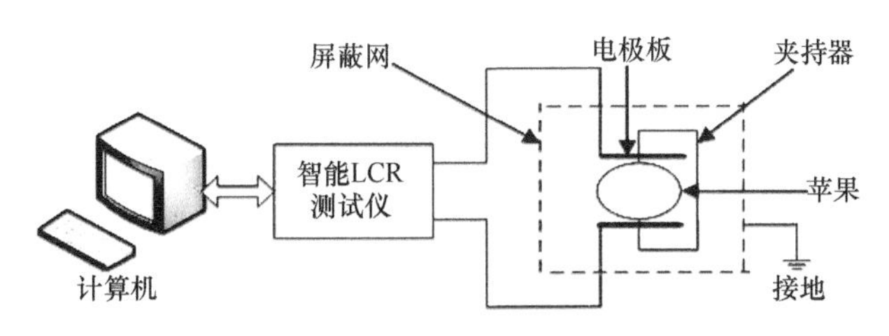

图 6-1　平行极板技术测试系统（沈江洁等，2011）

2. 同轴探头技术

同轴探头技术测量系统主要由网络分析仪或阻抗分析仪、同轴探头、测试软件和计算机等组成（图 6-2）。终端开路的同轴探头是一个同轴传输线的断面。当探头浸入液体样品中或探头与固体样品表面相接触时，根据测试件反射给分析仪的信号幅值和相位来计算被测样品的介电特性参数与频率的关系（Hewlett-Packard，1992）。同轴探头技术主要应用于液体、含水量高的半固体样品，测量频率范围为 500MHz～110GHz，要求样品非磁性、各向同性且同质、厚度大于 1cm、样品截面比较大。因此该方法在农产品检测中有一定的局限性（李博等，2020；Ryynanen，1995）。

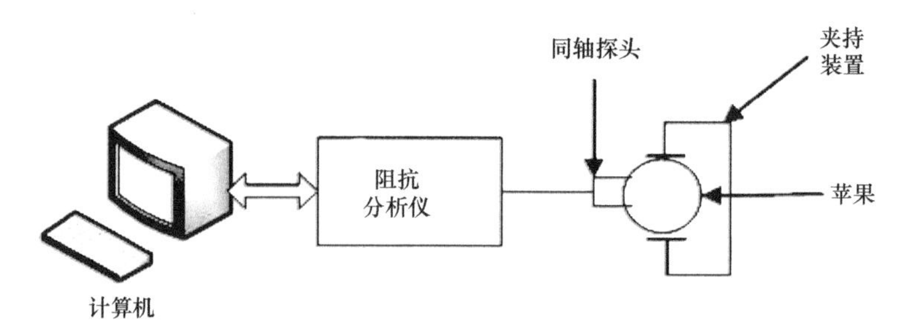

图 6-2　同轴探头测试系统（沈江洁等，2011）

3. 传输线技术

传输线技术是将样品放在密闭的传输线中（通常该传输线是矩形的波导或者同轴线），由于线路中的负载会引起线路中阻抗特性和传输特性的变化，因此常用矢量网络分析仪测量负载线路中的反射系数（*S*11）和传输系数（*S*21），利用计算机和软件计算被测样品的介电特性参数值（Hewlett-Packard，2005）。传输线技术的特点是其精度比同轴探头技术高，但要求样品的断面形状与传输线的断面形状完全相同，样品断面应平坦、光滑，且与长轴对称，因此制备样品比较复杂。另外，该技术适用的频率范围较窄，不能完整地了解被测样品在宽频下的介电特性（Icier and Baysal，2004）。

4. 自由空间法

自由空间法的典型测试系统由网络分析仪、发射和接收天线、软件和计算机组成，如图 6-3 所示。由网络分析仪发射频率变化的微波，通过天线将微波能聚焦在被测样品上或使微波能通过被测样品。根据网络分析仪测量得到的反射系数和传输系数（或中心频率 f 和品质因子 Q），由软件计算被测样品的介电特性参数（Ryynanen，1995）。

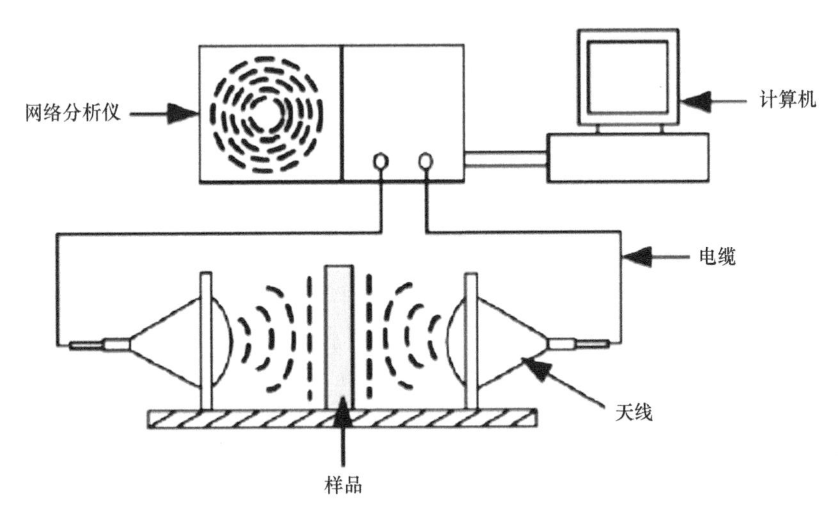

图 6-3　自由空间法测试装置示意图（李元祥，2011）

5. 谐振腔技术

谐振腔技术的典型测试系统由网络分析仪、谐振腔、软件和计算机组成。谐振腔是在一定频率下发生谐振的具有高品质因子的腔体。测量时将样品放于腔体中，通过网络分析仪迅速测量中心频率 f 和品质因子 Q。根据 f 和 Q 计算一定频率下的介电常数，而根据腔体中品质因子的变化可以计算样品的损耗因子（Hewlett-Packard，1992）。在谐振腔技术中，要求网络分析仪必须具有非常好的频率分辨率（1Hz）以测量样品品质因子 Q 的微小变化（Icier and Baysal，2004）。其特点是测量前不需要校准网络分析仪，测量非常准确，对于耗散因数低的样品非常敏感；样品准备比较容易，测量比较省时，适合于高温或低温环境下的测量。但要求样品是低损耗、小体积，且只能提供几个频率下的介电特性参数，不能很好地了解被测样品的介电特性参数的频率特性，因此其应用受到限制。

6.1.3　影响农产品介电特性的因素

农产品的介电特性主要受测试条件（频率、电压）和农产品品质（含水率、新鲜度、含糖量和酸度）的影响，深入了解其影响规律，为探索农产品品质快速检测的新方法提供理论基础。

1. 测试条件对农产品介电特性的影响

频率影响农产品介电特性的原因主要在于高频率环境会导致农产品自由水的松弛，影响生物组织的内部电荷移动；低频率环境束缚水的松弛，导致生物组织内部离子传导降低（李博等，2020）。

袁子慧等（2011）研究发现，芒果的相对介电常数在100～20 000Hz基本呈线性相关；温度一定时，介电损耗因数随着频率的增大不断减小。孔繁荣和郭文川（2016）研究苹果在20Hz～4500MHz频率范围内介电特性变化时发现，随着频率的增加，介电损耗因数先减小后增大，介电常数减小，介电常数频率为2000MHz时出现最小值。郭文川（2007）研究了在5～150kHz低频下，随着频率的增大，电容值不断减小；当频率一定时，得出不同水果（苹果、梨和猕猴桃）信号电压检测临界值，并发现当测量电压大于临界电压值时，随测量电压的增加而电容值减小，损耗角正切值增大；当测量电压小于该临界电压值时，电容和损耗角正切值不再发生变化。且不同水果的测定电压临界值不一样，从而为提出介电特性检测水果种类的新方法奠定了理论基础。

2. 农产品品质对介电特性的影响

（1）含水率的影响

含水率是影响农产品介电特性的一个重要因素，是反映农产品新鲜度的重要指标，也是农产品分级重要的参考指标（郭文川，2007）。Feng等（2002）对苹果的介电常数和介质损耗因子在4.0%～87.5%含水率范围内进行研究，在高含水率（23%～70%）时，自由水是生物组织离子运动的主要影响因素；在含水率下降（约4%）时，物料中束缚水是生物体组织离子运动的主要影响因素。由此得出了随着含水率的减小，介电常数和损耗因数减小。

（2）新鲜度的影响

农产品在采摘后的呼吸作用会消耗自身的有机物，使其分解为二氧化碳、水或其他小分子物质，这些分解物都会导致水果内部空间电荷的排布变化，在外部电场的作用下，影响农产品的介电参数值的变化。研究表明，不新鲜水果的介电常数值及介电损耗因子值低于新鲜的水果；水果储藏时间越长，阻抗值越大，相对介电常数和介质损耗因数越小（李博等，2020）。

（3）糖度和酸度的影响

Nelson等（2006）研究了10MHz～1.8GHz频率下，蜜瓜果肉的介电常数和介质损耗因子分别与可溶性固形物含量（SSC）的关系。当介电常数和介质损耗因子分别除以SSC时，介电常数和SSC之间具有很高的相关性。相关学者研究表明，糖度与等效电阻和等效电容之间存在相关性，并以苹果汁的浓度系数为对象，得到苹果的糖度，测定了等效电阻和等效电容的介电参数，得出了糖度与等效电阻和等效电容之间的关系（郭文川，2007）。

6.1.4 介电特性检测技术在农产品品质检测中的应用

1. 果品中的应用

（1）果品品质和介电特性的关系

果品是介于导体与绝缘体之间的电介质，从微观结构角度观察，其内部存在大量带电粒子形成生物电场，水果在生长、成熟、受损及腐败变质过程中的生物化学反应将伴随物质和能量的转换，导致生物组织内各类化学物质所带电荷量及电荷的空间分布的变化，生物电场的分布和强度也发生变化。当外加电场时，水果内部分子中的束缚电荷（只能在分子线度范围内运动的电荷）的极化都伴随内部电子、原子或分子随电场方向而移动或转动。这些极化现象决定了水果所具有的介电特性，从宏观上影响水果的介电特性（周世平等，2015；沈江洁等，2011）。因此，果品的品质可以通过对果品介电特性的无损检测加以判别。果品品质与宏观介电特性的关系见图 6-4。

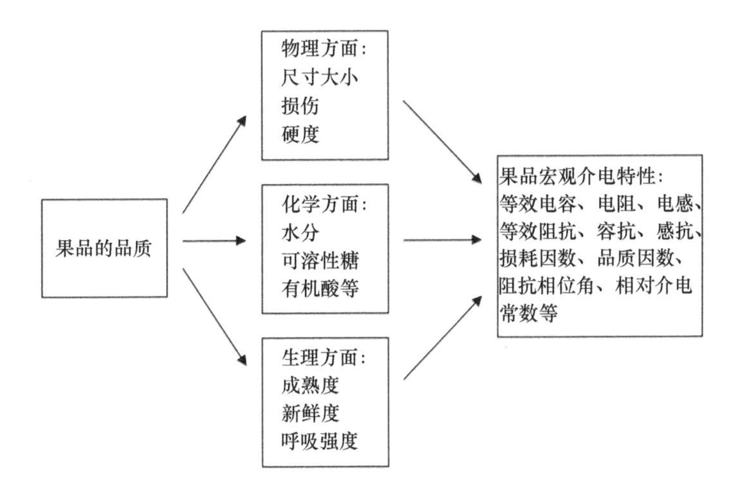

图 6-4　果品品质与宏观介电特性的关系（李元祥，2011）

与一般电介质类似，可以将果品的宏观介电特性用等效电容、阻抗、电感等介电特性参数来表示。在给定的测量频率下，将被检测果品置于两平行电极板之间作为电容器的内部电介质，则果品的介电特性参数可以通过介电特性检测装置测量得到。

（2）果品的介电模型

在给定频率下，果品可用理想电容和电阻组成的串联或并联模型来表示，如图 6-5 和图 6-6 所示。

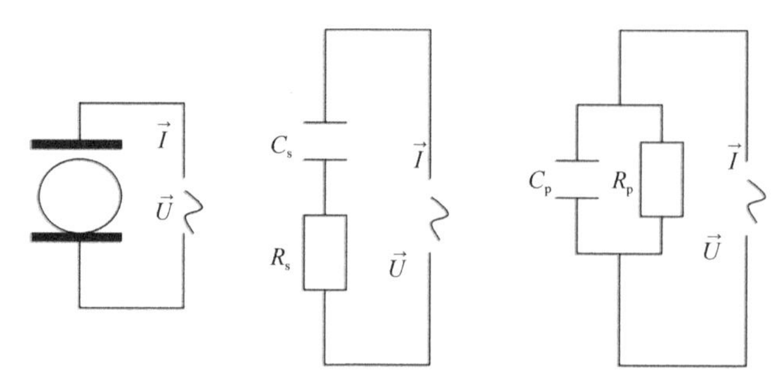

图 6-5　果品介电特性的电路模型（李元祥，2011）

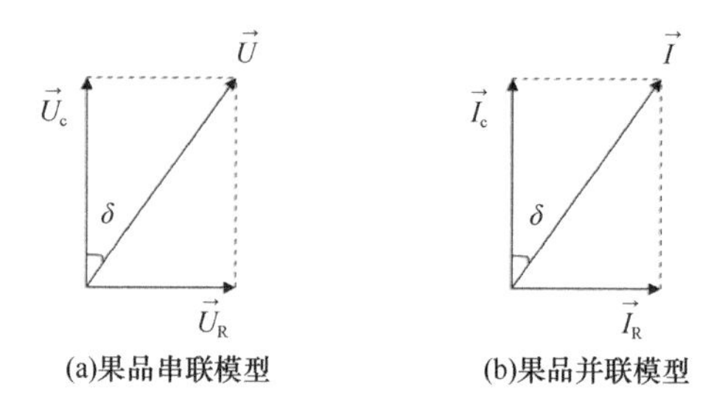

图 6-6　果品介电特性的向量模型（李元祥，2011）

图 6-6 中，δ 为介质损耗角，它是交流电的总电压 $\vec{U}$（或总电流 $\vec{I}$）与电容器中的电容电压 $\overrightarrow{U_c}$（或电容电流 $\overrightarrow{I_c}$）之间的夹角。对于无损耗的理想电介质，δ=0；对于有损耗电介质，δ>0。介质损耗角的正切值（损耗因数）很好地反映了电介质损耗的大小。流过电介质的电流由两部分组成：有功电流分量 I_R 和无功电流分量 I_c，通常 $I_c \geqslant I_R$。电介质中的有功损耗功率为 $P = 2\pi f U^2 C\tan\delta$，电介质损耗与外加电压、电源频率及电容量成正比。当外加频率、电压一定时，对一定的电介质而言，电介质损耗与介质损耗因数成正比，所以可以用介质损耗角正切值来表征电介质损耗的大小。

由图 6-6 向量模型图得：

$$\tan\delta = 2\pi f C_s R_s \tag{6-2}$$

$$\tan\delta = 1/(2\pi f C_p R_p) \tag{6-3}$$

式中，f 为施加交流电的频率；C_s 为串联等效电容；R_s 为串联等效电容；C_p 为并联等效电容；R_p 为并联等效电阻。

串联等效阻抗为

$$Z_s = R_s + j\frac{1}{2\pi f C_s} \tag{6-4}$$

并联等效阻抗为

$$Z_p = \frac{R_p}{1 + j2\pi f C_p R_p} \tag{6-5}$$

由式（6-2）、式（6-3）、式（6-4）和式（6-5），且两种等效阻抗的模相等，得到两种模型的转换公式：

$$C_p = C_s(1 + \tan^2\delta) \tag{6-6}$$

$$R_p = R_s(1 + \frac{1}{\tan^2\delta}) \tag{6-7}$$

在交变电场中，把果品看作由原生质和各种细胞液的宏观有效电阻和细胞膜的宏观有效电容组成的串联等效电路。利用串联等效电路作为果品的等效电路模型。

（3）苹果品质预测

苹果在储藏期间内部组织发生的生理生化变化会对果实的宏观电特性造成影响。郭文川等（2013）基于采后储藏 21 周‘红富士’苹果的介电参数频谱特性，分别建立苹果可溶性固形物含量的误差反向传播网络模型和支持向量回归预测模型。实验采用 E5071C 型网络分析仪和 85070E 型末端开路同轴探头在样本赤道周围相隔 90°选取 4 个点，测量其介电参数（相对介电常数 ε'和介质损耗因数 ε''），以 4 次测量结果的平均值作为该样品的测定结果。然后取出测量处的果肉进行压汁，用 PR101α 型数字折射计测量果汁的可溶性固形物含量，以 3 次测量的平均值作为实验结果。

图 6-7 是频率对采后储藏期‘红富士’苹果的 ε'和 ε''的影响曲线图。由图可以看出，苹果的 ε'随着频率的增大而逐渐减小，ε''则先减小后增大，而且二者均在低频范围内变化较大。另外，储藏时间对介电参数的频率特性没有影响。

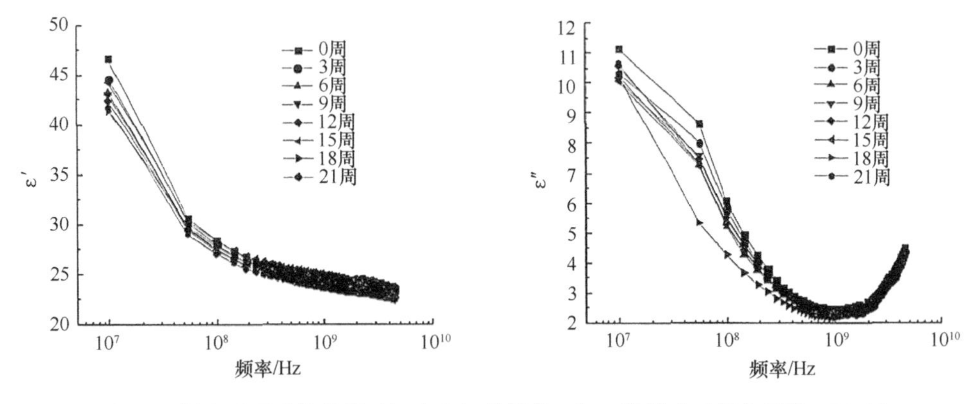

图 6-7　频率对采后储藏期‘红富士’苹果的 ε'和 ε''的影响（郭文川等，2013）

为了探究储藏时间和频率对采后苹果的介电参数的影响程度，对其进行了方差分析。由表 6-1 可知，储藏时间和频率均对苹果的介电参数有显著影响，这也与苹果随着储藏时间的延长内部生化反应导致品质变化的客观规律相吻合，因此，说明了基于介电参数预测果品的品质是可行的。

表 6-1　21 周的储藏时间 101 个频率下介电参数的方差分析

介电参数	方差来源	平方和	自由度	均方差	F	P	显著性
ε'	频率	3835.279	100	38.353	1675.923	<0.01	**
	储藏时间	150.421	7	21.489	939.005	<0.01	**
	误差	16.019	700	0.023			
	总计	4001.719	807				
ε''	频率	914.609	100	9.146	577.696	<0.01	**
	储藏时间	5.638	7	0.805	50.871	<0.01	**
	误差	11.082	700	0.016			
	总计	931.329	807				

注：**表示差异极显著

资料来源：郭文川等，2013

基于苹果介电参数的频谱特性，建立了苹果可溶性固形物含量的支持向量回归（SVR）预测模型和 BP 网络预测模型，并综合比较了采用原始频谱（FF）、主成分分析（PCA）和连续投影算法（SPA）优选频率对模型预测效果的影响。结果表明，PCA-SVR 所建立的模型效果最佳，其校正集相关系数为 0.936，均方根误差为 0.438；预测集相关系数为 0.883，均方根误差为 0.552。校正集与预测集结果如图 6-8 所示。

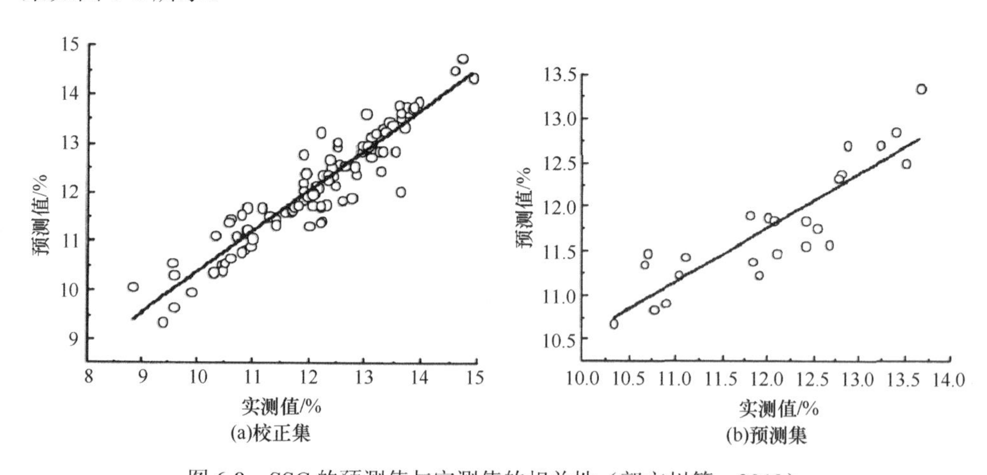

图 6-8　SSC 的预测值与实测值的相关性（郭文川等，2013）

2. 禽蛋中的应用

（1）禽蛋储藏过程中介电特性和新鲜品质变化

李海峰等（2016）依据介电特性检测原理，利用常规破坏性试验，在常温储藏下对鸡蛋进行品质追踪试验。图 6-9 显示，随着储藏时间的延长，鸡蛋的哈夫值和蛋黄指数均呈下降趋势，且变化趋势明显，与储藏时间的相关性显著，分别为 0.9989、0.9929。哈夫值变化是由于蛋白的水样化趋势使浓厚蛋白逐渐减少，哈夫值随之降低；蛋黄指数下降是因为蛋白与蛋黄的水分、盐分浓度不同，两者之间形成渗透压，随着储藏时间延长，蛋白中水分不断向蛋黄渗透，蛋黄中盐分不断向蛋白渗透，蛋黄体积不断增大，增大到一定程度蛋黄则破裂形成散蛋黄。而鸡蛋的失质量率随时间变化而增加，这是因为蛋壳表面分布有用于呼吸作用的气孔，蛋内的水分不断向外蒸发，导致其质量不断降低。鸡蛋失质量率与储藏时间相关性显著，达到 0.9959。但是鸡蛋蛋清的 pH 变化与储藏时间的相关性不显著，储藏 10 天后，pH 逐渐下降并基本稳定在 9.0 以上。

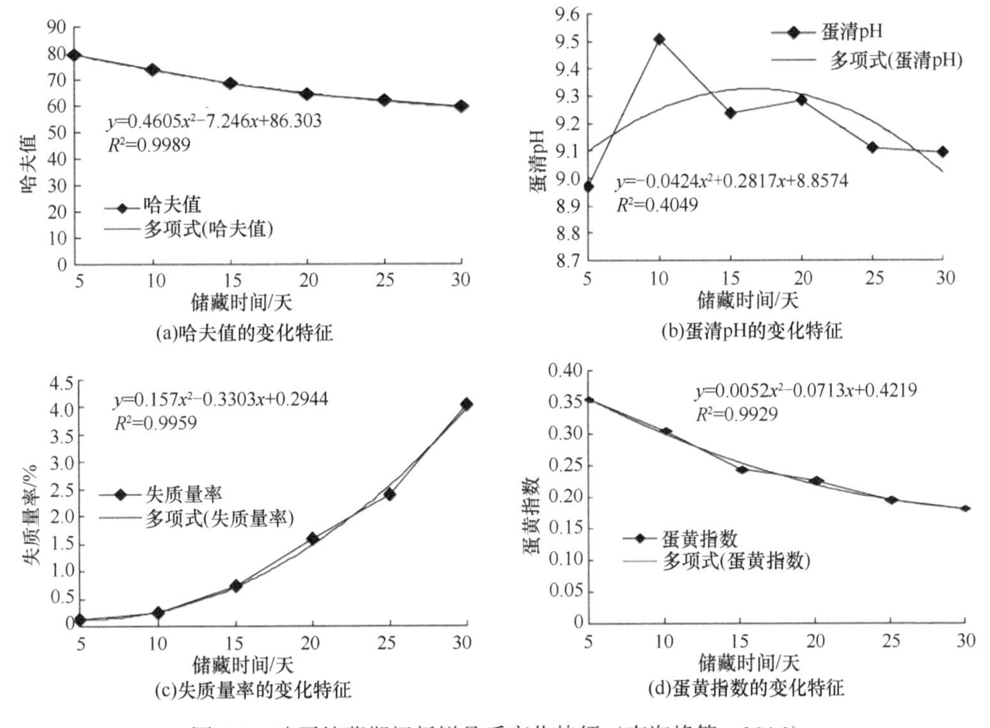

图 6-9　鸡蛋储藏期间新鲜品质变化特征（李海峰等，2016）

由图 6-10 知，介质损耗因子 Q 随着储藏天数增加的变化没有明显的规律，相关系数仅为 0.5095。而鸡蛋并联等效电路模式的实效电阻 R_p 随着储藏时间的延长呈现一定的变化规律，有显著的相关性，其相关系数为 0.9262。

由上述对鸡蛋新鲜品质及介电特性随储藏时间增加的变化特征的分析，可以看出，通过对鸡蛋哈夫值、失质量率、蛋黄指数及介电参数 R_p 的测量，来表征鸡蛋品质、储藏时间，从而建立起鸡蛋新鲜品质与介电特性之间的关系，实现对鸡蛋新鲜品质的无损快速检测。

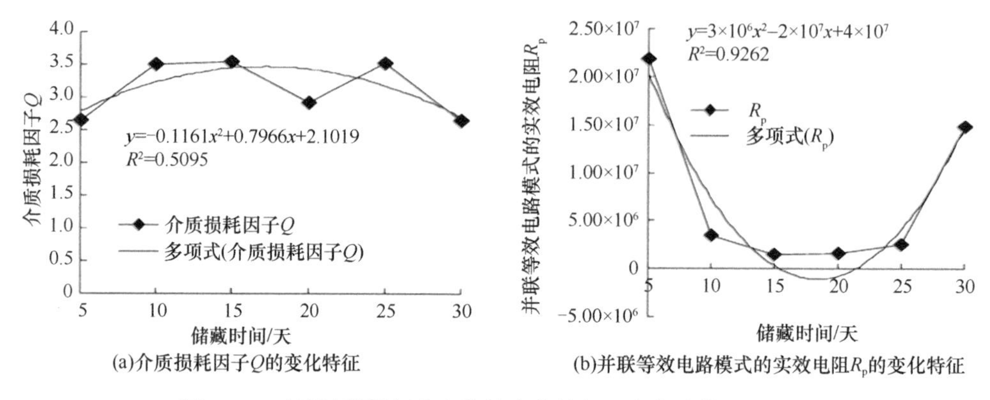

(a)介质损耗因子Q的变化特征　(b)并联等效电路模式的实效电阻R_p的变化特征

图 6-10　鸡蛋储藏期间介电特性变化特征（李海峰等，2016）

（2）基于介电特性鸡蛋新鲜度检测

孙俊等（2016）基于介电特性建立了鸡蛋新鲜度无损检测模型，获取鸡蛋的蛋黄指数信息。实验采用如图 6-11 所示介电特性测试系统，其由电极板、LCR 数

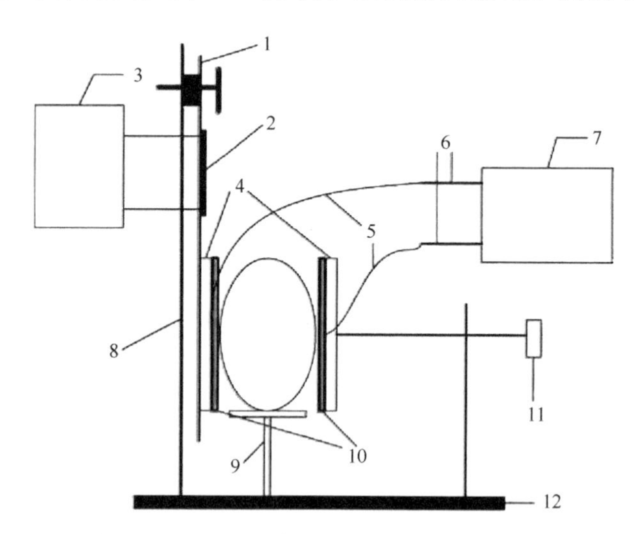

图 6-11　无损测试系统示意图（孙俊等，2016）

1. 悬臂梁；2. 应变片；3. 静态应变仪；4. 有机玻璃；5. 连接电线；6. 屏蔽线；7. LCR 数字电桥测试仪；8. 支架；9. 支撑架；10. 电极板；11. 调节器；12. 底座

字电桥测试仪、应变片、静态应变仪等组成，逐一采集了测量频率为 1kHz、1.2kHz、1.5kHz、2kHz、2.5kHz、3kHz、4kHz、5kHz、6kHz、8kHz、10kHz、12kHz、15kHz、20kHz、25kHz、30kHz、40kHz、50kHz、60kHz、80kHz、100kHz、120kHz、150kHz、200kHz 不同新鲜度鸡蛋的介电特性数据。通过自制一个简易的蛋黄指数检测器对鸡蛋新鲜度进行测定，根据公式（6-8）（吕加平和李一经，1994）计算蛋黄指数：

$$YI = h / W \tag{6-8}$$

式中，YI 为蛋黄指数；h 为蛋黄高度；W 为蛋黄宽度。

由图 6-12 可知，相同频率下鸡蛋蛋黄指数与相对介电常数 ε'相关性较好；鸡蛋蛋黄指数与介质损耗因子 ε''的相关性较差。故依据相对介电常数对鸡蛋新鲜度进行无损检测。

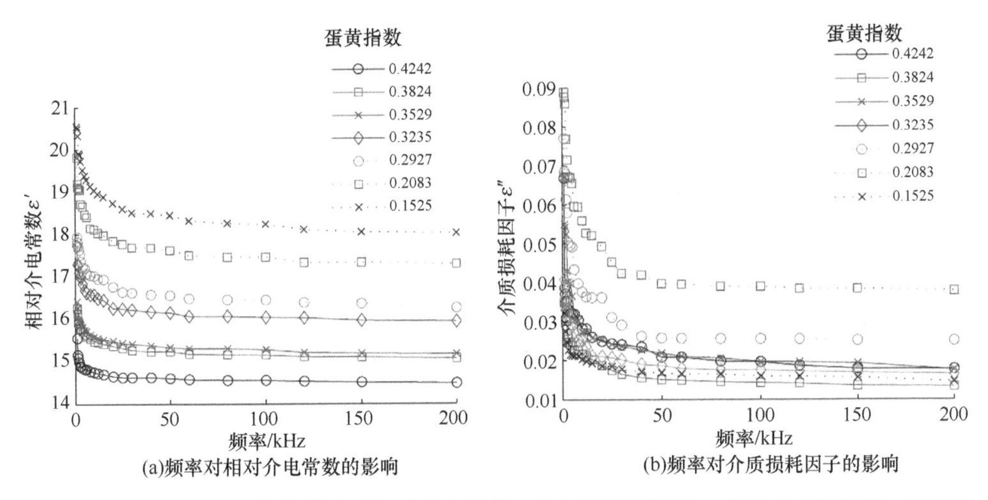

图 6-12　频率对不同蛋黄指数鸡蛋相对介电常数 ε'和介质损耗因子 ε''的影响（孙俊等，2016）

图 6-13 是鸡蛋不同频率的相对介电常数 ε'随蛋黄指数变化的影响变化曲线，从图中可以看出，鸡蛋新鲜度越高，其相对介电常数值越高；相同测量条件下，测量频率越高，其相对介电频率值越小；且不同频率下，相对介电频率数值的变化趋势基本相同。

最后对不同频率下的实验数据进行多次曲线拟合，得到鸡蛋蛋黄指数与相对介电常数 ε'之间的一元多次方程。结果表明，1.2kHz，一元十次方程的决定系数 R^2 最高，并依据 1.2kHz 下的相对介电常数，建立了一元十次方程模型。选取相同品种不同批次的 50 枚鸡蛋验证模型的正确率，结果如图 6-14 所示，鸡蛋样品的实际蛋黄指数 YI_{m}与计算值 YI_{c}间的决定系数 R^2=0.9115，蛋黄指数的误差为±4.2%，表明该模型能够较为准确地反映蛋黄指数与相对介电常数之间的关系，可以用于鸡蛋新鲜度的检测。

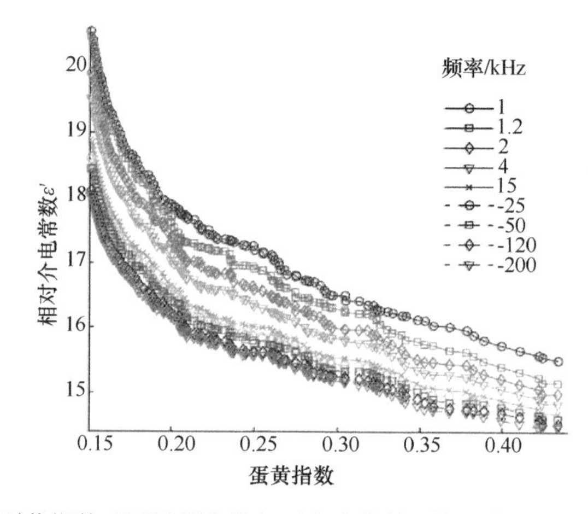

图 6-13　蛋黄指数对不同频率的相对介电常数 ε′的影响（孙俊等，2016）

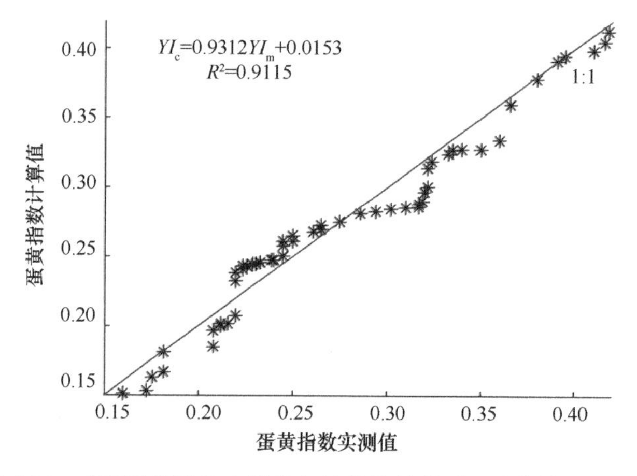

图 6-14　鸡蛋蛋黄指数实测值与计算值的关系（孙俊等，2016）

3. 谷物中的应用

张越等（2020）设计了基于谷物介电特性的同心圆平面电容水分在线测量仪，以玉米为研究对象，研究了不同含水率、不同温度对玉米介电常数的影响规律。在谷物中，自由水的介电常数为 80，而干燥谷物的介电常数约为 3，因此借助介电特性来检测谷物中水的含量相对容易。同心圆平面电容器的检测原理与平板式电容器类似，如图 6-15 所示，极板被放置在同一平面，电场线呈椭圆形，分布不均匀地由驱动电极指向接地电极。当周围环境稳定时，将被测谷物放入由同心圆平面电极形成的电场中时，电容器的电容发生改变，通过测量电容器的电容即可得到谷物介电常数 ε。

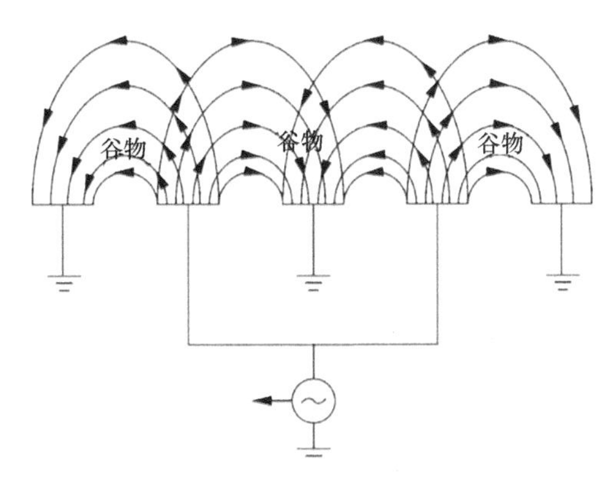

图 6-15　同心圆平面电容器电场线分布简图（张越等，2020）

如图 6-16（a）所示，在同一含水率下，随着温度的升高，介电常数逐渐增大。对于含水率较低的玉米样品，在–15～40℃温度范围内呈线性增大，较高含水率的玉米样品在冰点 0℃以下介电常数急剧减小，且含水率越高，介电常数减小速度越快。这是因为高含水率样品的自由水在 0℃时会结冰，冰的介电常数较小引起测量的介电常数的下降，仅结合水的介电常数随温度变化而单调变化。

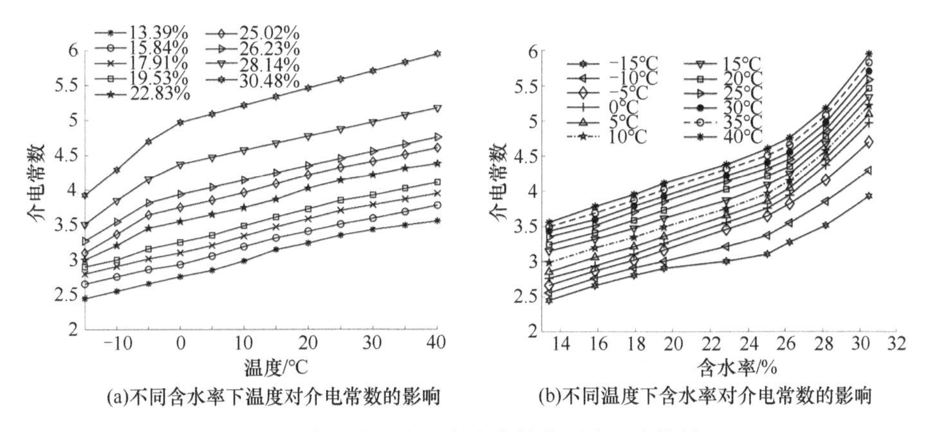

图 6-16　不同温度、含水率对介电常数的影响（张越等，2020）

如图 6-16（b）所示，在–15～40℃温度范围内，玉米的介电常数随着含水率的增加而增加，含水率越大，介电常数的增加速度越大。这是由于水是极性分子，在低含水率时，玉米籽粒中自由水含量较少，细胞相对活性较差，在高含水率时，自由水相对较多，玉米细胞代谢速率加快，离子运动加强，导致介电常数值增大。

利用支持向量机（SVM）对玉米含水率进行回归预测，训练集相关系数 R_c 为 0.9950，均方根误差 *RMSEC* 为 0.5482，预测集的相关系数 R_p 为 0.9938，均方根误差 *RMSEP* 为 0.6168，相对分析误差 *RPD* 为 9.1352，模型具有很好的预测精度。

6.1.5 介电特性与人工智能的结合

随着自动化与智能化的发展，大型在线检测设备逐渐代替人工检测，大大减轻劳动强度，提高作业效率。将介电特性检测系统与机器视觉系统、智能控制系统、信息处理与传输系统等相结合，实现在线检测、远程控制、数据存储分析功能，全面解放工人双手，使得农产品生产加工更具现代化。在未来，介电特性还应该结合机器学习，通过介电传感器获取到的农产品参数数据后不断学习优化检测模型，使得在线检测装置的精度不断提升。

6.1.6 介电特性在农产品品质检测中的应用

近年来，介电特性检测技术的研究不断深入，并取得了很多富有成效的成果，为农产品品质无损检测技术的发展提供了更为广阔的空间，也为农产品品质的快速无损检测提供了实际应用的可能，该方法在农产品加工分选、储藏运输等方面具有非常广阔的应用前景。目前，基于介电特性的检测方法主要用于检测农产品的含水率、成熟度、新鲜度、损伤等品质特性，并且研究对象主要集中在玉米、小麦和水稻等主要粮食作物及主要果品方面。从目前研究现状来看，介电特性检测方法主要存在以下问题。

1）农产品介电特性的研究需进一步加强。不同农产品品质间的个体差异和主要成分的差异对介电特性参数的影响是显而易见的，只有充分了解样品介电特性与其主要成分间的关系变化规律，才能为介电特性识别品质提供可能。

2）目前研究主要针对样品单一指标的检测，多品质检测及基于多品质的综合评价研究较少。农产品品质的好坏是其内部、外部多个指标共同影响的结果，了解农产品各种成分对其介电特性的影响规律，并建立介电参数与多指标之间的数学模型，基于所检测的多指标参数对农产品进行综合评价或分级，这对提高我国农产品储藏和加工处理能力、促进我国农产品深加工现代化的发展具有重大意义。

3）介电特性参数的物理意义和使用条件易被忽视。这将会制约介电特性参数与农产品性质对应关系的分析，也影响实验结论的可重复性，使数据失去客观意义。所以，有必要加大单一组分对介电特性影响研究的深度。

4）目前大部分研究主要针对研究方法展开，而对于介电特性在生产上的应用研究相对较少。将基于介电特性对农产品品质的理论研究与在线设备相结合，实现农产品品质快速无损检测、评价及分级，这将大大提高农产品品质检测、分级的效率，减轻劳动强度，促使我国农产品加工水平更具现代化。

6.2　生物传感器检测技术

传感器是一种利用识别元件感受检测信号并按照一定规律通过转换元件转换成其他可用信号的装置，由识别元件、转换元件、电子设备组成（邵平等，2021）。我国国家标准（GB/T 7665—2005）对传感器的定义是："能感受被测量并按照一定的规律转换成可用输出信号的器件或装置。"传感器通过识别元件（也称为受体）与被测分析物之间进行相互作用，使受体性质发生改变而产生信号，再由转换元件将其转换成有用的分析信号，转换信号进入电子仪器经信号处理器处理后，由信号显示单元直接显示检测结果（邵平等，2021）。传感器技术是一种知识密集、涉及多个学科的综合性技术。传感器种类及品种繁多，原理也各式各样。按检测对象划分，可以分成两大类：物理传感器和化学传感器。物理传感器是检测物理量的传感器。它是利用某些物理效应，把被测量的物理量转化成为便于处理的能量形式的信号的装置。化学传感器（chemical sensor）是能检测化学量的传感器。化学传感器是对各种化学物质敏感并将其浓度转换为电信号进行检测的仪器。类比于人的感觉器官，化学传感器大体对应于人的嗅觉和味觉器官。但并不是单纯的人体器官的模拟，还能感受人的器官不能感受的某些物质，如 H_2、CO。按检测对象，化学传感器分为气体传感器、湿度传感器、离子传感器和生物传感器。

生物传感器是近几十年来发展起来的一种新的传感器技术，涉及生物、物理、化学、微电子、材料等相关领域。根据国际理论和应用化学联合会（IUPAC）提出的定义，生物传感器是化学传感器的一个分支，是利用生物机制检测分析底物的化学传感器。与各种传统的物理传感器和化学传感器相比，最大差别在于其感受器中含有生命物质。生物传感器这种新的检测手段与传统的分析方法相比，具有选择性好、分析速度快、灵敏度高、不需要进行样品预处理、成本低等诸多优点（应义斌，2005）。目前经过多年的研究和发展，生物传感器已经形成了一个独立的门类，而且还在飞速地发展。所以有人把生物传感器和物理传感器、化学传感器并列起来，看作是传感器的第三个类别（陈斌和黄星奕，2004）。目前，生物传感器在环境工程、食品、医学等与生命科学关系密切的一些领域应用广泛。

6.2.1　定义

生物传感器是一种结合了生物识别机制和物理转导技术的分子传感器，它对生物物质敏感并可将其浓度转换为电信号进行检测。生物传感器是由固定化的生物敏感材料作为识别元件（包括酶、抗体、抗原、微生物、细胞、组织、核酸等生物活性物质）、适当的理化换能器（如氧电极、光敏管、场效应管、压电晶体等）及信号放大装置构成的分析工具或系统。生物传感器具有接收器与转换器的功能。

其工作原理是待测物质经扩散作用进入分子识别元件（生物活性材料），经分子识别作用与分子识别元件特异性结合，发生生化反应，所产生的生物学信息通过相应信号转换元件转换为可以定量处理的光信号或电信号，最后经电子测量仪的放大、处理与输出，即可实现对待测物质浓度进行检测分析的目的（陈斌和黄星奕，2004）。按照生物活性材料的种类进行划分，可分为微生物型传感器、免疫型传感器、酶传感器、细胞传感器、组织传感器及 DNA 传感器等；按照信号转换元件的不同进行划分，又可分为电化学生物传感器、介体生物传感器、光学型生物传感器、半导体生物传感器、量热型生物传感器、压电晶体生物传感器等（白冰等，2012）。由上述定义可见，生物传感器既不是指专用于生物领域的传感器，也不是指被测量对象必须是生物量的传感器，而是基于它的敏感材料来自生物体（陈斌和黄星奕，2004）。生物传感器可以实现对大多数食品基本成分进行快速分析，包括蛋白质、氨基酸、糖类、有机酸、酚类、维生素、矿质元素、胆固醇等。因此，在农产品安全品质检测方面，生物传感器以其检测速度快、灵敏度较高、特异性强、价格较为低廉等优点备受研究者的关注。目前，pH 生物传感器、电化学生物传感器和酶生物传感器等已在食品工业中用于果蔬的新鲜度、农药残留和生物污染的检测（邵平等，2021）。

6.2.2 生物传感器的组成

生物传感器包括敏感元件和信号转换器件，常用的信号转换器有电化学电机、离子敏场效应晶体管、热敏电阻及微光管等。生物传感器的组成如图 6-17 所示。

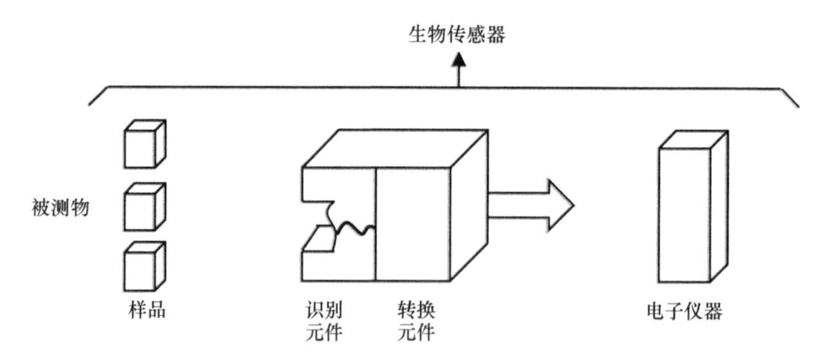

图 6-17　生物传感器的基本构成示意图（邵平等，2011）

生物传感器工作原理大致分为如下几类（陈斌和黄星奕，2004）。

（a）化学信号转换为电信号。现有大部分传感器的工作原理属于这一类型。常用的这类信号转换装置有氧电极、过氧化氢电极、氢离子电极、二氧化碳气敏电极等。

（b）热变化转换为电信号。固定化的生物材料与相应的被测物作用时常伴随有热的变化。这类传感器的工作原理是把反应的热效应借热敏电阻转换为阻值的变化，再通过配有放大器的电桥输入记录设备中。

（c）光信号转变为电信号。有些酶，如过氧化氢酶，能催化过氧化氢/鲁米诺体系发光，因此若可设法将过氧化氢酶膜附着在光纤或光敏二极管的前端，再与光电流测定装置相连，即可测定过氧化氢含量。

（d）直接产生电信号方式。上述三种原理的生物传感器都是将分子识别元件中的生物敏感物质与待测物发生化学反应，将反应后所产生的化学或物理变化再通过信号转换器转变为电信号进行测量，这种方式统称为间接测量方式。除此之外，还有一种直接测量方式。这种方式可使酶反应伴随的电子转移、微生物细胞的氧化直接在电极表面上发生，根据所得到的电流量即可得底物浓度。

（e）直接测量方式。

6.2.3　生物传感器的分类

生物传感器的敏感元件很大程度上决定了其选择性的好坏。按敏感元件可将生物传感器主要分为以下几类（张学记，2009；赵常志和孙伟，2012）：

（1）酶传感器。由于酶能选择性地快速辨别特定的底物，并在较温和的条件下对底物的反应起催化作用，所以酶一直为生物传感器的首选生物活性物质。酶传感器主要利用酶在生物体内催化特定底物的特异性反应，从含有多种多样有机物的生物试样中选择性地把特定物质迅速测定出来。它还具有反复进行、实现无试剂分析等优点，因此发展较快。酶传感器可分为酶电极、酶热敏电阻传感器、FET-酶传感器、光学型酶传感器等。

酶（enzyme）是生物体内产生的具有催化功能的蛋白质，具有催化剂的共性。它可以降低反应的活化能，在不改变反应平衡点的前提下使反应迅速达到平衡。酶有时也参与反应，但在反应前后其本身无变化，因此可重复使用。

（2）微生物传感器。由于大多数酶制备和纯化比较困难，价格也较昂贵，需要一种新的技术来弥补这一不足。近年来很多专家学者研究并开发出了微生物传感器，且发展迅速。生物传感器是由生物感受器（识别元件）、信号转换元件和信号放大装置构成的一种分析检测工具（万峰和吴雅静，2020）。其工作原理是：基于多种生物活性材料（抗原、抗体、酶、核酸等）的生物传感器与待测目标物发生生化反应产生浓度信号，经由基于光学、电化学、压电、磁力和温度等一种或多种技术结合而设计成的换能器（信号转导元件）转换成可定量分析的光、电等信号，再经信号放大装置放大输出，从而获得目标分析物的数量和浓度信息（刘慧等，2021）。生物传感器具有接收器与转换器的功能。常用的微生物传感器有细菌和酵母菌。与酶电极相比微生物传感器具有使用寿命较长，酶源容易获得，可适应较宽范围的 pH 和温度等优点；但由于直接用于固定的微生物是完整的生命体这一特点，酶传感器的酶体系比较复杂，比酶电极的选择性较差。

（3）免疫传感器。免疫传感器作为一种新兴的、微型生物传感器，因高敏感性和稳定性等特征而受到人们的青睐，它的出现和问世让传统免疫分析方法发生了巨大的改变。它将传统的生物免疫检测和先进的生物传感技术相结合，集二者的诸多优势于一身，不仅缩短了分析时间、增加了灵敏度和测量精确性，也可以使测量过程简化，易于实现操作自动化，有着广阔的应用前景。因为其具有特异性，所以在检测时要大致确定农药的种类才能更快、更有效地完成检测分析。

6.2.4 生物传感器的特点

使用生物传感器进行检测的方法与传统的分析方法相比具有如下特点。

（a）生物传感器是由选择性好的生物体材料构成的分子识别元件，因此一般不需要对样品进行预处理；

（b）生物传感器体积小，可以实现连续的在线检测；

（c）生物传感器的响应较快、样品用量较少，可以反复多次使用；

（d）生物传感器及配套测定仪的成本较低，易于推广（陈斌和黄星奕，2004）。

生物传感器虽然有诸如上述很多优点，但其真正发展、商品化的数目并未达到能够满足人们需要的程度，究其原因有很多，而生物传感器目前所存在的一些需要解决的生产性问题是不可忽略的重要原因，如生物传感器使用的长期稳定性和可靠性问题、产品的一致性问题等。希望随着人们对生物传感器认识的加深和生产工艺的完善，上述问题可得到有效解决从而拓宽生物传感器的实际应用领域。

6.2.5 智能传感器技术

智能传感器是涉及多学科的综合高新技术，已在科研、工业、农业等领域广泛应用。智能传感器是一种能够对被测对象的某一信息具有感受、检出的功能；能学习、推理判断处理信号；并具有通信及管理功能的一类新型传感器。智能传感器有自动校零、标定、补偿、采集数据等能力。其能力决定了智能传感器还具有较高的精度和分辨率、较高的稳定性及可靠性、较好的适应性，相比于传统传感器还具有非常高的性价比。

利用集成或混合集成方式将敏感元件、信号处理器和微处理器集成在一起，利用存储器中的驻留程序软件，实现传感功能。采用新的检测技术，通过超精加工和纳米技术设计结构，提高灵敏度及实用性能。充分利用人工智能材料 AIM（artificial intelligent material），由于人工智能材料具有感知环境变化、进行自我判断及发出指令和自动采取行动等功能，所以人工智能材料和智能传感器是不可分割的两部分。智能传感器根据结构分为集成式、非集成式、混合集成式智能传感器。其中集成式智能传感器就是利用集成方法实现智能传感器的制造。把许多同样功能的单个传感器按特定的规律集成阵列，可形成一维和二维阵列传感器，把传感器功能集成化。集成智能传感器的基本组成如图 6-18 所示。包括传感器、调整电路、输入接口、微处理器和信息接口等（邵云龙和陈越，2011）。

图 6-18　声学检测系统基本结构示意图（邵云龙和陈越，2011）

6.2.6　生物传感器的应用

下面介绍一些生物传感器在食品与农产品加工中的应用实例。

1. 真菌毒素

真菌毒素是由真菌产生的具有毒性的次生代谢物，会广泛污染农作物、食品及饲料等植物性产品。产毒真菌污染食品后，可以使食用者中毒，有些毒素可以诱导基因突变和产生致癌性，有些则显示出对特定器官的毒性。随着人们对食品健康和安全的高度重视，对真菌毒素的研究越来越重视（黄天培等，2011）。尤其是谷物，因为其需要长期储藏等特点，可能会给真菌的滋长和繁殖等创造条件，因此真菌毒素在谷物中的研究很多。

目前，国内外在谷物真菌毒素检测用生物传感器的研究上多集中在酶传感器、免疫传感器及新型材料方面。

其中在 AFB_1 的检测应用上，Chrouda 等（2020）以 AFB_1 对乙酰胆碱酯酶（AChE）的抑制作用为基础，并以海藻酸钠生物聚合物作为基质制备了电化学生物传感器，在 0.1～100ng/mL 线性动态范围内，检测下限为 0.1ng/mL，低于 AFB_1（2μg/L）的推荐水平，同时用添加 AFB_1（0.5ng/mL）的大米样品评价了该方法的适用性。该方法具有比较灵敏度高、重复性良好和长期储存稳定等优点（黄天培等，2011）。

Ong 等（2020）专注于开发选择性生物传感系统，INFGN 由于其较大的表面积而使可行的生物捕获成为可能。他们使用 INFGN 作为传感器，并使用特定的适体作为生物识别元件。X 射线光电子能谱分析证实了 INFGN 表面上羟基的存在，清晰的傅里叶变换红外峰位移证实了表面化学修饰和生物分子组装的变化。其对

DON 的检测限为 2.11pg/mL，并在 48h 后保留了 30.65%的活性，显示出较高的稳定性。

张立转等（2019）基于聚多巴胺纳米颗粒（PDANPs）高的荧光猝灭效率，以及核酸适配体特异性的识别能力，构建了一种快速、简便、灵敏且经济实用的荧光生物传感器，并以赭曲霉素 A（OTA）为检测对象进行研究。

OTA 与核酸适配体特异性结合，可以使核酸适配体从单链状态折叠为稳定的 G-四链体结构。由于 G-四链体与 PDANPs 之间的结合能力弱，导致传感体系的荧光信号增强，从而实现了 OTA 的定量测定，其检出限为 20nmol/ L 。此外，他们还将这一方法用于红酒中 OTA 的测定，得到 96%～105%的回收率（张立转等，2019）。

2. 农药残留

为防治病、虫、草害以保障谷物的长势和产量，在谷物萌芽到植株生长的整个生命周期中，可能会用到各类杀菌剂、杀虫剂、除草剂、激素类等药剂，其中杀虫剂的使用尤其频繁。

有机磷杀虫剂由于具有对很多种虫类有效且价格较低等特点，在植保管理中使用广泛。除以上特点它还具有高毒性与高残留的特点，会给谷物及其制品的安全问题带来巨大隐患（徐仁庆等，2020）。在生物传感器研究应用上，因为有机磷对乙酰胆碱酶活性有较好的抑制作用，而且乙酰胆碱酶抑制生物传感器可避免大量的预处理等特点，使之为样品中有机磷农药痕量残留的快速检测提供了可能性（Hitika et al.，2019）。

高慧丽等（2005）所制备的乙酰胆碱酯酶生物传感器，采用溶胶-凝胶法在乙酸纤维膜上将酶固定，然后将该酶膜在聚四氨基钴酞菁修饰的玻碳电极上进行固定，再采用计时安培法对对硫磷、辛硫磷和氧化乐果进行测定，其检测限依次为 2.0×10^{-9}mol/L、1.4×10^{-9}mol/L 和 1.1×10^{-8}mol/L。

3. 重金属

伴随工业步伐的加快，采矿、冶炼、化肥、造纸和电子工业等释放了大量的重金属及有害元素，导致环境污染问题日益突出（陈士恩和田晓静，2019）。谷物在种植管理过程中，重金属离子可通过水、药、肥等多种途径被谷物植株吸收。虽然最终到达并存在于谷物籽粒中的重金属含量极小，但这些痕量重金属可通过食物链直接或间接地在人体内不断富集；一旦超过人体耐受限度，将会引起急性、亚急性或慢性中毒，危害人体健康。因而重金属检测对于保障谷物及其制品的安全品质必不可少（高慧丽等，2005）。

目前常见的几种重金属快速检测方法有免疫分析法、酶分析法、生物化学传感器法等（李歆悦等，2021）。DNA 电化学生物传感器融合了生物、化学、物理、电子技术和控制技术，成为一类具有诸多优点的传感器，其制作成本低、操作系统简单、分析速度快、专一性强，且不受颜色、浑浊度的影响，准确度高，一般相对误差可达到 1%左右，已成为快速检测重金属及有害元素污染等相关研究的热点（Wang et al.，2020）。高灵敏度 DNA 电化学生物传感器为快速检测食物中重金属及有害元素的含量及类型提供了可能，现已成功用于检测鱼样、饮用水和牛奶样品中的 Pb^{2+}、Cd^{2+}、Fe^{3+}等重金属离子（邓炜等，2016）。

汞（Hg）是一种剧毒物质，但几十年来在国内广泛应用，包括温度计和电池，其在人体内积累会导致致命后果。虽然已经开发了许多类型的汞传感器来保护用户免受汞污染，但很少有方法可以分析在现实世界样品中的低浓度 Hg^{2+}离子。An 等（2013）描述了对汞具有高灵敏度和选择性的液体离子门控场效应晶体管（FET）型柔性石墨烯感应传感器的制备和表征。石墨烯感应传感器对混合溶液中的 Hg^{2+}离子具有高度特异性的响应。柔性石墨烯感应传感器的响应速度非常快，当 Hg^{2+}离子浓度发生变化时，可在不到 1s 内提供信号。通过将化学气相沉积（CVD）生长的石墨烯转移到透明柔性衬底上制备感应传感器，显示出优异的机械耐久性和柔韧性。使用化学气相沉积技术制备了单层石墨烯材料，并在该石墨烯材料表面修饰 DNA 链（30-amine-TTC TTT CTT CCC CTT GTT TGT-C10 FAM-50'），最后将 DNA-石墨烯材料装载到聚乙烯的基底板上，实现了活体贻贝中痕量 Hg 的检测，检出限低至 10pmol/L，检测时间低于 1s，且在 10 mmol/L 级别 8 种离子（Cd^{2+}、Co^{2+}、Ni^{2+}、Na^{+}、Pb^{2+}、Sr^{2+}、Li^{2+}及 Zn^{2+}）干扰模式下依然表现出较高的特异性。

6.2.7　生物传感器在农产品品质检测中的应用前景

目前，国内外对于生物传感器在农产品安全品质的快速检测应用上，多集中在真菌毒素、农药残留与重金属检测方面，相应检测设备在实际应用中也均存在着诸多方面的局限性，如检测灵敏度、检测稳定性、检测便利性等。但生物传感器技术作为一种涵盖生物化学、物理学、电子学及材料学等多学科的融合技术，随着各学科技术与多学科融合技术研究的不断发展，其在农产品安全品质快速检测应用方面的诸多局限性也必将一一打破。未来需结合该技术开发出便携式、低成本与集成化的高通量生物传感器，通过不断优化技术、简化样本的前处理过程、深入研究检测机理及再生技术等过程达到规避复杂样本中的干扰，拓宽适用范围，提高检测的灵敏度、稳定性及准确性的目的，从而进一步推动生物传感器的商业化应用，甚至与机器人相结合，研发人工智能设备（徐仁庆等，2020）。

智能传感器和人工智能材料，在今后的若干年内仍然是人们极其关注的一门科学。今后的研究内容将主要集中在以下几个方面：①利用生物技术及纳米技术研制传感器。目前，分子和原子生物传感器是一门高新学科。国外已利用纳米技术研制出分子级的电器，如纳米开关、纳米马达和纳米电机等。②微型结构仍是智能传感器的重要发展方向。"微型"技术是一个广泛的应用领域，它涵盖微型工程、制造和系统等各种科学与多种微型结构（邵云龙和陈越，2011）。

"感知技术"作为人工智能驱动技术之一，具有举足轻重的地位，如果说距离传感器、光线传感器、加速度传感器、物体识别传感器及温度传感器等是辅助机器人感知外部世界，那生物传感器是帮助机器人了解人的内心世界。日本电子公司 Neurowear 研制的 Necomimi（中文名：猫的秘密）是目前市场上最有名气的一款可以对佩戴者情绪变化做出反应的生物传感产品，它是一个猫耳造型头箍，佩戴者专注时猫耳直立、放松时猫耳下垂，因为功能独特且造型可爱，受到很多人的追捧。与此同时，生物传感技术还可以广泛应用于医疗、农产品等领域的效果评测（刘胜男，2015）。比如将来可以通过大量的研究数据的积累，从而实现智能展示农产品品质的功能。

6.3 声音感知技术

声学（杜功焕等，2012）主要研究的内容为声波的产生、传播、接收及在介质中的影响。声波是由物体（声源）振动产生的一种机械波，传播的空间称为声场。一般情况认为，在弹性物质中只要存在振动就会有声波的产生。声音信号因具有精准、稳定、无损等特性，被广泛地应用在各个领域。例如，在汽车领域，运用声信号检测轴承故障原因，可以大大提高轴承故障检测效率（张亨，2016），利用仿真声学检测分析判断汽车刹车片材质的好坏，可以有效避免依靠人工经验判断的弊端，提高判断精度（刘明华，2014）；在电路检修领域，瓷绝缘子是电网系统非常重要的组成设备，需要承受各种机械力的作用，同时还要耐受长期工作电压和暂态电压（刘汉等，2017），须定期做检查，相关研究证实，振动声学可检测整个绝缘子，而且缺陷检出率在95%以上，还可以带电检测，使得操作更加便利（邱志斌等，2016）；在园林植保领域，通过声音检测技术，掌握害虫幼虫的活动，可以很好地控制害虫数量，相比于传统害虫检测方法，省时省力，而且效果甚佳（祁骁杰，2016）；在农产品品质检测方面，根据不同品质禽蛋所产生的声脉冲振动频谱特征对禽蛋表面裂纹进行检测（俞玥等，2020），利用外部激振下所表现出的声学特性来检测水果的硬度、水分和糖度等指标，大大降低了劳动强度，提高了检测效率和精度（尹孟等，2018）。

6.3.1　声学特性检测原理及基本结构

声学特性检测系统是利用声波的反射、透射、散射、吸收、传播和衰减等原理（应义斌等，1997），在被检测对象的弹性范围内，被检测对象在外界的激励作用下发出在声波范围的频率信号。可以通过声敏传感器将声音信号转换成电信号，电信号经 AD 转换成数字信号，最后绘制出时间与声特性之间关系的时域图，时域图经过傅里叶算法变换成频谱图。

声学特性检测系统由敲击装置、声敏传感器、控制系统、记录显示、计算机等部分构成。图 6-19 是声学特性检测系统的基本组成示意图。

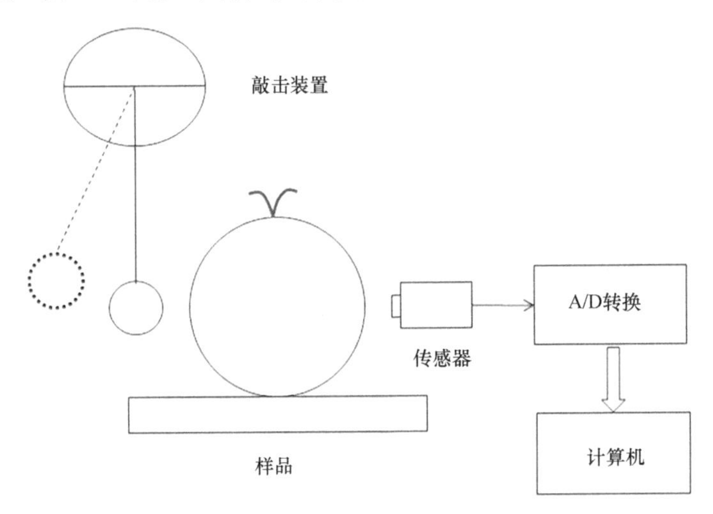

图 6-19　声学检测系统基本结构示意图（白志杰，2018）

1. 敲击装置

敲击装置是声学特性检测系统的主要组成部分之一，主要提供检测时需要的激励能量（产生声波的振动能量）。对敲击装置的基本要求是不能够对样品的品质造成任何影响，即供给的能量一定要在样品的弹性势能范围内；同时还要考虑在测量的区域内有足够的强度和很高的稳定性，因为声音信号的强度和稳定性会影响该系统的信噪比；且不能产生二次激励。因此敲击装置的设计是系统中非常重要的环节之一。

声源主要是由敲击装置产生，不同的检测样品可能需要不同类型的敲击装置和不同大小的作用力。所以在设计敲击装置时应综合考虑各方面的因素，如敲击头材料的选取，不同的材料产生的激励信号是存在差异的；敲击力度参数选取，特别是敲击皮较薄的水果时，要保证水果表皮不能损坏；敲击水果的位置选取，水果的内部组织结构比较复杂，不同位置的硬度存在差异，只有选取合适的位置，才可客观表征水果的实际硬度值。

2. 声敏传感器

其作用是把所产生的声波信号转变成电信号。对于声敏传感器的选型，主要考虑其灵敏度、频率范围及动态测量范围等参数。由于水果等易坏检测物，要保证被检测物的完好性，要求敲击力度较小，发出的声波较微弱，故对声敏传感器的灵敏度要求很高。但是由于检测状态不是在完全隔音的理想状态，灵敏度太高也会导致噪声的干扰因素增大，对检测需要的有效信号十分不利，所以对声敏传感器的选取需要考虑多方面的因素（彭杰纲，2012）。

3. 控制系统

控制系统可保证检测系统各个部分协同工作，可靠运行。其主要的功能有：敲击装置的敲击状态，可调制速度和角度；声敏传感器的采集信号状态，采集频率、采集时间及 A/D 转换（张立材等，2011）；后续数据处理等，控制系统通常是由计算机或微型处理器配以相应的软硬件组成。

6.3.2 声学技术检测模式

声学技术检测根据检测原理分为破坏性声学检测模式、振动声学检测模式和超声波检测模式。

1. 破坏性声学检测模式

某些物体在外力作用下会损坏或断裂，同时会伴随着能量的释放，从而产生丰富的声音信号，通过对这些信号的采集、处理，可以分析出不同物体的质地、硬度等特性的不同。目前用于农产品声学特性分析的有质构仪测试法，基本测定模式主要有压缩、剪切、穿刺及拉伸模式，均属于破坏性声学检测模式。

Sanz 等（2007）利用薯条断裂的声学特性，对薯条的脆度评价及预炸与最终油炸时间对脆度的影响进行了研究，结果发现当预炸时间达 60s 时，薯条的声波数量与幅值均有所增加，薯条脆性提高；在 60～90s 时脆性略有下降。刘洋（2016）对胡萝卜质地评价研究时发现，不同储藏时期胡萝卜的水分含量不同，从而影响了胡萝卜的细胞结构，进而对胡萝卜细胞的机械性能产生影响，机械性能的改变使得胡萝卜的断裂力等力学性能发生改变。故不同储藏时间的胡萝卜在发生断裂时所释放的能量也有所不同，致使转变为声音信号的能力也不同。该研究证实了利用断裂声音信号对胡萝卜质地进行评价是可行的，同时研究显示声音信号与水分含量变化具有一定的相关性。

2. 振动声学检测模式

振动声学技术是声学检测领域一个大的分支，主要包括振动频谱分析法与振动模态响应法（刘洋等，2018）。

（1）振动频谱分析法

振动频谱是指复杂振动可以分解为许多不同频率和不同振幅的谐振，这些谐振的幅值按频率排列成图形。振动频谱分析法是一种简单有效的检测方法，其原理是利用不同的物质具有不同的振动频率和固有频率，研究某一物质的品质与振动频率之间的相关性，进而对这一物质进行品质检测。

（2）振动模态响应法

模态是指某一物质的固有振动特性，每一个模态都有特定的固有频率、阻尼比和模态振型。分析这些模态参数的过程称为模态分析。振动模态响应法就是对某一物质进行激励，计算和分析响应信号，从而得到其振型与这一物质的品质之间的相关关系。

Iwatani 等（2011）探究了声学振动法评价葡萄果肉的质地。实验使用带有两种探针（楔形和锥形）的质地测量装置测量了探针穿透产生的破坏性声振动，并通过安装在探针上的压电传感器计算出频率在10Hz至3.2kHz之间的能量密度[纹理指数（*TI*）]，并通过该指标成功将 9 个葡萄品种按果肉质地分为脆型、非脆型和中间型。

3. 超声波检测模式

超声波检测技术在食品检测领域被广泛应用，其具有频率高、传播性好，并且在固体和液体中传播损耗小等优点。超声波是指其频率在 20kHz 以上的声波，其检测原理是：当超声波在物质中传播时，超声波与两相或多相介质相互作用，使得介质发生物理或化学变化，从而产生一系列的力学、热学、电磁学和化学的超声效应（张冬晨等，2015；Myroslav and Boguslaw，2010）。根据不同物体介质在超声波中的超声效应的差异，从而实现对食品的结构和质量品质进行检测。

Haydar 等（2018）研究了应用超声波技术，开发出一种便携式苹果（‘金冠’）机械性能品质因子检测系统，采用多元线性回归方法，预测了‘金冠’苹果的力学特性，包括硬度、弹性模量及破裂能量。并分别研究了苹果物理属性[最大直径（D_1）、最小直径（D_2）、质量（m）]和超声波属性［速度（v）、衰减（α）］与苹果硬度、弹性模量及破裂能量之间的相关性，结果表明，硬度和破裂能量与超声波衰减有很好的相关性（R 能达到 0.6 以上），而与超声波其他属性则有适度相关性；弹性模量除了与超声波速度有适度的相关性外，与超声波其他属性的相关性都很差。

为了获得苹果硬度、弹性模量、破裂能量更准确的预测模型，Haydar 等（2018）将物理属性和超声波属性相结合并建立了多元线性回归模型，结果表明，硬度指标的多元线性回归模型的 *R* 值为 0.73，*RMSE* 值为 2.35；弹性模量指标的多元线性回归模型的 *R* 值为 0.64，*RMSE* 值为 0.181；破裂能量指标的多元线性回归模型的 *R* 值为 0.73，*RMSE* 值为 5.18。相比于单个属性变量建模，将物理特性和超声波属性作为模型的输入变量，大大提高了系统的预测能力。

6.3.3 声学技术与人工智能

目前声学技术与人工智能相结合主要体现在语音识别技术上，在机器人人机交互、交通安全等领域应用较广。例如，将声学系统与人工智能结合运用在隧道交通、轨道交通的安全检测方面。通过声学设备收集相关信息，运用人工智能技术，更加精准且快速地对安全隐患进行检测识别，分析是否发生安全问题，并将检测结果及详细的位置信息反馈给相关部门，使其快速反应到达现场进行处理，避免大型交通安全事故的发生。而在农产品品质检测方面涉及很少，目前只是体现在将声学检测系统与计算机、机器视觉系统、智能控制系统、信息处理与传输系统等相结合，组合成一套完整的在线检测系统，实现对农产品品质的自动检测与分级。未来还需要更进一步探讨声学技术与人工智能的深度融合，如基于声学技术的自主学习功能，不断优化模型精度；根据所获取的大量声学数据库建立一个决策支持系统，通过声音决定农产品的品质优劣等。

6.3.4 声学技术在农产品品质检测中的应用

农产品的声学特性是指农产品在声波作用下的反射特性、散射特性、透射特性、吸收特性、衰减系数和传播速度及其本身的声阻抗与固有频率等，它们反映了声波与农产品相互作用的基本规律。农产品声学检测技术具有适应性强、检测灵敏度高、对人体伤害低、成本低廉、在田间复杂环境易实现智能化等优点。目前，利用声学技术检测农产品指标主要有硬度、糖度、内外部损伤及其他品质检测。

1. 硬度检测

尹孟等（2018）针对现有果实硬度测量计大多需损坏果实、测量结果易受测量位置和测量方法影响等缺点，基于敲击振动法设计了水果硬度检测仪的数据采集系统。基于声振法的水果硬度检测系统动作示意图如图 6-20 所示，该检测系统包括机构动作部分、音频采集部分和待测水果。其原理：当系统处于初始位置时，电磁阀失电，击打锤底端不受力，此时电磁铁得电，产生电磁力吸合击打锤的金属柄，同时压缩弹簧。当水果到达待测位置，控制器发出指令，使得电磁铁失电，击打锤在弹簧力的作用下将其推出，击打水果果肩部位，同时利用麦克风采集音频数据，并传给信号处理器。当水果音频数据采集完毕后，电磁阀得电，推出推杆作用于击打锤底部，使得击打锤压缩弹簧回到初始位置，此时电磁体得电，产生吸力将其吸住。

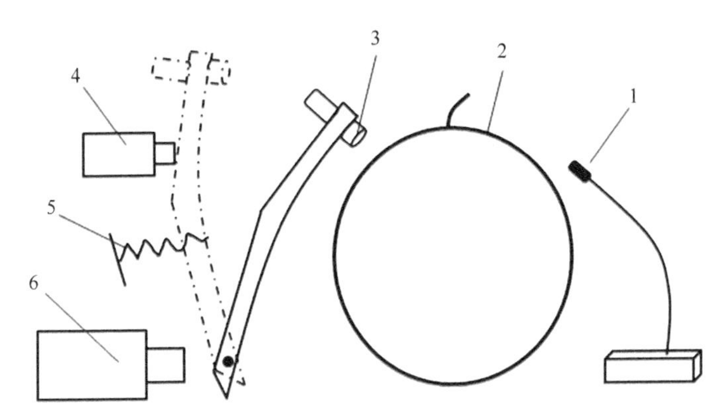

图 6-20　声振法水果硬度检测系统动作示意图（尹孟等，2018）

1. 麦克风；2. 待测水果；3. 击打锤；4. 电磁铁；5. 弹簧；6. 电磁阀

水果击打时的音频数据经过麦克风采集后，经放大电路与音频解码器送入数字信号处理器（DSP），并将音频处理结果送至主机，水果硬度检测仪数据采集系统框架图如图 6-21 所示。

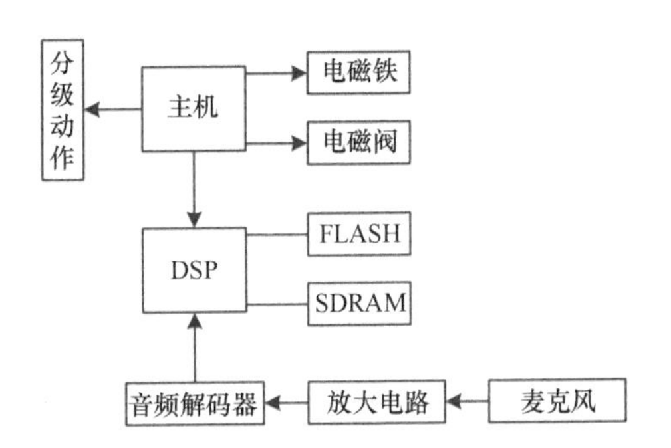

图 6-21　水果硬度检测仪数据采集系统框架图（尹孟等，2018）

该实验采集了 4 个不同硬度水果的声学数据，其硬度值采用破坏性方法测得，结果如图 6-22 所示。由结果可知，硬度不同的苹果之间的声音波形图差异明显，果实硬度与声音波形之间有一定的相关性，故利用敲击振动水果硬度无损检测法能够较好地区分苹果的硬度。

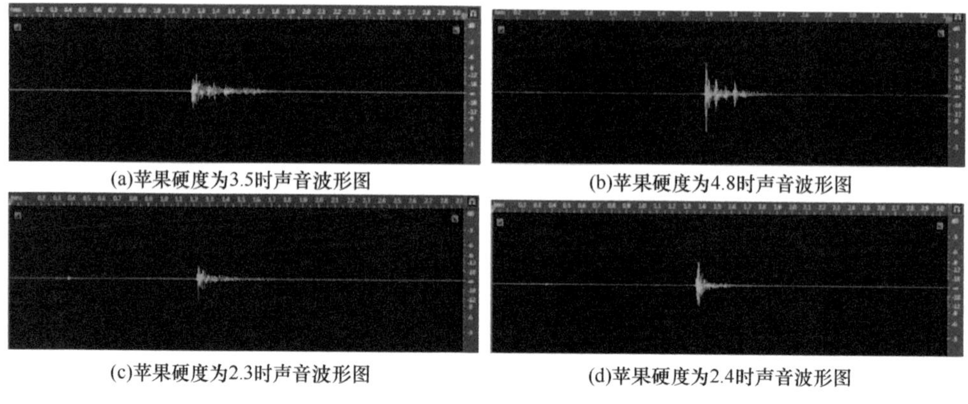

图 6-22 不同硬度苹果声音波形图（尹孟等，2018）

2. 外部品质检测

郎涛和林颢（2012）研制出一种禽蛋裂纹检测装置，通过对敲击鸡蛋产生的响应信号进行采集并分析，检测裂纹鸡蛋。该实验选取完好鸡蛋和裂纹鸡蛋各 66 枚，共 132 个样本，在如图 6-23 所示自行设计的装置上完成声学特性检测。该装置主要部件包括禽蛋的敲击装置、支撑装置、信号采集器（麦克风）、信号放大器、声卡和计算机数据采集系统。

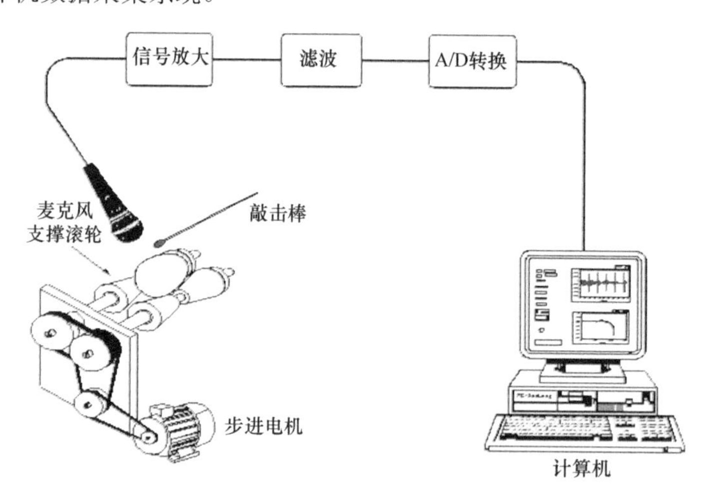

图 6-23 基于声学特性的禽蛋裂纹检测系统（郎涛和林颢，2012）

该实验鸡蛋的敲击响应信号频率范围为 1000～8000Hz，由麦克风采集相应的响应信号，经放大、滤波及 A/D 转换后进入计算机。由于完好和裂纹鸡蛋的时域图比较相似，难以区分，故对敲击响应时域信号进行快速傅里叶变换后得到裂纹蛋和完好蛋的功率谱如图 6-24 所示。

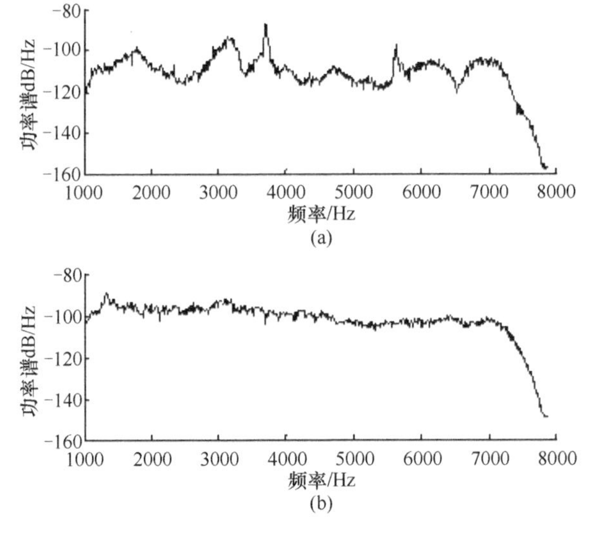

图 6-24　鸡蛋敲击响应信号功率谱图（郎涛和林颢，2012）

（a）完好；（b）裂纹

从图中可以看出，完好鸡蛋敲击信号的功率谱共振峰（各频率分量的能量密度最大点）比较突出，相反，裂纹鸡蛋的功率谱共振峰并不突出，有较多的共振峰。其原因可能是裂纹鸡蛋的结构刚度遭受破坏，在裂纹处阻尼系数增大，导致振动传播受阻，致使其功率谱有较多混杂的共振峰。

对实验鸡蛋的功率谱进行进一步的分析，选取了功率谱面积、功率谱方差、第 1 共振峰的功率谱幅值、第 1 共振峰对应的频段、第 1 共振峰的功率谱与其前 4 个频率功率谱的均值、第 1 共振峰的功率谱与其前 4 个频率功率谱的方差、前 3 个共振峰功率谱均值、前 3 个共振峰功率谱方差、中低频段功率谱能量比均值（低频段频率：1000～3000Hz，中频段频率：3000～5000Hz）和中低频段功率谱能量比方差共 10 个参数作为系统判别的特征变量。为了得到预测能力的模型，提高模型检测精度，采用逐步回归法和遗传算法对特征变量进行优化和筛选。结果表明，遗传算法筛选结果明显优于逐步回归法。当采用遗传算法筛选的 4 个特征参数（功率谱信号的第 1 共振峰对应的频段、第 1 共振峰的功率谱与其前 4 个频率功率谱的方差、前 3 个共振峰功率谱方差、中低频段功率谱能量比均值）作为判别模型的输入向量，模型能取得最优结果，预测集判别率可达到 97.2%。

3. 成熟度检测

Zeng 等（2014）通过移动设备上的麦克风采集并分析重击西瓜产生的声音信号，提取出西瓜成熟度相关特征，从而自动识别出西瓜成熟度。该系统包含两个阶段（图 6-25）——训练阶段和分类阶段。在训练阶段，采集的声音信号首先经过预处理分离出噪声和重击帧（声信号预处理结果如图 6-26 所示），然后从重击帧中提取 4 个与成熟度相关的特征［过零率（ZCR）、瞬时能量（STE）、子带 STE

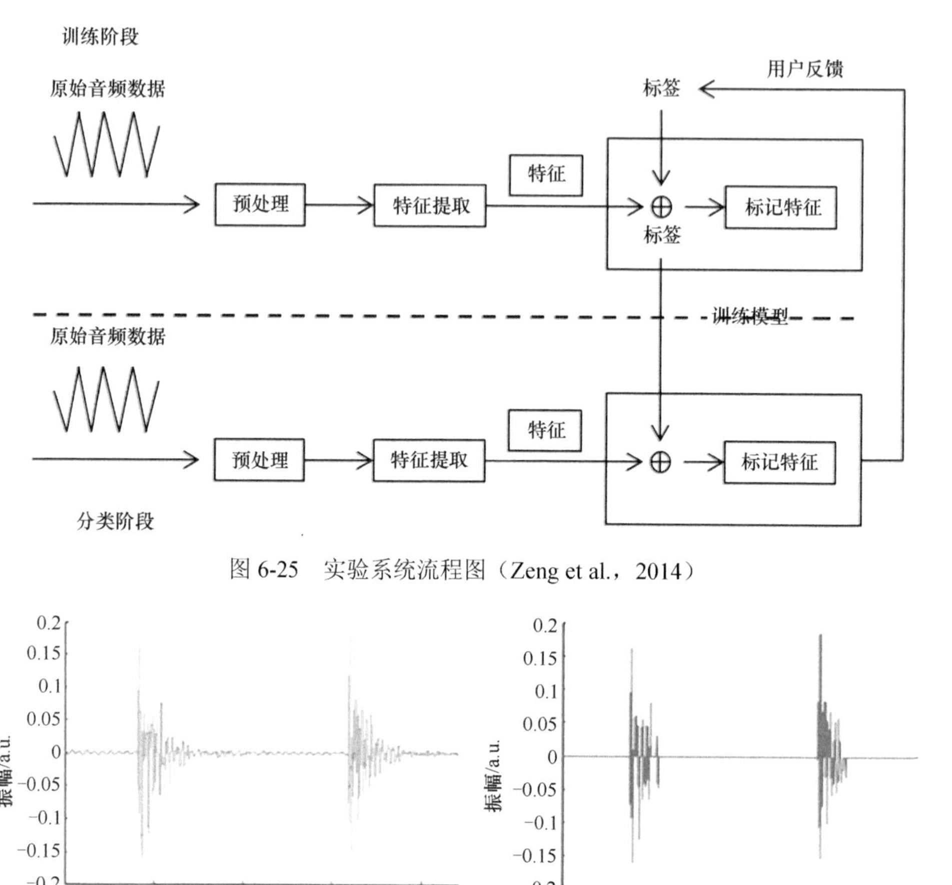

图 6-25 实验系统流程图（Zeng et al.，2014）

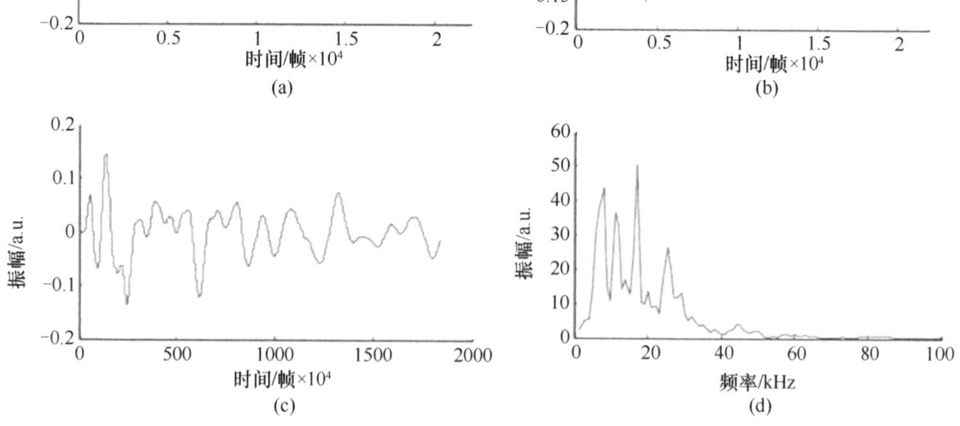

图 6-26 重击成熟西瓜原始声脉冲响应预处理（Zeng et al.，2014）

（a）原始声信号；（b）去除噪声信号；（c）提取重击帧；（d）帧的快速傅里叶变换

比率、亮度]，利用支撑向量机（SVM）算法构建分类模型；在分类阶段，用户可反馈分类结果来实时更新训练模型。

实验时训练集数据通过分别拍打 10 个成熟和未成熟的西瓜来获取，并利用 SVM 算法建立分类模型。然后用 15 个成熟西瓜和 25 个未成熟西瓜测试分类模型。重击测试结果如表 6-2 所示。从表 6-3 中可看出，第一子带 STE 比率对成熟西瓜分类最准确，而第四子带 STE 比率对未成熟西瓜的分类性能最好。总体上最精确的是第四子带 STE 比率，而且亮度的分类结果与西瓜成熟度无关。

表 6-2　重击测试结果

	训练集	预测集
成熟	10/56/98.2%	15/114/97.4%
未成熟	10/42/93.3%	25/160/91.4%

注：训练和测试数据集：西瓜数量/检测到的重击事件数量/正确检测率

表 6-3　每个特征的成熟、不成熟和整体准确性

精确度	成熟/%	未成熟/%	全部/%
过零率（ZCR）	63.2	57.1	59.6
瞬时能量（STE）	57.9	69.4	64.6
第一子带 STE 比率	84.2	81.6	82.7
第二子带 STE 比率	42.1	69.0	57.8
第三子带 STE 比率	84.2	55.1	67.2
第四子带 STE 比率	68.4	95.9	84.5
亮度	36.8	55.1	47.5

最终分类模型中采用 ZCR、STE、子带 STE 比率 3 个特征进行建模，分类结果表明，对成熟西瓜分类正确率为 89.3%，对未成熟西瓜分类正确率为 90.4%，总体分类正确率为 79.1%。

4. 弹性指数检测

Zhang 等（2021）采用非破坏性声学振动方法结合动力学模型，对猕猴桃弹性指数（*EI*）进行评价。实验共选取 357 个样本（102.3g±15.63g）并随机分为 4 组，分别储藏在 0℃、4℃、10℃和 20℃，采用图 6-27 装置采集猕猴桃的弹性指数，每隔 10 天、8 天、4 天和 2 天测定一次。

图 6-28 显示，猕猴桃在 0℃、4℃、10℃和 20℃储藏时的弹性指数随存储时间延长逐渐下降，而质量损失逐渐增大。水果声学振动特征是基于细胞壁的机械强度和细胞壁膨胀压力，共振频率随着细胞壁结构的退化和细胞壁膨胀压力的损失而下降。而猕猴桃质量的减少主要是因为储藏期间水分的损失。因此，猕猴桃在储藏期间，由于质量和共振频率的降低，弹性指数也随之下降。

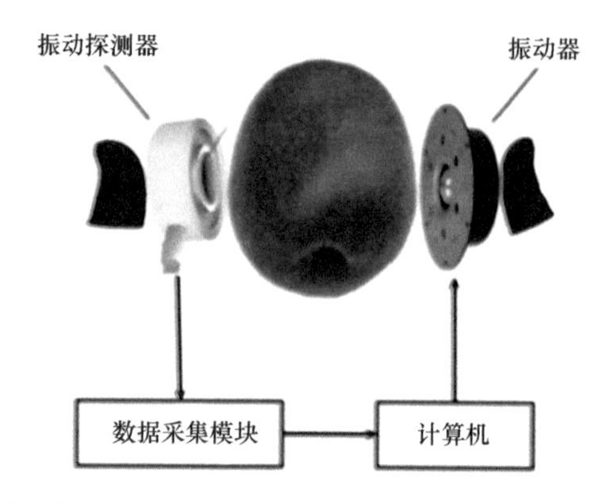

图 6-27　猕猴桃振动响应测量实验装置示意图（Zhang et al.，2021）

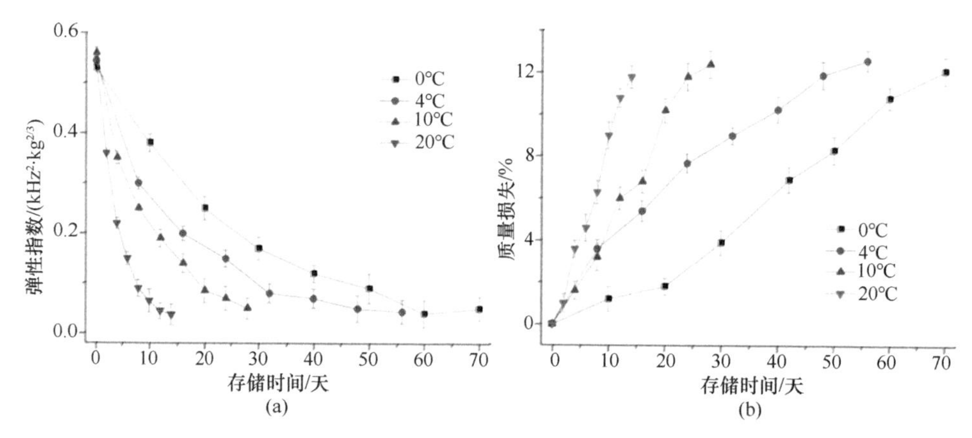

图 6-28　不同储藏温度下猕猴桃弹性指数（a）和质量损失（b）随时间变化的变化情况（Zhang et al.，2021）

Zhang 等（2021）基于弹性指数建立了动力学反应模型，如表 6-4 所示。结果表明一级动力学模型的性能优于零级和二级动力学模型，并且证明了猕猴桃储藏过程中弹性指数的变化可以用一级动力学模型进行拟合。

表 6-4　不同储藏温度下弹性指数的零级、一级和二级动力学模型结果

	温度/℃	零级			一级			二级		
		K_0	R^2	*RMSE*	K_1	R^2	*RMSE*	K_2	R^2	*RMSE*
EI	0	0.665	0.881	0.056	0.037	0.997	0.009	0.001	0.945	0.038
	4	0.776	0.785	0.075	0.057	0.986	0.019	0.002	0.981	0.022
	10	1.641	0.863	0.060	0.091	0.993	0.014	0.003	0.974	0.026
	20	3.199	0.839	0.064	0.194	0.993	0.013	0.007	0.969	0.029

资料来源：Zhang et al.，2021

目前，声学技术在农产品中的应用主要集中在硬度、成熟度、内外损伤等方面，有很多方法理论还有待进一步研究，目前仍存在以下问题。

1）声音信号存在不稳定特性，影响后期数据分析与模型构建。

2）外界噪声对声音信号的检测影响很大，在处理声音信号前，必须对干扰信号进行处理。

3）声学技术检测农产品较多，但多集中在信号的处理及模型建立上，随着人工智能的不断发展，声学技术应该与人工智能相结合，通过声学传感器获取大量的信息后不断进行机器学习，实现智能判断农产品品质好坏，并对其进行分级，大大提高农产品品质检测与分级的效率。

6.4　X 射线透射检测技术

X 射线透射检测则是利用射线穿过物质，并被其衰减来实现检测的，此技术的演化经过了低劣的微光图像获取、有噪声的电离放射线荧光屏成像和高分辨率清晰的数字图像设备等几个阶段。X 射线透射检测技术是无损检测技术的一种。在 X 射线透射检测的过程中，X 射线穿过待检样品，然后在图像探测器（现在大多使用 X 射线图像增强器）上形成一个放大的 X 射线图。该图像的质量主要由分辨率及对比度决定。

6.4.1　X 射线的发现

1895 年伦琴（W. C. Rongent）在德国取得了一项伟大的发现，他发现从一个放电管中放射出一种新型的放射线，由于当时还没人了解这种神秘的放射线的性质，因此他命名此辐射线为 X 射线，又名伦琴射线。他注意到，把一块涂有氰亚铂酸钡的屏幕放在放电管附近，每当放电管放电时，屏幕就发出荧光。已知这种辉光是由阴极发出的某种辐射（阴极射线）造成的，因为只要在射线的路径上放一小块遮光体，管壁上便会出现阴影（Compton，1946；刘德镇，1999）。

X 射线可以像光线一样，沿直线传播，若在它的路径上放置遮光体，则会出现阴影。X 射线不仅能使屏幕发出荧光，而且对照相底片也发生作用，其实早先别人也曾注意到，如果将照相底片放在放电管邻近，即使底片被包裹在不漏光的包装内，也会发生雾翳。但是他们忽视了这种效应可能代表的意义（刘战存，2001）。

伦琴研究了物质对 X 射线的吸收情况，发现 X 射线的吸收率与光的吸收率形成明显的差别，其吸收仅与构成吸收屏幕的各种原子的种类有关。X 射线对轻原子构成的物体（如纸或木头）的穿透能力很强。另外，对于重金属来说，即使是一块薄片，对 X 射线也有很强的吸收能力。人体及大多数动物体的肌肉几乎完全是由碳、氮、氧和氢构成的，所以X射线能够穿透；而骨骼中钙是主要成分，所以X射线不能穿透。X射线的这种性质在很多领域得到了应用，如X射线照相技术，用以检查鸡肉等肉制品中是否有骨头，水果是否腐烂等。

伦琴发现的X射线及上述基本性质为后人应用X射线开创了一个新时代，为很多科学研究打开了一扇大门，他也因此获得了诺贝尔物理学奖。

6.4.2 X射线的波长

X射线是一种波长很短的电磁波（刘战存，2001）。电磁波在物理上的划分类型见表6-5。

表6-5 电磁波在物理上的划分类型

电磁波的种类	频率/Hz	在真空中的波长/m
无线电波	10^4～3×10^{12}	3×10^8～10^{-4}
红外线	10^{12}～3.9×10^{14}	3×10^{-4}～7.7×10^{-7}
可见光	3.9×10^{14}～7.5×10^{14}	7.7×10^{-7}～4×10^{-8}
紫外线	7.5×10^{14}～3×10^{20}	4×10^{-8}～6×10^{-9}
X射线	3×10^{15}～3×10^{20}	10^{-8}～10^{-12}
γ射线	3×10^{18}～3×10^{22}	10^{-10}～10^{-14}

对于X射线，人们通常将其分为软X射线和硬X射线。X射线波长为0.01～100 Å①，其中，波长小于0.1Å的称为超硬X射线，在0.1～1 Å的称为硬X射线，1～100 Å的称为软X射线。该划分只是相对的，并没有严格和科学的方法。有学者将X射线按照产生的管电压划分为X射线(10～50kV)和硬X射线(10～300kV)。

6.4.3 X射线的产生

当高速运动着的电子撞击障碍物时，由于电子被急剧地阻止，其动能发生转移，一部分变成了X射线能。X射线管在管电压不同的条件下，能产生两种形式的辐射：轫致辐射和特征辐射。产生X射线的方式主要有以下4种：X射线管、激光等离子体、同步辐射和X射线激光。

1）X射线管是利用高速电子撞击金属靶面产生X射线的电子器件，分为充气管和真空管两类。1895年伦琴发现X射线时使用的克鲁克斯管就是最早的充气X射线管。

2）激光等离子体属于价格便宜、易于操作的光源，可以用于X射线显微术，

① $1Å=1\times10^{-10}$m。

像电子扫描显微镜一样作为实验室的常规分析工具。其基本原理是：当高强度（10^{14}～10^{15}W/cm^2）激光脉冲聚焦打在固体靶上时，靶的表面迅速离化形成高温高密度的等离子体，进而发射 X 射线。它是一种具有足够辐射强度的独立点光源，所用泵浦激光器主要有 Nd: YAG、钕玻璃和 KrF 等。X 射线发射与靶材料有关，由于溅射残屑可能损伤和污染光学系统和样品，若用气体靶代替固体靶可以避免残屑问题。因此，需要进一步研究开发有效的、高重复频率工作的、不产生残屑的激光等离子体 X 射线光源。

3）同步辐射光源的主体是电子储存环，30 多年来已经历了 3 代的发展。第一代同步辐射光源的电子储存环是为高能物理实验设计的，只是“寄生”地利用从偏转磁铁引出的同步辐射光，故又称为“兼用光源”；第二代同步辐射光源的电子储存环则是专门为使用同步辐射光而设计的，主要从偏转磁铁引出同步辐射光；第三代同步辐射光源的电子储存环对电子束发射度和大量使用插入件进行了优化设计，使电子束发射度比第二代小得多，同步辐射光的亮度大大提高，如加入波荡器等插入件可引出高亮度、部分相干的准单色光。

4）由于 X 射线的应用越来越广泛，科学家们着重研究增加 X 射线的强度。世界上第一个红宝石激光 1960 年问世以来，在 X 射线波段实现激光辐射就一直是激光研究的重要目标。X 射线激光除了具有普通激光方向性强、发散度小的特点外，其单光子能量比传统的光学激光高上千倍，具有极强的穿透力。

6.4.4　X 射线的性质

在伦琴发现 X 射线后，后人相继在研究中发现了 X 射线的一些其他性质。综合前人的研究成果，总结出 X 射线的如下几条基本性质（李瑞棠，1985；孙万铃等，1989；王春燕和王福合，2017）。

1）沿直线传播。X 射线粒子本身不带电量，不受电场和磁场作用的影响，它沿直线传播，速度为 3.0×10^8m/s。

2）不可见。人们肉眼是看不见 X 射线的，与可见光相比，其波长仅是可见光波长的几千分之一，人的肉眼无法分辨，并且也不允许直接观察。

3）具有穿透能力。X 射线因其波长短，能量大，照在物质上时，仅一部分被物质吸收，大部分经由原子间隙而透过，表现出很强的穿透能力。它能穿透不透明的物质，与此同时被物质吸收和散射，从而引起射线能量的衰减。射线穿透能力与自身光子的能量有关，X 射线的波长越短，光子的能量越大，穿透力越强；利用其穿透作用，穿过被照射物质的原子间隙，可以把密度不同的物质区分开来。利用这一性质，学者们进行了 X 射线在工业探伤、食品质量无损检测等方面应用的研究。

4）有光的波动特性。它能够产生发射、干涉、绕射、折射和极化等现象，但与可见光有显著不同。人们利用 X 射线在晶体点阵上产生衍射及在空间产生干涉等现象来分析研究晶体结构及测量晶格常数。

5）具有光化作用。X 射线与可见光一样，同样具有光化学作用。利用 X 射线照射物质使物质核外电子脱离原子轨道产生电离，在电离作用下，使一些物质能够导电、发生化学反应，甚至可以诱发各种生物效应（韩丽君，2015）。X 射线可以使摄影胶片上面的溴化银分解成银和溴离子，由于 X 射线通过物体时透过性与吸收性相互作用，一部分被物质吸收后剩余的射线在摄影胶片上与溴化银作用。X 射线透射成像清晰，准确率高，资料易于保存，但是随着计算机硬件技术和软件技术的飞速发展，X 摄影技术渐渐被计算机层析摄影技术（computed tomography）和数字成像技术取代。

6）具有荧光作用。X 射线波长很短不可见，利用 X 射线照射某些化合物如磷、铂氰化钡、硫化锌（镉）、钨酸钙等时，可使物质发生荧光（可见光或紫外线），并且荧光的强弱与 X 射线量成正比，这也是 X 射线可以应用于透视的基础。当 X 射线作用于某些化合物如磷、铂氰化钡、钨酸钙、硫化锌（镉）等物质时，能激发一种波长较长的荧光，这种荧光在电磁波中的位置介于可见光与紫外线之间，人体肉眼可见，可在生物学、医学、农学及食品方面应用，进行生物体内部结构、功能的研究，疾病的诊断，工业制品的探伤。

7）具有电离性质。物质受 X 射线照射时，可使核外电子脱离原子轨道产生电离。它能排斥原子层中的电子，使气体电离；也能影响液体或固体的电性质。X 射线的这一特性在化学合成工业中有较大的用途。X 射线通过空气时也可使空气分解为正、负离子，成为导电体。空气的电离程度与吸收的 X 射线剂量成正比。

8）具有生物效应。X 射线在生物体内也能产生电离和激发，使生物体产生生物效应。特别是一些增殖性强的细胞，经一定量的 X 射线照射后，能引起生物效应，伤害或杀死有生命的细胞，破坏生物组织。它进入人体或生物体内后，产生电离作用使生物细胞内产生一系列生化反应，从而引起生理变化与遗传变异。X 射线对人体有损害作用，但一定剂量的射线，对细胞有逐步杀死作用，因此高剂量的 X 射线可以用于肿瘤的辐射治疗。X 射线的生物作用可以对植物、动物、微生物等引起当代的生理变化，还可以引起后代遗传性状的变异，因此可以利用 X 射线作为植物、动物、微生物的育种手段，用来进行品种的改良。

9）具有二象性。它在干涉、绕射等现象中主要显示出波动性。但有些现象不能用电磁波理论圆满解释，因此人们又提出了光量子假说，逐渐形成了新的微粒理论——“量子论”。量子论认为光是由许多光量子（简称光子）组成的，这个理论被实验和实践所证实。这就是光的波动和粒子的二象性。

6.4.5 X 射线与物质的相互作用

射线穿透物质时，由于与物质发生相互作用而导致强度减弱。在与物质相互作用过程中引起强度减弱的原因可以分为两类，即吸收与散射。由于吸收和散射，当射线穿透物质后在原来的传播方向上其强度就减弱了。在X射线的能量范围内，引起吸收衰减的主要是光电效应与电子对效应，引起散射衰减的主要是康普顿散射和瑞利散射。

1）X 射线与物质的散射作用。X 射线被物质散射时可以产生两种散射现象：非相干散射和相干散射。

物质对 X 射线散射的实质是物质中的电子与 X 光子的相互作用。当入射光子碰撞电子后，若电子能牢固地保持在原来位置上（原子对电子的束缚力很强），那么光子就会产生刚性的碰撞，其作用效果是辐射出电磁波——散射波，这种散射波的波长和频率与入射波完全相同，新的散射波之间可能发生相干散射。

X 射线光子与固体原子中束缚较松弛的电子做非弹性碰撞时，物质中的电子与原子之间的束缚力较小（如原子的外层电子），电子可能被 X 光子撞离原子成为反冲电子。因为反冲电子将带走一部分能量，使得光子能量减少，从而使随后的散射波波长发生改变。这样一来，入射波与散射波将不再具有相干能力。此种散射射线周期与入射线无确定关系，形成连续的背景，成为非相干散射。图 6-29 为 X 射线非相干散射示意图。

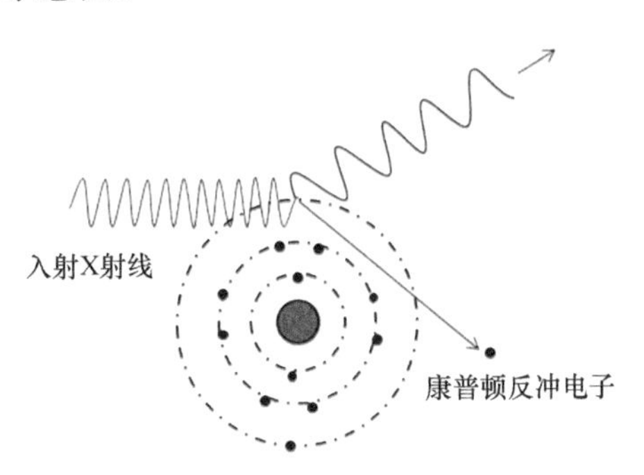

图 6-29 X 射线非相干散射示意图

2）X 射线与物质的吸收作用。除了被散射和透射掉一部分外，X 射线将被物质吸收，吸收的实质是发生能量转换。这种能量转换主要包括光电效应、俄歇效应和电子对效应。

（a）光电效应。当入射 X 光子的能量足够大时，可以将原子内层电子击出使其成为光电子。被撞击了内层电子的受激原子将产生如前所述的外层电子向内层跃迁的过程，同时辐射出一定波长的特征 X 射线。入射光子的能量被吸收后就消失了，释放的自由电子称为光电子。失去电子的原子即被电离，这种作用过程称为光电效应，如图 6-30 所示。

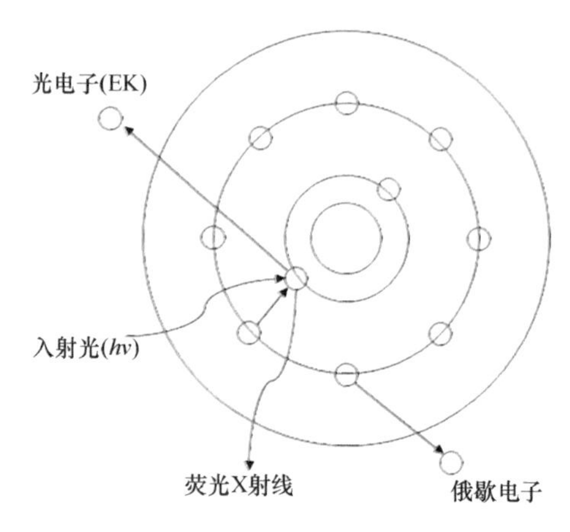

图 6-30　光电效应示意图

（b）俄歇效应。光电效应发生的时候，如果原子 K 层电子被击出，L 层电子即向 K 层跃迁，其能量差不是以产生 K 系 X 射线光量子的形式释放，而是被邻近电子所吸收，使这个电子受激发而逸出原子成为自由电子——俄歇电子。这种现象即为俄歇效应。

（c）电子对效应。当高能射线入射到材料中时，这些能量较高的射线光量子有可能穿透原子，进入原子核附近的库伦场，这时光子可以全部被吸收，同时发射出一对正负电子，这种过程称为电子对效应。

6.4.6　利用 X 射线进行检测的原理、方法及设备装置

在农产品的检测中，最主要依靠的是 X 射线的穿透作用。它的光量子穿透可见光不能穿透的物体，在穿透物体的同时可以与物质发生物理和化学作用，从而使原子发生电离，使某些物质发出荧光，还可以使某些物质产生光化学反应。X 射线透射检测技术利用农产品中多数水果和蔬菜等能够被 X 射线短波辐射穿透的特性进行农产品检测。X 射线穿透的程度主要取决于产品的品质密度和吸收系数，被测物质被照射后，通过检测穿透后的射线强度不同，可以把获取到的品质密度和吸收系数等参数运用计算机数字图像处理技术进行处理，分析出产品内部缺陷、损伤、病虫害等品质信息（韩丽君，2015）。检测的方法主要有射线照相法、射线实时成像法和射线 CT 等。

1. 射线检测方法

1）射线照相法。射线照相法应用对射线敏感的感光材料——射线胶片来记录透过被检物后辐射图像中射线强度分布的差异。射线照相法能够得到材料内部状况的二维图像。射线照相由于存在成本较高、数据存储需要格外小心、射线底片容易报废、实时性差等缺点在食品的异物检测中几乎不再被生产者使用。

2）射线数字化实时成像。射线数字化实时成像方法是把透射被检食品后不同强度的 X 射线转换为可见光再转换成电信号，或者直接转换为电信号后进行图像处理并最终显示在监视器上。随着计算机技术的日益发展和普及，一种新兴的无损检测技术——X 射线数字化实时成像技术应运而生。

2. X 射线图像无损检测系统

传统的 X 射线无损检测系统主要由 X 射线机、图像增强器、光学镜头、摄像机、计算机、图像采集卡及检测工装等设备组成。目前，数字化射线无损检测技术已向智能化方向发展，可以自动控制 X 射线辐射量，智能调节照射方向，以便获得质量优质的缺陷图像并融入缺陷智能判别技术。而 X 射线数字成像无损检测技术已在不同行业得到广泛应用与研究，其具有穿透能力强、数据动态范围大、检测效率高、自动化程度高、可数字化档案管理等优点。

3. X 射线检测装置

X 射线检测装置由 X 射线发生装置、X 射线探测器单元、图像处理单元、图像处理软件、传送机械装置和射线防护装置等几大主要部分组成，检测流程如图 6-31 所示。

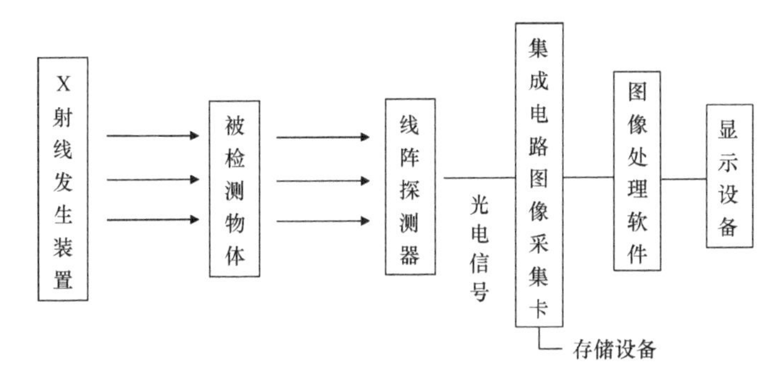

图 6-31　X 射线检测流程

1）X 射线发生装置。X 射线发生装置是用来产生和控制检测食品所需要的能量的仪器部分，主要包括高压发生器、X 射线管、X 射线发生控制器和冷却器几部分。

X 射线管是 X 射线发生装置的核心，其基本结构是一个高真空度的二极管，由阴极、阳极和保持高度真空的玻璃外壳构成，X 射线成像系统结构图如图 6-32 所示。

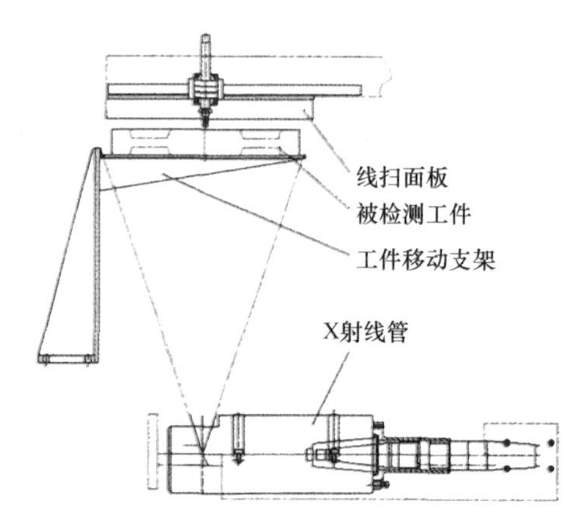

图 6-32　X 射线成像系统结构图（尚宝刚等，2010）

2）X 射线探测器单元。X 射线接收转换装置的作用是将不可见的 X 射线转换为可见光，图像增强器、成像面板或线性扫描器等射线敏感器件都可以作为 X 射线探测器元件。

6.4.7　X 射线技术在农产品品质检测中的应用

X 射线透射检测技术目前被广泛应用于医学透视、安全检查、工业探伤、晶体结构研究等诸多领域，在农产品品质无损检测中的应用很有潜力。X 射线透射检测装置在食品检测中的应用越来越广泛，其具有检测玻璃、塑料、木屑、头发，甚至肉制品中的骨头碎、肉瘤、血管的功能（杨凌，2019）。在农业生产中，农畜产品品质与品质评估是非常重要的。农畜产品的品质，如果蔬的水分、糖酸度、机械损伤、碰伤、内部腐败、变质、虫害，以及肉类等畜产品的外物污染、残留骨头等的检测非常重要。该技术可以检测农产品的外部品质和内部品质及内部异物情况。X 射线图像技术能更直观地反映农畜产品结构缺陷、结构变化方面的内部品质，而且 X 射线有很强的穿透能力，因此在水果的内部空洞（缝隙）、虫害、苹果水芯、内部水分、畜产品骨头残留等方面的检测中得到应用。X 射线图像在农畜产品内部品质检测方面表现出越来越强劲的潜力，正受到越来越多的重视（刘木华等，2004；杨航，2017）。

1. X 射线技术在果蔬检测中的应用

果蔬在生长过程中内部组织结构可能受外界影响会发生病变、虫害等的侵入，收货时可能会受到机械损伤等，如冬枣在成熟期其成熟度是否达标、‘嘎啦’苹果在存储环节中由于时间关系可能会出现面果、黄花菜运输过程中更会由于复杂的外界因素而影响产品品质，这些问题很难通过人眼去辨别和剔除，成为影响农产品质量的主要因素。人们要想在各个环节都能准确掌握和严格控制农产品的品质，及时采取有效手段去科学管理农产品，就需要采取现代实时的检测手段。

冷冻产品在储存和运输过程中要经历冻融循环，温度的波动会导致冰的再结晶，这可能导致冷冻食品不良的质量变化、质地损失和表面脱水。Zhao 和 Takhar（2017）研究了温度波动对冷冻马铃薯冰晶生长/衰减的影响。马铃薯形状为长方体的薯条状，在–80℃（对照组）冷冻，并在–17℃和–16℃、–17℃和–11℃、–17℃和–7℃之间波动 1 周和 2 周，用 X 射线微计算机断层扫描（CT）观察冷冻马铃薯的三维（3D）微观结构。2D 和图像分析清楚地表明，冰晶的大小受温度波动幅度和持续时间的影响。图像分析显示，随着温度波动和冻结时间的增加，冰晶显著增长。孔隙总数随着冻融循环幅度和持续时间的增加而减少。温度波动和冻结时间导致晶体尺寸的增加是冻结过程中冰的结晶引起的。随着温度波动幅度的增加，冰晶持续增长，而随着较小的晶体融合并迁移到较大的晶体，冰晶所留下的孔数量减少。结果，固体壁和细胞结构破裂，这影响了水分/溶质的扩散，进而降低了冷冻食品的质量。研究结果表明，利用显微 CT 和图像分析技术可以分析冻结材料的微观结构，为冻结过程的设计提供有价值的信息。从微 CT 图像分析获得的详细定量信息可用于建模和设计冻融过程的运输现象，并改善冷冻产品的质地属性。

油炸食品的微观结构特性是影响其吸油性能和产品质量的关键因素。Alam 和 Takhar（2016）观察了马铃薯圆盘在油炸过程中复杂的微观结构变化和传质机理。他们将厚度为 1.65mm 的马铃薯盘在 190℃下煎炸 0s、20s、40s、60s、80s。利用 X 射线微计算机断层扫描技术（CT）对多孔马铃薯圆盘的微观结构进行了三维成像。利用三维数据集计算马铃薯圆盘的总孔隙度、孔径分布、含油量和空气含量。通过分析 micro-CT 图像测量的油和空气含量分别遵循类似于 Soxtec 和气体比重测定法的趋势。图像分析显示孔径分布随油炸时间变化的变化显著。油炸时间对弯曲度也有影响。这是一种重要的微观结构流体输运性质。利用图像分析获得的三维数据集，采用路径长度比法测量弯曲度。孔隙度与弯曲度呈线性反比关系，弯曲度随孔隙度的增加而减小。实验还发现，在熔炼过程中，随着弯曲度的减小，含油量增加。这一现象表明，较低的弯曲度产生了较低的复杂和曲折的路径，从而减少了对油渗透的阻力。显微 CT 技术可作为油炸食品微观结构研究的有效工具，为常规实验室技术提供补充信息。

水果在生长储藏时很容易受到害虫的入侵而造成质量的恶化，从而给生产者带来巨大的经济损失。因此，需要一种非破坏性技术将水果区分为不同的质量等级。运用 X 射线技术，可以判别出农产品的内部所发生的变化，从而有效地实现农产品质量的筛选和分类。

Arendse 等（2016）利用 CT 技术来表征和量化石榴的内部结构，其结果显示该技术可以清楚地对石榴果实内部成分进行无损成像分析，进而快速区分出内部品质存在缺陷的石榴水果。他们利用商业微聚焦 X 射线（μCT）系统结合图像分析技术生成二维 X 射线图像，并将其重建为三维图像。基于电压为 100kV、电流设置为 200μA 的辐射源，使用 71.4μm 的各向同性体素大小获得了最佳 μCT 设置。在标定范围内成功测定了石榴全果密度、果皮和反照率、假苹果卷叶蛾和黑心侵染部位，幼虫密度[（9400±40）kg/m^3]显著（$p<0.0001$）低于全果[（1070+20） kg/m^3]和果部［（1120±40）kg/m^3］，反照率［（1040±30）kg/m^3］成功区分了健康果和黑心果。结果表明，X 射线 μCT 结合相关算法可以准确地检测和量化黄石榴果实中假苹果卷叶蛾和黑心病引起的内部缺陷。

众所周知，水果的质地会随着储存期时间延长而变得柔软，进而导致其质量和营养价值的降低。传统上，检测苹果的坚硬性一般使用穿刺检测等方法，但这些检测方法会对苹果产生破坏作用（张潮等，2020）。而 CT 技术可以克服此缺点实现快速无损检测。Tanaka 等（2018）利用此技术检测储存过程中黄瓜三维结构的变化，他们研究利用 X 射线计算机断层扫描技术（CT）对储藏期间黄瓜果实的内部结构进行了无损表征和定量分析。对黄瓜果实在 15℃、25℃、90% RH 条件下储藏 7 天后的物理性质进行了与 X 射线吸收有关的破坏性测定，并观察了果实内部三维非均质结构的变化，结果如图 6-33 和图 6-34 所示。结果表明，由 X 射线 CT 扫描组织图像计算出的平均灰度值（GS）与黄瓜果实的密度、孔隙率和弹性模量有良好的相关性，GS 值的峰值高度与密度和孔隙率有关。因此，X 射线 CT 可用于评价与果实品质相关的物理特性。与此同时，黄瓜果实中果皮组织的辐射密度发生了变化，但胎盘组织的辐射密度没有变化。在 25℃时，中果皮 GS 水平由果柄向顶端由白色变为黑色，这一结果有助于了解果实储藏过程中低密度部分的膨胀。

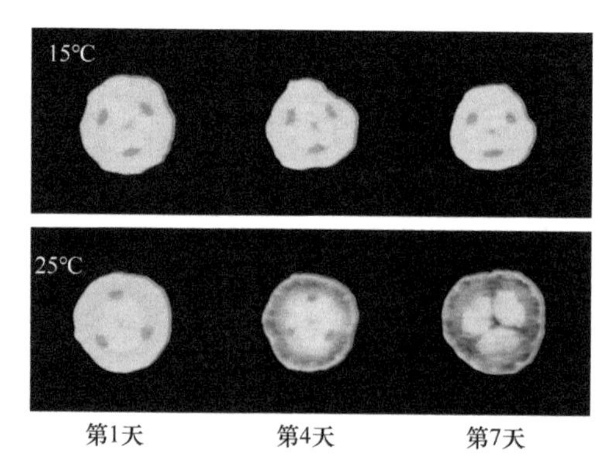

图 6-33 基于 X 射线 CT 图像的黄瓜果实结构在不同储藏温度下的变化

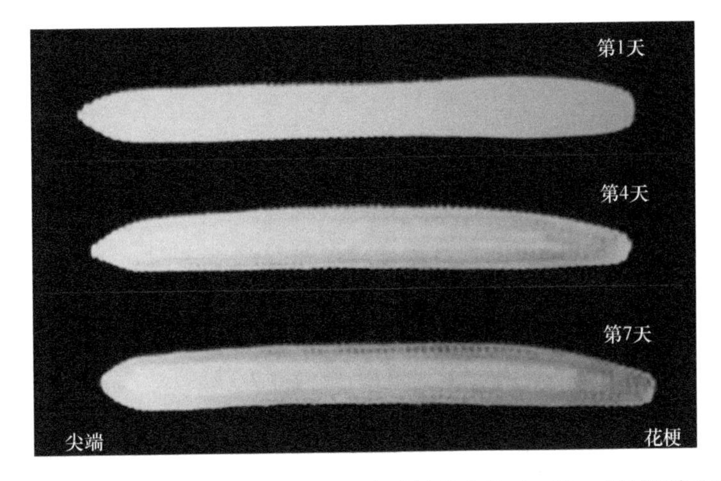

图 6-34　储藏 7 天期间黄瓜果实内部三维结构的变化（25℃，相对湿度 90%）

2. X 射线技术在粮食虫害检测中的应用

害虫是粮食储藏中的严重问题，它们不仅吃掉粮食而且还对粮食造成人类无法使用的污染，全世界粮食产量每年因虫害造成 10%～30%的损失。大多数国家已经建立了谷物等级的标准化，以保证作物的质量，直到它到达消费者手中。人们研究了不同的方法，以用于发现国内和出口市场上的粮食虫害。

Karunakaran 等（2004a）采用实时软 X 射线法检测小麦粒内稻纵卷叶螟的侵染能力。将人工侵染的小麦籽粒在 30℃和 70%的相对湿度下培养，对多米尼加红毛鼠幼虫、蛹和成虫进行连续 X 射线照射。从小麦籽粒 X 射线图像中提取直方图特征、纹理特征和形状特征，利用所提取的 57 个特征，采用 BP 神经网络（back propagation neural network，BPNN）和统计分类器对未侵染核和侵染核进行识别。该 BP 神经网络能正确识别出所有未受侵染和受侵染的玉米粒，以及 99%以上受侵染的玉米粒。使用全部 57 个特征的 BPNN 分类准确率高于分别使用直方图和纹理特征的分类准确率。BP 神经网络在不同阶段对稻纵卷叶螟未侵染和侵染籽粒的识别上优于参数分类器和非参数分类器。

Karunakaran 等（2004b）研究了用软 X 射线法监测红粉甲虫对小麦籽粒的取食损害，以确定其侵染率。用 X 射线连续照射被赤拟谷盗卵侵染的小麦籽粒，每隔 4 天照射一次，连续照射 16 天。利用统计分类器和 BP 神经网络分别利用 57 种特征对未侵染和 4 种侵染的玉米粒进行了正确识别，准确率分别达到 73%和 86%。

由于 X 射线具有较强穿透能力，在农产品的外部品质检测中，并不能起到很好的效果，在这方面的应用研究也比较少，一般经过肉眼就可以识别出来。当然在这方面肉眼的识别毕竟是有限的，这就需要借助 X 射线的穿透能力，如 BP 神经网络模型可以准确地识别出健康和能够发芽的小麦籽粒，其分辨率分别为 95% 和 90%（Han et al.，1992）。

3. X 射线技术在肉制品检测中的应用

禽肉是人们的主要肉类食品之一，随着我国禽业养殖的发展，以及社会生活水平的提升，人们希望禽肉的外观色泽及肉质的嫩度、风味、营养成分和卫生品质等，都能达到更高的标准。为此，对禽肉的色泽、嫩度、风味、营养和卫生等食用品质做出快速、准确的检测与评估已变得越来越迫切。目前禽肉品质的评定是畜产品相关行业的研究难点。常规的禽肉检测方法涉及复杂的预处理、较多的实验室化学分析设备、试剂，检测时间长、费用高，而且有些检测指标还涉及人的主观因素，所以难以实现在线大批量的快速检测。基于常规检测具有对样品的破坏性、检测时间长、费用高、预处理复杂的缺点，人们就想到了无损检测技术。禽肉品质的无损检测技术是一种利用禽肉产品本身的光特性、电特性、力学特性、声特性等非破坏性地检测禽肉产品外观和内在品质的方法，具有结果客观、检测速度快、利于实现检测自动化的特点。

射线技术是以辐射成像技术为核心，集电子技术、计算机技术、信息处理技术、控制技术和精密机械技术于一体的综合技术。由于射线有很强的穿透能力，射线图像能更直观地反映产品结构缺陷、结构变化等内部品质，因此在农产品内部品质检测方面受到越来越多的重视。

禽肉的脂肪含量和系水力直接影响着肉的结构组织状态、品质，甚至风味，且与肌肉嫩度密切相关，因此，对禽肉品质的检测有着重要意义。沈杰（2020）通过双能射线和近红外光谱实验平台，采集了禽肉的相应图像，并对图像进行了处理与分析，并运用相关软件对禽肉的脂肪含量和系水力指标进行了检测分析，得到了禽肉脂肪含量和系水力的模型，并且找到了能够有效判断相关指标的可行方法和最佳特征波长，结果表明对禽肉脂肪含量的检测，双能射线技术要好于近红外光谱技术，其模型的相关系数均达到了 0.8 以上（沈杰，2020）。

区分机械分离肉类（MSM）最重要的参数之一是 Ca 的含量，因此，开发可靠和经济有效的分析工具对监测这些食品的化学成分非常重要，这是食品质量安全的重要问题。Dalipi 等（2018）研究了全反射 X 射线荧光光谱技术（TXRF）在机械分离肉类（MSM）产品鉴定中的应用。他们建立了一种基于全反射 X 射线荧光的肉类样品元素分析方法。用 Triton X-100 稀释溶液和聚乙烯醇悬浮液制备肉制品的效果最好。对鲜鸡肉、含不同比例 MSM 的鸡肉、纯 MSM 和 MSM 制得的肉制品进行了分析，测定了钾、钙、铁、铜、锌的含量。结果表明，钙、钾和铁是区分 MSM 和鲜肉的显著标记。采用主成分分析方法，鉴别限为 40%。将所得结果与酸性消解和 ICP-MS 分析结果进行比较，表明该评价方法具有准确性。

X 射线在农产品中的另外一项重要的应用为农产品中的异物检测，其主要是针对农产品的密度差异来进行检测。对于异物检测，目前应用最成熟的是在禽畜产品方面。

肉中的碎骨等异物会对消费者尤其是幼儿、老年人造成较大伤害。因此在市场上，去除了骨头的鸡肉需求量很大。肉制品厂家严格要求肉不能混有碎骨和其他不经意混入的异物（洪冠等，2008，2014）。生产上若由工人手工检测鸡骨头是否去除干净，需要耗费大量人力，且效率低，难以满足生产线的要求。因此，需要用仪器来进行检测，X 射线图像检测是比较合适的选择。X 射线图像对于检测鸡肉内部较深部位的骨头很有效，但对表面骨头检测比较困难，而可见光图像则相反。有一些比较薄，并且靠近肉的表面骨头，如扇形骨，单纯利用 X 射线系统难以检测。

Vachtsevanos 等（2000）研究了基于可见光图像与 X 射线图像信息融合的方法检测鸡肉中的骨头，解决鸡肉厚度不均引起鸡骨头误判率高的问题。在工业去骨过程中，骨头碎片往往会残留在鸡柳中，不被人工或 X 射线检测到。由于骨头和鸡肉的 X 射线吸收能力是不一样的，所以简单阈值法不易分割出骨头和其他肉中的危险物质（如铁钉等），检测禽肉中的骨碎片仍然是一个挑战。

Tao 和 Ibarra（2000）提出了一种新的方法来补偿圆角厚度不均匀而引起的 X 射线吸收变化。成像检测算法被开发用来整合厚度和 X 射线图像，并产生厚度补偿 X 射线图像来提取骨碎片信号。为了进行概念测试和成像算法开发，设计了 4 种不同坡度的塑料模具用于禽类肉类的成型。样本分析的实验结果表明，这 4 种类型的骨头碎片，无论它们位于不均匀厚度的鸡肉的什么位置，都可以被检测到。该成像方法消除了假模式，提高了 X 射线在骨碎片检测中的灵敏度。该技术具有无损检测不均匀厚度食品中有害物质的潜力。

6.4.8　X 射线技术在农产品应用中的展望

X 射线技术对农产品的检测目前还不够完善，要达到对其精确检测，将是个逐步完善的过程。在很多方面，还需要进行更多的、更进一步的研究和探索。

1）需要进一步完善射线和近红外图像实验平台装置，实验过程中需注意并分析实验的其他相关影响因素，如禽肉的屠宰时间、禽肉的成长条件、实验环境的温度和湿度及图像的采集部位等因素对实验结果的影响，并研究相关的改善方法。

2）对禽肉品质的检测，需进一步增加样品的种类和数量，从而建立效果最佳的预测模型，同时，可以针对禽肉的其他品质指标进行进一步的研究和探讨。

3）在分析相关的检测指标时，应增加更有效的图像处理和光谱预处理方法，并尝试应用不同的建模方法，尽量避免相关的干扰因素，从而进一步提高模型的检测精度。

目前 X 射线数字检测技术存在效率低下、易漏检等问题，可从快速更换滤板、大厚度比防漏检方法、全方位拍摄专用支架系统 3 个方面进行技术改进，从而极大提高检测效率和质量。同时，在农产品检测领域，为减少评片人员的工作量，做到检测图像智能诊断，很多学者开展了 X 射线检测图像人工智能诊断研究，为实现图像人工智能诊断做出探索与实践。首先将图像读取到计算机，然后对这些图像进行 Gama 增强预处理，在传统的 FCM 分割算法基础上，引入非隶属度、不确定度且结合图像的领域信息，提出一种改进的 FCM 算法进行图像分割，在提取周长、面积、凹陷、凸包等特征值后采用 SVM 分类器实现图像智能诊断。对该智能诊断系统进行大量样本训练，从而达到较高的图像缺陷智能诊断正确率（谢百明等，2020）。

参 考 文 献

白冰, 赵玲, 王程程, 等. 2012. 生物传感器在检测食品品质及其质量安全中的应用. 食品安全质量检测学报, 3(5): 414-420.

白志杰. 2018. 基于声学特性水果硬度检测系统与应用方法的研究. 江苏大学硕士学位论文.

陈斌, 黄星奕. 2004. 食品与农产品品质无损检测新技术. 北京: 化学工业出版社.

陈士恩, 田晓静. 2019. 现代食品安全检测技术. 北京: 化学工业出版社.

程堂柏. 1998. X 射线的发现及其影响. 安庆师范学院学报(自然科学版), 11(4): 81-82.

邓炜, 梅雷燕, 徐畅, 等. 2016. 基于聚乙烯亚胺还原的金纳米颗粒为基底构建的“signal on”型高灵敏 ECL 传感器铅离子检测. 化学传感器, 36(4): 42-48.

杜功焕, 朱哲民, 龚秀芬. 2012. 声学基础. 南京: 南京大学出版社.

高慧丽, 康天放, 王小庆, 等. 2005. 溶胶-凝胶法固定乙酰胆碱酯酶生物传感器测定有机磷农药. 环境化学,11(6): 78-81.

郭文川. 2007. 果蔬介电特性研究综述. 农业工程学报, (5): 284-289.

郭文川, 商亮, 王铭海, 等. 2013. 基于介电频谱的采后苹果可溶性固形物含量无损检测. 农业机械学报, 44(9): 132-137.

郭文川, 朱新华. 2009. 国外农产品及食品介电特性测量技术及应用. 农业工程学报, 25(2): 308-312.

韩丽君. 2015. X 射线检测技术在渭南市农产品检测中的应用. 科技展望, 25(30): 110-112.

洪冠, 赵茂程, 居荣华, 等. 2008. 基于 X 射线成像系统的屏蔽包装食品异物检测与分类. 粮油加工, (6): 122-124.

洪冠, 赵茂程, 汪希伟, 等. 2014. 肉中异物 X 射线检测的肉厚度激光双三角测量方法. 农业机械学报, 45(9): 223-229.

黄天培, 何佩茹, 潘洁茹, 等. 2011. 食品常见真菌毒素的危害及其防止措施. 生物安全学报, 20(2): 108-112.

孔繁荣, 郭文川. 2016. 发育后期苹果的介电特性与理化特性的关系. 食品科学, 37(9): 13-17.

郎涛, 林颢. 2012. 鸡蛋蛋壳裂纹敲击振动功率谱信号特征参数筛选和分析. 农机化研究, 34(7): 161-164.

黎式棠. 1999. 医用 X 射线机原理与维修. 南宁: 广西科学技术出版社.

李博, 李传峰, 任松伟, 等. 2020. 基于介电特性在农产品品质无损检测中的应用研究. 农产品加工, (3): 85-88.

李海峰, 贺晓光, 张海红, 等. 2016. 鸡蛋贮藏过程中的介电特性和新鲜品质变化. 江苏农业科学, 44(12): 341-343.

李瑞棠. 1985. X 射线探伤检验技术. 北京: 烃加工出版社.

李歆悦, 孔丹丹, 闫卉欣, 等. 2021. DNA 电化学生物传感器在重金属快速检测中的研究进展. 分析实验室, 40(5): 605-612.

李元祥. 2011. 基于介电特性的果品品质无损检测技术研究. 宁夏大学硕士学位论文.

刘德镇. 1999. 现代射线检测技术. 北京: 中国标准出版社.

刘汉, 蔡莹, 王珂. 2017. 省地县一体化电网设备检修模式研究与应用. 机械与电子, 35(1): 27-31.

刘慧, 曾祥权, 蒋世卫等. 2022. 生物传感器在食源性金黄色葡萄球菌快速检测中的应用. 食品科学, 43(1): 372-381.

刘明华. 2014. 基于 MATLAB 声学检测刹车片材质的研究. 科技传播, (110): 96-97.

刘木华, 蔡健荣, 周小梅. 2004. X 射线图像在农畜产品内部品质无损检测中的应用. 农机化研究, (2): 193-196.

刘胜男. 2015. 生物传感. 中国传媒科技, 12: 16-18.

刘洋. 2016. 基于断裂声音信号的胡萝卜质地评价研究. 吉林大学博士学位论文.

刘洋, 罗印斌, 马先红. 2018. 基于声学技术在农产品品质评价中的应用研究现状. 食品工业, 39(10): 255-259.

刘战存. 2001. 机遇只施惠于有准备的头脑——伦琴对 X 射线的发现与研究. 物理实验, (1): 43-45.

吕加平, 李一经. 1994. 蛋黄指数与哈夫单位的简易测定法. 肉品卫生, (7): 13-15.

彭杰纲. 2012. 传感器原理及应用. 北京: 电子工业出版社: 31-34.

祁骁杰. 2016. 蛀干害虫幼虫声音信号特征及其影响因素研究. 北京林业大学硕士学位论文.

邱道尹, 张红涛, 刘新宇, 等. 2007. 基于机器视觉的大田害虫检测系统. 农业机械学报, (1): 120-122.

邱四伟. 2012. 介质损耗测量仪的设计与实现. 电子科技大学硕士学位论文.

邱志斌, 阮江军, 黄道春. 2016. 输电线路悬式瓷绝缘子老化形式分析与试验研究. 高电压技术, 42(4): 1259-1267.

尚宝刚, 夏海涛, 高波. 2010. 基于线扫描式 X 射线检测系统的缺陷自动标记装置. 无损检测, 32(10): 822-824.

邵平, 刘黎明, 吴唯娜, 等. 2021. 传感器在果蔬智能包装中的研究与应用. 食品科学, 42(11): 349-355.

邵云龙, 陈越. 2011. 浅析智能传感器技术. 科协论坛(下半月), (7): 102.

沈江洁, 黄森, 张院民. 2011. 基于果品介电特性的无损检测技术研究. 进展农机化研究, 33(5):16-19.

沈杰. 2020. 基于X射线及近红外光谱技术的禽肉品质检测. 江西农业大学硕士学位论文.

孙俊, 刘彬, 毛罕平, 等. 2016. 基于介电特性与蛋黄指数回归模型的鸡蛋新鲜度无损检测. 农业工程学报, 32(21): 290-295.
孙万钤, 潘炳勋, 杨新荣. 1989. 射线检验. 北京: 国防工业出版社.
万峰, 吴雅静. 2020. 应用生物传感器检测食品中食源性致病菌的研究进展. 食品工业科技, 42(8): 346-353.
王春燕, 王福合. 2017. X 射线的发现及其早期研究. 现代物理知识, 29(1): 30-34.
王渝生. 2012. X 射线的发现. 科学世界, (5): 84-85.
谢百明, 李波, 樊磊. 2020. X射线数字成像技术与图像人工智能诊断的探索与实践. 电力大数据, 23(12): 1-9.
徐仁庆, 李建飞, 陆松花, 等. 2020. 生物传感器在谷物安全品质检测上的应用与研究进展. 粮食与饲料工业, (4): 14-18.
阎康年. 1995. X 射线的发现与现代科学革命——纪念发现 X 射线 100 周年. 自然辩证法通讯, (6): 46-53.
杨航. 2017. 基于 X 射线检测技术谷类农作物在线虫害检测识别研究. 东北大学硕士学位论文.
杨湊. 2019. X 光检测对肉制品品质影响的认知调查及研究. 仲恺农业工程学院硕士学位论文: 67.
尹孟, 徐海峰, 王庆国, 等. 2018. 基于声振法水果硬度检测仪数据采集系统的设计. 中国农机化学报, 39(5): 34-38.
应义斌. 2005. 农产品无损检测技术. 北京: 化学工业出版社.
应义斌, 蔡东平, 何卫国, 等. 1997. 农产品声学特性及其在品质无损检测中的应用. 农业工程学报, 16(3): 208-212.
俞玥, 张守丽, 李占明. 2020. 禽蛋品质无损检测及分级技术研究进展. 食品安全质量检测学报, 11(23): 8740-8745.
袁子惠, 廖宇兰, 翁绍捷, 等. 2011. 芒果介电特性与内部品质的关系. 农机化研究, 33(10): 111-114.
张潮, 孙钦秀, 孔保华. 2020. X 射线断层扫描技术在食品检测中的应用. 食品研究与开发, 41(6): 189-193.
张道德. 2007. 金冠苹果果实的介电特性与无损检测技术的研究. 四川农业大学硕士学位论文.
张冬晨, 刘海杰, 刘瑞. 2015. 超声波处理对荞麦种子营养物质累积以及抗氧化活性的影响. 食品工业科技, (7): 69-78.
张亨. 2016. 货车滚动轴承早期故障轨边声学诊断系统 (TADS) 的轴承故障声学单次判定技术研究. 铁道车辆, 54(3): 6-7.
张立材, 王民, 高有堂. 2011. 数字信号处理. 北京: 北京邮电大学出版社.
张立转, 赵旭华, 梁晶晶, 等. 2019. 基于核酸适配体-聚多巴胺纳米复合物的荧光生物传感器检测赭曲霉素A. 分析科学学报, 35(3): 342-346.
张学记. 2009. 电化学与生物传感器. 北京: 化学工业出版社.
张越, 赵进, 赵丽清, 等. 2020. 基于介电特性谷物水分在线测量仪的设计与试验. 中国农机化学报, 41(5): 105-110.
赵常志, 孙伟. 2012. 化学与生物传感器. 北京: 科学出版社.
赵格格. 2020. 电容型设备介质损耗监测装置的研究. 吉林大学硕士学位论文.
周世平, 张海红, 李海峰, 等. 2015. 基于果品介电特性的无损检测技术研究综述. 食品研究与开发, 36(1): 131-134,144.

Alam T, Takhar P S. 2016. Microstructural characterization of fried potato disks using X-ray micro computed tomography. Journal of Food Science, 3(81): 651-664.

An J H, Park S J, et al. 2013. High-performance flexible graphene apta sensor for mercury detection in mussels. ACS Nano, 7(12): 10563-10571.

Arendse E, Fawole O A, Magwaza L S, et al. 2016. Estimation of the density of pomegranate fruit and their fractions using X-ray computed tomography calibrated with polymeric materials. Biosystems Engineering, 148: 148-156.

Chrouda A, Zinoubi K, Soltane R, et al. 2020. An Acetylcholinesterase Inhibition-based biosensor for aflatoxin b1 detection using sodium alginate as an immobilization matrix. Toxins, 12(3): 173.

Compton. 1946. X-rays in Theory and Experiment. New York: D. Van Nostrand Company.

Dalipi R, Berneri R, Curatolo M, et al. 2018. Total reflection X-ray fluorescence used to distinguish mechanically separated from non-mechanically separated meat. Spectrochimica Acta Part B: Atomic Spectroscopy, 148: 16-22.

Feng H, Tang J, Cavalieri R P. 2002. Dielectric properties of de-hydra ted apples as affected by moisture and temperature. Transactions of the ASAE, 45(1): 129-135.

Han Y J, Bowers S V, Dodd R B. 1992. Nondestructive detection of split-pit peaches. Transactions of the ASAE, 35(6): 2063-2067.

Haydar V S, Mohammad G P, Davood M D, et al. 2018. Ultrasonic based determination of apple quality as a nondestructive technology. Sensing and Bio-Sensing Research, 9: 2.

Hewlett-Packard. 1992. HI' Dielectric materials measurements, solutions catalog of fixtures and software: complete solutions for dielectric materials measurements. Application Note: 1-20.

Hewlett-Packard. 2005. Basics of measuring the dielectric properties of material. Application Note: 4-27.

Hewlett-Packard. 2006. Solutions for measuring permittivity and permeability with LCR meters and impedance analyzers. Application Note 1369-1: 1-10.

Hitika P, Rawtani D, Agrawal Y K. 2019. A newly emerging trend of chitosan-based sensing platform for the organophosphate pesticide detection using acetylcholinesterase–a review. Trends in Food Science & Technology, 85: 78-91.

Icier F, Baysal T. 2004. Dielectrical properties of food materials-2: Measurement techniques. Critical Reviews in Food Science and Nutrition, 44(8): 473-478.

Iwatani S, Yakushiji H, Mitani N, et al. 2011. Evaluation of grape flesh texture by an acoustic vibration method. Postharvest Biology and Technology, 62(3): 305-309.

Kandala C V K, Nelson S O. 2005. Nondestructive moisture determination in small samples of peanuts by RF impedance measurement. Transactions of the ASAE, 48(2): 715-718.

Karunakaran C, Jayas D, White N D. 2004a. Detection of internal wheat seed infestation by Rhyzopertha dominica using X-ray imaging. Journal of Stored Products Research, 40(5): 507-516.

Karunakaran C, Jayas D, White N D. 2004b. Identification of Wheat Kernels damaged by the Red Flour Beetle using X-ray Images. Biosystems Engineering, 87(3): 267-274.

Myroslav S, Boguslaw B. 2010. The separation of uraniumions by natural and modified diatomite from aqueous solution. Journal of Hazardous Materials, 181(5): 700-707.

Nelson S O, Trabelsi S, Kays S. 2006. Correlating honeydew melon quality with dielectric properties. ASABE Meeting Paper, Paper No. 066122.

Ong C C, Sangu S S, Illias, N M, et al. 2020. Iron nanoflorets on 3D-graphene-nickel: A 'Dandelion' nanostructure for selective deoxynivalenol detection. Biosensors and Bioelectronics, 154: 112088.

Ryynanen S. 1995. The electromagnetic properties of food materials: A review of the basic principles. Journal of Food Engineering, 26(4): 409-429.

Sanz C, Primo-martn T, Vliet T. 2007. Characterization of crispness of french fries by fracture and acoustic measurements, effect of pre-frying and final frying times. Food Research International, 40(1): 63-70.

Tanaka F, Nashiro K, Obatake W, et al. 2018. Observation and analysis of internal structure of cucumber fruit during storage using X-ray computed tomography. Engineering in Agriculture, Environment and Food, 11(2): 51-56.

Tao Y, Ibarra J G. 2000. Thickness-compensated x-ray imaging detection of bone fragments in deboned poultry-model analysis. Transactions of the ASAE, 43(2): 453-460.

Vachtsevanos G, Daley W D, Heck B S, et al. 2000. Fusion of visible and X-ray sensing modalities for the enhancement of bone detection in poultry products. Biological Quality and Precision Agriculture Ⅱ: 102-110.

Vasighi-Shojae H, Gholami-Parashkouhi M, Mohammadzamani D, et al. 2018. Ultrasonic based determination of apple quality as a nondestructive technology. Sensing and Bio-Sensing Research, 21: 22-26.

Wang Y, Sun J, Hou Y, et al. 2020. Retraction notice to “A SERS-based lateral flow assay biosensor for quantitative and ultrasensitive detection of interleukin-6 in unprocessed whole blood” [Biosens. Bioelectron. 141 (2019) 111432]. Biosens Bioelectron, 168: 112415.

Zeng W, Huang X, Müller A S, et al. 2014. Classifying watermelon ripeness by analysing acoustic signals using mobile devices. Personal and Ubiquitous Computing, 18(7): 1753-1762.

Zhang W, Lv Z Z, Shi B, et al. 2021. Evaluation of quality changes and elasticity index of kiwifruit in shelf life by a nondestructive acoustic vibration method. Postharvest Biology and Technology, 173: 111398.

Zhao Y, Takhar P S. 2017. Micro X-ray computed tomography and image analysis of frozen potatoes subjected to freeze-thaw cycles. LWT-Food Science and Technology, 79: 278-286.

第7章　农产品品质智能检测机器人

智能机器人是一种自动控制、可编程和多功能的机器系统。作为第四次产业革命的重点发展领域，智能机器人的技术发展已成为世界各国创新战略中的重要组成部分，集中体现了各国科技发展水平与综合国力（Muthugala and Jayasekara，2018）。2014年，欧盟启动了代表性的“欧盟SPARC机器人研发计划”，从工业、研究和商业等多个领域推动机器人技术的发展（刘金国等，2015）；2015年，日本公布的《机器人新战略》，详细制定了机器人技术发展的五年计划（赵淑钰，2017）；2016年，美国制定了《美国机器人发展路线图》，提出要加强智能机器人的人机交互研究，推动机器人技术的产业化发展（Yin，2017）。2015年，国务院印发的《中国制造2025》规划中将智能制造作为主攻方向，智能机器人技术是其中的重点领域之一（杨超和危怀安，2017）。为此，科学技术部制定了详细的机器人技术发展路线图，促进我国智能机器人标准化、模块化发展（工信部装备工业司，2015）。

农产品检测机器人是指适用于特殊环境的专用机器人，可协助完成农产品品质检测等高精度任务。在农产品加工生产过程中，需要较多的劳动力，工作重复性强，容易造成劳动力短缺。农产品检测机器人得到了较多的发展，其主要环节是对农产品进行检测分选，检测环节主要依赖传感器。传感器是机器人感知环境及自身状态的窗口，也是机器人进行复杂工作必不可少的元件（谭帅，2019）。国家标准GB/T 7665—2005对传感器的定义是：“能感受被测量并按照一定的规律转换成可用输出信号的器件或装置，通常由敏感元件和转换元件组成”。根据这一定义，结合机器人感知技术，传感器即是一种完成测量、检测任务的前部部件。常见的传感器功能可以类似相比于人类的五大感觉器官，做出以下分类：压敏、温度、流体传感器，如同人类的触觉器官（曹建国等，2020）；声敏传感器，如同人类的听觉器官（邹小波等，2019）；光敏传感器，如同人类的视觉器官（孙月等，2020）；气敏传感器，如同人类的嗅觉器官（Wang et al.，2021）；化学传感器，如同人类的味觉器官（Guedes et al.，2021）。本章主要介绍了农产品智能检测机器人在农产品检测不同感知技术中的一些应用及智能控制。

7.1　触觉感知

触觉感知是力觉和触觉的统称，是机器人感知外部环境的重要信息来源。触觉的主要任务是为获取对象与环境信息和为完成某种作业任务而对机器人与对象、环境相互作用时的一系列物理特征量进行检测或感知。机器人触觉与视觉都是模拟人的感觉，广义地说它包括了接触觉、压觉、力觉、滑觉、冷热觉、痛觉等与接触有关的感觉，狭义地说它是机械手与对象接触面上的力感觉（Lee et al., 2019）。农产品机械化自动化加工的过程，常属于非结构化的环境，作业对象（农产品）的刚度、形状、纹理、温度等信息往往不被所知，所以执行端无法采用合适的力度和动作进行响应，会造成加工对象的损伤。因此在未知的环境中进行响应时，需要农业机器人能够获取农产品表面的特性从而判断物体的性质采取合适的执行策略，来使机器人能够稳定执行命令。触觉感知包含的信息量很大，它不仅反映了机器人与环境的交互情况，而且反映了所接触目标的各种物理属性，如位置、形状、刚度、柔软度、纹理、导热性、黏滞性等，基于此，能够实现对农产品的检测、抓取和分选（宋爱国，2020）。

目前，触觉传感技术研究中应用比较广的是基于变化的电容、电阻、光分布和电荷等技术原理的传感系统。表 7-1 所示为 5 类不同原理的触觉传感器的对比分析，总结了基于各种原理的触觉传感器的优点和缺点。在机器人领域中，这些不同的技术构建的传感系统提供了接触信息的传导，触觉传感器的类型主要取决于传感器传递信号的方式，下面对触觉传感器的一些类型进行简要介绍。

表 7-1　5 类不同原理的触觉传感器的对比分析

原理	优点	缺点
压阻式	较高的灵敏度；过载受力强	压敏电阻电流稳定性差；体积大；功耗高；接触表面易碎
光电式	较高的空间分辨率；电磁干扰影响小	多力共同作用时，线性度较低；标定困难；数据实时性差
电容式	测量量程大；线性度好；制造成本低；实时性好	体积大；易受噪声影响，稳定性差
电感式	制造成本低；测量量程范围大	磁场分布难以控制；分辨率低；不同接触点的一致性差
压电式	动态范围宽；耐用	易受热响应效应影响

资料来源：宋爱国，2020

7.1.1　压电式触觉传感器

压电效应是指当晶体受到沿一定方向的外力作用时，内部会产生电极化现象，同时两个相对的表面产生符号相反的电荷，撤掉外力后，晶体又恢复到不带电的状态，当外力方向发生改变时，电荷的极性也发生变化，施加外力大小与晶体产生电荷量成正比，压电式触觉传感器正是基于此原理发明的。

如图 7-1 所示，Acer 等（2017）研制了一种 PZT 压电陶瓷材料的柔性触觉传感器。该传感器由 5 层结构组成，上下极板由硅酮组成，上下电极为柔性电极，中间介质层由 3 个压电陶瓷（PZT）置于 1×3 阵列中。经过测试得出制作的触觉传感器具有 5mm 的空间分辨率和 0.578～0.821V/N 的灵敏度范围，重复性为 95.65%。在 0～1N 脉冲力下具有线性特性。

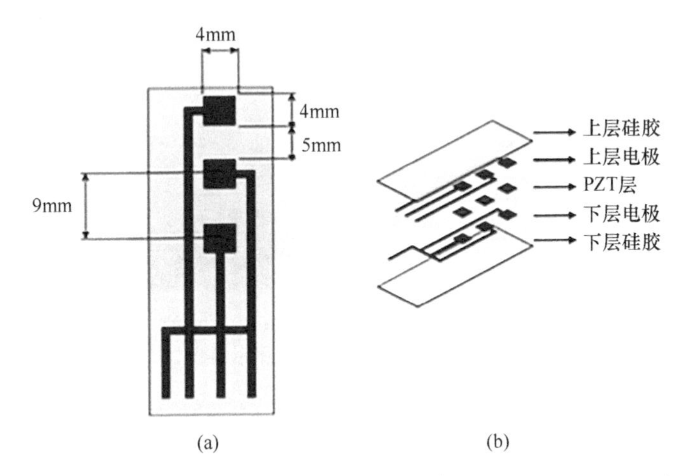

图 7-1 PZT 压电陶瓷材料的柔性触觉传感器（Acer et al.，2017）

杨肖蓉（2014）以采摘机器人抓取系统为研究平台，采用聚偏氟乙烯（PVDF）压电薄膜和电阻应变片作为传感器敏感元件模仿人体手指皮肤制作了一种触觉传感器，通过传感器元件不同位置的布置和机器人自身的学习能力使得触觉传感器获得更多关于物体表面的触觉信息。对不同的物体进行触摸，然后通过支持向量机、BP 神经网络、决策树 3 种分类器，实现了苹果、哈密瓜、黄瓜 3 种水果表面特性的准确分类。使得采摘机器人抓取系统能够像人类大脑区分出所触摸的物体一样，能根据物体的表面特性对触摸的不同物体进行区分。

陶镛汀等（2015）利用 ANSYS 有限元分析选择传感器模型的有效信息获取区域，并将 PVDF 压电薄膜和电阻应变片以不同方向和位置随机排布在该区域，搭建了触觉信息检测平台，并通过多通道数据采集程序对 3 种不同粗糙度等级的样本进行数据采集与存储，提取样本特征，建立了支持向量回归机算法模型，最后通过基于径向基核函数的 SVR 算法对果蔬表面粗糙度进行预测，证明了所设计的触觉传感器能有效检测果蔬表面粗糙度特性，使农业机器人能够通过“触摸”检测果蔬表面粗糙度特性成为可能。试验抓取流程和示意图如图 7-2 所示。

试验在一个二指平行手爪上进行，左指安装制作的触觉传感器，右指安装标定好的压力传感器，压力传感器的输出反馈给平行手爪，对抓取力进行控制。触觉信息获取过程为先闭合手爪，触觉传感器与试验样品缓慢接触，当压力传感器的力达到 1N 后停止闭合。最终基于支持向量回归机构建苹果、哈密瓜和黄瓜表面粗糙度的检测模型，对样本数据进行粗糙度等级检测。通过计算得到的训练样本和预测样本的粗糙度等级基本与实际设定的等级一致。

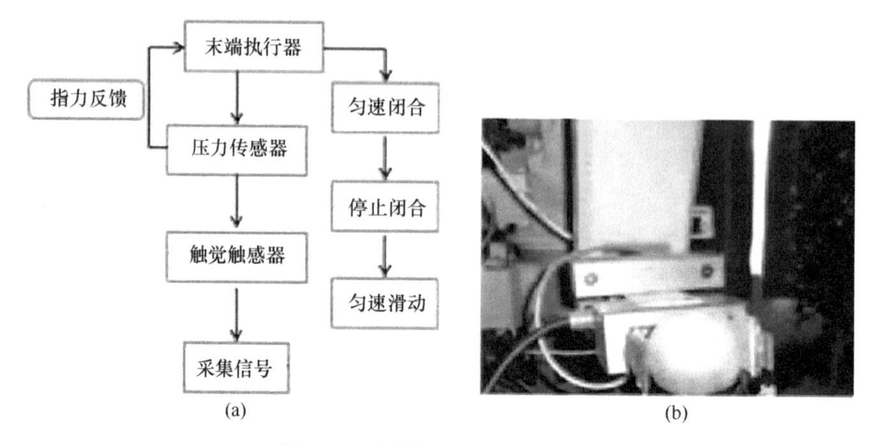

图 7-2 试验抓取流程和示意图

7.1.2 压阻式触觉传感器

压阻式触觉传感器是利用弹性体材料的电阻率随压力大小的变化而变化的性质制成的，它将接触面上的压力信号转换为电信号。其主要分为两类：一类是基于导电橡胶、导电塑料、导电纤维等复合型高分子导电材料制成的器件。导电橡胶是将玻璃镀银、铝镀银、银等导电颗粒均匀分布在硅橡胶中，受到压力时导电颗粒发生接触导致电阻率发生变化。图 7-3 为东南大学机器人传感与控制技术研究所研制的基于导电橡胶的柔性阵列式触觉传感器（冷明鑫和宋爱国，2017）。

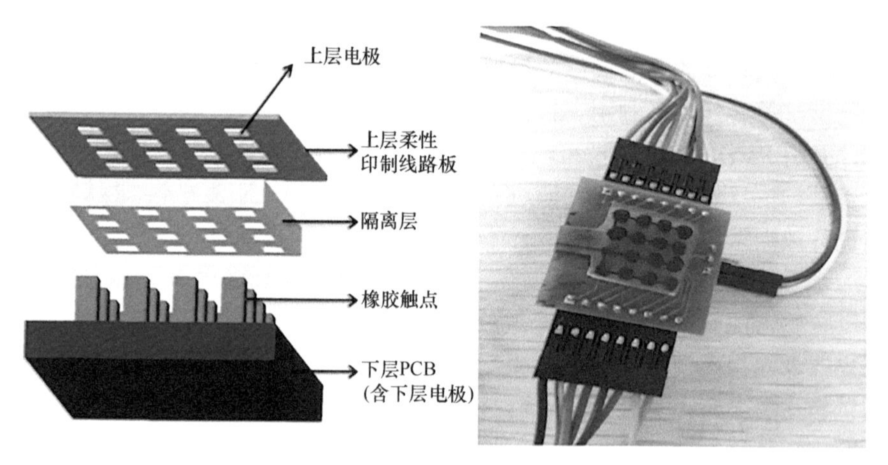

图 7-3 基于导电橡胶的柔性阵列式触觉传感器（冷明鑫和宋爱国，2017）

另一类是根据半导体材料的压阻效应制成的器件，其基片可直接作为测量传感元件，扩散电阻在基片内组成惠斯通电桥。当基片受到外力作用时，电阻率发生显著变化导致各电阻值发生变化，电桥就会产生相应的电压信号输出。压电式触觉传感器根据传感原理可分为两类：被动式和主动式。被动触觉传感器利用直接压电效应，材料在外部应力下极化产生电荷。主动触觉传感器利用逆压电效应。压电传感结构在其一阶谐振频率下被电驱动，当施加外部应力时，产生与外部应力线性共振频率偏移。压电触觉传感器具有非常高的频率响应，使之成为动态信号传感测试的最佳选择。压电触觉传感器一般为夹层结构，压电层放置在两个电极层之间，集成凸起结构作为触头。

压阻式触觉传感器具有动态范围宽、经久耐用、优良的负载能力等优点，但是存在迟滞、单调响应非线性弹性材料的机械和电性能需要优化等缺点。王震等（2020）利用压阻式的薄膜压力传感器，结合 ZED 相机开发了面向机器人抓取任务的视-触觉感知融合系统，主要通过以 RP-C 薄膜压力传感器为核心的触觉信息采集系统对目标物体进行预采集并建立触觉信息库，可根据不同抓取目标物的柔性选择最佳的握力，并配合视觉感知系统完成抓取任务时握力的控制，开发了在柔性体抓取方面更具优势的系统。

汪礼超（2016）在仿生机械臂平台上，结合物体软硬属性识别的需求，搭建了触觉信息反馈系统，该系统与美国 SynTouch 公司研发的 Biotac 多模手指触觉传感器、美国 Interlink Electronics 公司研发的 FSR400 超薄型电阻式压力传感器和美国 Honeywell 公司研发的 FSS1500NST 小型精密可靠触力传感器进行组合，通过多传感器融合的方法，基于 K-NN 算法实现了机械手对未知物体的软硬等级区分，对比单传感器，多传感器融合后的信息更为全面，软硬等级识别的准确率得到了明显提升，一定程度上为稳定抓取控制提供了保障。

7.1.3　光电式触觉传感器

光电效应是指在高于某特定频率的电磁波照射下，某些物质内部的电子会被光子激发出来而形成电流。光电式触觉传感器则是基于该原理将被测压力的变化转换成光量变化，再通过光电元件把光量变化转换成电信号的测量装置。2008 年三星电子半导体公司 Heo 和韩国科学技术研究所机械工程系 Kim 等发明了一种新型光电式传感器，如图 7-4 所示。将 POF（塑料光纤）嵌入在硅橡胶中形成交叉纤维结构，测量系统由发光二极管（LED） 作为光源，CCD（图像传感器）作为检测器。当硅胶受到压力时，内部的 POF 也一起弯曲，光照强度也因此改变。此传感器对 0～15N 的正压力有良好的线性输出，分辨力可以达到 0.05N。

Yussof 和 Ohka（2012）开发了新型基于光波导转换方式可获得正应力与切应力的三轴光纤触觉传感器，利用光波导转换技术和图像处理技术增加灵敏度将传感器安装在两机械手指尖，设计包含连接模块、思维过程、手指控制模块、机器

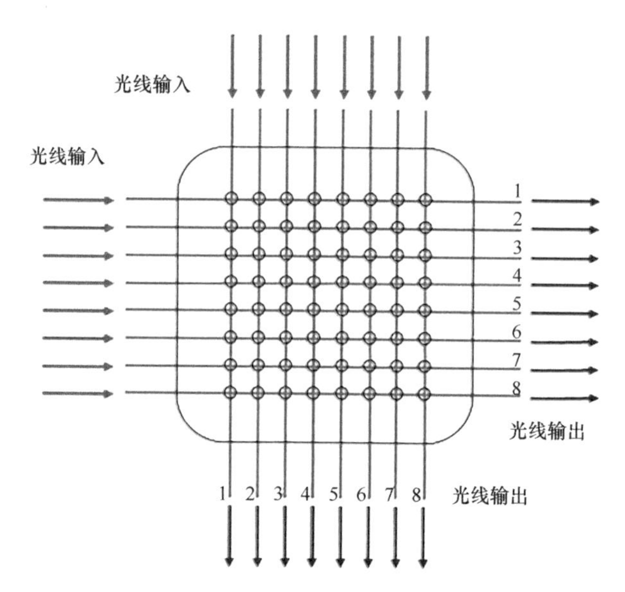

图 7-4 弯曲光电式触觉传感器原理图（Heo et al.，2008）

人控制系统架构，用于增强识别与操控物体能力。提出基于触觉传感的控制算法控制指尖以定义的最适宜抓取力移动，以及检测到滑动时增加抓取力。通过实验证明该指尖系统可以辨识被抓取物体的刚度及适应物体操控任务中物体质量的突然改变。光纤三轴触觉传感器设计为半球顶圆球形，包含触觉传感阵列，这种形状模拟人类手指结构，可适应各种形状的物体。硬件平台包括：腈纶半球圆顶，41 块硅胶传感单元阵列结构、光源、光学纤维镜、CCD 相机。硅橡胶传感单元包含 1 个柱状触须和 8 个圆锥触须。抓取力根据物体的软、中、硬刚度被分为 3 类，分类用于选择滑动发生时增加抓起力运动的传动比及抓取操作过程中控制手指移动的正应力阈值，可以增强实时物体操作评估，同时也可用于水果硬度的检测和分选。

7.1.4 电容式触觉传感器

电容式触觉传感器是在外力作用下两极板间的相对位置发生变化，从而导致两极板间电容的变化，通过检测电容的变化量实现触觉检测。电容式触觉传感器具有结构简单、易于轻量化和小型化、不受温度影响的优点，但其缺点是信号检测电路较为复杂。常用于触觉传感器设计的电容介质层弹性材料有聚二甲基硅氧烷（PDMS）、聚氨酯（PU）等。

2017 年苏州大学吉张萍设计了一种面向机器人智能皮肤的电容式柔性触觉传感器。该传感器的设计采用了 4 层叠加的结构，其中，突起层和中间介质层用高分子材料 PDMS 制成，上下电极层采用了 PET 材料，用金属 Cu 作电极，上下电极纵横交错形成电容。初始电容为 2.79pF，灵敏度可达 35.9%/N。其创新点在于中间介质层采用 PDMS 金字塔形状和空气混合填充，经过实验测试和有限元仿真可知此结构增加了电容式柔性触觉传感器的灵敏度，提高了重复性和耐用性。

Romano 等（2011）通过将 Pressure Profile Systems 公司生产的电容触觉传感器阵列安装在 Willow Garage PR2 机器人末端执行器上用来实现对物体的感知，并实施适应抓取控制策略。该传感器通过测量物体在接触区域内的垂直压力信息，并结合安装在机械手本体里的加速计的测量结果，以生成机器人触觉信号，控制器通过选择适当初始抓取力，检测物体何时产生滑觉信息，根据情况增加抓取力，并判断何时释放物体，从而达到对物体实施控制来抓取目标物体的效果。

7.1.5　电感式触觉传感器

电感式触觉传感器在外力作用下发生磁场变化，并把磁场的变化通过磁路系统转换为电信号，从而感受接触面上的压力信息。电感式触觉传感器的动态范围非常宽，但排列规模过大，导致空间分辨率很低。由于电感式触觉传感器在初级线圈使用交流电，因此会在同一频率产生一个输出电压，它们需要更复杂的电子产品调解振幅信号，在实际中的应用相对少一些。

近年来智能机器人在施肥、除草、采摘、农产品检测和分选等农业生产环节中的发展越来越迅速，触觉传感器也逐渐受到重视，目前主要用于农产品的硬度检测及外观品质的检测和抓取力的反馈控制。农畜产品多为柔性状态，在接触检测和分拣过程中极易发生损坏，降低农产品的商品价值，影响其长期的储藏和运输。随着智能机器人在农产品收获和分拣等方面的应用，触觉感知系统对于机械臂的柔性抓取至关重要。

7.2　听觉感知

听觉是人类获取外界信息的重要途径，听觉感知是农产品智能检测机器人系统的重要组成部分，本节将阐述听觉感知在农产品智能检测机器人中的应用。

7.2.1　声音与听觉

声音是一种电磁波，是信息和能量的传播载体。声音也是人类交流沟通的重要方式，世界上多种多样的语言及我们日常生活中的谈话、歌曲、音乐，都携带着特定的信息，人类能够利用声音传达信息并且理解声音中传递的信息。我们还利用具有高强度能量的声波如超声波来击碎体内结石、清洗牙齿，利用声波与电信号相互转换的原理创造了声控开关、电话、麦克风，利用超声波探测目标物，用听诊器通过声音诊断患者病情。在自然界中，许多动物种群间的交流也是通过声音。可以说，在这个世界声音是无处不在的，声音搭建起了人类社会及自然界中信息沟通和能量传递的桥梁。

对于机器人，听觉感知也是获取外界信息的重要途径。听觉感知包括两个主要方面，“听”和“感知”，“听”是指能够接收到声音信息，“感知”是指能对输入信息进行分析和理解。在我们的日常生活场景中，除了用视觉来判断物体的远近、颜色和大小之外，通常也会用听觉来识别物体的距离、质地，推测事件的发生，倾听他人的话语获取信息。对于机器人来说，听觉感知是人机交互的一项重要内容，是机器人的重要感知能力之一，是机器人走向智能化必经之路。

目前具备听觉感知的机器人已经服务于我们生活中的各行各业，如图 7-5 所示的常见于银行大厅的接待服务机器人，能够倾听人类语言，并进行回答，具备与人对话的能力，还有显示界面、键盘、读卡器等人机交互硬件，并具有一定的拟人化特点，能够代替人工对客户进行接待及指引工作，这种机器人也已经广泛应用于餐厅、展览会讲解、博物馆讲解、政务服务等多种场合，为我们的生活带来较多便利。在农产品智能检测机器人中应用听觉感知技术是必然的，在进行农产品检测时，具有听觉感知的机器人能够获取被检测农产品的声波信号，采集更

图 7-5　银行接待服务机器人（彭江，2018）

丰富的信息，并且提高检测机器人的人机交互性和可操作性。对于机器人检测的结果，传统的检测结果以显示的方式被使用者获得，而听觉感知往往与语音技术紧密联系，可以通过对话的方式语音播报检测结果，提高人机交互的便利性，使农产品品质无损检测机器人具备更强的用户友好型特征。

服务型机器人具备听和说的功能就可完成任务，是一种较简单易实现的机器人，但是未来人类对机器人的感知功能的丰富程度会越来越高。如果机器人只具备单一感知或者说感知能力无法互通，就会对机器人接收外界信息的能力造成影响，这是当前人工智能机器人无法实现类人化突破的一大原因。如果同时为机器人配备视觉、听觉、触觉等多重感知能力，机器人对外界信息的感知能力将得到大幅提升，也更加能够应对复杂事件，发展机器听觉及多感官感知机器人技术具有重要研究价值，也是机器人未来研究的发展趋势，可以想象在未来的应用场景中，在智能安防、灾害救援、管道线路检测及身体检测等方面，机器听觉可以发挥更大的作用，可以代替人类完成高危或者高难度的作业，除此之外，机器听觉对于人机交互智能机器人来说也同样必不可少。

在人机交互领域中对声音输入、处理和输出进行了大量的研究和探索。卡内基梅隆大学（CMU）的研究人员发现，通过增加听觉感知，人工智能机器人的感知能力可以得到显著的提高。CMU 机器人研究所首次对声音和机器人动作之间的相互作用进行大规模研究。研究人员发现，不同物体发出的声音可以帮助机器人区分物体，如金属螺丝刀和金属扳手。机器听觉还可以帮助机器人确定哪种类型的动作会产生声音，并帮助它们利用声音来预测新物体的物理属性。经过测试，机器人通过机器听觉具有较准确的听声分类能力。开发机器听觉将有助于搭建多感知机器人系统，提高机器人对外界信息的感知能力。

听觉感知能力可以用于农产品智能检测机器人，可以获取有效的声音信息并通过声音信号检测农产品品质属性，还能够实现更加便捷的人机交互功能，方便使用者下达机器人工作控制指令。

7.2.2　机器人如何“听到”声音

对于农产品智能检测机器人来说，需要“听到”的声音来源主要分为两种，一种是为了检测农产品而采集的声音信号，这种声音信号中携带了关于农产品品质的信息，如利用敲击西瓜的方式发出的声音携带了西瓜的内部品质信息，可以判断西瓜的成熟度；另一种是来自于人类发出的语言声音。相比于人类语言，携带农产品品质信息的声音信号更加容易用数字化方法表达，而人类语言更加复杂多样，对于机器人来说理解起来较难。

农产品一般无法自主发出声音信号，为了获取携带农产品品质信息的声音信号，一般先通过敲击、振动、声波反射等方式制造出携带有农产品品质信息的声音信号，然后利用声音传感器接收制造出的声音信号。声音传感器的作用相当于一个麦克风，用来接收声波。声音传感器内置一个对声音敏感的电容式驻极体话筒。声波使话筒内的驻极体薄膜振动，导致电容变化，而产生与之对应变化的微小电压。这一电压随后被转化成 0～5V 的电压，经过 A/D 转换被数据采集器接受，并传送给计算机，再由计算机对传入的信号进行处理分析，得到农产品相关的品质属性。

借助声音传感器，机器人可以像人类一样“听到”外界的声音信号，甚至可以超越人类听觉感知范围，最典型的例子就是机器人可以“听到”超声波。超声波指的是比人类可听到的声音频率（20Hz～20kHz）更高的声波，超声波常见应用于电机或清洗器等装置，作为动力使用，也可用于鱼群探测器或诊断装置、流量计等装置；作为信号使用，也常用于机器人或机械的外部传感器，比较有代表性的是超声波距离传感器，可以说应用范围十分广泛。

图 7-6 为超声波传感器示意图，超声波传感器主要由箱体、谐振器、金属片、压电元件、底座、引线端子组成。超声波传感器的发射和接收元件多采用具有压电效应的压电元件。压电元件加上交重电压后会不断收缩和伸长，反过来压缩或拉伸压电元件也会产生电压，即相当于话筒与扬声器的关系。在超声波发射机内的压电元件上施加交流电随着元件的收缩和伸长，谐振器振动产生超声波信号。在超声波接收机上，通过物体反射的超声波使压电元件振动，压电元件产生变形后输出电信号。超声波传感器有发射型、接收型，以及将发射机和接收机做成一体的兼用型等多种类型。

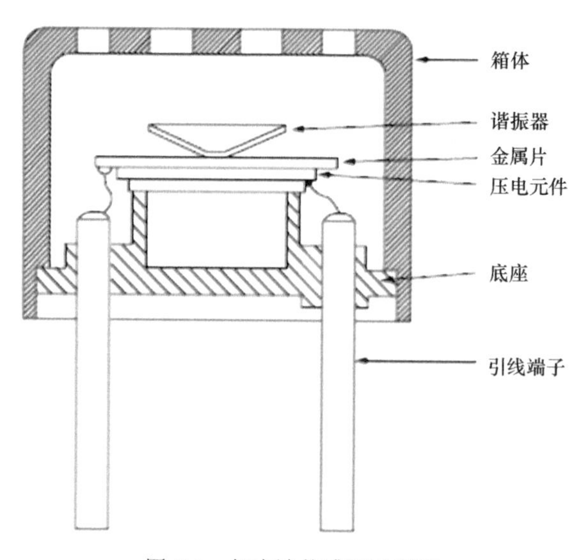

图 7-6　超声波传感器示意图

图 7-7 显示了超声波传感器测量距离的原理，从发射机发射的超声波经物体反射被接收机接收。相对于测量距离，如果发射机和接收机的间隔可忽略不计或者采用的是发射/接收兼用型传感器，可以采用式（7-1）近似计算距离。

$$L = Vt/2 \tag{7-1}$$

式中，V 为声波在空气中传导的速度；t 为超声波从发射到返回的时间；L 为传感器到物体的距离。在实际应用中，只需获取超声波从发射到返回的时间 t 就可以计算出传感器到物体的距离。

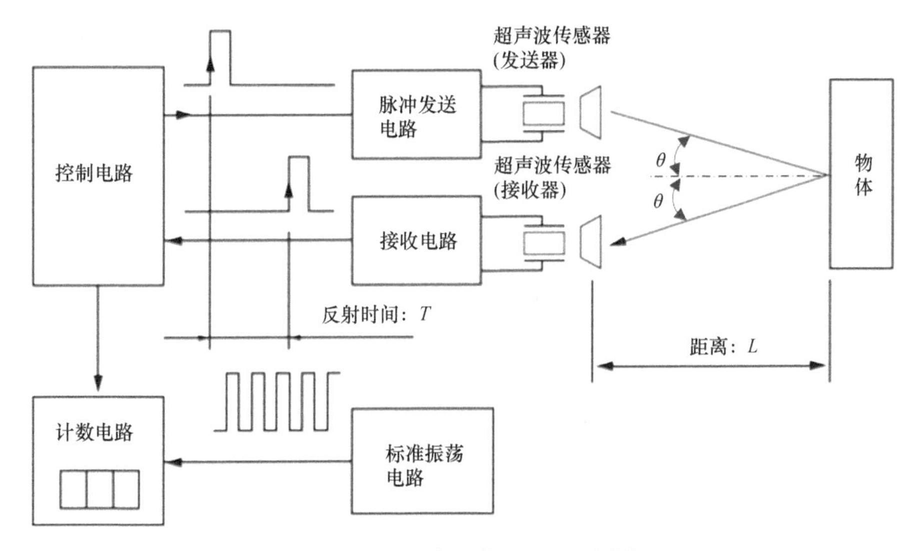

图 7-7　超声波传感器测距示意图

超声波传感器在农业领域有较多应用，如在联合收割机割台高度控制、喷洒农药时检测植物高度、农用车辆自动化驾驶等方面。目前，在大中型收割机上，采用仿形液压板控制割台高度，以使割台高度均匀，在小型联合收割机上，一般在分禾器下设置检测滑撬或位置开关，以控制割台油缸动作，这两种控制模式共同的问题是控制精度和实时性差，且不能进行割台高度数据的获取和分析。利用超声波传感器可以实时获取割台相对地面的高度信息，根据传感器的反馈数据可以实时调整割台高度，提高作业质量。超声波测距技术具有快速准确、抗自然天气因素干扰、成本低等优点，适用于农业领域，但超声波传感器也存在一个局限，即超声波传感器不适用于高速测距，因为声音的传播速度相对光速较低，在用于移动物体高速测距时容易引起较大的测量误差。在将超声波传感器应用到农产品品质无损检测机器人时，应用场景的各种因素都可能影响传感器的工作效果，需要综合考虑超声波的特点。

7.2.3 人工智能如何帮助机器人理解信息

声学方法在农产品品质检测及安全检测方面已有较多应用。超声波在不同待测样品介质中的动态传播特性是不同的，利用这种差异，间接对各类非声学量及其动态情况进行检测或测绘成像，根据同一发射源反射能量的差异性可实现对农产品内部异物的检测，此种超声波成像技术可应用于农产品内部异物的检测。

传统的农产品检测是在采集完样品后，通过不同的物理方法或化学方法对食品样品进行处理和检测，这样的检测方式过程比较烦琐，数据获得时间较长，并且检测设备的检测成本较高，导致了食品在生产过程中无法做到每个环节的有效监督和检测，这样就不能够完成对食品的全过程检测和无损检测。但是当超声波技术利用到食品检测中之后，可以依靠其独特的化学特性和物理特性迅速对食品进行无损检测。超声波常用于食品加工过程中的检测及对包装好的食品内的异物检测。另外，超声波还可以凭借其物理特性优势辅助传统检测方法，在传统的食品检测技术中，需要对食品样品的相关溶剂进行提取，并且要通过伴随搅动等形式才能够将有效的成分溶解出来，将超声波检测技术应用到食品检测过程中，就能够减少食品检测的繁杂工序和步骤，在检测过程中就能够极大地缩短相应溶剂的提取时间，最关键的是超声波检测技术受温度影响较小，在低温的环境下，依然能够高效率地完成提取和检测工作，还能够在一定程度上避免相关的食品结构物质变性，适合在食品高温加工或低温加工过程中进行检测。

国外对超声波检测农产品的研究起步较早，并已有大量应用，在过去的近十年来，国外超声波技术在食品的品质检测及异物检测中已有较多应用，是一种理想的农产品品质无损检测技术。Vincent 和 Mariefrance（2009）通过使用脉冲信号和编码脉冲信号对半软奶酪中的异物实现了检测，检测原理是测量信号发射时间并比较不同样本接收信号的时间，如果待测样本中没有异物，信号接收时间是有异物样本的 2 倍。研究结果表明，两种信号检测方法可以实现半软奶酪中异物的检测，检测准确率达 90%。Pallav 等（2009）利用空气耦合式超声检测法，根据选定的声学特性，对食品中的添加剂和异物进行检测，实现了对奶酪中的异物和冷冻面团产品的测量。一些研究也利用超声波技术对奶酪及家禽制品中的异物进行了检测。

国内对超声波技术的研究更多集中于农产品加工领域中的强化分离、杀菌、洗涤、成分萃取和干燥脱水等，部分研究为建材的现场检测，相对于国外，在农产品内部异物检测方面的研究应用仍然很少。陈冬等（2016）采用超声波技术进行了姜油纳米乳液的加工生产研究。张俊俊等（2019）提出了方腿异物的反射超声成像检测方法，利用超声成像技术进行了方腿中异物的检测研究，对比分析各异物检测情况并对异物进行识别，实验结果证明，超声成像技术能直观、简便、安全地检测与识别方腿中的异物，是一种较为直观、简便的方法，为超声波检测农产品中异物提供了更多依据。鲜肉及肉制品是我们日常生活中常见又必不可少的食物来源，广受消费者喜爱，但是目前国内对应用超声波技术进行肉品无损检测处于研究阶段，我们对生鲜肉及肉制品的安全性检测十分重视，当前运用超声波检测技术对肉类食品的检测还处于一个探究阶段，一旦将探究阶段内的难题攻克，即可大大提高肉类食品的保鲜质量，开创新的保鲜技术。超声波当前能够检测出精瘦肉和肥肉的区别，并且在应用过程中得到了非常好的发展，取得了良好的成果，可以检测到瘦肉和肥肉的厚度。由于超声波的物理特性，当超声波穿过肉的时候，肉中的一些肌原蛋白纤维会被破坏，从而会释放出一些液体，导致肉质纤维之间会相互粘连，从而改变肉类食品的产品强度。近年来，研究人员还把检测范围扩大到对鱼类、家禽类动物肉类产品的固脂含量检测上（曲铭成，2021），超声波检测技术与灵活高自由度的机器人技术相结合能够大大提高检测的便利性，提高肉及肉制品品质安全。

超声波具有穿透能力强、易激发、方向性好、能量不易分散等多种优势，对检测环境及工作人员的要求低。由于这种弹性波在介质中传播会受到一定程度的衰减，超声与待测样品之间的介质成为研究者关注的焦点。近年来，检测介质与待测对象必须接触的局限性得以突破，空气耦合式超声波检测系统成为新方向。超声波的空化效应、机械作用和热效应对检测对象的未知影响，是实现绿色无损检测的潜在威胁。超声波技术在农产品内部异物检测中潜力巨大，在国内还需要进一步深入推进相关的研究，以将此种高效精确的新型检测技术在国内农产品检测领域推广开来（Chen et al.，2013）。超声波技术在检测的同时还能进行灭菌，提高食品安全系数。超声波有着非常好的空化作用，其空化作用主要体现在对细胞壁和细胞液的作用之上，它能形成微射流，并且还能够在局部形成高温和高压，以达到杀菌和灭菌的作用。与此同时，超声波高频率的振动特点有着非常好的杀菌作用。它的作用主要体现在快速杀菌，没有外来的化学物理添加物，不会对人体造成伤害。当前的食品在安全消毒过程中，使用消毒液难免会发生残留，一定程度上会影响人体健康，而通过超声波进行杀菌的话，会产生超强的灭菌效果，且不会对人体产生任何影响。

在利用超声波成像技术进行检测时，当农产品中出现异物，超声波信号将出现明显差异，这样可以反映出农产品中含有异物，从超声波图像上看与无异物的图像相比有较大差异，但是需要人工辅助判断图像是否异常，人的感官存在误差，且长时间观察图像也会造成视觉疲劳，影响工作质量，无法完成实时高通量的农产品检测。另外，使用超声波成像技术进行农产品品质属性检测时，如检测脆度、硬度这些指标，不同品质农产品的超声波图像可能并不会出现显著差异，如果将检测异物归于分类问题，品质检测则是一个回归问题，难以使用人工观察方法分析超声波信号，得到检测结果。因此对超声波信号的分析处理需要用到机器学习方法，机器学习方法可以代替人力且超出人工分析能力，进行信号的分析处理，传统的机器学习方法如决策树、K 近邻算法、支持向量机（SVM）等可以较好地实现对声波信号的分类及回归分析，但对于更加复杂多变的情况，这些算法的稳定性可能会下降，而快速兴起的一些人工智能技术手段为复杂信号处理提供了新的解决方法。

对于农产品智能检测机器人来说，机器人需要理解声音信号才能据此分析预测农产品的品质属性，而以神经网络为代表的人工智能方法在声音信号处理方面具有优势。我们在挑选西瓜时习惯上会敲一敲判断其是否成熟，但实际中并非所有人都对挑选西瓜经验丰富，人的感知准确度参差不齐，有时我们容易出现判断失误，买到不熟或不甜或过熟的西瓜，通过声学的方法可以帮助我们准确地挑选到好吃的西瓜。图 7-8 是一种西瓜内部品质声学检测系统（危艳君等，2012），图中的 1～6 分别是贴在西瓜表面的 6 个加速度传感器，用于采集声音信号，为了实现对西瓜内部品质如成熟度、糖度的检测，利用该系统进行西瓜的声学信号采集，之后采用传统的破坏性方法测定西瓜的成熟度、糖度等指标，然后根据声学信号及实测值建立预测模型，实现对西瓜成熟度、糖度的无损检测。在建立回归模型时，可以使用神经网络对输入的一维声学信号进行特征提取，提高信噪比，有效提高模型精度。神经网络代替人工进行了对声波信号的特征提取，进而通过对训练集数据的特征学习产生了判断能力，相比于人工肉眼观测，神经网络方法对不同类别信号的特征提取更加精确和全面，更加适用于通过数据进行分类或回归分析。

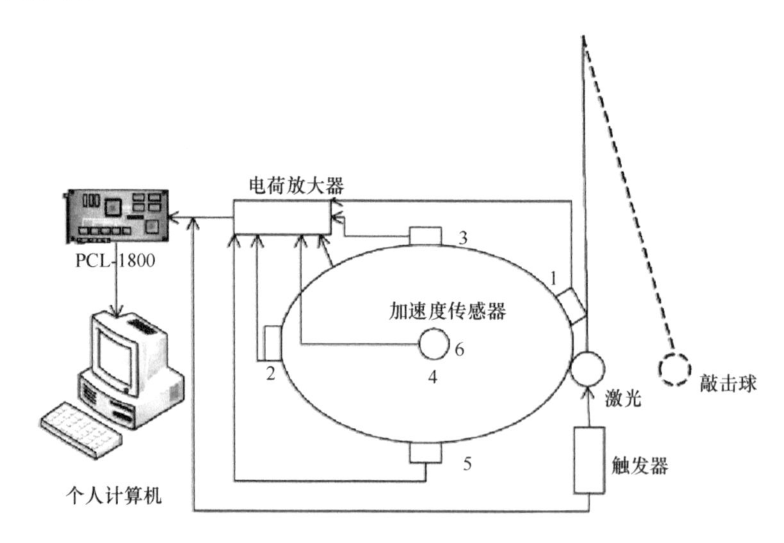

图 7-8　西瓜内部品质声学检测系统（危艳君等，2012）

对物体发出的声音信号进行分析识别是机器听觉的一方面，对人类语言的识别更加复杂且具有挑战性。虽然在大多数情况下，我们可以做到毫不费力地表达和理解他人的话语，但是让一台计算机具备人类拥有的对有声语言的理解能力绝非易事。我们在说话时发出的声音信号包含了语调、停顿、情感等多种自身因素，并且很难做到确保每个发音标准，更是存在一词多义等复杂情形，即使是人与人之间的交流也可能出现会错语意的情况，这给机器人理解人类语言增加了难度。人工智能技术的兴起使机器人理解自然语言成为可能，日常生活中随处可见的服务机器人、手机智能语音助手、语音输入法等都是人工智能技术在自然语言识别方面的应用，其实现方法一般为通过神经网络算法训练语言识别模型。

在机器视觉上，卷积神经网络广泛用于图像的识别，而对自然语言的识别方面循环神经网络应用较广泛。顾名思义，循环神经网络是具有循环闭环的网络（奚雪峰和周国栋，2016）。当我们使用卷积神经网络实现图像检测任务是将图像输入网络，而对于自然语言识别任务，输入到循环神经网络中的不再是图像的像素点，大多数情况下是以矩阵表示的句子或者文档，该矩阵由语句转化为若干个向量组成。矩阵的每一行对应于一个分词元素，一般是一个单词，也可以是一个字符。也就是说每一行表示一个单词的向量。这个矩阵相当于是一幅“图像”。在计算机视觉的例子里，我们的滤波器每次只对图像的一小块区域运算，但在处理自然语言时滤波器通常覆盖上下几行，即多个词语。因此，滤波器的宽度也就和输入矩阵的宽度相等了。尽管高度或者区域大小可以随意调整，但一般滑动窗口的覆盖范围是 2～5 行。每当一个新词输入，循环神经网络联合输入新词的词向量与上一个隐藏层状态，计算下一个隐藏层状态，重复计算得到所有隐藏层状态，各隐藏层最终通过传统的前馈网络得到输出结果。循环神经网络更类似于我们人类处理语言的方式，即通过不断综合分析上下文推断语义，从而计算输出。不过，近年来有一些研究提出，卷积神经网络也能够实现自然语言处理任务（Kim，2014；Wang et al.，2015），且卷积神经网络速度要快于循环神经网络，在自然语言处理方面也具有较强的发展潜力。卷积神经网络和循环神经网络是众多深度学习网络中用于自然语言处理的较典型网络，具体原理不在此赘述，读者可以自行延伸阅读。

机器人的听觉感知还有待进一步研究及应用，农产品智能检测机器人仍然是一个复杂的系统工程，想要实现机器人的多模态感知融合，还需要对传感器性能、算法协同、多模态任务、环境测试等多方面进行综合研究。

7.3　嗅 觉 感 知

7.3.1　嗅觉感知概述

食用农产品品质的好坏通常由气味、外观、质地、滋味和营养等决定，但诸如气味、外观等指标只能由人的感官来评定，其中气味评判主要是通过专业人员感官鉴定和测定理化指标来实现，因此嗅觉在人体感官感知中起着重要的作用（李翠翠和李永丽，2020）。感官鉴定虽然方便快捷，但人工感官鉴别工作通常需要训练有素、经验丰富的人员来完成，但这种方式具有明显的主观性，判断准确性易受个人和环境因素影响，随意性太强，具有较大的个体差异。即使同一个操作人员也会因身体状况或者情绪变化而得到不同的结果。此外，使用嗅觉进行分辨的过程是一种吸入气体的过程，如果长期鉴别不良或者敏感的气味，会对操作人员的身体健康有一定的影响。因此，人工鉴别的方法存在较大的弊端，亟须一种新的方法来获取更准确、客观的结果。

电子鼻是一门新兴的模仿生物嗅觉功能的技术，它能帮助人们识别和检测复杂嗅味和大多数挥发性成分。随着社会的发展，嗅觉在食品、香精香料香气质量评定与生产过程控制、环境污染监测、战争毒气检测、能源、化工、交通、医疗等方面的重要性与日俱增。因此，许多发达国家已把生物嗅觉机制及其功能的模仿即电子鼻的研究列入优先发展的课题（唐向阳等，2006）。

电子鼻是指由多个性能彼此重叠的气敏传感器和适当的模式分类方法组成的具有识别单一和复杂气味能力的装置。电子鼻模拟人和动物的鼻子，感知到目标的总体气味，根据不同气味所对应不同的信息，并与数据库中的信息加以比对并进行判断。因为它具有类似鼻子的特点与功能，所以有望替代人工嗅觉。

7.3.2 电子鼻的发展历程

20 世纪以来人类对化学传感器的探索及对各种化学传感器基本理论的研究取得了长足的进展。

1961 年，Monerieff 制成了一种机械式的气味检测装置。1964 年 Wilkensh 和 Hatman 根据气味在电极上发生氧化还原反应的原理创建了第一个电子鼻。1982 年英国学者 Persuad 和 Dodd 用 3 个商品化的 SnO_2 气体传感器模拟哺乳动物嗅觉系统中的多个嗅觉感受器细胞对戊基乙酸酯、乙醇、乙醚、戊酸、柠檬油、异茉莉酮等有机挥发气体进行类别分析。1987 年，在英国 Warwick 大学召开的第八届欧洲化学传感研究组织年会是电子鼻研究的转机。在该次会议上，以 Gardner 为首的 Warwick 大学气敏传感研究小组发表了传感器在气体测量方面应用的论文，重点提出了模式识别的概念，引起了学术界广泛的兴趣。1989 年，北大西洋公约组织专门召开了化学传感器信息处理高级专题讨论会，致力于人工嗅觉及其系统设计这两个专题。1991 年 8 月，北大西洋公约组织在冰岛召开了第一次电子鼻专题会议，电子鼻研究从此得到快速发展。1994 年，Gardner 发表了关于电子鼻的综述性文章，正式提出了“电子鼻”的概念，标志着电子鼻技术进入到成熟、发展阶段。

1994 年以来，历经十余年的发展，电子鼻的研究取得了突飞猛进的进展。目前对电子鼻的研究主要集中在传感器及电子鼻硬件的设计、模式识别及其理论，电子鼻在食品、农业、医药、生物领域的应用，电子鼻与生物系统的关系等方面。其中传感器及电子鼻硬件的设计和电子鼻在食品及农业领域的应用是电子鼻研究中的热点。

7.3.3　电子鼻工作原理及其组成

电子鼻技术的核心是模仿生物嗅觉的功能，任何动物都会对周围环境中的刺激性气味进行感知并且做出相应的反应，电子鼻主要是利用气体传感器对目标物体的挥发性气体进行识别，还可以连续地对目标气体的变化进行特征提取。

电子鼻主要由气敏传感器阵列、信号预处理和模式识别三部分组成，如图 7-9 所示为电子鼻系统的结构。其中，气敏传感器阵列、模式识别系统决定了电子鼻工作性能：电子鼻先通过气敏传感材料对目标的顶空挥发性气体进行识别，然后通过阵列传感对每种气体进行预处理，通过模式识别系统采取一定算法就阵列传感器的信息进行整体处理，最后对目标的气体信息进行特征表达。整个传感器阵列对不同的气味会有不同的响应信号，其中气敏传感器是电子鼻的核心器件。根据原理的不同，气敏传感器可以分为金属氧化物型、电化学型、导电聚合物型、质量型、光离子化型等类型，目前应用最广泛的是金属氧化物型（唐向阳等，2006）。

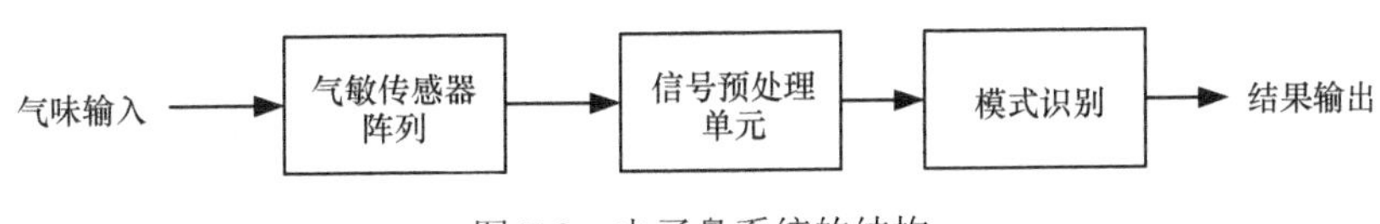

图 7-9　电子鼻系统的结构

信号预处理单元对传感器阵列的响应模式进行预加工，完成滤波、交换和特征提取，其中最重要的就是对信号的特征提取。例如，在气味/气体的定性辨识中，采用归一化算法可在一定程度上消除浓度对传感器输出响应的影响（黄晖等，2003）。

模式识别单元相当于动物和人类的神经中枢，把提取的特征参数进行模式识别，运用一定的算法完成气味/气体的定性定量辨识。某种气味呈现在一种活性材料的传感器面前，传感器将化学输入转换成电信号，由多个传感器对一种气味的响应便构成了传感器阵列对该气味的响应谱。显然，气味中的各种化学成分均会与敏感材料发生作用，所以这种响应谱为该气味的广谱响应谱。为实现对气味的定性或定量分析，必须将传感器的信号进行适当的预处理（消除噪声、特征提取、信号放大等）后采用合适的模式识别分析方法对其进行处理。理论上，每种气味都会有它的特征响应谱，根据其特征响应谱可区分不同的气味。同时还可利用气敏传感器构成阵列对多种气体的交叉敏感性进行测量，通过适当的分析方法，实现混合气体分析。电子鼻正是利用各个气敏器件对复杂成分气体都有响应却又互不相同这一特点，借助数据处理方法对多种气味进行识别，从而对气味质量进行分析与评定。

因此，电子鼻识别气味的主要机理是在阵列中的每个传感器对被测气体都有不同的灵敏度，总之，整个传感器阵列对不同气体的响应图案是不同的，正是这种区别，才使系统能根据传感器的响应图案来识别气味。

最后，可将电子鼻的工作原理简单归纳为传感器阵列－信号预处理－神经网络和各种算法－计算机识别（气体定性定量分析），从功能上讲，气体传感器阵列相当于生物嗅觉系统中的大量嗅觉感受器细胞，神经网络和计算机识别相当于生物的大脑，其余部分则相当于嗅神经信号传递系统。

7.3.4 电子鼻的应用

随着科技发展，人们对生活品质的追求、对农产品品质的要求不断提高，农产品质量检测刻不容缓，使用电子鼻可以对农产品各个阶段进行控制。根据电子鼻的应用和功能不同，电子鼻在农产品中的应用主要包括新鲜度检测、风味品质评价、病害监控、理化性质指标检测、掺假检测等方面，储存时间的预估判断，食品风味的评价等。电子鼻评价食物及饮品的风味不再需要经验丰富的专业人士进行测试，不仅降低了经济成本和时间成本，同时还保证了客观性和准确性。

1. 电子鼻在食品检测中的应用

鲁小利和王俊（2016）在芝麻油掺伪检测的应用中，研究并设计了一套电子鼻系统，并将基于生物嗅觉的模糊神经网络作为其模式识别算法。该仿生电子鼻系统应用于芝麻油掺伪的检测中在预测精度、收敛速度及运行时间上都取得了较好的效果，可为芝麻油及其他农产品的在线动态监测及保真提供快速、有效的方法。

类似的辨别真伪同样应用在调味剂中，如何计龙和卢亭（2016）在前期研究的基础上，应用电子鼻技术快速检测了台州地区生产销售的酿造食醋与配制食醋。研究表明：以食醋中特征香味物质为参照，对检测结果进行主成分分析后，发现酿造食醋和配制食醋的落点在各自区域内而互不干扰，说明电子鼻能很好地区分台州市场上的酿造食醋和配制食醋。

张鹏等（2014）运用顶空固相微萃取-气质联用和电子鼻两种技术，对储后货架期间 1-甲基环丙烯低温不同处理时期苹果的挥发性物质进行检测分析。电子鼻检测结果与气质联用分析结果相一致。同时，随着储后货架时间的延长，处理组间的差异越明显，电子鼻区分效果也越好。因此，电子鼻对 1-甲基环丙烯低温不同处理时期苹果整体气味特征进行判别具有可行性。

杨春兰等（2016）利用电子鼻对 6 个储藏时间 5 个等级的黄山毛峰茶进行检测，首先获取反映茶叶香气的原始特征向量，再通过主成分分析法（PCA）提取出前 5 个主成分作为主特征向量，然后以主特征向量作为 BP 神经网络（BPNN）的输入，建立黄山毛峰茶储藏时间预测模型（PCA-BPNN）。结果表明，该研究所建立的 PCA-BPNN 预测模型可用于检测黄山毛峰茶储藏时间，且与以原始特征变量作为输入的 BPNN 模型相比，性能更好。

2. 电子鼻在肉类制品检测中的应用

肉类制品在储存过程中，所含的蛋白质、脂肪和碳水化合物极易在微生物和酶的作用下发生分解而导致新鲜度下降、腐败变质甚至产生有害物质，挥发性成分也发生明显变化。另外，为了降低成本，肉制品掺假问题屡禁不止，而电子鼻因其有效便捷的无损检测功能在肉制品检测中的应用越来越普遍。

Li 等（2014）利用比色传感器阵列制作电子鼻来测定猪肉新鲜度，并建立了线性判别分析（LDA）模型和前向多层人工神经网络（BP-ANN）模型，两种模型的正确率分别为 97.5% 和 100%。

朱培逸等（2017）通过优化进样装置、传感器阵列及信号处理系统研究开发了一套电子鼻检测系统，并使用该系统对不同存储时间的大闸蟹的挥发性气味信息进行采集，通过提取有效数据、特征识别，选择合理的模式识别算法等过程建立了预测模型，用于鉴别大闸蟹新鲜度等级。同时将平行样本的理化指标 TVB-N 的新鲜度无损检测结果作为参照标准，为电子鼻检测系统高效、准确检测大闸蟹品质提供了理论依据。

卞瑞姣等（2017）采用综合感官评分、微生物指标和生化指标（TVB-N）等方法，发现秋刀鱼在冷藏过程中，电子鼻信号特征会随着秋刀鱼新鲜度的下降而发生显著变化，且第 0～15 天，电子鼻检测信号的特征区域没有重叠。秋刀鱼在（4±1）℃条件的货架期为 9～11 天，其中，一级鲜度可以保持 3 天，二级鲜度可以保持至第 7 天。

Wojnowski 等（2017）认为目前评估鸡肉保质期的方法有几个限制，包括单一分析的成本高和时间长等缺陷，针对这些问题研究开发了一种电子鼻系统对鸡肉的保鲜期进行快速、可靠评估，一个专用的电子鼻系统只要配备一些对鸡肉腐败气味敏感的传感器阵列就可以使用。他们先组织专家对冷藏 1～7 天的鸡肉进行感官评分，然后使用化学计量法分类，比较感官评分和化学计量法的相关性，最后将电子鼻采集的数据进行 PCA 分析发现能对不同新鲜度的鸡肉进行良好的区分。

牛、羊生长周期长且肉质鲜美，在火锅、西餐等行业中用量很大，因此，价格一直较其他畜禽肉高，在利益的驱使下，牛羊肉掺假问题屡禁不止。董福凯等（2018）在牛肉卷中掺入不同比例的猪肋条肉和鸭胸肉后用 PEN3 电子鼻系统监测，经主成分分析（PCA）和线性判别分析后发现，不同掺假比例的样品能明显被区分开，可信度较高。杨潇等（2018）用电子鼻测定冷藏不同时间及冻藏前冷藏不同时间的猪肉样品，发现气味数据差异显著，建立的神经网络预测模型准确度高。

另外，电子鼻还能对各种肉类制品（如肉丸、香肠等）的香味成分和品质好坏进行有效分析。蒋强等（2018）对 4 种肥瘦比例不同的猪肉丸子的香气进行分析，所用技术手段是顶空固相微萃取-电子鼻-GC-MS 联用，电子鼻测定结果与主要挥发物含量之间相关性强，能对 4 种样品有效分类。

3. 电子鼻在粮油、调味料检测中的应用

粮食属于活的有机体，代谢快，极易被微生物污染或其中的营养成分被氧化而导致发霉变质，通常会产生一些真菌挥发性的代谢物，油料及其制品因含有大量脂质极易发生氧化酸败而降低营养价值甚至产生有害物质，调味料的风味多是风味抽提物及其他香精香料共同作用产生的，在对它们的品质检测和新产品开发方面，电子鼻都是一种极具潜力的工具。

Lippolis 等（2014）开发了一种金属氧化物传感器电子鼻系统来鉴别自然污染的硬质小麦的质量。判别函数分析后的结果表明：系统对整粒小麦的识别率为 69.3%，其验证中的平均识别率最高（相关系数 R^2 为 82.1%），即此电子鼻系统可作为硬质小麦感染真菌毒素脱氧雪腐镰刀菌烯醇的高通量筛选的有效工具。

魏长庆等（2018）基于电子鼻检测系统用主成分分析和线性判别方法分析了 3 种胡麻油的香气成分，几种主要香气差异显著，此法能很好地区分胡麻油的类别。张淼等（2017）对不同品牌、掺入不同含量花生酱的芝麻酱分析后发现，电子鼻相应值与掺假样品的相关系数可达 0.99，所建回归模型的预测误差为 0.7%～2.7%。俞慧红等（2016）选择了 5 种品牌的酱油为研究对象，验证了电子鼻系统的二号传感器，发现第一主成分的贡献最大，基于电子鼻系统建立的模型能较好地预测样品的感官得分。安莹和孙桃（2016）则选择了 3 种品牌的 15 个酱油样品，采用 DFA（一种通过重新组合传感器数据来优化区分性的分类技术）建立的识别模型的识别率高达 100%。黄鹤等（2018）借助 PEN3 电子鼻系统考察了不同发酵时间段及生熟蟹酱的风味特征，传感器 R7、R9、R6 对样品的响应值较大，通过主成分分析、传感器载荷分析及线性判别分析可知，发酵时间对生蟹酱风味影响较大。

4. 电子鼻在病虫害监控中的应用

农产品在生长过程中会出现一些病虫害情况，它直接影响了农产品的品质，因此在农作物生长期间对病虫害进行监控尤为重要。

Laothawornkitkul 等（2008）利用电子鼻对黄瓜、辣椒和番茄 3 种作物进行机械损伤、病害和虫害试验，用 GC-MS 对有机挥发物的成分进行分析。结果表明：电子鼻可以很好地区分同一种作物正常叶片与受到机械损伤的叶片，对于黄瓜来说，电子鼻可以区分机械损伤和蜘蛛虫害引起的病害；对于番茄来说，电子鼻可以区分机械损伤、天蛾幼虫病害与白粉病等病害。

程绍明等（2014）对感染不同程度的旱疫病病害的番茄苗进行区分，选取最大值（*Max*）、平均值（*Mean*）、响应曲线最大曲率（k_{max}）、响应曲线的全段积分值（*IV*）4 种不同参数进行研究，先运用 PCA 与 DFA 对数据处理区分，*Mean* 与 *IV* 效果较好，*Max* 一般，k_{max} 最差；再使用 BP 神经网络和遗传算法 BP 神经网络分析，发现 *Mean* 与 k_{max} 明显被区分开，*Max* 一般，*IV* 效果最差。

Lampson 等（2014）利用电子鼻检测棉花受到绿蝽的影响，使用 PAD 传感器检测棉铃受到绿蝽咬噬后产生的有机挥发物（VOC），PAD 传感器有 7 个信号模拟输出通道，其中，前 4 个通道记录是否有 VOC 的产生，第 5 个通道监控电磁阀的状态，第 6、第 7 个通道模拟输出温度、湿度状态，建立每个传感器输出信号的平衡方程，通过逻辑回归曲线显示在实验条件下 PAD 传感器可以 100% 精确区分棉铃是否受到绿蝽的侵食，但在超过实验条件后 24h 对棉铃是否受到绿蝽侵食的精确率为 57.1%。

5. 电子鼻在酒类检测中的应用

酒通常是以粮谷、水果为原料，在微生物作用下发酵而成，含有一定含量的酒精，有特殊的口感和气味，深受各国人民的喜爱。近年来，酒类的安全事件时有发生，如掺假、恶意勾兑、滥用甜味剂、塑化剂超标、工业醇事件等，严重扰乱了我国酒类市场的健康发展。而电子鼻以其快速检验的优势在酒类品牌区分、异味检测、新产品研发、原料检验、制作工艺过程管理等方面应用广泛。

柯永斌等（2014）设计了由 5 个 TGS 传感器阵列组成的电子鼻来识别白酒香型，采集了浓香型、酱香型、清香型、米香型 4 种香型的酒样后分析，并用主成分分析、线性判别分析和概率神经网络（PNN）进行模式识别，得知主成分分析的前两个主元素累计贡献率达 93.55%，线性判别分析的前两个主元素累计贡献率为 97.33%，概率神经网络模型识别率达到 100%。结果表明，设计的电子鼻可以应用于对不同香型白酒的快速识别。缪璐等（2015）基于 PEN3 电子鼻系统分析了 5 种产地的朗姆酒和 4 种不同工艺的原酒，经主成分分析和线性判别后建立的模型能有效区分产地信息和工艺。门洪等（2016）利用电子鼻、电子舌采集不同品牌白酒样品，并用支持向量机法进行预测分类，融合系统识别率高达 98.75%，实现了白酒品牌的鉴别及分类。钱曙等（2018）通过改变电子鼻系统的进气流速改善传感器对 5 种不同酒龄的黄酒样品总挥发物的响应范围，并比较分析了自适应主成分分析法、支持向量机算法及误差反向传播神经网络算法的正确率，得到的平均正确分类率分别为 93.6%、92% 和 100%，该系统有效缩短了测样时间。Rodriguez-Mendez 等（2014）联合使用电子鼻和电子舌分析不同工艺制得的红葡萄酒的气、液成分，回归分析后发现，测定结果与氧水平参数的相关性很好，两种方法的结合强化了对氧水平参数、酚含量、色泽指标的预测能力。

综上所述，电子鼻仪器在检测农产品品质方面快速而准确，且不需要烦琐的前处理过程，而且可以帮助人类快速检测无法亲自面对的事物。虽然电子鼻对农产品的加工、运输与储藏等方面都可以有效地进行监控，但是对农产品生长环境的监控暂时还无法实现，优质的生长环境对农作物产量、品质都有重要影响，但是农作物在生长过程中受到病虫害或者机械损伤等会释放不同的有机挥发物作为响应，而且由于环境因素、土壤信息、生长周期和光照条件等影响，电子鼻也无法快速有效地进行采集并且及时做出相应的防御措施（刘鹏等，2015）。

电子鼻仪器对产品信息监测快速有效，但也存在着一定的误差，如新型传感器开发与信号处理的实现，对产品的信息监测与数据分析不再是提取主要信息成分而是完整的数据信息，这种新型传感器与信号处理快速的商业化和普遍化，必将推动电子鼻的进一步发展。目前还需要靠人类对电子鼻进行控制并对数据进行分析，若用机器人来控制电子鼻并且完全实现智能化，则数据处理的准确性会进一步提高，而且可以到达一些人类无法到达的某些特定场合，电子鼻的应用范围会更加广泛化。随着纳米技术、微加工技术等迅速发展，电子鼻可以更加普遍化地对产品进行全方位准确监控，使人们在选购产品时随时随刻观察产品信息的变化，电子鼻的应用会更加接近人类的生活（俞慧红等，2016）。

7.4 视觉感知

对于人来说，视觉是人直观感受事物最直接的方式。古人云“百闻不如一见”，意思是指，对于某一种事物，听一百遍也不如亲眼一看。而随着人工智能、大数据、云计算等新兴技术的发展，视觉感知方法也被赋予了新的使命和任务，在人脸识别、生物识别和无损检测领域应用广泛。

7.4.1　人脸识别技术

顾名思义，人脸识别是基于人脸的局部特征来实现识别人身份的一种技术（Deng et al.，2019）。国外在 20 世纪 60 年代时就已开展了人脸识别技术的初步探索，在 20 世纪末期初步实现并投入使用，如今随着计算机处理能力的提升，人脸识别技术早已成熟应用于各行各业。人脸识别主要分为三步：①建立人脸大数据库；②提取目标的脸部特征；③将提取到的人脸特征与数据库做匹配，完成身份信息的输出。智能化技术的发展方向是方便人，提升人的生活便捷性、舒适性和安全性，图 7-10 为人脸识别领域不同的应用实例。

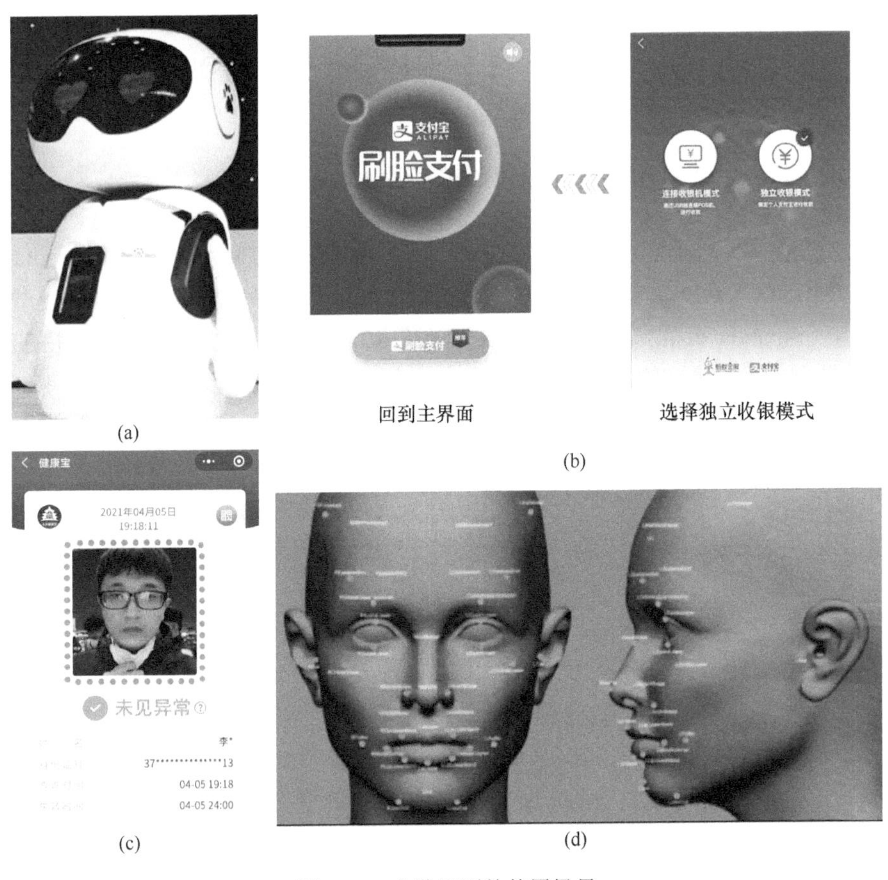

图 7-10　人脸识别的使用场景

（a）百度 AI；（b）支付宝刷脸支付；（c）健康宝；（d）华为 AI 智能开锁

依照方便于人、服务于人的理念，百度 AI 团队推出了智能机器人“小度”，如图 7-10（a）所示，并在 2014 年首次展现在人们的视野中，在与人的智力对抗中，占据绝对的上风，40 道智能问答题目达到了百分之百的正确率。图 7-10（b）为阿里巴巴公司推出的人脸识别的典型应用，即“刷脸支付”，通过 AI 技术提取手机、自动贩卖机、个体商户摄像头前的人脸特征，与人脸大数据库进行匹配，达到智能支付、方便于人的目的。2020 年，一场突如其来的疫情促发了智能化技术的发展，北京“健康宝”随之诞生。如图 7-10（c）所示，时至今日，“健康宝”依然在常态化疫情防控中起到关键性作用，在企业复工复产、公共场所进出及楼宇管理等方面发挥了积极作用，成为地区防疫工作的有力工具。当人们需要行使购物、看电影等进出公共场所的活动时，首先要打开“健康宝”，当显示为图示中的“未见异常”，才可正常进出。如图 7-10（d）所示为华为公司推出的新一代人脸识别系统，结合华为云计算技术，可实现手机、平板电脑和智能穿戴终端在各种场景下的解锁、防盗用等功能。以上为浅析视觉感知技术，在人工智能包括机器人领域的应用场景，那么视觉感知如何与智能检测机器人相结合呢，我们将做进一步探讨。

7.4.2 视觉感知技术在智能养殖领域的应用

在过去，猪仔的识别主要依靠无源射频识别技术（radio frequency identification，RFID），通过在个体身上打上特定代码序列的标签，实现猪仔的精准识别（Sibanda et al.，2014）。而 RFID 技术需要在动物的耳朵上以穿孔的方式实现，具有费时、费力的缺陷，并且作用的范围有限，最远的有效距离仅为 120cm，不能同时读取多个标签，因此并不能满足于当下我国对智能化、无人化养殖的需要。在 2019 年的金麒麟论坛上，新希望集团董事长刘永好表示：养猪是个科技活，现在都用猪脸识别区块链方式养猪。猪脸识别是视觉感知技术在智能化农业领域的典型应用之一，可满足养殖户或企业对猪个体的精准管控、饲料喂养、疾病防控的需求。

与人脸识别不同，猪的识别环境更为复杂，同时识别的难度更大。对于一头刚出生的小猪来说，其生长周期在 110～120 天不等，而猪在生长中的“容貌”变化可谓是天差地别，如图 7-11 所示。其面部及体型的变化很大，因此若要追踪一头猪个体的全生长期的特征，需要实时更新其猪脸动态数据库。此外，相对于人脸检测，猪仔的生活环境是动态变化的，如图 7-11 所示，并且猪个体之间会受到不同程度的污染，如泥巴、粪便等，因此如何去除其对识别精度的影响，也是一个值得深思的问题。如图 7-12 所示，猪个体之间的脸部特征差异比较小，因此也就对新型的智能化算法提出了新的要求。

图 7-11　猪仔的生活环境和猪脸特征的相似性

图 7-12　成年猪和幼年猪的对比

Ahrendt 等（2011）设计了智能视觉感知猪识别系统，以达到减轻养殖户工作量、实现单个猪仔的识别和定位的功能。其中，系统由一台摄像机和一台计算机组成，摄像机前加装鱼眼镜头，结合软件的畸变校正，可扩大识别范围，但识别正确率有限，并且动态工作时的效率较低，仅可同时跟踪 3 头个体。Hansen 等（2018）利用深度学习算法实现了猪脸的准确识别。其中，Fisherface、VGG-Face 和 pre-trained 算法用于猪脸的特征提取与数据扩增，经过 CNN 网络算法的训练，使用 1553 张猪脸图片，模型的精度可达到 96.7%。算法的具体操作流程如图 7-13 所示，主要包括图像的信息获取和重构、图像预处理、图像扩增、卷积特征提取、神经网络的训练及模型的输出等步骤。但对于此项研究，图像的获取环境是单一的，仅在单一养殖场中实现了 10 个特定猪个体的识别，因此该模型的推广性欠佳。

最近，克兰菲尔德大学的 Marsot 等（2020）发布了一项关于猪脸识别的最新研究成果。与 Hansen 等（2018）的研究不同，该研究是从不同的农场中随机地挑选了 100 头猪个体，并且从猪的动态视频中截取了 2110 张原始图像作为训练集合。图 7-14 为深度学习算法的网络结构，相比于前者的研究，该研究将输入层扩大为 128×128，便于提取动态视频中的猪脸特征（Marsot et al.，2020）。并且，在前人卷积神经网络中加入了 2 个卷积层和 1 个池化层，加入卷积层的目的是提取图像中更为细节的猪脸特征，而池化层的目的在于避免神经网络的过拟合。对于训练集合，其正确率达到了 93.4%，而通过重新采集不同农场中的猪仔视频作为验证集合，其正确率为 83%，基本实现了不同养殖户、不同环境下的猪脸识别。

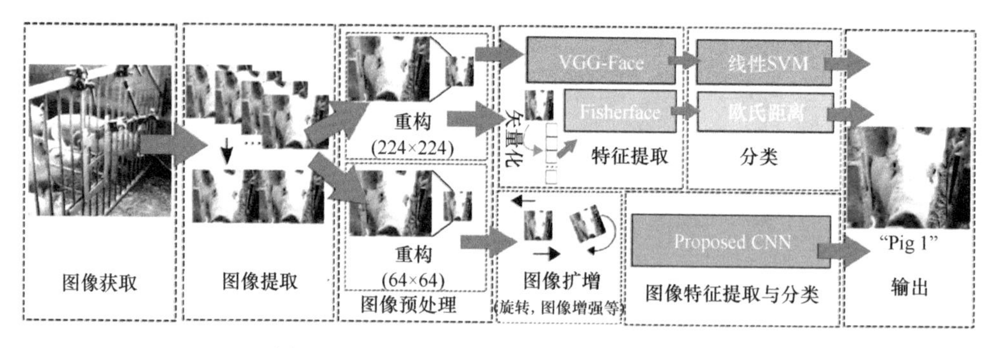

图 7-13 深度学习算法在猪脸识别中的应用

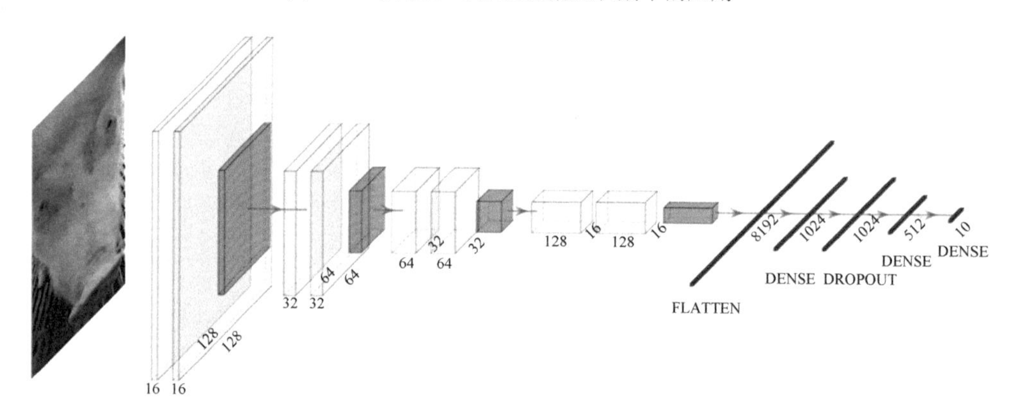

图 7-14 猪脸识别深度学习算法的网络结构

7.4.3 视觉感知技术与农业机器人

有报道指出，2050 年世界人口将增长到 98 亿（King，2017），这相当于每天新增人口 20 万，而如何满足人口增长与农业之间的联系，如何用更少的土地来面对粮食和生存挑战，是农业科学家、农民和企业共同面临的挑战。

随着机械、控制和计算机技术的发展，农业的智能化愈发明显。一方面，农业的智能化体现在准确而及时地收集时空-地面信息，实现田地管理的自动化；另一方面，农业的智能化也体现在农业机器人的自动导航，复杂动作的实现等。而这一切都要以视觉感知为基础，在实现田间的智能管理方面，需要先由无人机或卫星通过高光谱系统实现地面信息的感知和处理，结合农业大数据库，得到哪块田地缺少肥料或水分，实现精准作业。同样，对于果园的管理方面，如判断其采收期，也首先要以视觉感知为基础，获取作物的生长状态和果蔬的成熟度。因此，视觉感知是实现精准农业的前提，集成其他感知方式，可实现以机器人作业为背景的自动化作业。

Shamshiri 等（2013）搭建了一种与机械手相结合的农田勘探机器人平台，该平台搭载了 CCD 相机、GPS 定位模块和柔性机械爪结构，用于温室或田间环境中的生长信息的收集和实时的数据传输，如图 7-15（a）所示。在后续改进中，该平台更换了多光谱成像传感器，可获取不同波长下的作物图像，并实现了田间作物的 3D 点云重构和作物的生长状态的检测，如图 7-15（b）所示。

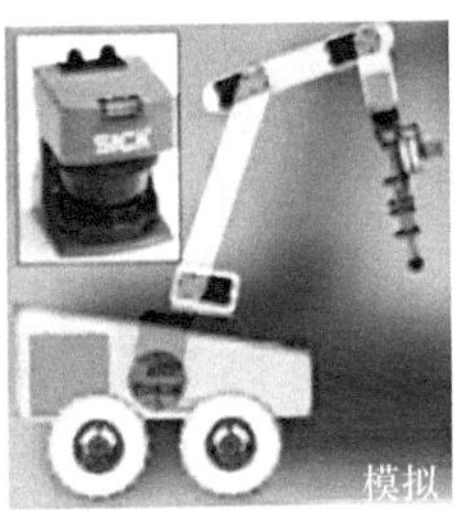

(a)田间侦察和数据收集机器人

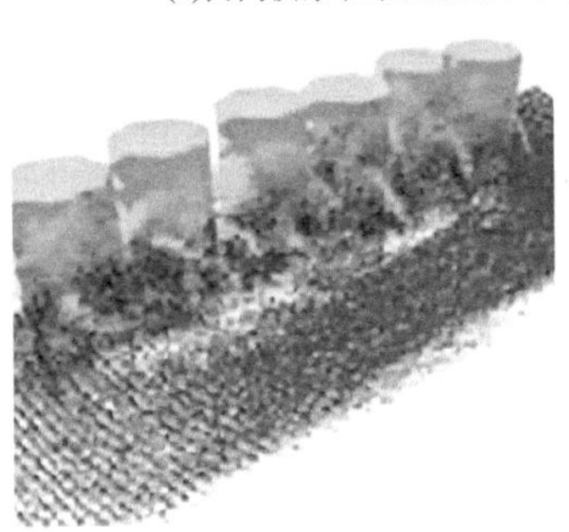

(b)点云重构与地形勘测

图 7-15　不同的农业机器人和视觉感知技术应用形式

新西兰、比利时、芬兰和意大利四国联合，由 SWEEPER 公司推出了世界首款菜椒采摘机器人，如图 7-16 所示，主要由智能小车底盘、机械臂、末端执行器和计算机组成。其中，CCD 相机安装在机械臂的末端执行器上，可实时获取菜椒的深度信息、位置信息和成熟度信息。结合计算机对图像信息的处理结果，若该样本判断为成熟，可控制智能小车移动到该样本前，控制机械臂带动末端执行器，完成对成熟菜椒的采摘。但该机器人也存在相应的不足，一方面，SWEEPER 公司在样机的测试阶段仅使用了黄色的菜椒，与植株的绿叶区分明显，而对于其他颜色，如绿色的菜椒是否适用还有待探索；另一方面，试验仅是单行的作业方式，对于多行还未探索，并且在成熟度判别方面，其精度仅有 49%，还有待提升。

图 7-16　世界首款菜椒采摘机器人

Kang 和 Chen（2019）提出了一种基于深度学习算法的苹果机器人系统，如图 7-17 所示。其中，深度学习算法在进行训练之前，往往需要大量的人工标记，有费时、费力的缺陷。因此 Kang 和 Chen 提出一种 LedNet 标签生成算法，利用多尺度金字塔算法（multi-scale pyramid，MSP）和聚类分析算法结合，实现苹果目标图像的快速标记。实验结果表明，LedNet 对果园苹果检测的召回率和准确率分别达到 0.821 和 0.853，检测时间为 28ms，基本满足果园作业的要求（Kang and Chen，2019）。果园中存在叶片遮挡、果-果重叠的现象，是影响机器人检测和作业精度的主要因素。基于此问题，Jia 等（2020）提出了一种基于掩膜区域特征提取的卷积神经网络（mask R-CNN）苹果机器人视觉检测模型。首先，残差神经网络（ResNet）与稠密连接网络（DenseNet）相结合，大大减少输入参数，并起到图像特征提取的作用；其次，提取到的卷积特征用于 RPN 网络的输入，进行端到端的训练，生成感兴趣区域；最后由全卷积 FCN 网络生成掩码，得到苹果所在的区域，如图 7-18 所示。对于验证集合，模型的准确率达到了 97.31%，召回率达到 95.70%。并且具有识别速度快、可满足苹果收获机器人视觉系统的要求。

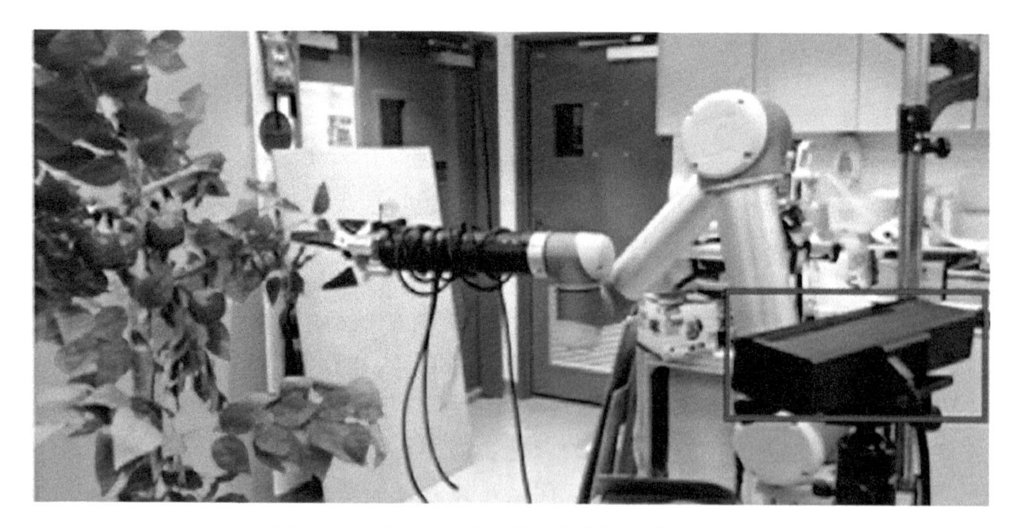

图 7-17　基于深度学习算法的苹果机器人系统

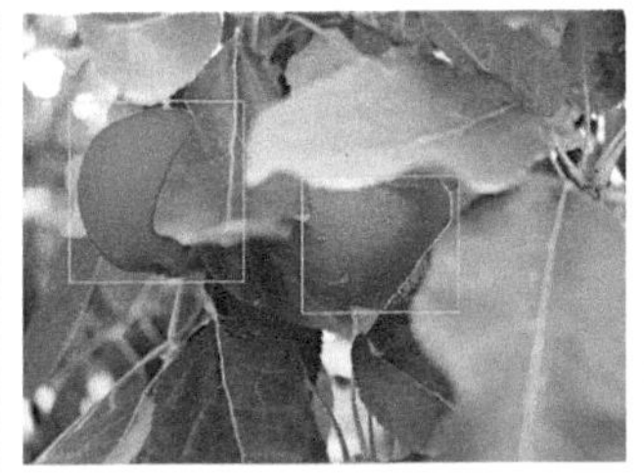

图 7-18　叶片遮挡和果-果重叠的识别效果

Cao 等（2019）设计了一套用于苹果果园的果实自动识别和抓取机器人系统，如图 7-19 所示。考虑到采摘机器人可能与果树的枝干发生碰撞，降低抓取的成功率，因此，该研究基于双目立体视觉系统，分两步进行无碰撞的机器人运动规划。首先，根据在立体视觉环境中采集到的三维信息，采用改进的自适应权值粒子群优化算法求解机器人的逆运动学问题，获得无碰撞拾取姿态信息；其次，针对该算法在高维环境下的随机性、收敛速度慢等局限性，在原有算法中引入目标重力的概念和自适应系数调整方法。试验结果表明，路径确定的成功率为 100%。

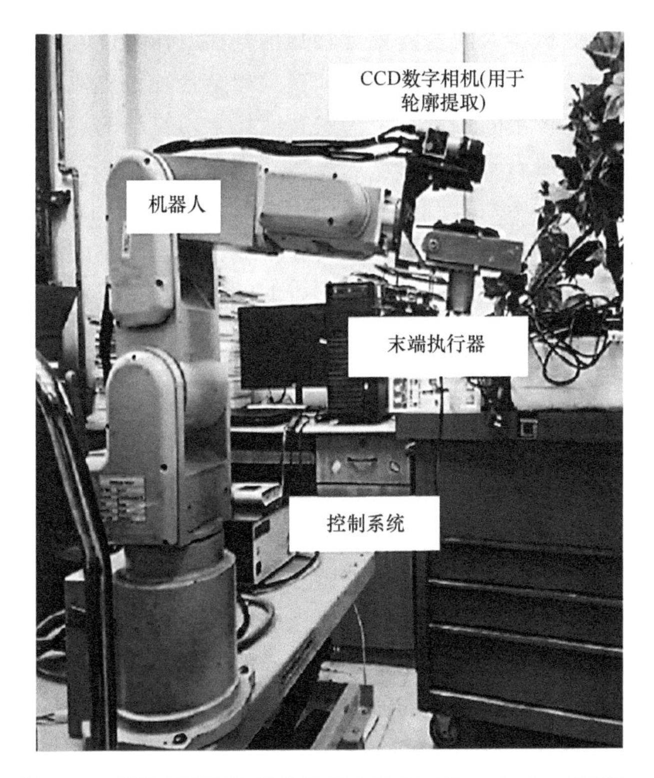

图 7-19　苹果识别抓取视觉机器人系统（Cao et al.，2019）

Williams 等（2019）设计了一种基于视觉技术的多臂猕猴桃采摘机器人，如图 7-20 所示。该机器人由 4 个机械臂组成，每个机械臂都安装有柔性末端执行器。该视觉机器人系统利用深度学习算法成功训练了用于猕猴桃方位识别的模型，并实现了实际果园光照条件下猕猴桃方位和生长状态的精确识别。基于实际果园环境下的试验，该收获机能成功收获果园内猕猴桃，平均采摘时间为 5.5s/果。

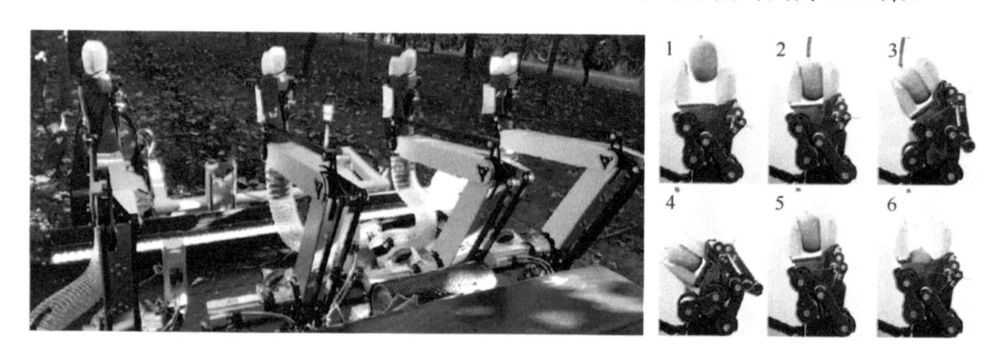

图 7-20　猕猴桃自动多臂采摘机器人（Williams et al.，2019）

80%的外界信息是由人的视觉获取的，因此视觉是人用于感知世界的重要感官。同样，对于农业机器人而言，视觉感知也是获取作物位置、生长状态等信息的重要方式。此外，如何将其他的感官和视觉相结合，这更像是一个复杂的系统工程，需要不同传感技术的融合，也需要智能化学习算法的加入。但是，对于深度学习算法在农业机器人中的应用，大多只考虑农业机器人视觉系统部署前的初始训练阶段的检测和辨识结果，而不考虑在长期运行过程中学习模型的持续适应。因此，在今后的发展中，需要发展无监督和半监督的深度学习算法，以提高适应季节变化、新的品种类型、新的病害类别等的能力，使得农业机器人“越用越智能”和“越用功能越全面”。

7.5　味 觉 感 知

味道是检测食物安全和质量的重要特征之一，传统方法通过人体的舌器官“口尝”来判定和区分食物种类和品质。但这种个人感官很难做到辨别食物味道之间微小的差异，同时这种方法容易受主观感受的干扰和影响，其鉴定结果不客观、不准确且重复性差，因此该方法的广泛应用受到严重限制。随着社会的发展和进步，食品安全和品质同样越来越受到社会各界的关注，因此急需一种科学、可量化的手段对食物的味道进行客观的评价（卢烽等，2020）。农产品检测中对味觉的感知主要由味觉传感器完成。味觉传感器又被称为“电子舌”，是模仿人类味觉机理而研制出的检测设备，在检测过程中电子舌通过传感阵列对被测试液体做出响应，并输出信号数据供相关实验研究人员分析，以得出被检测样品的相关味觉特征信息（邱雅楠等，2017）。

7.5.1　味觉传感器

动物舌头能够感受到“酸、甜、苦、辣”主要依赖舌头表面乳状突起中的味蕾，不同味觉物质会刺激味蕾产生不同的味觉信号，这些信号通过神经系统传至大脑，大脑对其整体特征分析处理，最后给出结果（王栋轩等，2018）。电子舌技术即是模仿人类味觉系统设计的，获取样品的响应信息，结合计算机统计学分析方法，对其进行模式识别和定性定量分析，客观反映出样品的整体性质。如图 7-21 所示，电子舌主要由味觉传感器阵列、信号采集系统和模式识别系统 3 个部分组成；味觉传感器阵列模拟生物系统中的舌头，可对样品溶液味道进行感应；信号采集系统模拟动物的神经系统，将被激发的信号传递到计算机模式识别系统中；模式识别系统类似于生物大脑的作用，对信号进行特征提取，建立模式识别模型，并对不同被测溶液进行区分辨识。

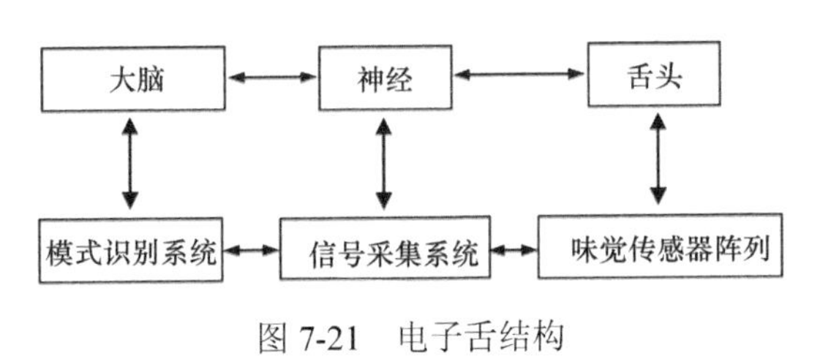

图 7-21　电子舌结构

7.5.2　味觉传感器类型

根据将待测样品中的“味觉品质”信息转换成电信号的方式，味觉传感器可分为如下几种方式（牟心泰和杜险峰，2020）：伏安型味觉传感器（Campos et al.，2012；Tian et al.，2007；Winquist et al.，1997，2000）、阻抗型味觉传感器（Cortinapuig et al.，2007；Riul et al.，2003）、电位型味觉传感器（Legin et al.，1997；Toko，1996；Verrelli et al.，2007）、光寻址型味觉传感器（Men et al.，2005；蒋行国等，2012）及其他类型的味觉传感器等（Sehra et al.，2004；Sun et al.，2008）。其中应用较多的为伏安型、阻抗型和电位型味觉传感器。

1. 伏安型味觉传感器

伏安型电子舌的设计思想来源于电化学分析法，其传感阵列采用三电极结构：工作电极、参比电极和辅助电极（于亚萍等，2014）。在三电极工作系统中，输入有规律脉冲信号，找出工作电极和参比电极间电压与工作电极上电流的关系。工作电极作为电解反应发生地，要求以“惰性”固体导电材料为主、电极表面积略小、表面平滑等。参比电极作为系统的激励信号输入端，要求有良好的电势稳定性、重现性。辅助电极与工作电极形成回路，保证电解反应发生在工作电极上，要求电阻小、表面积大、不容易被极化等（高广恒等，2011）。

2. 阻抗型味觉传感器

阻抗型电子舌采用二电极或三电极结构均可，若采用二电极结构，把参比电极和辅助电极接在一起即可。以工作电极为基底，以碳粉掺杂的聚合物为敏感膜，定性或定量测定气体样本（郭忠端等，2010）。工作原理为当待测有机气体进入敏感膜后，敏感膜变厚，导致膜中碳粒子间距增大，导电介质发生变化，阻抗就会随之增大。传感器通过输入不同频率、不同幅值的正弦波信号，得到不同阻抗值和阻抗角，达到测定待测气体的目的（吴凤华，2013）。

3. 电位型味觉传感器

电位型电子舌的电极结构不同于伏安型，采用工作电极、参比电极的二电极结构。在工作电极表面镀有敏感膜，被测物质接触敏感膜后会引起敏感膜上电荷数量发生变化，从而引起电位发生变化。强电解质引起膜电位变化较大，弱电解质或非电解质引起膜电位变化较小，无法区分弱电解质或非电解质溶液。研发人员不断尝试，在敏感膜表面镀不同活性物质，实现了传感阵列对不同味觉物质产生不同电位信号的功能。

7.5.3 味觉感知在农产品检测中的应用

目前味觉感知技术应用遍布于食品、医药、化工等多个领域。在农产品检测领域，电子舌技术已经被应用于酒类、饮料、果蔬、调味品、肉类产品等食品的新鲜度、品质分级和质量安全监控等方面。

利用电子舌通常需要对待测物品的某一特定分子进行结合检测，因此在液态农产品的味觉感知中应用较多。Nery 和 Kubota（2016）应用电子舌对不同的葡萄酒、啤酒进行区分，均能准确地完成判别。Garcia-Hernandez 等（2019）介绍了一种生物电子舌，利用酪氨酸酶、葡萄糖氧化酶和聚吡咯建立了一种复合材料；以总多酚指数和酒精度作为检测目标对葡萄酒和白酒的特性进行鉴别，取得了较好的预测结果。在饮料方面，茶是中国的传统饮品，被誉为“国饮”。在口味上，相同大类的茶饮料（如红茶饮料）的风味比较接近，但不同品牌的茶饮料在风味上又有所不同。姜莎等（2009）应用法国 Alpha M.O.S 公司生产的传感器型电子舌对 7 种红茶饮料进行检测。电子舌主要由味觉传感器、信号采集器和模式识别系统 3 部分组成。该电子舌工作时由计算机通过控制器给传感器发出信号进行采集，传感器采集待测红茶饮料信号，通过数据采集卡收集并传输至计算机，最终计算机对信号进行处理做出判断。如图 7-22 所示，该电子舌包含 7 个化学传感器阵列和 1 个 Ag/AgCl 参比电极。每个传感器前端有 1 个电子芯片，芯片表面覆盖一层敏感吸附薄膜，可以选择性吸附液体中的游离分子。传感器进入样品之前与参比电极有一定的电势差，进入样品之后，薄膜会吸附游离的分子，因此传感器阵列和参比电极之间的电势差发生改变，不同的传感器吸附的分子不同，因此电势差值不同，得到的电信号也不同。

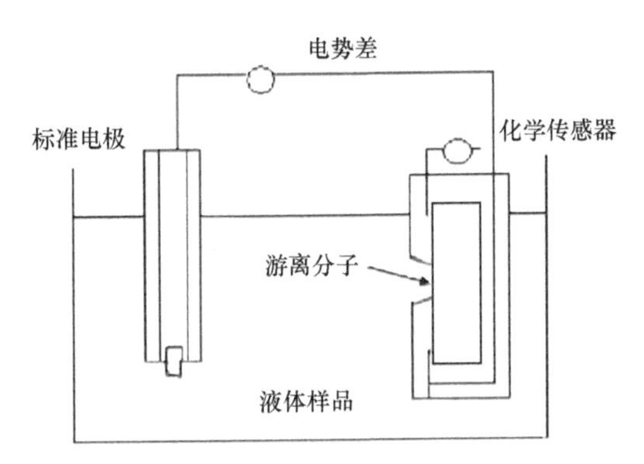

图 7-22　传感器与标准电极工作示意图（姜莎等，2009）

采用该电子舌选择了‘康师傅’冰红茶、‘统一’冰红茶、‘雀巢’冰红茶、‘麒麟’午后红茶（原味低糖）、‘麒麟’午后红茶（柠檬味）、‘原叶’冰红茶和‘燕京’冰红茶 7 种进行试验。测量的数据用主成分分析法（PCA）和聚类分析法（CA）进行分析。结果表明，在 PCA 第 1 主成分和第 2 主成分得分图上，其中红茶鉴别率为 95.38%。

Yin 等（2021）开发了一种新型的远程电子舌系统，并利用它来鉴别不同植物来源的蜂蜜。如图 7-23 所示，该系统主要由电极阵列、便携式设备、GPRS 发送模块和远程服务器组成。通过电子舌检测蜂蜜信号，通过串行串口和 GPRS 发送模块上传到特定计算机。采用结合变分模态分解和希尔伯特变换（VMD-HT）的特征提取方法来减少冗余变量。最后，应用分类算法、主成分分析（PCA）和极限学习机对不同的蜂蜜样本进行分类。实验表明，该方法比现有的特征提取方法获得了更准确的分类结果。

针对固态农产品的味觉感知，通常利用化学试剂将待测样品中的某一成分进行提纯，配置一定浓度的液态样本后再进行味觉检测。陈多多等（2016）利用电子舌检测柿果的涩味。先利用一系列化学方法从柿果中提取柿单宁用电子舌测得相应的信号值并与人类的感官评价相结合，取得了较好的效果。韩剑众等（2008）

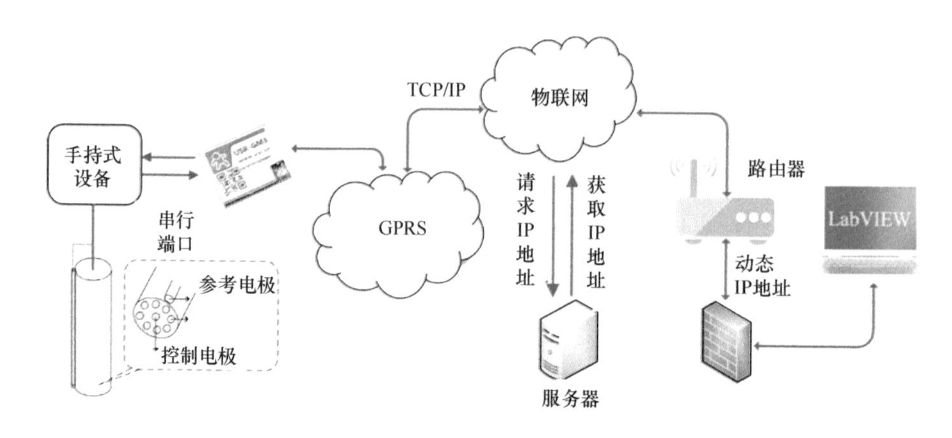

图 7-23　电子舌检测蜂蜜系统的结构（Yin et al.，2021）

利用电子舌采集鱼肉的味觉，对鱼的品种和不同时间段的新鲜度进行评价。取鲈鱼、鳙鱼、鲫鱼 3 种淡水鱼和马鲇鱼、小黄鱼、鲳鱼 3 种海水鱼作为试验对象，将鱼肉切至 5mm×5mm×5mm 小块状放置于 4℃冰箱中冷藏。检测时，称取鱼肉 5g，加入 50mL 纯净水并打碎匀浆用于测定。淡水鱼于第 1 天、第 3 天、第 5 天、第 7 天进行测定，海水鱼于第 1 天、第 3 天、第 5 天进行测定，采用主成分分析方法进行分析。结果表明：采用 PCA 前 3 个主成分得分保持了原始数据 88.4%的信息量，从图中不仅可以反映出淡水鱼与海水鱼之间的差异，还能够反映不同淡水鱼或不同海水鱼之间的差异性且不同储藏时间的淡水鱼和海水鱼也可以很好地被鉴别。

此外，宋泽等（2019）采用电子舌对牛肉炖煮后的滋味物质进行定性定量的分析，结果发现，不同部位的牛肉（上脑、辣椒条、牛腩、牛臀和腱子肉）的滋味存在明显差异，为炖煮牛肉风味数据库的建立提供了基础和理论参考。利用味觉感知技术，可以很好地避免人工味觉评价依赖人工，容易受主观感受的干扰和影响，鉴定结果不客观、不准确且重复性差等问题；而且还可以对味觉的细微差异进行辨别。但检测时通常需要对液态样品中的特定分子进行检测，后续可开发适用于固态样品味觉感知的技术。

综上所述，利用电子舌可以对农产品的味道进行感知，检测结果具体化，综合反映了农产品的品质。但检测多集中于液态农产品，且大多数研究仅利用电子舌获取农产品味道信息并进行建模判别。后续可研究智能分析算法，将电子舌应用到农产品智能检测机器人中，充当机器人的“舌头”真正实现农产品品质智能检测。

7.6　智 能 控 制

Leondes（1967）首次使用“智能控制”这一术语。傅京孙教授基于学习控制系统，最早提出智能控制是人工智能和自动控制详解的理论框架（傅京孙等，1987)。早在 1965 年，他提出把人工智能领域中所用的启发式规则用于学习系统。1971 年他与他的同事在对几个自学习系统有关的领域进行研究后，为了强调问题求解与决策能力，采用“智能控制系统”来概括所面临的这些系统。

7.6.1　智能控制的概述

智能控制是具有智能信息处理、智能信息反馈和智能控制决策的控制方式，是控制理论发展的高级阶段，主要用来解决那些用传统方法难以解决的复杂系统的控制问题。智能控制研究对象的主要特点是具有不确定性的数学模型、高度的非线性和复杂的任务要求。

1. 智能控制的含义

智能控制就是由一台智能机器自主地实现其目标的过程。而智能机器则定义为，在结构化或非结构化的、熟悉的或陌生的环境中，自主地或与人交互地执行人的任务（Valavanis and Saridis，1985)。

Astrom（1985）则认为，把人类具有的直觉推理和拼凑法等智能加以形式化或用机器模拟，并用于控制系统的分析与设计中，以期在一定程度上实现控制系统的智能化，这就是智能控制。Astrom（1985）还认为自调节控制、自适应控制就是智能控制的低级体现。

智能控制是一类无须人的干预就能够自主地驱动智能机器实现其目标的自动控制，也是用计算机模拟人类智能的一个重要领域（吴晓帆和蔡自兴，1999)。

2. 智能控制要解决的问题

人工智能是研究如何用人工的方法和技术，即通过各种自动机器或智能机器来模仿、延伸和扩展人类的智能，实现某些“机器思维”或脑力劳动自动化。因此，可以说人工智能的研究对象是机器智能，或者说是智能机器（韩璞等，2012)。在人工智能的研究中，主要探讨以下 3 个方面的问题。

1）机器感知——知识的获取研究：机器如何直接或间接获取知识，输入自然信息（文字、图像、声音、语言、物景)，即机器感知的工程技术方法，如机器视觉、机器听觉、机器触觉及其他机器感觉（力感觉、平衡感觉等)。其中，最重要的是机器视觉，因为人类从外界获得的信息有 80%以上是依靠视觉输入的，其次是听觉。

2）机器思维——知识的处理研究：在机器中如何表示知识，如何积累与存储知识，如何组织与管理知识，如何进行知识的推理和问题的求解，如机器记忆、联想、学习、推理和解题等机器思维的工程技术方法。知识表达技术（如产生式规则、谓词逻辑、语义网络），即知识的形式化、模型化方法，用于建立相应的符号逻辑系统；知识积累技术，如知识库、数据库的建立、检索与管理、扩充与删改的方法，其中涉及学习与联想的问题；知识推理技术，包括启发推理和算法推理，归纳推理和演绎推理，涉及专家系统定理证明、自动程序设计、学习机和联想机等问题。

3）机器行为——知识的运用研究：如何运用机器所获取的知识，通过知识信息处理，做出反应，付诸行动，发挥知识的效应的问题，以及各种智能机器和智能系统的设计方法和工程实现技术，如基于知识库的人工智能专家系统、智能控制与智能管理系统进行知识信息处理的智能机等。

3. 智能控制的特点

1）智能控制系统一般具有以知识表示的非数学广义模型和以数学模型表示的混合控制过程，它适用于含有复杂性、不完全性、模糊性、不确定性、不存在已知算法的生产过程，它根据被控动态过程进行特征辨识，采用开闭环控制及定性与定量控制结合的多模态控制方式。

2）智能控制器具有分层信息处理和决策机构，它实际上是对人的神经结构或专家决策机构的一种模仿。在复杂的大系统中，通常采用任务分块、控制外散方式。智能控制器的核心在高层控制，它对环境或过程进行组织、决策和规划，实现广义求解。要实现此任务需要采用符号信息处理、启发式程序设计、知识表示及自动推理和决策的相关技术。这些问题的求解与人脑思维接近。底层控制也属于智能控制系统不可或缺的一部分，一般采用常规控制方式。

3）智能控制器具有非线性。这是因为人的思维具有非线性，作为模仿人的思维进行决策的智能控制也具有非线性的特点。

4）智能控制器具有可变结构的特点，在控制过程中，根据当前的偏差变化率的大小和方向，在调整参数得不到满足时，以跃变的方式改变控制器的结构，以改善系统的性能。

5）智能控制器具有总体自寻优的特点。由于智能控制器具有在线特征辨识、特征记忆和拟人特点，在整个控制过程中计算机在线获取信息和实时处理并给出控制决策，经过不断优化阐述和寻找控制器的最佳结构形式，获取整体最优控制性能。

6）智能控制是一门边缘交叉学科，它需要更多的相关学科配合，使控制系统得到更大的发展。

7.6.2 智能控制方法

农产品智能检测机器人常用的智能控制方法包括模糊控制理论、神经网络控制理论、专家控制系统、学习控制系统和进化控制系统等。

1. 模糊控制理论

利用模糊控制理论可以很好地学习农产品品质信息，进而更加准确地对农产品品质进行鉴定。张帆等（2002）利用模糊数学和模式识别的技术，可以较好地解决烟叶自动分级问题。2017 年，刘敏等运用模糊综合评判矩阵评价大米感官品质，并利用质构仪及色差仪对米饭品质进行评定。结果表明，模糊感官评价外观品质特性与质构仪检测特性结果相一致，说明模糊感官评价能有效地用于评价米饭感官品质。

（1）模糊控制的定义

模糊理论是在美国加利福尼亚大学伯克利分校电气工程系 Zadeh 教授于 1965 年创立的模糊集合理论的数学基础上发展起来的，主要包括模糊集合理论、模糊逻辑、模糊推理和模糊控制等方面的内容（张宪民，2017）。

模糊逻辑技术经常与人工智能相联系，这是因为它是模仿人推理过程的计算机推理设计技术。相对而言，模糊逻辑在数学上并不算复杂，而它确实体现了目前所知的许多人工智能要素。当然模糊逻辑也不可能是包罗万象的技术，我们应该把模糊技术看成是现有技术和方法的集成技术。

模糊逻辑是一项发展中的技术，至今它还没有成为完善的系统分析技术，一般而言，目前在理论上还无法像经典控制理论那样证明运用模糊逻辑的控制系统的稳定性，经典控制理论是把实际情况加以简化以便于建立数学模型，一旦建立数学模型以后，经典控制理论的深入研究就可对整个控制过程进行系统分析。尽管如此，这种分析对实际控制过程依然是近似的，甚至是粗糙的，近似的程度取决于建立数学模型过程的简化程度。模糊逻辑把更多的实际情况包括在控制环内来考虑，整个控制过程的模型是时变的，这种模型的描述不是用确切的经典数学语言，而是用具有模糊性的语言来描述的。

（2）模糊控制的数学基础

模糊集合的定义是对具有共同特征的群体称谓。设 U 表示被研究对象的全体，称为论域，又称为全域或全集。U 中的每个对象称为个体，用变量 u 表示。对于 U 中的一个子集 A，用它的特征函数表示为

$$X_A(u)=\begin{cases}1,u\in A\\0,u\notin A\end{cases} \quad (7\text{-}2)$$

特征函数将论域 U 中的个体 u 清晰地划分为 2 个群体，即论域 U 中的每个个体被特征函数 X_A“非此即彼”地划分为 2 个集合 A 和 $\overline{A}$， $\overline{A}=U-A$ 称为 A 的补集。这就是 Contor 定义的普通集合。

现实生活中大量存在“亦彼亦此”的现象是 Contor 的普通集合论所不能解释的。普通集合论规定论域 U 中的任一元素要么属于，要么不属于某个集合，不允许含糊不清的说法。后来普通集合中的元素对集合的隶属度只能取 0 和 1 这两个值，扩展到可以取区间[0,1]中的任意一个数值，即可以用隶属度定量地去描述论域 U 中元素符合概念的程度，实现了对普通集合中绝对隶属关系的扩充，从而用隶属函数表示模糊集合，用模糊集合表示模糊概念。

模糊集合定义为，论域 U 中的模糊子集 A，是以隶属函数 μ_A 为表征的集合。即由映射

$$\mu_A:U\to[0,1] \quad (7\text{-}3)$$

式中， $\mu_A(u)$ 称为 μ 对 A 的隶属度，它表示论域 U 中的元素 u 属于模糊子集 A 的程度。它在[0,1]闭区间内可连续取值，隶属度也可简单记为 $A(u)$ 。模糊子集 A 和隶属函数 μ_A ，具有以下特征。

1）论域 U 中的元素是分明的，即 U 本身是普通集合，只是 U 的子集是模糊集合，故称 A 为 U 的模糊子集，简称为模糊集。

2） $\mu_A(u)$ 的值越接近 1，表示 u 从属于 A 的程度越大；反之， $\mu_A(u)$ 的值接近 0，则表示 $\mu_A(u)$ 从属于 A 的程度越小。显然，当 $\mu_A(u)$ 的值域为[0,1]时，隶属函数 μ_A 已经变为普通集合的特征函数，模糊集合 A 也就变成了一个清晰集合。因此，可以这样来概括经典集合和模糊集合间的相互变换的关系，即模糊集合是清晰集合在概念上的推广，或者说清晰集合是模糊集合的一种特殊形式；而隶属函数则是特征函数的扩展，或者说，特征函数只是隶属函数的一个特例。

3）模糊集合完全由它的隶属函数来刻画。隶属函数是模糊数学最基本的概念，借助它才能对模糊集合进行量化。正确地建立隶属函数，是使模糊集合能够恰当地表达模糊概念的关键，是利用精确的数学方法分析处理模糊信息的基础。

4）模糊集合的表示方法。表示 U 的一个模糊集 A，原则上只要将 U 中的每个元素附以这个元素对模糊集 A 的隶属度，用一定的形式将其组合在一起即可。模糊集的表示方法有很多种，以下列出常用的几种。

（a）Zadeh 表示法。设论域 U 为离散集 $u=[u_1,u_2,\cdots,u_N]$ ，A 为 U 的一个模糊

集，即 $A \in F(U)$。论域中任一元素 u_i（$i=1,2,\cdots,N$）对模糊集 A 的隶属度为 $\mu_A(u_i)$（$i=1,2,\cdots,n$），Zadeh 表示法将 A 表示为

$$A=\frac{\mu_A(\mu_1)}{\mu_1}+\frac{\mu_A(\mu_2)}{\mu_2}+\cdots+\frac{\mu_A(\mu_n)}{\mu_n} \tag{7-4}$$

式中，“+”号并不是加号，而是表示列举；式中每项分式也不表示相除，其含义是分母表示元素名称，分子表示该元素的隶属度。当隶属度为 0 时，那这一项可以省略。

（b）序偶表示法。其是 Zadeh 表示法的一种简化：

$$A=\{[x_1,\mu_A(\mu_1)],[x_2,\mu_A(\mu_2)],\cdots,[x_n,\mu_A(\mu_n)]\} \tag{7-5}$$

（c）向量表示法。

$$A=\{\mu_A(\mu_1),\mu_A(\mu_2),\cdots,\mu_A(\mu_n)\} \tag{7-6}$$

2. 专家控制系统

专家控制系统是一个应用专家系统技术的控制系统，是一个典型的和广泛应用的基于知识的控制系统。从本质上讲，它是一类包含着知识和推理的智能计算程序，它含有大量的某个领域专家水平的知识和经验，能够利用人类专家的知识和方法来解决该领域的问题。由于农产品品质是从多方面进行综合评定的，不能根据某一单一成分就确定其品质的好坏。且传感器获得农产品的气味、味道、外观和声音信息后，这些大量的数据需要进行筛选综合分析。专家控制系统便可以根据人类专家的知识对这些信息进行综合分析做出决策。根据结构自动控制执行机构对农产品进行下一步分类操作。

专家控制系统是在专家系统的思想和方法上实现的，是将专家系统的理论、技术与控制方法和技术结合起来，在未知环境下，仿效专家的智能实现对系统的控制。根据专家系统技术在控制系统中应用的复杂程度，可以分为专家控制系统和专家式控制器。专家控制系统具有全面的专家系统结构、完善的知识处理功能和实时控制的可靠性能。专家控制器多为工业专家控制器，是专家控制系统的简化形式，针对具体的控制对象或过程，着重于启发式控制知识的开发，具有实时算法和逻辑功能。由于专家式控制器的结构较为简单，又能满足工业过程控制的需求，应用日益广泛。虽然专家控制系统的结构可能因应用场合和控制要求的不同而不同，但是几乎所有的专家控制系统或控制器都包含了下述几部分：知识库、推理机、解释机构和控制算法（王俊普，1996）。

3. 学习控制系统

检测农产品品质时，由于不同的农产品品质具有差异性，所以根据传感器获得的数据对农产品品质进行评价会出现不准确性。例如，两个品种的苹果，利用一个品种的苹果数据建立的模型去评价另一个品种的苹果会造成较大的误差，农产品种类是多样性的，相同农产品不同品种具有相似性，因此需要所建立的检测模型与人类一样具有学习功能，可以自动学习相同农产品不同种类之间的相似性和差异性，从而判断得更加准确。

学习控制系统是智能控制最早研究的领域之一。它是依靠自身的学习功能来认识控制对象和外界环境的特性，并相应地改变自身特性以改善控制性能的系统。这种系统具有一定的识别、判断、记忆和自行调整的能力。学习控制系统能在其运行过程中逐步获得受控过程及环境的非预知信息，积累控制经验，并在评价标准下进行估值、分类、决策和不断改善系统品质的自动控制系统。比较常用的学习控制方法有迭代学习控制、基于模式识别的学习控制、重复学习控制、拟人自学习控制、状态学习控制、基于规则的学习控制、连接增强式学习控制（张效祥，1992）。

7.6.3 智能控制在农产品检测中的应用

利用智能控制对农产品检测目前研究得还不太成熟。Amza 等（2000）通过研究提取骨头像素图像特征和其他情况产生的深颜色像素图像特征的差异，研究了用神经网络方法区分骨头与非骨头区域的技术。1997 年，计时鸣等应用神经网络原理，进行模式分类、训练学习。根据茶叶和茶梗的颜色、形状和重量特征，设计出茶叶与茶梗自动分选装置的内环智能体系和外环智能体系。2013 年，Dutta 等利用电子鼻技术，采用 PCA、模糊 C 均值聚类（FCM）及人工神经网络 3 种方法处理对数据进行智能学习，能够 100%地鉴别 5 种不同工艺处理的茶叶香气。2001 年，龙满生等利用计算机视觉技术和人工神经网络技术，建立了苹果外观品质综合分级系统。通过对果实形状、颜色和缺陷进行训练，最终该系统能够实现对苹果综合外观品质的正确检测与分级，准确率达 90.8%。刘剑君等（2011）利用烟叶光谱数据作为神经网络的输入模式，运用概率神经网络对 9 个等级的烟叶进行分组分级，网络对于训练样本的正确吻合率为 100%，测试样本的平均正确吻合率为 91%以上。结果表明烟叶的红外光谱可以作为烟叶的分级特征，概率神经网络可以用于烟叶自动分级，为烟叶的自动分级提供了新方法。

在农产品检测机器人中，智能控制无处不在，通过机器人的视觉、味觉、嗅觉和触觉等获得农产品品质信息后，需要利用智能控制算法对获取的数据进行建模分析，并需要智能控制执行机构对农产品进行下一步执行动作。目前在农产品品质检测评估中应用较多的为神经网络算法，而模糊控制、专家系统则应用较少，其中农产品品质检测需要大量的数据才能更好地应用智能控制算法实现农产品品质检测的人工智能。

7.7　专 家 系 统

专家系统是人工智能从科学研究转向实际应用，从一般思维方法探讨转向专门知识运用的重大突破。1968 年，美国斯坦福大学费根鲍姆成功研制出了第一个专家系统 DENDRAL，这是一种用于分析化合物分子结构的专家系统。之后，专家系统的研究得到了迅速发展，并广泛应用于数学、化学、农业、气象、军事及控制等诸多领域中。目前专家系统成为人工智能中最活跃且最有效的研究领域之一。专家系统在理论上继承并运用人工智能的基本思想方法，但在系统机构、开发方法及工具等方面又形成了自己的体系。

7.7.1　专家系统的概述

专家系统（expert system，ES）是指以某些领域专家级别水准去解决该领域问题的智能计算机程序（黄语燕等，2017；李瑞，2020）。它运用特定的专门知识和经验，通过推理和判断来模拟人类专家才能解决的各种复杂的、具体的问题，达到与专家具有同等的解决问题的能力，它能对决策的过程做出解释，并具有学习功能。

专家系统具有如下一些基本特点。

1. 具有专家知识及推理能力

专家系统要能像人类专家那样工作，一方面要具有专家级的知识，另一方面还必须具有利用专家知识进行推理、判断和决策的能力，从而解决复杂困难问题。现实生活中，大部分问题都是非公式化的，如医疗诊断、农产品品质、市场预测等，都可以使用专家系统，利用经验知识，通过推理决策解决新问题，并不断利用新经验丰富专家知识库。

2. 具有灵活性

专家系统的体系结构通常采用知识库与推理机相分离的构造原则，它们彼此独立又有联系。这样既可以在系统运行时能根据具体问题的不同，分别选取合适的知识构成不同的求解序列，实现对问题的求解，又可以在对一方进行修改时不致影响到另一方。例如，知识库要像人类专家那样不断地学习、更新知识，因此要经常对它进行增、删、修改操作。由于知识库与推理机分离，这就不会因知识库的变化而要求修改推理机的程序。

3. 具有透明性

为了提高用户对系统的可信程度，专家系统一般都设置了解释机构，用于向用户解释它的行为动机，以及得出某些答案的推理过程和依据，使用户能比较清楚地了解系统处理问题的过程及使用的知识和方法。例如，一个医疗诊断专家系统诊断患者患有感冒，并使用某些药品，就必须向患者说明为什么得出如此的结论。另外，专家系统的解释功能，可使系统设计者及领域专家方便地找出系统隐含的错误，便于对系统进行维护。

7.7.2 专家系统和传统程序的区别

从专家系统的概念来讲，专家系统也是一个程序系统，但它是具有知识推理的智能计算机程序，与传统的计算机应用程序有着本质上的不同。

首先，专家系统求解问题的知识不再隐含在程序和数据结构中，而是单独构成一个知识库。它已经使传统的“数据结构+算法=程序”的应用程序模式变化为“知识+推理=系统的模式”。

其次，由于专家系统解决问题的知识库与处理知识的推理机相分离，因此它具有一定的独立性和通用性。知识库是领域知识的集合，它通常以知识库文件的形式存在，可方便地进行更新。而传统程序将知识和知识的处理都编成代码，当知识改变时，传统程序只能重新编码与调试，而对于专家系统，只需要更新知识库即可。

总之，与传统程序相比，专家系统的可维护性好，易于修改和扩充，更加适合处理模糊性、经验性的问题，并能解释得出结论的过程。与人类专家相比，专家系统可以帮助人类专家更系统地总结经验知识，并对这些知识进行推广与完善，而且它的使用费用低廉，不受外界环境和情绪的影响，可安装在不适于人类工作的恶劣环境中。

7.7.3 专家系统的类型

按照专家系统的特性及功能，其可分为如下 10 个类型。

1）解释型专家系统：能够通过已知数据和信息的分析和推理，给出相应的解释，确定它们的含义，如信号解释、化学结构说明、医疗解释、图像分析等专家系统。例如，用于化学结构分析的 DENDRAL 专家系统、石油测井数据分析的 ELAS 专家系统及地质勘探数据解释的 PROSPECTOR 专家系统等。

2）诊断型专家系统：能够根据获取到的现象、数据或事实等信息推断出某个对象或系统是否存在故障，并给出故障的原因及排除故障的方案等。这类专家系统是目前开发最多、应用最广的一类专家系统。例如，用于抗生素治疗的 MYCIN 专家系统、肝功能检测的 PUFF 专家系统、青光眼治疗的 CASNET 专家系统、计算机硬件故障诊断的 DART 专家系统等。

3）预测型专家系统：根据过去和现在的数据或经验等已知信息，推断未来可能发生或出现的情况。例如，气象预报、人口预测、经济预测及病虫害预测等专家系统。

4）设计型专家系统：根据给定的设计要求进行相应的设计。通常，这类专家系统要在满足指定约束条件下给出最优或较优的设计方案。例如，用于计算机系统配置的 XCON 专家系统及 VISI 电路设计的 KBVLSI 专家系统等。

5）规划型专家系统：能够按照给定目标拟定总体规划、行动计划及运筹优化等，适用于机器人动作控制、交通运输调度、通信与军事指挥、生产规划等。例如，机器人规划系统 NOAH，制定有机合成规划的 SECS 专家系统及帮助空军制定攻击敌方机场计划的 TATR 专家系统等。

6）控制型专家系统：能够自适应地控制整个系统的行为，使之满足预期要求，通常适用于大型设备或系统的控制。例如，帮助监控和控制 MVS 操作系统的 YES/MVS 专家系统。

7）监督型专家系统：完成实时的监控任务，并根据监控到的数据或现象做出相应的分析和处理。例如，帮助操作人员检测和处理核反应堆事故的 REACTOR 专家系统。

8）修理型专家系统：能够对发生故障的设备或系统进行处理，排除故障，并使其恢复正常工作，通常应具有诊断、调试、计划和执行的功能。例如，美国贝尔实验室的 ACI 电话和有线电视维护修理专家系统。

9）教学型专家系统：能够根据学生的特点有针对性地选择适当的教学内容或教学手段，对学生进行教学或辅导，主要用于辅助数学。例如，讲授有关细菌传染性疾病知识的计算机辅助教学系统 GUIDON。

10）调试型专家系统：能够根据相应标准对存在错误的对象进行检测，并给出适用当前错误的最佳调试方案，用于排除错误。测试型专家系统可用于对新产品或新系统的调试，也可用于维修站对设备进行调整、测量或实验。

7.7.4　专家系统的结构

专家系统的结构是指专家系统各组成部分的构造和组织形式。专家系统的有效性与系统结构选择是否恰当有着直接的关系。存放知识和使用知识是专家系统的两个基本功能，而分别实现这两个功能的知识库和推理机是构成专家系统的核心部件。由于专家系统所需要完成的任务不同，所以其系统结构没有统一的模式。专家系统的基本工作流程是，用户通过人机界面回答系统的提问，推理机将用户输入的信息与知识库中各个规则的条件进行匹配，并把被匹配到的结论存放到综合数据库中。最后，专家系统将得出最终结论呈现给用户。图 7-24 是理想的专家系统结构，包括：知识库、推理机、综合数据库、人机接口、解释机构和知识获取机构。

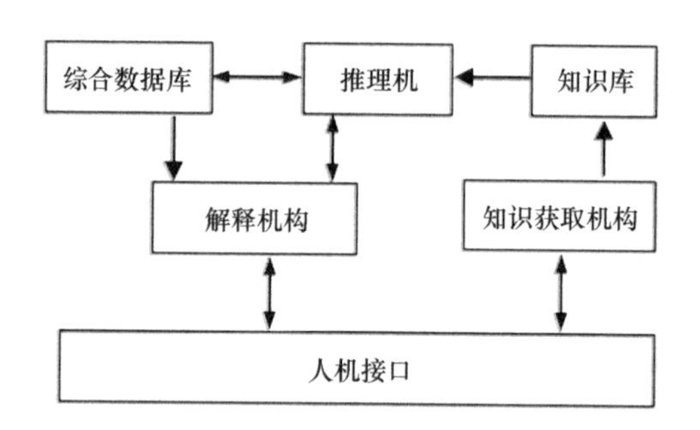

图 7-24　理想专家系统

1）知识库：知识库是专家系统的核心部件之一，它主要的功能是存储和管理专家系统中的知识。包括两种类型的知识：一类是相关领域中定义、事实、理论等收录在学术著作中的事实性的数据；另一类是专家在长期实践中的经验，具有启发性。在知识库中，这两类知识都必须以一定的规范形式表示。人工智能中的知识表示形式有产生式、框架、语义网络等，而在专家系统中运用得较为普遍的知识是产生式规则。产生式规则以 IF…THEN…的形式出现，就像 BASIC 等编程语言里的条件语句一样，IF 后面跟的是条件（前件），THEN 后面的是结论（后件），条件与结论均可以通过逻辑运算 AND、OR、NOT 进行复合。在这里，产生式规则的理解非常简单：如果前提条件得到满足，就产生相应的动作或结论。

2）推理机：推理机是专家系统的思维机构，是专家系统的核心部件之一。推理机的任务是模拟领域专家的思维过程，根据知识库中的知识，按一定的推理方法和控制策略进行推理，直到推理出问题的结论。推理机和知识库是专家系统的基本框架，二者相辅相成、密不可分。不同的知识有不同的推理方式，所以推理机还包含如何从知识库中选择可用推理规则的策略和当多个可用规则冲突时的解决策略。

推理方式有正向和反向推理两种。正向链的策略是寻找出前提可以与数据库中的事实或断言相匹配的那些规则，并运用冲突的消除策略，从这些都可满足的规则中挑选出一个执行，从而改变原来数据库的内容。这样反复地进行寻找，直到数据库的事实与目标一致即找到解答，或者到没有规则可以与之匹配时才停止。逆向链的策略是从选定的目标出发，寻找执行后果可以达到目标的规则；如果这条规则的前提与数据库中的事实相匹配，问题就得到解决；否则把这条规则的前提作为新的子目标，并对新的子目标寻找可以运用的规则，执行逆向序列的前提，直到最后运用的规则的前提可以与数据库中的事实相匹配，或者直到没有规则再可以应用时，系统便以对话形式请求用户回答并输入必需的事实。

3）综合数据库：综合数据库又称为全局数据库、工作存储器、黑板。它用于存放专家系统工作过程中所需要求解问题的初始数据、推理过程中的中间结果及最终结果等信息的集合。它是一个动态的数据库，在系统工作过程中产生和变化。综合数据库中数据的表示与知识库中知识的表示通常一致，从而推理机可以方便地使用知识库和综合数据库中的信息求解问题。

4）人机接口：人机接口是系统和用户间的桥梁，用户通过人机接口输入必要的数据、提出问题、获得推理结果及系统的解释；系统通过人机接口要求用户回答系统的询问，回答用户的提问。

5）解释机构：解释机构的功能是向用户解释专家系统的行为，包括解释“系统怎样得出这一结论”“系统为什么提出这样的问题”等需要向用户解释的问题，为用户了解推理过程及系统维护提供方便，体现了系统透明性。

6）知识获取机构：知识获取机构是实现专家系统将专业领域的知识与经验转化为计算机可利用的形式，并送入知识库的功能模块。它同时也具有修改、更新知识库的功能，维护知识库的完整性与一致性。

7.7.5　专家系统在农产品检测中的应用

在药材方面，铁皮石斛是名贵中草药，生长条件极为苛刻，人工培育技术难度大，对自动化要求比较高。浙江枫禾生物工程有限公司在组培室采用光谱在线作物养分检测方法，实时监测铁皮石斛生长过程中的氮素叶绿素水平，将数据传输给专家系统，通过专家模型做出决策，对环境进行调控并控制水肥的供给。

如图 7-25 所示为铁皮石斛分别在组培室和立体式生产架内信息实时检测，铁皮石斛组培室及立体生产室实时自动化调控系统。控制系统根据物联网实时获取的信息进行智能化决策，通过专家模型实现指令控制。指令由无线通信模块传输给控制柜，控制柜里面的远程终端单元会接收控制室发来的信息通过变频器和继电器做出一系列的动作来控制整个智能温室，实现温室内的通风、调光、喷淋、遮阳等自动化控制。铁皮石斛在生长过程中养分监测一直是生产管理过程中的重要难题，如图 7-26 所示，该系统采用光谱在线作物养分检测方法，实现了在线式光谱养分监测，可同时监测铁皮石斛生长过程中的氮素、叶绿素水平，为肥水一体化自动灌溉提供科学依据。

图 7-25　铁皮石斛组培室及立体生产室实时自动化调控系统

图 7-26　铁皮石斛生长过程养分实时检测设备

韩力群等（2008）应用人工智能方法和计算机技术进行烤烟烟叶自动分级，提出一种借鉴生物脑信息处理结构的烤烟烟叶智能分级系统。该系统由思维模型、感觉模型和行为模型 3 个子系统构成，分别模拟分级专家的思维智能、感知智能和行为智能，具有学习与记忆、判断与模糊推理、分级决策等多种思维功能，以及图像自动采集、上下位机通信等协调与控制功能。应用该系统进行烟叶分级试验的结果与分级专家分级结果的平均一致率可达到 85%，与人工分级水平相当。

聂鹏程（2012）利用植物叶绿素含量传感器、氮含量光谱传感器和叶面温度传感器等实时检测植物信息，建立预测模型，根据预测结果，系统可模拟人类专家进行系统判别，首先根据植物叶绿素和氮含量自动判别植物是否缺乏阳光和肥料。例如，传感器检测出植物叶绿素含量偏低并且氮含量偏低，这时系统判断植物可能缺乏阳光及肥料。因此，执行机构自动对植物进行灌溉、施肥和喷药，具有较好的效果。

参 考 文 献

安莹, 孙桃. 2016. 基于电子鼻不同识别模式对不同品牌酱油的区分与识别. 中国调味品, 444 (2): 60-64, 68.

卞瑞姣, 曹荣, 赵玲, 等. 2017. 电子鼻在秋刀鱼鲜度评定中的应用. 现代食品科技, 33(1): 243-247.

曹建国, 程春福, 周建辉, 等. 2020. 机器人仿生电子皮肤阵列触觉传感器研究. 中国测试, 46(12): 1-8, 59.

陈冬, 张晓阳, 刘尧政, 等. 2016. 姜油纳米乳液超声波乳化制备工艺及其稳定性研究. 农业机械学报, 47(6): 250-258.

陈多多, 孔慧, 彭进明, 等. 2016. 基于电子舌技术的柿单宁制品涩味评价模型建立. 食品科学, 37(23): 89-94.

程绍明, 王俊, 王永维, 等. 2014. 基于电子鼻技术的不同特征参数对番茄苗早疫病病害区分效果影响的研究. 传感技术学报, 27(1): 1-5.

董福凯, 周秀丽, 查恩辉. 2018. 电子鼻在掺假牛肉卷积别中的应用. 食品工业科技, 39(4): 219-221, 277.

傅京孙, 蔡自兴, 徐光祐. 1987. 人工智能及其应用. 北京: 清华大学出版社.

高广恒, 李雪梅, 郑晖, 等. 2011. 基于 C8051F020 的三电极分析装置设计. 山东科学, 24(2): 78-80.

工信部装备工业司. 2015. 《中国制造 2025》推动机器人发展. 机器人技术与应用, (3): 31-33.

郭忠端, 庞新宇, 李娟秀, 等. 2010. 用于挥发性有机气体测定的化学阻抗传感器. 化学传感器, 30(1): 54-59.

韩剑众, 黄丽娟, 顾振宇, 等. 2008. 基于电子舌的鱼肉品质及新鲜度评价. 农业工程学报, 24(12): 141-144.

韩力群, 何为, 苏维均, 等. 2008. 基于拟脑智能系统的烤烟烟叶分级研究. 农业工程学报, (7): 137-140.

韩璞, 董泽, 王东风, 等. 2012. 智能控制理论及应用. 北京: 中国电力出版社.

何计龙, 卢亭. 2016. 电子鼻对酿造食醋与配制食醋的区分辨识. 中国调味品, 41(7): 132-133.

何勇, 聂鹏程. 2015. 物联网技术及其在农业上的应用. 现代农机, (6): 9-13.

黄鹤, 耿丽晶, 陈博, 等.2018. 基于电子鼻对不同发酵阶段蟹酱加热前后特征风味的分析. 食品工业科技, 39(9): 239-242, 251.

黄晖, 杨鹏, 姜海青, 等.2003. 仿生气体测量系统——电子鼻. 传感器技术, (1): 1-4.

黄语燕, 郑回勇, 吴敬才, 等. 2017. 我国农作物栽培专家系统应用研究综述. 福建农业科技, (11): 49-52.
吉张萍. 2017. 面向机器人智能皮肤的柔性触觉传感器研究. 苏州大学硕士学位论文.
计时鸣, 王烈鑫, 熊四昌, 等. 1997. 茶叶自动分选装置中的智能化技术. 农业机械学报, (4): 134-139.
姜莎, 陈芹芹, 胡雪芳, 等. 2009. 电子舌在红茶饮料区分辨识中的应用. 农业工程学报, 25(11): 345-349.
蒋强, 郑丽敏, 田立军, 等. 2018. 电子鼻应用于猪肉丸子香味预测. 食品科学, 39(10): 228-233.
蒋行国, 褚福刚, 陈真诚, 等. 2012. LAPS 型电子舌神经网络味觉识别. 计算机工程, 38(13): 26-29.
柯永斌, 周红标, 李珊, 等. 2014. 基于电子鼻的不同香型白酒快速识别. 酿酒科技, (11): 1-3, 8.
冷明鑫, 宋爱国. 2017. 机器人触觉传感器的设计及标定测试.电气电子教学学报, 39(5): 62-65.
李翠翠, 李永丽. 2020. 近五年来电子鼻在食品检测中的应用. 粮食与油脂, 33(11): 11-13.
李瑞. 2020. 基于专家系统的ϕ_OTDR 模式识别方法研究. 北京交通大学硕士学位论文.
刘剑君, 申金媛, 张乐明, 等. 2011. 基于红外光谱的烟叶自动分级研究. 激光与红外, 41(9): 986-990.
刘金国, 张学宾, 曲艳丽. 2015. 欧盟“SPARC”机器人研发计划解析. 机器人技术与应用, (2): 24-29.
刘敏, 谭书明, 张洪礼, 等. 2017. 基于模糊感官评价对大米感官品质分析. 食品工业科技, 38(21): 247-251.
刘鹏, 蒋雪松, 卢利群, 等. 2015. 电子鼻在农产品品质安全检测中的应用研究. 广东农业科学, 42(22): 131-138.
龙满生, 何东健, 宁纪锋. 2001. 基于遗传神经网络的苹果综合分级系统. 西北农林科技大学学报(自然科学版), (6): 108-111.
卢烽, 张青, 吴纯洁. 2020. 电子舌技术在食品行业中的应用及研究进展. 中药与临床, 11(5): 60-63.
鲁小利, 王俊. 2016. 仿生电子鼻在芝麻油掺伪检测中的应用研究. 粮食与油脂, 29(6): 75-77.
门洪, 张晓婷, 丁力超, 等. 2016. 基于电子鼻/舌融合技术的白酒类别辨识. 现代食品科技, 32(5): 283-288.
缪璐, 何善廉, 莫佳琳, 等. 2015. 电子鼻技术在朗姆酒分类及原酒识别中的应用研究. 中国酿造, 34(8): 106-110.
牟心泰, 杜险峰. 2020. 电子鼻与电子舌在食品行业的应用. 现代食品, (5): 118-119.
聂鹏程. 2012. 植物信息感知与自组织农业物联网系统研究. 浙江大学博士学位论文.
彭江. 2018. 银行业加大金融科技布局力度 新技术消化输出提效能. https://www.jiemian.com/article/2409413.html [2018-08-23].
钱曙, 邢建国, 王雨, 等. 2018. 基于流速调制的电子鼻系统开发及其在黄酒酒龄分类中的应用. 食品与发酵工业, 44(3): 230-234.
邱雅楠, 张宇晴, 朱晗瑀, 等. 2017. 现代分析仪器在中餐烹饪研究中的应用. 黑龙江科学, 8(6): 110-113.
曲铭成. 2021. 超声波技术在食品检测中的应用. 化工设计通讯, 47(1): 34-35, 37.
宋爱国. 2020. 机器人触觉传感器发展概述. 测控技术, 39(5): 2-8.
宋泽, 徐晓东, 许锐, 等. 2019. 不同部位牛肉炖煮风味特征分析. 食品科学, 40(4): 206-214.

孙月, 侯效春, 李轻言. 2020. 无人机与多传感器的精准农业系统研究. 单片机与嵌入式系统应用, 20(6): 53-55.
谭帅. 2019. 机器人感知技术及其简单应用研究. 无线互联科技, 16(23): 140-141.
唐向阳, 张勇, 丁锐, 等. 2006. 电子鼻技术的发展及展望. 机电一体化, (4): 11-15.
陶镛汀, 周俊, 孟一猛, 等. 2015. 果蔬表面粗糙度特性检测触觉传感器设计与试验. 农业机械学报, 46(11): 16-21, 42.
汪礼超. 2016. 基于机械手触觉信息的物体软硬属性识别. 浙江大学硕士学位论文.
王栋轩, 卫雪娇, 刘红蕾. 2018. 电子舌工作原理及应用综述. 化工设计通讯, 44(2): 140-141.
王俊普. 1996. 智能控制. 合肥: 中国科技大学出版社.
王震. 2020. 面向机器人抓取任务的视-触觉感知融合系统研究. 中国科学院大学硕士学位论文.
危艳君, 饶秀勤, 漆兵. 2012. 基于声学特性的西瓜糖度检测系统. 农业工程学报, 28(3): 283-287.
魏长庆, 周琦, 陈卓, 等. 2018. 基于电子鼻新疆不同品种来源胡麻油香气检测分析研究. 食品工业, 39(2): 214-218.
吴凤华. 2013. 智舌正弦波包络信号稳定性关键技术研究. 浙江工商大学硕士学位论文.
吴晓帆, 蔡自兴. 1999. 自动控制的发展与未来. 石油化工自动化, (5): 6-8.
奚雪峰, 周国栋. 2016. 面向自然语言处理的深度学习研究. 自动化学报, 42(10): 1445-1465.
严正红. 2018. 基于机器人触觉阵列信息的果蔬硬度识别研究. 南京农业大学硕士学位论文.
杨超, 危怀安. 2017. 中外机器人技术路线图文本评价比较研究. 科学学与科学技术管理, 38(4): 24-34.
杨春兰, 薛大为, 鲍俊宏. 2016. 黄山毛峰茶贮藏时间电子鼻检测方法研究. 浙江农业学报, 28(4): 676-681.
杨潇, 郭登峰, 王祖文, 等. 2018. 基于电子鼻的猪肉冷冻储藏期的无损检测方法. 食品与发酵工业, 44(3): 247-252.
杨肖蓉. 2014. 基于触觉信息的果蔬表面特性识别研究. 南京农业大学硕士学位论文.
于亚萍, 赵辉, 杨仁杰, 等. 2014. 伏安型电子舌在食品检测中的研究进展. 天津农学院学报, 21(2): 45-48.
俞慧红, 崔晓红, 刘平. 2016. 电子鼻在酱油气味识别中的应用. 中国调味品, 444(2): 121-125.
张帆, 张新红, 张彤. 2020. 模糊数学在烟叶分级中的应用. 中国烟草学报, (3): 45-49.
张俊俊, 赵号, 翟晓东, 等. 2019. 基于超声成像技术的方腿中异物检测.中国食品学报, 19(8): 223-229.
张淼, 贾洪锋, 刘国群, 等. 2017. 电子鼻在芝麻酱品质识别中的应用. 食品科学, 38(8): 313-317.
张鹏, 李江阔, 陈绍慧. 2014. 气质联用和电子鼻对 1-MCP 不同处理时期苹果检测分析. 食品与发酵工业, 40(9): 144-151.
张宪民. 2017. 机器人技术及其应用. 北京: 机械工业出版社.
张效祥. 1992. 智能控制理论与技术. 北京: 清华大学出版社.
赵淑钰. 2017. 人工智能各国战略解读: 日本机器人新战略. 电信网技术, (2): 45-47.
朱培逸, 徐本连, 鲁明丽, 等. 2017. 基于电子鼻和改进无监督鉴别投影算法的大闸蟹新鲜度识别方法. 食品科学, 38(18): 310-316.
邹小波, 张俊俊, 黄晓玮, 等. 2019. 基于音频和近红外光谱融合技术的西瓜成熟度判别. 农业工程学报, 35(9): 301-307.

Acer M, Furkan A, Bazzaz F H. 2017. Development of a soft PZT based tactile sensor array for force localization. International Conference on Information, Communication and Automation Technologies (ICAT).

Ahrendt P, Gregersen T, Karstoft H. 2011. Development of a real-time computer vision system for tracking loose-housed pigs. Computers and Electronics in Agriculture, 76(2): 169-174.

Amza C, Graves M, Zaharia R. 2000. Intelligent clas-sifier for bones within chicken breast meat x-ray images. UPB Scientific Bulletin, Series A: Applied Mathematics and Physics, 62(2): 83-96.

Astrom K J. 1985. Process Control - Past, Present. IEEE Control Systems Magazine, 5(3): 3-10.

Campos I, Alcañiz M, Aguado D, et al. 2012. A voltammetric electronic tongue as tool for water quality monitoring in wastewater treatment plants. Water Research, 46(8): 2605-2614.

Cao X, Zou X, Jia C, et al. 2019. Rrt-based path planning for an intelligent litchi-picking manipulator. Computers and Electronics in Agriculture, 156: 105-118.

Chen Q S, Zhang C J, Zhao J W, et al. 2013. Recent advances in emerging imaging techniques for non-destructive detection of food quality and safety. Trends in Analytical Chemistry, 52: 261-274.

Cortinapuig M, Munozberbel X, Alonsolomillo M, et al. 2007. EIS multianalyte sensing with an automated SIA system—An electronic tongue employing the impedimetric signal. Talanta, 72(2): 774-779.

Deng W H, Hu J N, Guo J. 2019. Compressive binary patterns: Designing a robust binary face descriptor with random-field eigenfilters. IEEE Transactions on Pattern Analysis and Machine Intelligence (PAMI), 41(3): 758-767.

Dutta R, Hines E L, Gardner J W, et al. 2003. Tea quality prediction using a tin oxide-based electronic nose: an artificial intelligence approach. Sensors and Actuators B: Chemical, 94(2): 228-237.

Garcia-Hernandez C, Garcia-Cabezon C, Martin-Pedrosa F, et al. 2019. Analysis of musts and wines by means of a bio-electronic tongue based on tyrosinase and glucose oxidase using polypyrrole/gold nanoparticles as the electron mediator. Food Chemistry, 289: 751-756.

Guedes M D V, Marques M S, Guedes P C, et al. 2021. The use of electronic tongue and sensory panel on taste evaluation of pediatric medicines: A systematic review. Pharmaceutical Development and Technology, 26(2): 119-137.

Hansen M E, Smith L M, Smith L N, et al. 2018. Towards on-farm pig face recognition using convolutional neural networks. Computers in Industry, 98: 145-152.

Heo J S, Kim J Y, Lee J J. 2008. Tactile sensors using the distributed optical fiber sensors. 2008 3rd International Conference on Sensing Technology, Nov. 30–Dec. 3, 2008, Tainan, Taiwan.

Jia W K, Tian Y Y, Luo R, et al. 2020. Detection and segmentation of overlapped fruits based on optimized mask R-CNN application in apple harvesting robot. Computers and Electronics in Agriculture, 172: 105380.

Kang H, Chen C. 2019. Fast implementation of real-time fruit detection in apple orchards using deep learning. Computers and Electronics in Agriculture, 168: 105108.

Kim Y. 2014. Convolutional neural networks for sentence classification. Proceedings of the 2014 Conference on Empirical Methods in Natural Language Processing (EMNLP 2014): 1746-1751.

King A. 2017. Technology: The future of agriculture. Nature, 544: S21.

Lampson B D, Han Y J, Khalilian A, et al. 2014. Development of a portable electronic nose for detection of pests and plant damage. Computers and Electronics in Agriculture, 108: 87-94.

Laothawornkitkul J, Moore J P, Taylor J E, et al. 2008. Discrimination of plant volatile signatures by an electronic nose: A potential technology for plant pest and disease monitoring. Environmental Science & Technology, 42(22): 8433-8439.

Lee Y, Park J, Choe A, et al. 2019. Mimicking human and biological skins for multifunctional skin electronics. Advanced Functional Materials, 30(20): 1904523-1904555.

Legin A, Rudnitskaya A, Vlasov Y, et al. 1997. Tasting of beverages using an electronic tongue. Sensors and Actuators B: Chemical, 44(1): 291-296.

Leondes C T. 1967. Advances in Control Systems. Salt Lake City: Academic Press.

Li H, Chen Q, Zhao, et al. 2014. Non-destructive evaluation of pork freshness using a portable electronic nose (E-nose) based on a colorimetric sensor array. Analytical Methods, 6(16): 6271-6277.

Lippolis V, Pascale M, Cervellieri S, et al. 2014. Screening of deoxynivalenol contamination in durum wheat by MOS-based electronic nose and identification of the relevant pattern of volatile compounds. Food Control, 37(1): 263-271.

Marsot M, Mei J, Shan X, et al. 2020. An adaptive pig face recognition approach using convolutional neural networks. Computers and Electronics in Agriculture, 173:105386.

Men H, Zou S, Li Y, et al. 2005. A novel electronic tongue combined MLAPS with stripping voltammetry for environmental detection. Sensors and Actuators B: Chemical, 110(2): 350-357.

Muthugala M A V J, Jayasekara A G B P. 2018. A review of service robots coping with uncertain information in natural language instructions. IEEE Access, 6: 12913-12928.

Nery E W, Kubota L T. 2016. Integrated, paper-based potentiometric electronic tongue for the analysis of beer and wine. Analytica Chimica Acta, 918: 60-68.

Pallav P, Hutchins D A, Gan T H. 2009. Air-coupled ultrasonic evaluation of food materials. Ultrasonics, 49(2): 244-253.

Riul A, Gallardo Soto A M, Mello S V, et al. 2003. An electronic tongue using polypyrrole and polyaniline. Synthetic metals, 132(2): 109-116.

Rodriguez-Mendez M L, Apetrei C, Gay M, et al. 2014. Evaluation of oxygen exposure levels and polyphenolic content of red wines using an electronic panel formed by an electronic nose and an electronic tongue. Food Chemistry, (155): 91-97.

Romano J M, Hsiao K, Chitta S, et al. 2011. Human-inspired robotic grasp control with tactile sensing. IEEE Transactions on Robotics, 27(6):1067-1079.

Sehra G, Cole M, Gardner J W. 2004. Miniature taste sensing system based on dual SH-SAW sensor device: an electronic tongue. Sensors and Actuators B: Chemical, 103(1-2): 233-239.

Shamshiri R, Ishak W, Ismail W. 2013. Design and simulation of control systems for a field survey mobile robot platform. Research Journal of Applied Sciences Engineering and Technology, 6(13): 2307-2315.

Sibanda T Z, Dawson B, Welch M, et al. 2014. Validation of a radio frequency identification (RFID) systems for aviary systems. Computers and Electronics in Agriculture, 102: 10-16.

Sun H, Mo Z H, Choy J T S, et al. 2008. Piezoelectric quartz crystal sensor for sensing taste-causing compounds in food. Sensors and Actuators B: Chemical, 131(1): 148-158.

Tian S, Deng S, Chen Z. 2007. Multifrequency large amplitude pulse voltammetry: A novel electrochemical method for electronic tongue. Sensors and Actuators B: Chemical, 123(2): 1049-1056.

Toko K. 1996. Taste sensor with global selectivity. Materials Science and Engineering: C, 4(2): 69-82.

Valavanis K P, Saridis G N. 1985. Analytical design of intelligent machines. IFAC Proceedings

Volumes, 18(16): 139-144.

Verrelli G, Francioso L, Paolesse R, et al. 2007. Development of silicon-based potentiometric sensors: Towards a miniaturized electronic tongue. Sensors and Actuators B: Chemical, 123(1): 191-197.

Vincent L, Mariefrance D. 2009. Ultrasonic internal defect detection in cheese. Journal of food Engineering, 90(3): 333-340.

Wang P, Xu J, Xu B, et al. 2015. Semantic clustering and convolutional neural network for short text categorization. Proceedings ACL: 352-357.

Wang X, Feng H, Chen T, et al. 2021. Gas sensor technologies and mathematical modelling for quality sensing in fruit and vegetable cold chains: A review. Trends in Food Science & Technology, 110: 483-492.

Williams H, Jones M H, Nejati M, et al. 2019. Robotic kiwifruit harvesting using machine vision, convolutional neural networks, and robotic arms. Biosystems Engineering, 181: 140-156.

Winquist F, Holmin S, Krantz-Rülcker C, et al. 2000. A hybrid electronic tongue. Analytica Chimica Acta, 406(2): 147-157.

Winquist F, Wide P, Lundström I. 1997. An electronic tongue based on voltammetry. Analytica Chimica Acta, 357(1): 21-31.

Wojnowski W, Majchrzak T, Dymerski T, et al. 2017. Electronic noses: Powerful tools in meat quality assessment. Meat Science, 131: 119-131.

Yin H L T. 2017. Artificial intelligence strategy interpretation: American robot development roadmap. Telecommunications Network Technology, 2: 39-41.

Yin T, Yang Z, Miao N, et al. 2021. Development of a remote electronic tongue system combined with the VMD-HT feature extraction method for honey botanical origin authentication. Measurement, 171: 108555.

Yussof H, Ohka M. 2012. Grasping strategy and control algorithm of two robotic fingers equipped with optical three-axis tactile sensors. Procedia Engineering, 41: 1573-1579.

第 8 章　农产品品质无损检测中人工智能的展望

8.1　智慧农业下的农产品品质无损检测

8.1.1　智慧农业概述

智慧农业是在相对可控的环境下采用工业化生产，实现集约、高效、可持续的现代超前农业生产方式。让传统农业升级为智慧农业，其“智慧”主要体现在将工业自动化技术添加到农业的生产与加工过程中，对农作物从生产到收获到运输全环节进行自动化智能控制。

改革开放以来，我国农业发展取得了显著成绩，粮食产量不断增长，蔬菜、水果、肉类、禽蛋、水产品的人均占有量排在世界前列。而产量的增速必须有相应的自动化农业与之匹配。目前，我国大力发展以运用智能设备、构建物联网、开展云计算及大数据等先进技术为主要手段的智慧农业以满足更多的需求。智慧农业通过生产领域的智能化、经营领域的差异性及服务领域的全方位等信息服务，推动农业产业链的改造升级，实现农业精细化、高效化和绿色化，保障农产品的安全、农业竞争力的提升和农业的可持续发展。智慧农业是智慧经济的重要组成部分，是智慧城市发展的重要方面。对于发展中国家而言，智慧农业是消除贫困，实现后发优势、经济发展后来居上、实现赶超战略的主要途径。

智慧农业利用物联网技术改造传统农业，数字化设计农业生产要素，智慧化控制农业物联网技术和产品。它通过传感器技术、智能技术和网络技术，实现农业技术的全面感知、可靠传递、智能处理和自动控制。传感技术用于采集动植物现场生长环境参数，网络技术通过移动互联技术实现数据交互，智能技术用来分析动植物的生长环境并建立预测模型做出决策，自动控制技术依据调节参数调整动植物的生长环境，以实现精准灌溉施肥。

智慧农业与农产品品质无损检测息息相关，其实时图像与参数扫描监控功能对农产品的生长状态及分布至关重要，并且在食品安全方面，不仅是在对成熟农产品的品质检测方面应用甚广，智慧农业在农产品质检中的应用贯穿农产品行业全过程。在农田中，可通过对农产品的高效识别，划定农产品生长分布面积，利用卫星图像划定田埂间道路，运用循迹算法为联合收割机等设备规划行驶的最短路径；也能对农产品的生产环境进行实时监控，利用温度、湿度传感器可将温室大棚内的农作物幼苗生长环境控制在恒定水平；在农作物收获之后，利用物流与物联网，实现农产品的追踪功能，为农产品质量追溯提供保障，确保每一批农产品都有迹可循。目前传感器技术及人工智能算法的发展极大程度上推进了智慧农业的进程，结合无损检测技术可大大提高监管水平，农田监管模式将发生翻天覆地的变化。

2014 年 4 月农业部出台的《关于开展信息进村入户试点工作的通知》，标志我国“智慧农业”进入实质性建设阶段，即第一步以信息化基础建设为主。文件充分强调农村信息建设的重要性，指出信息作为资源的重要价值与特性，可见该阶段的政策导向与学术界“物联网”的相关话题不谋而合（刘宏笪等，2019）。近些年来我国与“智慧农业”相关的政策如表 8-1 所示。随着数字经济的深入发展，以农业为代表的传统产业进行数字化转型的需求不断增强。“十四五”规划也明确提出，未来五年将持续强化农业科技和装备支撑，提高农业良种化水平，建设智慧农业。《中共中央关于制定国民经济和社会发展第十四个五年规划和二〇三五年远景目标的建议》提出，优先发展农业农村，全面推进乡村振兴。坚持把解决好

表 8-1 “智慧农业”相关政策

发布时间	发布部门	政策名称
2014 年 4 月	农业部	《关于开展信息进村入户试点工作的通知》
2015 年 7 月	国务院	《国务院关于积极推进“互联网+”行动的指导意见》
2015 年 10 月	农业部	《农业部关于开展农民手机应用技能培训提升信息化能力的通知》
2015 年 12 月	农业部	《关于推进农业农村大数据发展的实施意见》
2015 年 12 月	国务院	《中共中央关于落实发展新理念加快农业现代化实现全面小康目标的若干意见》
2016 年 4 月	农业部、发展和改革委员会等	《“互联网+”现代农业三年行动实施方案》
2016 年 7 月	国务院等	《国家信息化发展战略纲要》
2016 年 9 月	农业部	《“十三五”全国农业农村信息化发展规划》
2016 年 10 月	国务院	《国务院关于印发全国农业现代化规划（2016—2020 年）的通知》
2016 年 12 月	国务院等	《中共中央 国务院关于深入推进农业供给侧结构性改革加快培育农业农村发展新动能的若干意见》
2017 年 1 月	农业部	《农业部办公厅关于做好 2017 年数字农业建设试点项目前期工作的通知》
2017 年 2 月	国务院等	《关于加强乡镇政府服务能力建设的意见》
2018 年 2 月	科学技术部、农业部等	《国家农业科技园区发展规划（2018—2025 年）》
2018 年 1 月	国务院	《关于实施乡村振兴战略的意见》
2018 年 8 月	国务院等	《中共中央 国务院关于打赢脱贫攻坚战三年行动的指导意见》
2019 年 2 月	国务院等	《中共中央 国务院关于坚持农业农村优先发展做好“三农”工作的若干意见》
2019 年 2 月	国务院等	《关于促进小农户和现代农业发展有机衔接的意见》
2019 年 5 月	国务院等	《数字乡村发展战略纲要》
2020 年 1 月	农业农村部等	《数字农业农村发展规划（2019—2025 年）》
2020 年 5 月	农业农村部	《“互联网+”农产品出村进城工程试点工作方案》

"三农"问题作为全党工作重中之重，走中国特色社会主义乡村振兴道路，全面实施乡村振兴战略，强化以工补农、以城带乡，推动形成工农互促、城乡互补、协调发展、共同繁荣的新型工农城乡关系，加快农业农村现代化。

8.1.2 智能选种

"国以农为本，农以种为先"。每一年的春耕时节，对于广大的农作物种植户来说，选择种植哪种农作物及如何选购适宜的优良品种是保证秋收的重要问题，更是要害所在。选种优良的农作物品种学问很大，现在市场上的农作物品类多达上百种，每种品类又有特点不同的品种，选购到适宜的农作物好品种，能为喜获丰收打下基础；若是选不到好品种，则"人误地一时，地误人一年"，种植户一年的血汗就可能付诸流水。随着现代农业机械技术的发展，尤其是精量播种机械的应用，对种子的品质提出了越来越高的要求（彭彦昆等，2018a；陈兵旗等，2010）。常规种子品质检测方法主要有标准发芽试验、四唑试验和电导率试验，这些方法所需时间较长、破坏种子，不符合现代农业生产对种子活力检测快速、无损的要求。基于光学的种子活力快速无损检测技术大大提高了选种效率，有利于实现自动化育种。

王亚丽等（2020）基于近红外反射光谱分析技术，设计了玉米种子活力逐粒无损检测与分级装置，可综合完成种子的单粒化分离、输送、光谱采集、判别分级任务，如图 8-1 所示，其中单粒化装置单通道的单粒化效率可达 7 粒/s。对种子活力逐粒无损检测及分级装置预测模型的稳定性和准确性进行验证，结果表明，种子活力的预测总准确率为 97%。

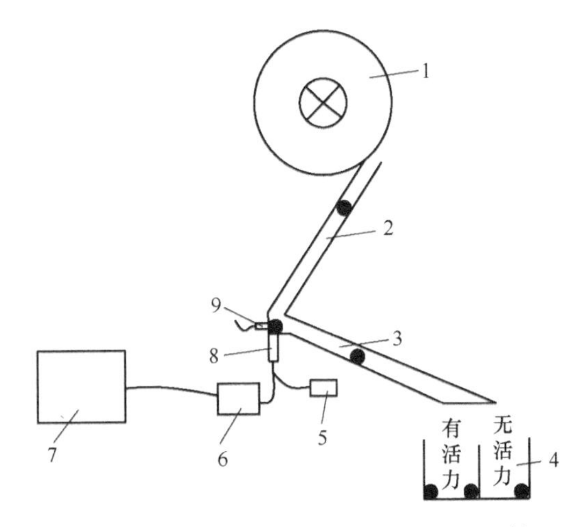

图 8-1　种子活力检测与分级装置示意图（王亚丽等，2020）

1. 单粒化装置；2. 输送管道；3. 分选管道；4. 分种箱；5. 光源；6. 近红外光谱仪；7. 计算机；8. 光纤探头；9. 气吹单元

8.1.3 农产品生长环境智能监控

农产品在生长阶段或多或少都会受到周围环境的影响，如水肥情况、光照强度、温湿度和杂草病虫害等。智慧农业下的智能管理则要求在农产品生长中实时监控生长状态并获取生长信息以助于指导下一步监管作业。如何尽量减少人员直接参与，降低劳动强度，并能及时高效率地发现上述一系列生长中的问题是实现智能管理与无人农场的前提。无损检测技术可以在不破坏农产品生长形态和生长环境的情况下借助智能传感器完成实时监控，并结合控制系统实时采集与上传现场数据。不仅能够做到无损检测，还能将传感器布置在各种复杂环境中，即使是炎热的夏天，只需要一台智能手机或平板电脑就可以远程观察田间或果园的作物生长信息。

草莓等高食用价值的农作物生长环境苛刻，传统温室大棚种植需要相关专业农技人员进行长时间的把控，大量人力的投入无疑增加了生产成本及时间成本。结合现代无损检测传感器技术，为解决大棚种植中生长参数实时获取的问题，李琳杰等（2021）基于阿里云服务器设计了智能大棚远程监控系统，利用树莓派与远程控制单元，实时监控大棚中的温湿度、光照强度及CO_2浓度等环境参数，并将采集分析获得的数据上传云端实时显示，实现农产品生长环境检测成本的降低与自动化控制水平的提高。该研究的系统构架主要由数据采集单元、远程控制单元及云端数据交互单元组成，其中大棚内传感器的布置按照前、中、后三段阵列式进行分布，可根据不同大棚类型进行改进与优化。

另外，同样是针对草莓大棚内环境参数进行监控研究中，孙昌权等（2020）基于 Zigbee 无线采集系统及组态软件，研发了一套智能监控系统。该系统结合三维力控组态软件与无线传感节点及网关，采集大棚内环境参数，通过 Modbus 通信协议实现模块间数据传递，控制下位机设备，调节大棚内环境参数。在大棚中立柱上完成安装，充分利用了其体积小、易安装的优点。

为了进一步便捷地控制大棚内气体参数，及时对温室进行通风换气，秦琳琳等（2021）根据现代温室监控和管理需求，利用 Android 系统开发了温室设备的状态监控模块，不仅利用传感器收集到温室大棚内外环境因子，同时通过 CAN 总线将数据与监控计算机进行交互，利用 MySQL 数据库服务器，搭建起现场监控模块与远程 Android 子系统之间的桥梁，用户在 Android 客户端就能够实现环境数据实时检测、执行器远程控制、视频监控等功能，控制具体的包括天窗、风机等末端执行器，并实时获取风机转停反馈信息。充分利用 Android 手机移动客户端小巧便携、软件程序可封装的优点，模块化设计系统，具有较高的应用性、可扩展性和可维护性（图 8-2）。

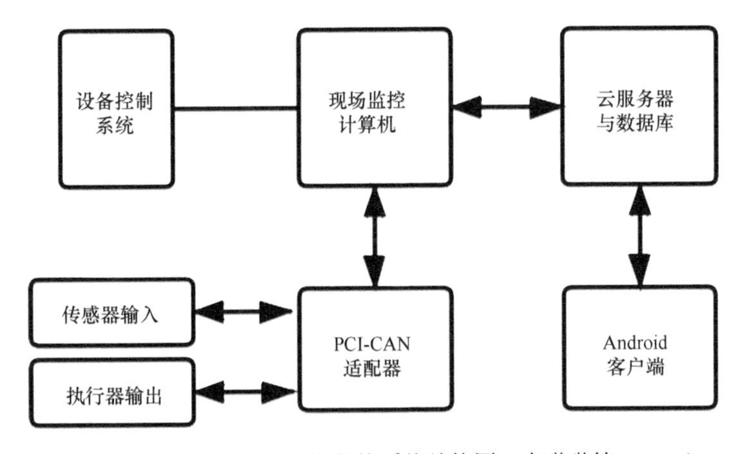

图 8-2　基于 Android 的温室监控系统结构图（秦琳琳等，2021）

田间杂草的生长制约了粮食作物的健康，目前作物田间杂草的识别方法主要有人工识别、遥感识别和图像处理。依靠人工识别挖除杂草的生产模式很显然是无法适应现代化智能化生产的。在杂草控制中，采用人工广泛喷洒除草剂的方法不仅会造成除草剂的浪费，还会造成环境污染。与此同时，也导致了农产品的安全和生态问题，如化学农药残留和杂草群落进化产生抗药性等。在精细农业中，如何准确地区分杂草和农作物显得尤为重要。遥感技术虽有杂草识别的相关研究，但受其检测高度的影响，在精准识别杂草时不能满足识别精度，更适用于田间杂草粗略地统计。而智能化生产模式下不仅要满足精准识别杂草，还应该实现智能除草，使用图像处理技术更符合实际需求。邓向武等（2018）以水稻苗期杂草为研究对象，建立了多特征融合深度置信网络的稻田苗期杂草识别模型，识别率为 91.13%，计算流程如图 8-3 所示。

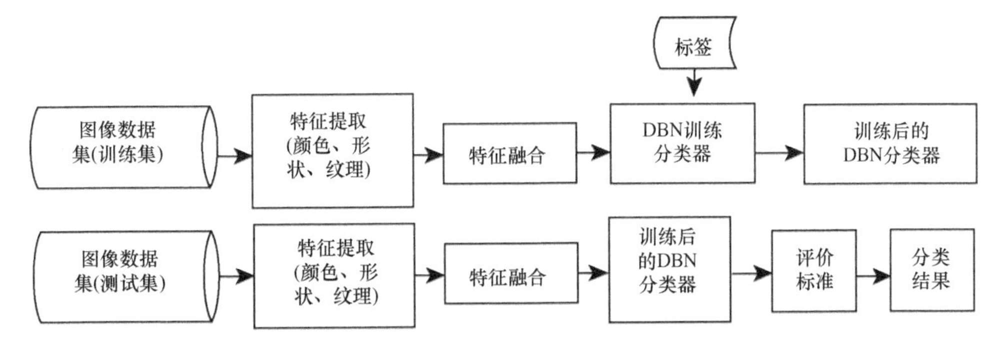

图 8-3　杂草识别算法流程图（邓向武等，2018）

农作物病虫害是引起大宗粮油作物减产、果蔬作物品质下降的主要原因之一。由于中国农作物及病虫害种类繁多、环境因素耦合、生产环节复杂，农作物生产周期中产生的病虫害过程复杂多变，实时预警防控手段相对缺乏，安全控制处于被动应付境地。因此，如何准确快速识别出农作物病害类型、为防控治疗提供及时预警信息，是提升农作物产量和保证品质安全的关键环节，与“三农”问题密切关联，直接影响着区域农业生产和农村经济发展（王翔宇等，2016）。以冬枣为例，冬枣病虫害发生、发展和流行与其生长的大棚内外环境紧密相关。研究冬枣病虫害发生规律和了解与其有关的气候、气象、地域、土壤等自然环境信息，对冬枣病虫害预防具有一定的参考价值。近年来，模式识别、专家系统和人工神经网络被广泛应用于作物病虫害预测预报中，并取得了成功。

与杂草识别类似，病虫害的检测也需要针对多种类的病叶、虫害进行识别，利用图像处理技术建立不同的识别模型。近些年来深度学习算法在图像处理的目标检测与分类任务中发展迅速，结合人工智能技术将图像处理应用在病虫害识别等复杂问题上可以大大提高检测效率与准确率。张善文等（2019）针对冬枣病虫害预测问题，提出了一种改进深度置信网络模型，对 5 种病虫害的平均预测正确率为 84.05%。北京农业智能装备技术研究中心在全国各地部署的病虫害物联网监管系统如图 8-4 所示，该系统的图像数据来源包括物联网摄像机、监控摄像头、采摘机器人及智能手机等设备，共同组成了一个发现病虫害的“天眼”。该系统具有多个信息获取方式，不仅是固定的摄像头，还可以通过手机 APP 和田间作业机器人共同发现病虫害，实现同步上传与检测。

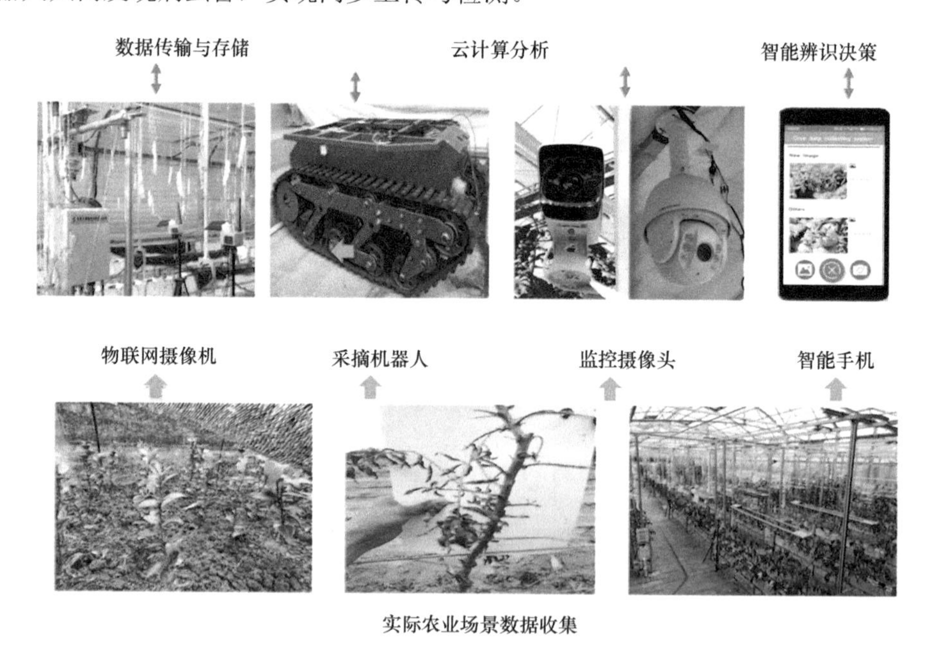

图 8-4　病虫害监管系统示意图（孔建磊等，2020）

8.1.4 智能机器人

农产品的早期培育通常都需要经过一个移栽的过程，食用价值高的农作物，往往对生长的环境有所要求，因此在某些农作物的栽种前期，需要在温室大棚中对种子进行培育，当农作物从种子发育到幼苗的状态后，再将农作物幼苗成批地移栽至农田当中。而在大棚培育的过程中，由于农作物种子的发芽率无法达到100%，所以会出现大棚苗圃中部分种子无法发芽的情况，这对后续的移栽造成不便，需要额外的人工对幼苗进行检查与补充，而这个检查并替换移栽的工作就非常适合农业机器人来完成。

向伟等（2015）对幼苗移栽机械的现状与发展趋势进行分析，针对目前移栽机的结构进行剖析，总结了多种机型的工作原理及存在的问题，评价了打穴式移栽机及鸭嘴栽插式移栽机等机型的优缺点，推进了移栽配套设施的基础研究，对利用农业机器人进行移栽的工作效率提出了新的评价标准与要求。另外，宋琦等（2020）针对新疆复杂多变的大田栽植环境，将机械臂应用到自动移栽机当中，设计机械臂末端执行器控制方式，以实现对待移栽幼苗的精确无损取投。为了提高机械臂的运动及执行末端抓取的精度，添加比例积分微分（PID）复合控制至机械臂控制算法当中，联合距离传感器及深度相机使移栽机的工作过程更加柔顺，不会对幼苗造成损伤。并在实际应用落地之前，通过ADAMS与MATLAB/Simulink对机械臂的运动轨迹进行联合仿真分析，对控制器设计进行验证。在该复合控制方式下，响应时间可降低31%，跳动幅度降低50%，为农产品的精准抓取提供参考。

另外，果蔬采摘是农业生产中最耗时耗力的一个部分，需要大量劳动力的投入，目前国内果蔬采摘作业基本上还是靠手工完成，其成本高、季节性强，自动化程度仍然很低。近年来，在现代农业产业基地和智慧农业大发展的背景下，我国水果产业得到快速发展。

果蔬采摘机器人指的是从事果蔬采摘的农业机器人，其融合了机械设计、自动化控制、机器视觉和传感器等技术，可实现果蔬收获自动化。如图 8-5 所示，一个完整的采摘机器人包括视觉系统、末端执行器、机械臂、硬件控制系统及轨道车平台。由视觉系统感知目标位置信息，控制系统依据目标位置驱动机械臂行动，当到达采摘位置后，末端执行器响应采摘动作，完成采摘。

伴随科技的高速发展，如今的无人机技术已广泛应用于各行各业。小到消费领域的航拍摄影，大到农业、应急救援等领域的行业应用，无人机搭载着越来越多的科技装备，开始在广阔天地大展身手。高分辨率的变焦相机、热红外相机、甲烷探测仪等高精尖利器在与无人机的巧妙结合下，为不同行业领域的工作者们带来了生产效率的革新。如图 8-6 所示，大疆创新科技有限公司推出的多光谱航测无人机具有起降灵活、易于操作、按需获取高时空分辨率多光谱数据、应用成

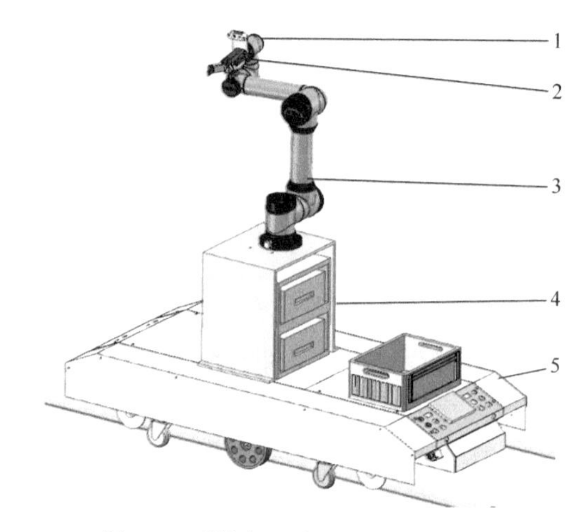

图 8-5 采摘机器人（吕琳，2020）

1. 视觉系统；2. 末端执行器；3. 机械臂；4. 硬件控制系统；5. 轨道车平台

本低等诸多优势，为精准农业、水文水资源监测、自然资源调查监测、干旱灾害评估等中小尺度的多光谱遥感应用提供了全新工具。利用无人机作为载体，多光谱遥感作为检测传感器，无疑大大拓展了无损检测的应用领域。针对面积广、地形复杂、人员难以亲临现场的农作物生产环境，只需简单的操作就可以俯瞰整个区域，结合多光谱遥感不仅能够检测土壤养分情况，还可以监测病虫害等。未来，无人机技术将会有很好的发展，其动作灵敏，效率高，维护成本低。它的出现改变了传统的种植模式，对于丘陵地形还有很大的发展潜力。

图 8-6 大疆精灵 4 多光谱无人机

快速、精准获取作物覆盖下的土壤盐分信息，可以提高区域土壤盐渍化治理的有效性。杨宁等（2020）基于无人机多光谱遥感获取遥感图像，构建作物覆盖下不同土壤深度的土壤盐分反演模型，并基于最佳反演模型绘制试验区不同深度土壤盐分反演图。结果表明，作物覆盖下的土壤盐分最佳反演深度为 10～20cm，在不同土壤深度下，基于改进光谱变量组构建的最佳反演模型绘制的土壤盐分反演图可以较为真实地反映试验区内的盐渍化程度，这说明引入红边波段构建光谱指数可以用于土壤盐分的反演。该研究为无人机多光谱遥感监测农田土壤盐渍化及农田盐渍化治理提供了一条新途径。

作物氮素的测量方法包括直接测量和间接测量。直接测量法就是在田间进行破坏性取样，然后测量作物氮素含量，这种方法费时费力，只适合小范围的试验研究；间接测量法就是运用定量遥感的方法对氮素进行反演，适合于大范围的试验研究，可以快速准确地了解作物营养生长情况。魏鹏飞等（2019）以不同夏玉米为研究对象，利用无人机多光谱影像构建典型植被指数，通过相关性分析和逐步回归方法筛选出敏感光谱指数进行模型构建，最终实现田块尺度夏玉米叶片氮素含量的遥感估算，为关键生育期监测玉米长势及营养诊断提供一种快速、有效的田间监测技术手段。

随着无人机的应用越来越广泛，其身影不仅出现在植保无人机上，在采摘机器人领域也有相关报道，如以色列 Tevel 公司开发了一款人工智能驱动的无人机用于采摘水果，如图 8-7 所示。这种采摘无人机是一种带保护框的四旋翼飞行器，其前端有一只抓手，以旋转的工作方式采摘苹果。深度相机结合深度学习与图像处理技术可准确识别出成熟的水果，并计算出其位置信息，由无人机进行采摘，放置到水果箱中，直至装满为止。采摘工作对于人类而言非常缓慢和乏味，但交由无人机完成则简单而快速。据了解这种无人机是全自动工作，并系留在一个基站上，只需提前通过云界面控制，调制好需要摘的水果后就可以开始工作，然后在一天工作结束时将其打包带走即可。无人机界面还可以显示已经采摘了多少面积、采摘的总重量、采摘所有水果所用的天数，以及从收获中可获得的利润。

图 8-7　苹果采摘无人机

8.1.5 智慧农业的实施模式

智慧农业作为物联网等信息化技术在农业领域的高级应用，其系统实施方式与各类互联网的实施架构类似，主要包含采用的系统架构、部署方式及服务方式等。根据当前物联网产业的实践和研究经验，通常把智慧农业在内的物联网应用的系统实施架构分为 3 种，分别是“孤岛式”、“烟囱式”和“共性平台式”。

在物联网发展的起步阶段，基本采用的都是“孤岛式”架构，其内涵在于各个系统之间是相互独立的，没有数据的共享，如单机的嵌入式设备，各个设备之间没有直接的数据交互，如图 8-8 所示。常见的设备如在线式、手持式与便携式等，其组成主要有传感器与控制器，由传感器负责采集数据信息，处理器负责运算并给出预测值。在无损检测领域，这样的工作模式是很常见的，常用的处理器有 51 单片机、STM32 单片机、树莓派、平板电脑和计算机。这一模式下的设备功能较为单一，是为解决某一问题而专门设计的，由于缺乏数据共享与统计，常常导致所建立的模型通用性差，数据处理不及时，使用场地受限等。“孤岛式”的设备是不够智能的，它仅是人工智能初级阶段的表现，以处理器代替人脑完成特定任务，但是在大数据背景下，若想实现智能化管理就必须满足数据的实时交互，设备之间不再是独立运行。

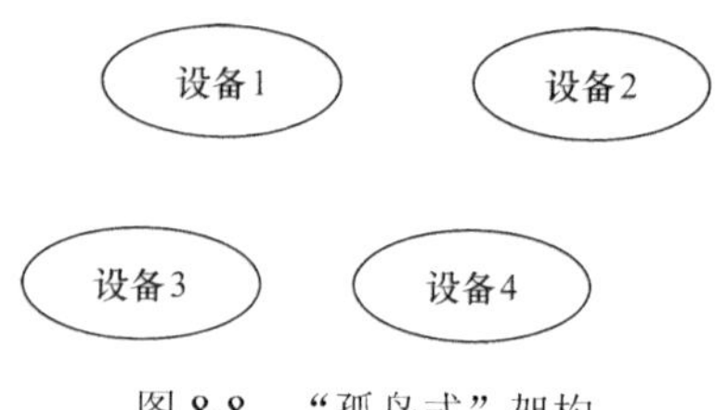

图 8-8 “孤岛式”架构

随着物联网应用的发展及规模的扩大，一些农业装备的使用环境都要求有交互功能，如数据查询、资源共享、数据抓取等。在一些范围较小的应用场景中，可以通过 RS485、RS232 通信的方式实现长达几千米的有线数据共享，但是随着数据的累积与业务量的增加，传统的单机操作方式与有线传输已经不再能满足全球互联的使用要求。在这种背景下，各个装备之间都由物联网相连，然后通过接口协议交互。如图 8-9 所示，一个大的生态下包含了多个设备同时工作，各个设备之间通过物联网通信系统进行交互，从而实现了远程控制、远程交互及远程传输。

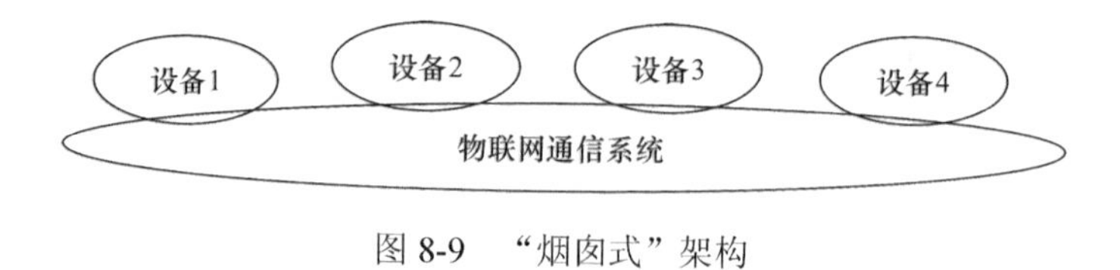

图 8-9 “烟囱式”架构

物联网共性平台是综合物联网应用共性特点，贯穿感知、传输、应用服务 3 层的共性功能模块、协议和平台等的总称，如图 8-10 所示。其特点在于打破孤立“孤岛式”应用架构所形成的“信息孤岛”：为物联网应用提供标准体系架构，并支持多应用业务信息融合和服务共享，实现应用业务间无缝集成与协作；强大的易扩展的物联网应用支撑平台：支持多种类型感知设备适配接入，兼容现有各类传输网络，提供灵活的应用服务部署和业务交互共享模式，并可根据用户需求在平台上动态添加新的应用；强大的平台开发及运维支撑能力：显著降低物联网业务应用开发成本、服务运营成本及维护成本，降低物联网准入门槛；支持二次开发和快速集成：采用先进、成熟、符合国际标准的软硬件技术，系统采用可扩展的开放式体系结构，能根据技术、业务的发展需要对平台功能进行调整、增加；为物联网应用提供坚实的安全保障：物联网共性平台采用多种信息加密手段与安全管理协议保证数据传输安全性，通过灵活的访问权限模板机制实现对设备、感知信息的可定制化访问权限管理。

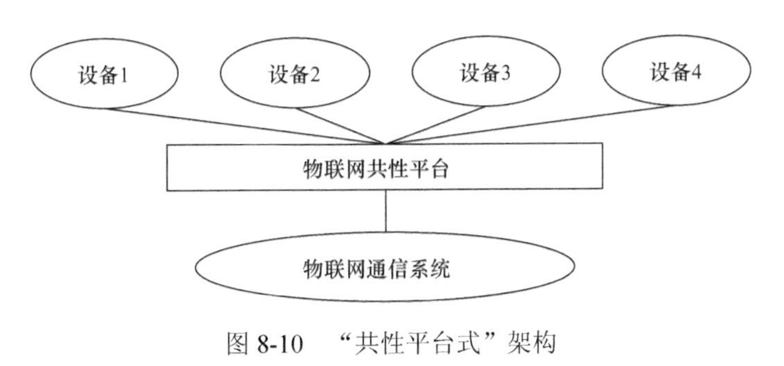

图 8-10　“共性平台式”架构

8.1.6　智慧农业与无损检测技术展望

未来的智慧农业是更加智能的农业，智能的农业离不开科技的支撑，智慧农业对传感器、传输系统和控制系统提出了更高的要求。

传感器作为直接接触检测目标的环节，其工作能力与可靠性直接影响了数据的获取，因此，传感器技术在智能化这一环节显得尤为重要。智慧农业下的农产品品质无损检测技术以声音、光学、磁性、电学等不会损伤农产品内部结构的方式可以快速准确地检测目标的品质、大小、颜色等参数。从选种到培育，从收获到加工，无损检测技术可以提供一种智能的农产品品质快速无损检测的解决方案，如果蔬的农药残留检测、果实的品质分级、市场监管抽查等。针对农业领域现有模式中存在的问题，无损检测技术所能带来的便利与收益是不言而喻的。但是其发展还存在局限性，距离智慧农业中的农产品智能检测环节还存在一些差距，主要存在以下几个问题。

产品价格昂贵。现有的农产品品质无损检测设备已经被证明可以有效地应用在果蔬和肉蛋奶等品质的检测中，其无损和快速的特性就像一把看不见的“手术刀”，但成本昂贵，高光谱检测系统和拉曼检测系统动辄几十万甚至上百万的价格让很多欲采购的企业望而却步。目前针对农产品光学无损检测的设备多为高校实验室等自主研发，其核心传感器部件多依赖于进口，传感器的内部结构极为精密，因此很难做到价格亲民。若想打破传感器限制，就需要致力于传感器自主研发与优化，设计出能够替代昂贵传感器而又不失精度的精简装置。

体积较大。研究人员的目的主要是如何达到检测精度，但是对于操作人员来讲，一台“优秀”的农产品检测装置不仅要保证精度，更要有“友好”的使用方式和小巧的体积。目前相关研究中所设计的无损检测系统体积都比较大，不易于携带，不能像手机一样装在口袋随意移动。其硬件的控制系统及无线传输系统相对完善，但传感器及其辅助零件如散热风扇、稳压电源和排线等占用了整体尺寸的80%以上，无形中增加了装备体积。因此，若想普及无损检测技术，就必须在小型化上下足功夫。2018年1月16日，高性能传感器解决方案供应商艾迈斯半导体推出了一款名为AS7265X的多光谱传感器，这是一款极具成本效益的18通道多光谱传感器解决方案，其体积仅为一张卡片大小却可以获取410～940nm的光谱信息，该传感器的提出为新型光谱传感应用带来更多想象空间。在未来，设计出一种小巧便携的低成本农产品品质无损检测装置还是很值得期待的。

使用场景少。目前大多数的无损检测技术停留在研究阶段，除了上述问题外，其应用场景还相对较少，结合物联网及大数据会有更加广阔的应用前景。农产品的生长及生产环境离不开检测技术，但是复杂的生长生产环境限制了无损检测技术的应用。农产品的种类繁多，即使是同一种水果，不同产地和品种也会有些许差异，对于不同种类的农产品都需设计相应的检测装置，并进行多次试验才能建立针对无损检测的预测模型。如何利用人工智能结合大数据技术建立一种稳定的可移植预测模型是极具实际应用价值的。

无损检测技术的应用不会局限于已有案例，其未来的发展是极具潜力的。每一次的技术革新都会改变传统的工作模式，在5G技术与人工智能的加持下，还会衍生出更多的给人们带来便利的技术。无损检测技术的未来是给人们带来便利的，未来还需加大科研投入，相信在不久的将来就会有更加智慧、更加实用的应用领域。

8.2 大数据支持下的农产品品质无损检测

大数据，是指无法在一定时间范围内用常规软件工具进行捕捉、管理和处理的数据集合，是需要新处理模式才能具有更强的决策力、洞察发现力和流程优化能力的海量、高增长率和多样化的信息资产。具有海量的数据规模、快速的数据流转、多样的数据类型和价值密度低四大特征。大数据技术的战略意义不在于掌握庞大的数据信息，而在于对这些含有意义的数据进行专业化处理。换而言之，如果把大数据比作一种产业，那么这种产业实现盈利的关键在于提高对数据的“加工能力”，通过“加工”实现数据的“增值”。

8.2.1　农业大数据

随着物联网、云计算、精准农业与智慧农业的快速发展，农业数据也以前所未有的速度不断增加，但数据从采集到挖掘存储再到预处理与分析面临着巨大的挑战。物联网技术的渗透已经成为农业信息技术发展的必然趋势，也是农业数据最重要的来源。

农业大数据是融合了农业地域性、季节性、多样性、周期性等自身特征后产生的来源广泛、类型多样、结构复杂、具有潜在价值，并难以应用通常方法处理和分析的数据集合。图 8-11 展示了一些农业大数据的类型。从领域来看，以农业领域为核心（涵盖种植业、林业、畜牧业等子行业），逐步拓展到相关上下游产业（饲料生产、化肥生产、农机生产、屠宰业、肉类加工业等），并整合宏观经济背景的数据，包括统计数据、进出口数据、价格数据、生产数据，乃至气象数据等。从地域来看，以国内区域数据为核心，借鉴国际农业数据作为有效参考，不仅包括全国层面数据，还应涵盖省级数据，甚至地市级数据，为精准区域研究提供基础。

图 8-11　农业大数据

农业大数据技术的关键应用优势在于数据收集与分析，具有强大的数据分析能力。现代农业发展环境复杂多变，农业发展质量的影响因素越来越多，既有国内因素，又有国际因素，农产品生产、流通、加工等环节的衔接性越来越强，对农业数据产生了更为强烈的现实需求。而农业大数据技术则可通过数据处理领域的独特优势，为农业发展提供更为全面、更为及时、更为准确的相关数据信息，为农业发展各项决策的制定提供可靠的基础依据与保障，如有效预测市场农产品存货量、分析市场需求等，从而减少不必要的农业生产资本占压，提高发展效益。

农业大数据技术的快速发展，为新时期农业始终朝着更为科学的方向发展提供了丰富的技术手段，使得传统模式下难以完成的农业发展任务具备了更大的可行性。农业大数据技术给农业经济管理体制的优化与完善带来了新鲜活力。以农产品品质检测为例，传统模式下的技术检测存在显著缺陷，不仅检测效率低下，对人力、物力的依赖性较强，而且检测结果失真，人为主观干涉痕迹明显，而通过农业大数据技术对农作物进行抽样检测，可显著提高抽样数据代表性，提高检测结果准确性。同时，结合无损检测技术不仅可以做到"无伤检测"，其实时性和高效性更能降低人工成本。基于光学、声学等传感器技术，把传统的参数指标转化为数据的形式，更有利于农业大数据的长远发展。

在市场经济发展节奏持续加快的背景下，农业市场上的竞争程度日趋激烈，考验着涉农企业的生产经营管理智慧。大数据技术可深入挖掘和分析涉农数据信息，对于提高涉农企业经营管理措施的针对性与时效性具有重要推动作用。无论是农业生产企业，还是农业加工企业、流通企业，均可在大数据技术的支持下挖掘更多市场动态，通过现代计算机与网络设备，动态化、连续性地获取涉农生产经营所需要的数据信息。实践充分表明，利用农业大数据技术，涉农企业经济发展结构将更趋完善，科学保障效用更为突出（于志广，2021）。

依赖大数据技术的精准农业需要各类准确的基础数据，既包括耕作区域精确的 GIS 地图等基础空间数据，又需要耕作区域精确的作物生长环境数据，如光照、热量、水分、土地质量、空气质量等基础数据。农田地理信息系统是精准农业的核心，它不仅能够管理各类属性的海量数据，更主要的是能够实现对空间数据深入处理和分析。农田的地理信息系统能通过多种传感器和 GPS 技术将所采集的数据进行可视化分析，从而生成田间状态图，如土壤养分分布图、土壤水分分布图、温湿度分布图、作物产量分布图等，从而为农产品生产者运营维护及做出资源决策提供依据。还可以利用 GIS 路径分析功能，确定各种农业基础设施的最佳空间布局及施水施肥和收获的最佳作业路线，为农业机械化路径规划提供决策依据。GIS 与专家系统和决策系统相结合就可以比较全面地了解到整个农田的生长状态并由此决定不同生长阶段的施水施肥、除草、收获等各类的管理措施和计划。如图 8-12 所示是极飞智慧农业系统的 GIS 分布图，极飞智慧农业系统能精准管理生产规划和执行，如记录不同生产阶段所涉及的地块、种肥农资耗材、农业设备使用情况等，农场管理人员通过系统后台，就能实时监看选中地块的农事记录，并根据农机设备记录的作业面积、施肥施药量、亩收成量等数据，不断优化资源配置、降低成本。

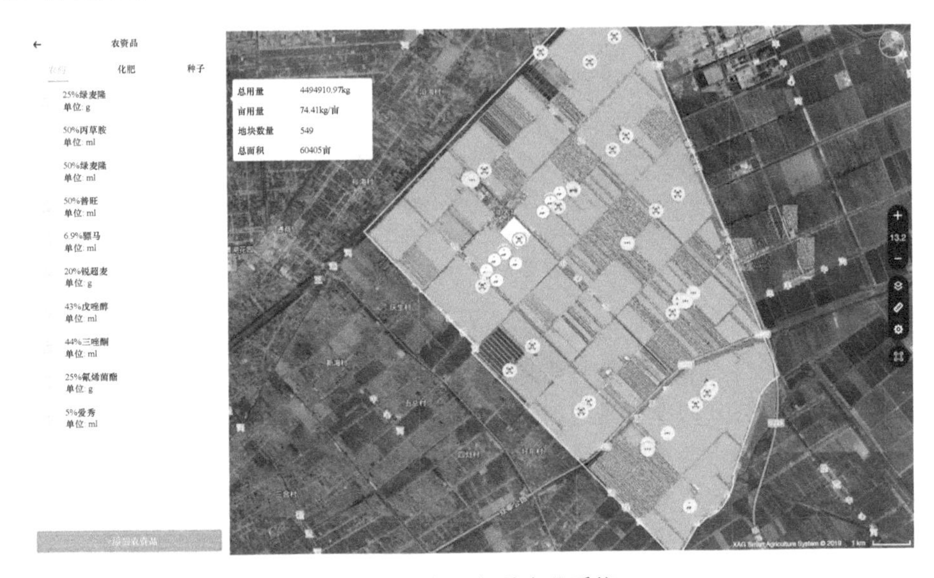

图 8-12　极飞智慧农业系统

另一个的核心技术就是全球定位系统（GPS），可以实现实时动态地确定所需要的空间位置，结合气压计传感器能获取目标物的三维绝对坐标。例如，在精准农业中通过 GPS 传感器和田间传感器及农业机械化结合，就可以实现精确地定位水肥、土壤等农作物的生长环境空间分布，精确地定位作物长势和病虫害的空间分布，精确地绘制作物的长势图，自动导航田间作业机械，精确地找到作业区域，结合长势图实现精准施肥。不仅如此，结合农业物联网技术，在田间布置各种检测传感器，就能够实时不间断地获取田间土壤含水率、养分、耕作层深度、病虫害等各属性信息，为专家系统提供决策的依据。如图 8-13 所示是大疆农业提供的解决方案。通过智慧农业云平台即可直接对果树、农田场景进行云端建图，生成智能作业航线。数字农田解决方案搭载 AI 识别系统，可高效巡田，识别作物长势，监控病虫害，对农情进行监测，结合农田处方图，实现精准变量施肥。

第三个核心技术是农田遥感监测系统（RS），它在精准农业中可以实现对农作物长势检测和产量估算。由于植物生长发育的不同阶段其内部成分、结构和外部形态特征等都会存在一系列的变化，利用遥感技术可以探知这一系列的内在变化。叶面积指数是能够反映农作物长势的个体特征和群体特征的综合指数，可以通过建立遥感植被指数和叶面积指数的数字模型，利用遥感技术就可以监测农作

图 8-13　农业 GPS

物的长势和预估产量。如图 8-14 所示是使用大疆多光谱无人机平台采集的田间遥感图像。另外，可以利用遥感技术监测水分状态，在植被和非植被条件下，热红外波段都会对水分反应非常敏感，所以利用热红外波段遥感监测土壤和植被水分，建立热惯量与土壤水分空间的数字模型即可利用遥感技术监测土壤水分含量和分布，从而为专家系统决策是否浇水提供依据。不仅如此，遥感技术还可以监测作物养分情况。植被养分供给的盈亏将直接影响作物叶绿素的含量，通过遥感植被指数与不同的营养元素建立评价预测模型即可得知当前农田的营养成分含量与分布。最后，利用遥感技术监视病虫害情况，跟踪其发生演变的情况，分析估算灾情损失，同时还能监视虫源的分布和活动习性，为后续的打药及虫害研究提供直接的数据支持。

图 8-14　农业遥感

8.2.2 数据挖掘

20 世纪 90 年代，随着数据库系统的广泛应用和网络技术的高速发展，数据库技术也进入一个全新的阶段，即从过去仅管理一些简单数据发展到管理由计算机所产生的图形、图像、音频、视频、电子档案、Web 页面等多种类型的复杂数据，并且数据量也越来越大。数据库在给我们提供丰富信息的同时，也体现出明显的海量信息特征。信息爆炸时代，海量信息给人们带来许多负面影响，最主要的就是有效信息难以提炼，过多无用的信息必然会产生信息距离（信息状态转移距离，是对一个事物信息状态转移所遇到障碍的测度，简称 DIST 或 DIT）和有用知识的丢失。这也就是约翰•内斯伯特称为的“信息丰富而知识贫乏”的窘境。因此，人们迫切希望能对海量数据进行深入分析，发现并提取隐藏在其中的信息，以更好地利用这些数据。但仅以数据库系统的录入、查询、统计等功能，无法发现数据中存在的关系和规则，无法根据现有的数据预测未来的发展趋势，更缺乏挖掘数据背后隐藏知识的手段。正是在这样的条件下，数据挖掘技术应运而生。数据挖掘是通过对数据集进行分析，从大量数据中找寻其规律的技术，目的是发现未知的关系和以数据拥有者可以理解并对其有价值的新颖方式来总结数据，其过程可分为三个阶段。数据挖掘的任务有分类分析、聚类分析、关联分析、异常分析等（赵川源等，2013）。

我国已进入传统农业向现代农业加快转变的关键阶段。突破资源和环境两道“紧箍咒”制约，需要运用大数据提高农业生产精准化、智能化水平，推进农业资源利用方式转变。破解成本“地板”和价格“天花板”双重挤压的制约，需要运用大数据推进农产品供给侧与需求侧的结构改革，提高农业全要素的利用效率。提升我国农业国际竞争力，需要运用大数据加强全球农业数据调查分析，增强在国际市场上的话语权、定价权和影响力。引导农民生产经营决策，需要运用大数据提升农业综合信息服务能力，让农民共同分享信息化发展成果。推进政府治理能力现代化，需要运用大数据增强农业农村经济运行信息及时性和准确性，加快实现基于数据的科学决策。

建立农业大数据平台，采集并存储大量的历史数据、外部数据，最终是为了让农业生产更智能、更高效。因此，需要运用先进的数据挖掘技术和人工智能技术来实现农业智能化。例如，根据历史天气状况和农作物生长状况来分析指导最佳实践，来提示预警潜在病虫害的风险和气象病的风险等。这些智能化应用的实现主要需要用到数据挖掘和人工智能技术。大数据平台提供了数据挖掘和人工智能的算法库，并且还提供了数据建模工具方便用户进行数据清洗、数据建模和数据模型的测试。随着互联网与信息技术的不断飞跃发展，目前比较受欢迎并且应用比较广泛的数据挖掘方法主要有：统计分析方法、决策树方法、粗糙集方法及人工神经网络方法等（彭致华，2021）。在农产品品质无损检测领域还未见相关报道，但是随着无损检测技术的推广，海量的光学信息、声学信息等数据都会随着应用场景的增加而累积，若是无法充分利用和分析这些数据就难以推动行业的进展，因此在接下来的发展中如何从历史数据和海量数据中挖掘出更具有价值的信息将会是研究重点。数据量的累积带来了更多的信息，但是也必然会引入大量的干扰信号，如何从海量信息中筛选出有用信息是十分重要的。目前常用到的建模方法如偏最小二乘、主成分分析、聚类算法等在前面章节已介绍过。如何适应大数据融合多参数建模，是下一步要解决的难题，这里所描述的融合技术不仅是指数据层的融合，还包括了特征融合及预测时的决策融合。结合深度学习方法，利用云计算的强大计算力提高无损检测的稳定性是很有应用价值和发展前景的。

8.2.3 农产品质量安全中的大数据

农产品质量安全指的是农产品在产地环境、生产、加工、流通、销售等环节满足规定安全指标的要求，对人体健康不会产生危害，对社会不会造成损失的特性和程度。提升农产品的质量安全就是要防止农产品中存在有害物质，如农药残留和非法添加剂。由于没有形成从种子到餐桌的监管体系，长期以来农产品质量监管很难实现。农产品质量不安全的危害主要有以下特征。

危害的难以检测性。通过人体感官往往很难准确及时地辨别有害物质，对于消费大众来讲，缺乏相应知识和检测工具的情况下无法完成农产品质量的检测。即使具备检测手段，一些检测难度大且费时的对象形成了潜在威胁。

危害的积累延后性。农产品中有害物质对人体健康的危害往往经过长时间的“发酵”，如农药残留被人体吸收后，症状随着量的累积逐渐显现出来。

危害的敏感度差异。危害的敏感度在人与人之间有差异，对于同一种类、同一水平的危害，有的人抵抗力强，有的人抵抗力弱；有的人反应强烈，有的人则不敏感。

国家经济不断发展带动人民生活水平不断提升，人们对食品安全问题的关注程度也到了一个新的高度。食品及与食品相关的产业具有一定的特殊性，新时代对食品安全提出了两个要求：食品品质安全和食品营养保健。其中，农业产品的质量是现阶段的重点，不仅要做到数量上的提升，更要保证质量上的提升，让农产品在“保质保量”的前提下不断发展进步（李玉雪，2017）。在大数据的背景下，农产品质量安全的监管成为现实，可以从产地到销售，再到消费者口中形成一种溯源体系。

面对日益复杂的监管态势，在农产品质量安全监管过程中，必须要依托健全的监管机制作为保障，全面落实市场监管需求，优化农产品生产流通的薄弱环节。

农产品追溯机制具有系统化特征，其涉及农产品的生产、收购、加工、储藏、运输、销售等环节，通过对农产品追溯机制的构建，可以有效提升监管的效率。农产品追溯又分为外部追溯和内部追溯：外部追溯即产品流向追溯，主要是指进入市场的阶段；内部追溯即内部品控追溯，主要是指农产品的生产过程（费志伟等，2020）。借助这两种追溯机制的有机融合，能够实现农产品的全过程监管，切实了解农产品从生产到销售的全过程，实现可靠且便捷的质量安全监管。而这些监管手段的实现，主要还是依赖于大数据的支撑，在信息化技术的加持下，使现代化的数据监管平台得以建立，并在持续的开发与完善之下，更加侧重于农产品追溯信息领域，利用追溯机制带动其他监管手段的信息化，真正做到内外有别和内外融合。

在对农产品的质量管理过程中，充分运用大数据技术建立农产品质量管理信息平台，在平台运行过程中，可以运用电子商务相关技术优化农产品运营管理流程，建立农产品标准溯源编码体系，优化农产品包装，加强消费者的外部监管，在不同主体之间利用大数据信息平台构建良好的信息沟通机制与渠道，优化农产品电子商务运营，在农产品的产前、产中与产后运用数据进行质量监管，降低农产品产销运营中的成本，保证农产品的新鲜度，有效维护种植户与消费者等各方利益（蒋丛萃，2020）。

8.2.4　无损检测中的大数据

目前农业大数据应用在农产品品质无损检测领域的研究尚处在起步阶段，所涉及的体系还不够完善，但是人工智能发展的脚步一定会推动无损检测的应用。其应用主要体现在以下几个方面。

1）检测对象种类的大数据。目前针对果蔬品质检测、农残检测的实验对象多为单一品种，而实际应用中很难精确地区分品种间差异。例如，苹果的种类就有很多种，其中比较常见的就是‘红富士’和‘金元帅’。除了这两种以外，还有‘嘎啦’‘红将军’‘乔纳金’‘红星’‘红玉’‘金冠’‘津轻’等其他的品种。要想建立准确的预测模型就必须针对单一品种进行建模，这无疑增大了工作量。在农药残留检测方面，人们会针对生长阶段不同的病种使用不同的农药，如扑海因、粉锈宁、百菌清、克螨特、尼索朗、双甲脒、吡虫啉、辛硫磷、代森锰锌类、新星、甲基托布津、多菌灵等。农药的混合使用无疑增大了农药残留检测的难度。Kumar 等（2017）制备高黏性银纳米线阵列，并将其嵌入多孔介质 PDMS 薄膜中得到 SERS 薄膜基底，可用于苹果农药残留无损检测。这种薄膜基底具备高增强因子和良好的鲁棒性，对苹果表面的福美双最低检测限可达到 10^{-6}μmol/L，远低于国家标准检出限。Tang 等（2019）通过改变金属纳米粒子的结构，在玻璃珠上经银镜反应制备出非平面 SERS 基底，该基底具有低背景信号和高灵敏度，对于毒死蜱和吡虫啉溶液的最低检测限可达到 10ng/mL 和 50ng/mL。但是基于单一品种的农药残留检测技术不能满足实际需求，农产品在生长阶段中往往是分阶段使用农药和混合使用农药。刘燕德等（2018）针对水果生产中的农药残留问题，利用表面增强拉曼光谱技术，把害虫防治使用较多的有机磷农药亚胺硫磷与毒死蜱作为研究对象，探索性研究了将金胶用作增强基底以脐橙为载体的混合农药残留快速检测。Li 等（2019）基于 AgNPS 基底对苹果上的啶虫脒和溴氰菊酯混合农药进行检测，并通过引入乘性因子校正模型来解决复杂相 SERS 信号存在竞争增强位点的问题，啶虫脒和溴氰菊酯的混合物预测模型相关系数能达到 0.931 和 0.927。

2）多信息的数据融合。不同年份之间光照、水分等生长环境的差异会导致每年的果实存在品质之间的差异，即使是相同年份，若想实现不同果园之间预测模型的通用也是很困难的。以苹果为例，如何评价苹果的收获成熟度对苹果的收获是有指导意义的（Peirs et al.，2001），淀粉在一定程度上能反映出苹果的成熟度（Zhang et al.，2020），苹果表皮的叶绿素含量也会随着成熟程度变化而变化（Nagy et al.，2016），不仅如此，还需要考虑到苹果的可溶性固形物含量、总酸度、硬度等参数。如何根据每年的气候、水分、土壤营养、病虫害情况及这些物理、化学指标来综合评价苹果的成熟度是十分重要的，只有通过获取大数据才能建立可靠而又实用的多参数多指标的数字模型。关于小麦倒伏的研究中，传统的作物倒伏检测方法是由人工在地面测量倒伏面积。而利用无人机则可以省时省力替代人工，检测效率高。常用的方法是使用数码相机采集图像提取倒伏面积（董锦绘等，2016），以及结合光谱信息计算归一化差值植被指数预测倒伏程度（刘良云等，2005）。而单一特征有时往往难以覆盖全部信息，基于 RGB 影像（李广等，2019）、纹理信息（张新乐等，2019）、卫星信息（Ursani et al.，2012；Chauhan et al.，2020）和光谱信息等参数综合评价倒伏程度的预测模型才是可靠的。赵静等（2021）为快速准确地提取小麦倒伏面积，给农业保险理赔及灾后应急处置提供数据支持，研究采用无人机遥感平台获取小麦倒伏后的冠层红绿蓝（red-green-blue，RGB）可见光图像，并进行数字表面模型（digital surface model，DSM）图像提取，计算了过绿植被（excess green，EXG）指数，利用 ArcGIS 中的镶嵌工具将不同图像特征进行融合，得到 DSM+RGB 融合图像和 DSM+EXG 融合图像，如图 8-15 所示。利用最大似然法和随机森林法对 2 种特征融合图像进行监督分类提取小麦倒伏面积，并与仅基于 RGB 可见光图像和 DSM 图像提取倒伏面积结果对比。结果表明，2 种方法对 4 种图像进行小麦倒伏面积提取的整体趋势一致，且最大似然法提取效果整体优于随机森林法，基于最大似然法对 RGB 图像、DSM 图像、DSM+RGB 特征融合图像、DSM+EXG

特征融合图像提取倒伏小麦面积的整体精度分别为 77.21%、93.37%、93.75%和 81.78%，Kappa 系数分别为 0.54、0.86、0.87 和 0.64，对比分析发现 DSM+RGB 特征融合图像提取小麦倒伏面积精度最高。

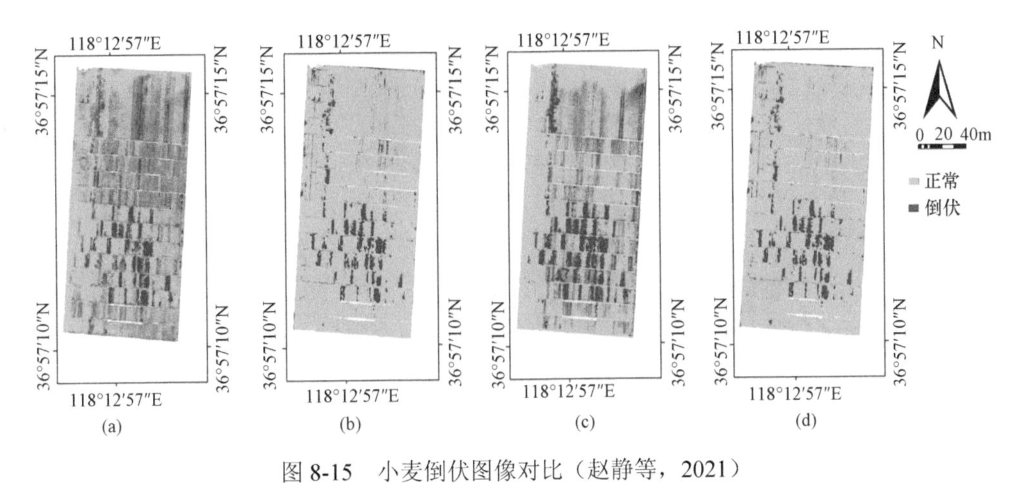

图 8-15　小麦倒伏图像对比（赵静等，2021）

（a）红绿蓝可见光图像；（b）数字表面模型图像；（c）数字表面模型与红绿蓝可见光融合图像；（d）数字表面模型与过绿植被指数融合图像

随着我国国民经济的快速发展和人民生活水平的不断提高，人们对面粉品质的要求也越来越高。面粉由小麦加工而来，失去了外壳的保护，颗粒变小且裸露在外，其品质极易受到外界环境的影响（刘长虹等，2018）。面粉脂肪酸含量的检测通常依据《谷物碾磨制品 脂肪酸值的测定》（GB/T15684—2015）由人工检测。目前近红外技术在食品和农产品质量分析方面取得了成功的应用。比色传感器技术作为近年来迅速发展的一种无损检测技术可高效捕获有机物质所挥发的简单或复杂的气味信息，并以图像的形式呈现（Urmila et al.，2015；Khulal et al.，2016；Magnaghi et al.，2020）。目前研究均采用单一的无损检测技术，而单一的传感器检测手段往往不能全面反映其过程中的变化信息，会影响检测结果的可靠性。比色传感器可以快速获取储藏期面粉样本的气味变化信息，近红外光谱可以快速获取储藏期面粉样本内含物质的微变化。江辉等（2021）通过融合比色传感器数据和近红外光谱特征，构建了基于比色传感器技术与近红外光谱技术融合的储藏期面粉脂肪酸值的定量检测模型，如图 8-17 所示。研究表明，相较于单一技术检测模型，融合比色传感器数据和近红外光谱特征建立的化学计量学模型可有效提高模型预测精度和泛化性能。

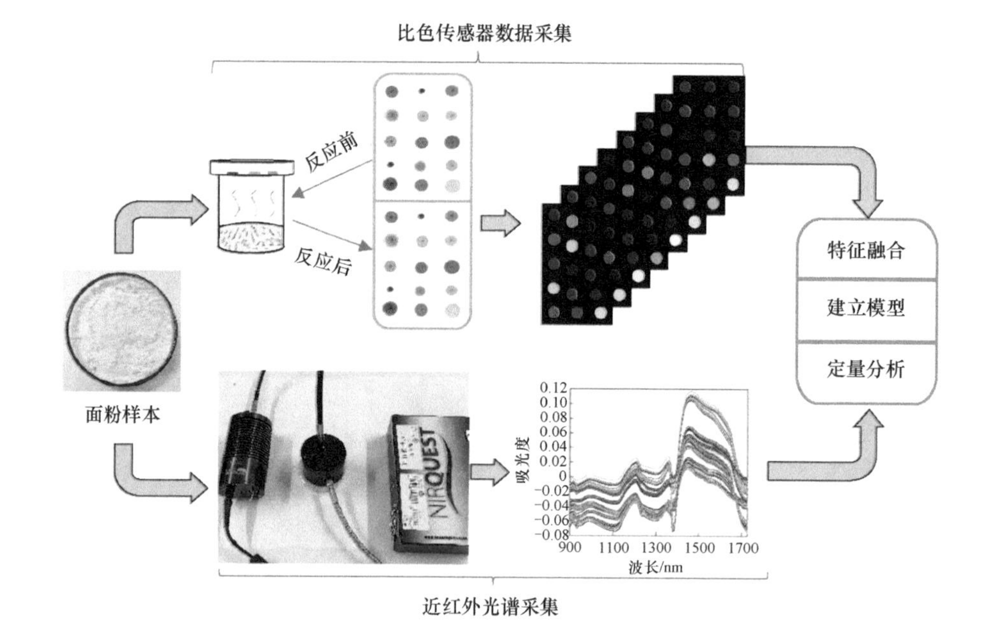

图 8-17　嗅觉与光谱融合技术（江辉等，2021）

8.3　农业物联网与农产品品质无损检测

随着世界各国政府对物联网行业的政策倾斜及企业的大力支持和投入，物联网产业被急速地催生，根据国内外的数据显示，物联网从 1999 年至今进行了极大的发展并渗透进每一个行业领域。可以预见的是越来越多的行业领域及技术、应用会与物联网产生交叉，向物联方向转变优化已经成为时代的发展方向。

农业物联网：物联网被世界公认为是继计算机、互联网与移动通信网之后的世界信息产业第三次浪潮。它是以感知为前提，实现人与人、人与物、物与物全面互联的网络。在这背后，则是在物体上植入各种微型芯片，用这些传感器获取物理世界的各种信息，再通过局部的无线网络、互联网、移动通信网等各种通信网路交互传递，从而实现对世界的感知。

相较于传统意义上的智能农业，物联网农业更加注重信息化与农业现代化的整体性融合，农业的内涵建设更加丰富。信息化是农业现代化的制高点，是实现智慧农业的必经之路。通过实施“互联网+”现代农业行动，把现代信息技术贯穿于农业现代化建设的全过程，围绕智慧农业建设，发挥互联网在农业现代化进程中的作用。

8.3.1 农业物联网的构成

物联网在农业中的应用领域也较为广泛，在设施园艺、畜禽养殖、农机监控的应用都进一步为实现智慧农业建设打下了基础。但农业物联网技术对于农产品安全的意义更是非同小可。农产品溯源和农产品质量安全追溯物联网更是为农产品的安全检测提供了便捷。基于物联网的农产品溯源系统包括农产品生产、仓储、加工环境监测，农产品生产、仓储、加工、销售基本信息记录，农产品生产、仓储、加工、销售信息查询功能。农产品在供应链各环节的环境监测基于无线传感技术实现，农产品在供应链各环节的基本信息记录通过射频识别技术实现，农产品在供应链各环节的信息查询通过 Web 技术和数据库技术实现。

食品安全问题是近年来我国面临的日益严峻的问题，基于物联网的食品质量溯源信息系统能有效破解这一难题。食品质量溯源系统，最早是欧盟为应对“疯牛病”问题而逐步建立并完善起来的食品安全管理制度。这套食品安全管理制度由政府推动，覆盖食品生产基地、食品加工企业、食品终端销售等整个食品产业链条的上下游，通过专用硬件设备实现信息共享，服务于最终消费者。一旦食品质量在消费者端出现问题，可以通过食品标签上的溯源码进行联网查询，查出全部流通信息，明确事故方相应的法律责任。溯源管理网络系统也可应用于餐饮酒店，食品原料生产者、供应商、适宜人群及菜品特点等信息都将被采集，并存储于企业数据库中。物联网技术主要负责溯源系统中的信息采集功能，通过使用各种类型的物联网终端，对溯源系统中各个环节的信息进行采集和读取，然后通过各种有线、无线通信技术传输到本地或远程的数据中心进行存储，供溯源和监管时查询。农产品追溯系统作为质量安全管理的重要手段，越来越受到有关部门和消费者的普遍关注（赵志刚，2016）。目前，中国确定的动物标识及疫病可追溯体系基本模式是以畜禽标识为基础，利用移动智能识读设备，通过无线网络传输数据、中央数据库存储数据，记录动物从出生到屠宰的饲养、防疫、检疫等管理和监督工作信息，实现从牲畜出生到屠宰全过程的数据网上记录（李瑾等，2015）。

农业物联网的层次结构由下至上可以划分为感知层、接入层、网络层、数据层和应用层 5 层，如图 8-18 所示。

感知层主要利用 RFID、条形码、遥感技术及采用各种传感器，如温湿度传感器、光照传感器、二氧化碳传感器、风向传感器、风速传感器、雨量传感器、土壤温湿度传感器等在任何时间、任何地点对农业领域物体进行信息采集和获取，

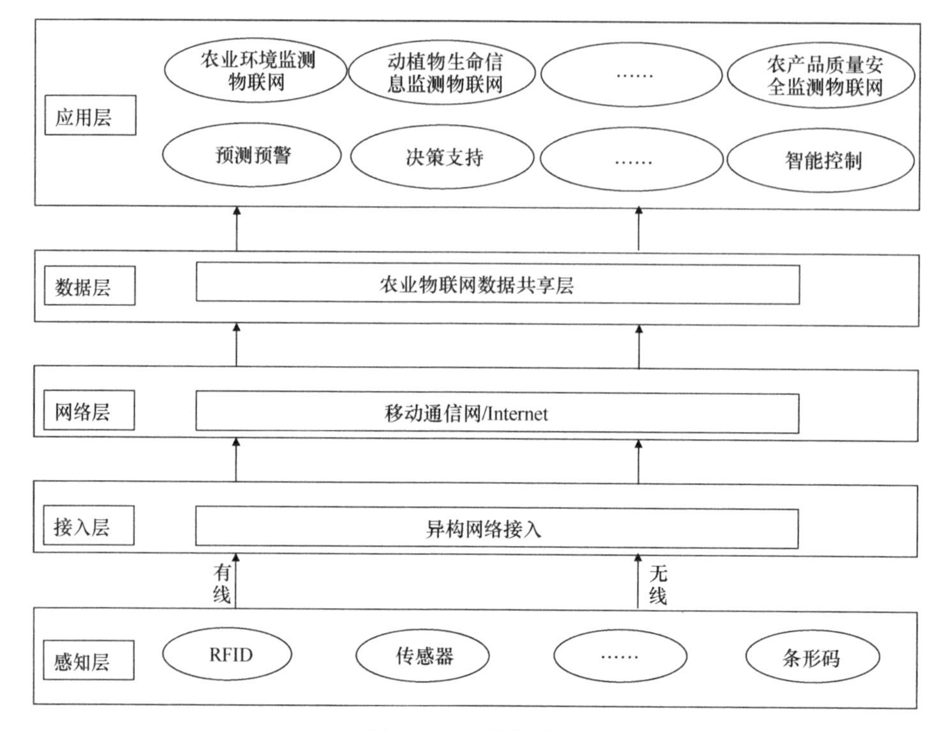

图 8-18　农业物联网

并且通过 GPRS、Wi-Fi、ZigBee 等通信协议将采集的实时数据发送至接入层。如图 8-19 所示是深圳市安信可科技有限公司生产的 8266 系列 Wi-Fi 模块，该模块具有体积小、功耗低等优点，可以满足嵌入式物联网设备的开发，非常适合农业物联网应用。对于农产品的无损检测而言，感知层主要包括光谱仪、相机等用来提取样本品质信息的工具。光谱仪和相机分别对应无损检测中光谱技术和图像处理技术。感知层是物联网识别物体、采集信息的来源。

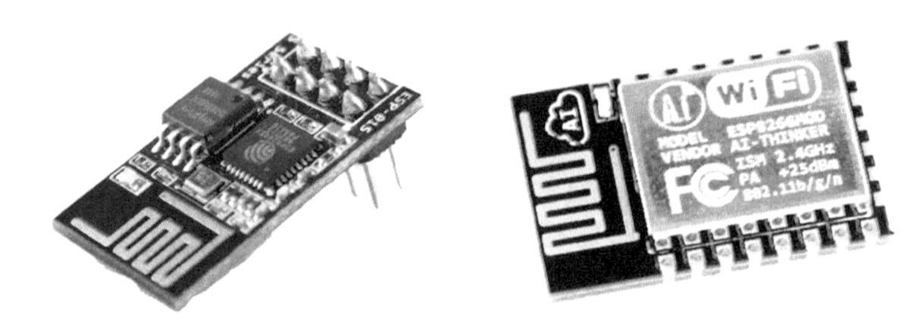

图 8-19　无线 8266 模块

接入层将对数据采集设备进行标准化描述和统一的资源访问管理，主要由硬件网关接口、接口驱动及嵌入式中间件等构成。硬件网关输入接口包括 RS232、

RS485、Wi-Fi 等，方便不同接口感知设备的接入，输出接口包括 Wi-Fi、RJ45、GPRS、LTE 等方式，可让用户根据应用场景的实际条件选择输出方式。接入层具有驱动功能，可以为上层中间件程序提供外部设备的操作接口，并且实现设备的驱动程序。上层程序可以不管所操作设备的内部实现，只需要调用驱动的接口即可。中间件主要包括感知终端数据采集配置、通信协议转换、数据融合、数据封装等功能，可以有效屏蔽底层异构感知网络的复杂性，并提供统一的抽象管理接口，为农业物联网业务应用的快速建立提供基础。同时，中间件还可用于执行数据的压缩、融合等操作，从而节省网络层特别是使用电信网络时的数据传输量。通过感知设备，网络层将涉农物体接入传输的网络中，并借助无线或者有线的通信网络，随时随地进行可靠度较高的信息交换与共享。农业信息传输技术可分为移动互联技术与无线传感网络技术。

农业物联网数据层位于网络层和应用层之间，它是整个农业物联网系统的数据中心，是所有应用层程序获取数据或者提供数据访问服务的服务中心。该层采用基于服务的架构（service oriented architecture，SOA），利用 Web Service 为通信接口，以 XML 作为数据交换的中间载体建立共享的数据与业务服务来降低上层农业物联网应用系统集成的难度，满足各系统对访问速度的要求。无论是农产品的外部品质信息还是内部品质信息都会上传至数据中心，在无损检测中数据中心的作用更加重要，数据中心的存在使得农产品所有的信息标签得以储存下来，并且实时跟随农产品的移动。

应用层通过 HTTP、FTP 等协议从数据层获取数据并构建相应的农业物联网系统。此外，协议体系还包括贯穿模型各层的物联网安全协议、隐私保护协议等。应用层是物联网和用户的接口，它与行业需求结合，实现农业物联网的智能应用。借助传感器获取植物实时生长环境信息，如温湿度、光照参数和生长中糖度、酸度、淀粉含量、叶绿素含量等，收集每个节点的数据，进行存储和管理实现整个测试点的信息动态显示，并根据各类信息进行自动灌溉、施肥、喷药、降温补光等控制并且对异常信息进行自动报警，可以保证农作物生长的元素均衡。根据无损检测技术获取农产品的品质参数，如营养品质参数和农药残留情况等参数，收集参数的数据进行存储和管理实现整个测试点的信息动态显示，并根据各类信息进行自动评价等，并且对不合格产品进行剔除，可以完成农产品的质量把关。

8.3.2　农业物联网无损检测应用

现行无损检测装置的硬件组成通常包括传感器、采集探头及控制系统。常见的无损检测控制系统多是基于单片机、平板电脑或计算机开发的软件，这些软件的功能主要在于控制光源、采集时间及数据保存。随着物联网技术的应用，越来越多的设备不仅满足实时运算，还能结合云服务器实现实时上传与资源共享。目前使用的模式多为 Wi-Fi 或 4G 模块基于 TCP/IP 协议实现数据上传，并基于 SQL 数据库完成数据的实时上传与保存，同时还能实现数据的远程分享。如图 8-20 所示，在原有系统功能的基础上添加上传模块与阿里云云服务器即可实现数据的远程增删改查。这种新的模式有助于为大数据的获取提供途径，不仅有助于农产品生长中的监管，更有助于农产品质量的实时检测、实时上传与溯源。

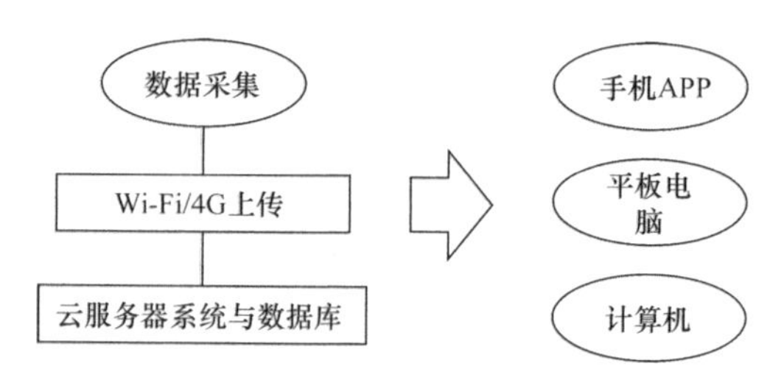

图 8-20 无损检测物联网系统

关于作物叶绿素光谱检测的研究，国内外学者已经开展了相关研究并设计和开发了传感器（丁永军等，2001；Antonio et al.，2017；Bruce et al.，2018）。但上述研究中无法对植物叶片叶绿素进行长时间监测，实时了解植物的生长状况。为了实现作物生长过程中叶绿素的动态在线监测，张智勇等（2019）引入物联网技术，设计了一款叶绿素在线检测传感器系统，为作物生长过程中叶绿素动态变化提供监测手段，装置如图 8-21 所示。叶片叶绿素含量检测模块集成度高、体积小，可将叶绿素检测模块贴合在植物叶片上，实现植物叶片叶绿素的实时监测，并制作了模块外壳装置，以便于模块稳定贴合于植物叶片。叶绿素监测模块使用 MAX30102 芯片作为收发光器件，主要集成了光源及驱动电路、光感应和 AD 转换电路、环境光干扰消除及数字滤波电路。该系统还包括无线传输模块，通过 SIM 卡将数据上传至云透传平台，可实现数据的远程查看和监测。

图 8-21 叶绿素监测（张智勇等，2019）

当前农产品中所登记使用到的农药种类达 1000 余种，随着害虫和病菌的耐药性提高，农药的种类数量仍在不断增大。拉曼光谱检测法解决了传统方法对农产品农药检测中的有效利用率低的问题，在常规的使用过程中通常是通过自建数据库来进行农药种类的定性分析及农药含量的定量分析，这样能够保证检测的准确性。但当拉曼光谱检测法在推广过程中，面对上千余种不同农药，自建数据库几十种农药的数据储备明显不足。而且随着检测设备的逐渐小型化，数据库的更新和数据容量会受到一定的限制。

常见的数据更新方法是通过有线连接进行数据传输后实现设备的数据库更新，这就要求检测设备使用者定期将设备返厂进行数据库更新，这样不仅大大浪费了时间，还限制了设备的推广范围。此外农产品检测数量庞大，设备的数据储存空间有限，不得不删除前期的数据，导致了数据的不连贯，不利于进行较长时间范围的数据统计分析。因此需要结合当前的无线传输功能和云服务功能，通过无线传输协议实现光谱数据的接收和抓取。云端数据库可以储存农药的性质及其拉曼光谱特征，通过增删改查等功能完成农药拉曼光谱数据库的更新及根据设备检测到的光谱特征去匹配对应的农药种类和定量分析模型，从而得到农药的种类和浓度。检测结果全部上传到云端，可以随时随地进行查看。

田文健（2021）为便于数据远程共享，设计并开发了苹果农药残留智能无损检测软件，软件操作界面如图 8-22 所示，将特征信息上传到云端数据库后进行查询，自动接收查询结果及农药种类和定量分析模型，得到种类与其对应浓度，点击保存按键可以将数据保存到云端，点击采集按键可以一键完成农药光谱数据的分析。

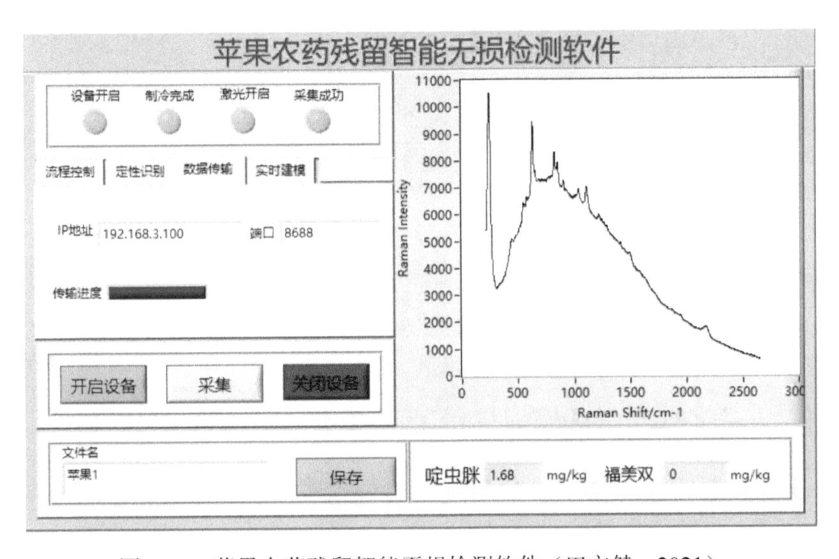

图 8-22　苹果农药残留智能无损检测软件（田文健，2021）

马铃薯内部品质传统检测方法是利用物理或化学方法对其进行破坏性检测。此类方法虽然精度高，但是操作复杂、耗时较长、所需成本相对较高，且检测之后样品无法再进行后续加工或出售，因此传统检测方法只适用于抽样检测，无法满足大批量样品的快速检测需求。王凡等（2018）基于树莓派设计了便携式马铃薯内部品质参数检测装置，利用近红外漫反射原理，实现对马铃薯品质参数的快速检测，并采集马铃薯在 650～1100nm 波长范围内的光谱，建立了干物质含量、淀粉含量、还原糖含量预测模型，可以实现马铃薯内部品质的检测。该装置除了为日常消费者提供购买符合要求的马铃薯品质数据参考，更多的应用场景是在户外根据马铃薯品质参数含量的不同将马铃薯进行分级，虽然装置在检测后会对每次的检测结果进行保存，若多台设备同时工作，数据汇总工作较难开展，可能会造成分析不及时、信息滞后等情况。杨延铭（2021）在该装置基础上增加了远程数据实时传输模块以解决这个问题，从而实现操作人员在办公室就可以与在现场作业的装置使用者进行数据交互，实现一对多，提高工作效率。软件操作界面如图 8-23 所示，软件界面有“连接”和“传输”两个按键。点击“连接”按键，与服务器建立联系后系统会提示“与服务器连接成功”，同时“连接”按键也会变为“断开”，点击“传输”按键即可将数据发送至服务器端，同时系统会提示“传输成功”。

图 8-23　马铃薯内部品质无损检测软件界面（杨延铭，2021）

8.3.3　农业物联网技术待解决的问题

到目前为止，我国农业生产仍然是以小规模模式为主要形式的传统农业，因此，以物联网为主要代表的新兴信息技术进入我国农业生产进程中的难度相当大，此外，由于我国许多相关人员对农业生产精细化及自动化方面的关注度不高，意识较为薄弱，导致我国目前的农业监管方面相当不成熟，在自动控制技术方面也存在着普及率严重不足的情况，整个农业物联网的应用环境都处于极度不完善的局面，这些都严重制约农业物联网整体的发展。同时，农业物联网处于新兴阶段，导致其技术产品还面临着稳定性差及故障率高的问题，这些都严重影响了我国农业从业人员对农业物联网使用的积极性，这些因素都在一定程度上制约了农业物联网在我国的顺利展开，不利于我国农业朝着现代化的方向发展。

我国还没有构建出一套较为标准、完整的、与农业物联网配套的技术标准体系。我国关于农业物联网的应用标准规范存在着严重不足的情况，这让我国在农业领域方面物联网的发展受到了颇为严重的影响，同时对农业传感器的标准化程度控制也产生了一定的误差，难以保证其对整个农业控制的可靠性，最终导致了广泛的集成应用在我国农业方面难以发展的局面。另外，由于我国在农业物联网构建时大多数还处于自定义传输协议的局面，在农业物联网的建设方面没有统一的指导规范，导致用户在使用时的困难、随意性较大的局面都制约了农业物联网的发展脚步。农业物联网在感知数据的融合应用方面与系统的开发在进行结合时也没有一定的标准进行规范、约束，导致互联共享局面出现了较大的难度，这些都不利于整个农业物联网在产业化技术方面的发展，严重拖后了农业物联网在我国广泛应用的时间，不利于我国农业的发展，甚至对人们的日常生活都造成了一定程度的困难。

另外，成本较高是目前我国农业物联网产业化发展面临的主要问题。无论是物联网开发还是检测硬件设备组成，都需要投入大量的资金，成本过高也使得一些农业生产者在选择物联网技术时出现疑虑。例如，所投入的成本是否能够通过物联网产业化渠道转化为更多经济收益，以及农业物联网产业体系形成后，后期运营维护所需要投入的成本是否更为巨大。受成本过高的因素影响，种种顾虑也不断产生，甚至在农业物联网建成后受资金问题影响，出现技术更新缓慢的情况，很难在应用中发挥预期效果。

从目前的情况来看，我国的农产品质量安全问题依然存在，这也说明了农产品质量安全检测技术还有很大的提升空间，如果想要以无损检测技术的发展促进农业物联网的形成，以下的问题是必须要解决的。

1）农产品质量安全检测体系仍然不够完善。当前我国的农产品质量安全检测标准是以国家标准、地方标准、企业标准为主要框架，且地方检测和企业检测并未得到重视，所以检测体系与实际情况并不相符，导致质量安全检测中无法顺利执行操作流程和运行机制。机制不完善和体系不健全严重影响人们的生命健康。

2）关于农产品质量安全检测的设备标准相对较少。所谓设备标准就是对检测装置提出的要求。当前我国的农产品安全检测标准虽然已经成立，但是关于检测设备的标准较少，从而导致了一些检测设备的检测可靠性缺失。

要加快我国农业物联网技术应用推广进程，必须突破农业物联网的关键技术瓶颈，研制出符合我国国情的农业物联网装备与系统，加强推广农产品检测装备的应用，发挥信息在农业生产管理中的潜在价值，为农业生产经营注入新活力（聂鹏程，2021）。

8.3.4 农业物联网技术发展趋势

我国农业物联网发展的关键在于结合中国国情和农业特点，实现关键核心技术和共性技术的突破创新，最终成为精细农业应用实践的重要驱动力。我国农业物联网的发展应重点对比发达国家农业物联网的优势，同时结合我国农业特点，在拉近与农业发达国家在农业物联网技术差距的同时，克服制约我国农业物联网发展的瓶颈问题。另外，国内农业物联网技术的先驱平台要理解农业行业本身，理解物联网，依托资源优势，渗透农村和农业市场，进而提升平台与技术优势，形成以平台推技术、以技术发展现代农业、以现代农业提升科研平台的良性循环。

1. 微型化、智能化、移动化

随着农产品品质无损检测技术的发展，以及传感器的种类和数量快速增长，无损检测物联网技术向微型智能化发展，感知将更加全面、透彻（房岩等，2020）。移动互联正在成为新一代信息产业革命的突破口，农业物联网的使用将更加便捷。美国专家研制了一款纳米微型传感器，植入养殖动物体内可第一时间检测出流行性疾病的感染状况；还开发了装在农产品运输卡车货箱里的传感器，可实时监测湿度、温度状况，掌握环境因子对农产品中大肠杆菌或其他病原体可能造成的影响，防止食源性致病菌的产生。德国用金属氧化物气敏传感器开发的仪器，检测不同水果释放的标志性气味，分析判断水果的成熟度，精确度达到食品实验室中的专用测量仪精度。韩国研究人员利用表面等离子共振技术，发明了一种小型生物芯片传感器，可准确、快速地对环境和食品（DNA、蛋白质）污染进行检测（张宇等，2014）。这些微型的智能传感器在农产品品质检测中的应用愈加广泛，无损检测装备的体积会越来越小，逐渐朝着便携化、移动化的方向发展。

2. 创新性、多样性、标准化

数字补偿、多功能复合等技术的集中应用，使农业物联网的参数指标更加严格，制造工艺更加精细，产品内在质量和外观表现更加出色。目前，世界各国普遍重视新产品和自主知识产权的开发，增强核心竞争力。重视传感器的可靠性设计、控制与管理，重视市场竞争、个性化特色和产业化应用，快速响应市场。瞄准全球农业物联网技术和市场的发展潮流与战略前沿，重视上下游接口连接的统一性、完整性、协调性和标准化。这种创新性、多元化和无损检测的发展趋势是相吻合的。目前，无损检测技术在水果、谷物方面的应用研究较多，在其他类型农产品中的应用研究则存在不足，如花卉、茶叶。因此，丰富产品研究对象，保证检测的创新性、多样性，也是无损检测技术的发展趋势（刘治利，2019）。以无损检测技术的发展促进整个农业互联网技术的进步是正确的解决目前问题的策略。

中国现代农业 4.0 时代的形成和发展需要充分利用互联网和现代化信息技术手段，加快其从传统农业向互联网现代农业的转型。具体来说，应该以移动互联网、物联网等信息技术应用为基础，重点突破农业物联网所涉及的数据采集、高效存储、处理分析、深度挖掘应用等核心技术，实现农业生产、采后加工、储运、流通、销售服务等全过程的自动化监控和信息化管理，节省人力资源，提高效率和产出（闫雪等，2021）。检测设备的发展促进质量检测物联网的形成。质量检测农业物联网技术是实现精准农业的必要支撑，为应对重大变化的农业信息环境，农业物联网技术必须进行全面升级以进一步提升其普适性、可靠性、智能化水平，同时降低成本，推进其更广泛的应用（李道亮和杨昊，2018）。

8.4　无人农场与农产品品质无损检测

现代科技正与农业的生产、经营、管理全产业链进行深度融合，发展信息化、数字化、智能化甚至是无人化的现代农业，已成为农业转型升级的突破口。无人农场是未来农业的一个发展趋势，本节阐述了农产品品质无损检测技术在无人农场建设中起到的作用并对未来的无人农场提出了一些展望。

8.4.1　无人农场

我国是农业大国，耕地面积占全世界的 7%，传统农业需要大量的人力和物力，随着我国人口老龄化问题的日趋严重，人口红利即将消失，农业劳动力缺乏问题日渐突显，图 8-24 为我国近十年来农村人口数量变化，可以看出农村人口正在逐渐减少，农村劳动力不断流失。随着工业化与城镇化的不断推进，我国农业劳动力成本日趋增高，相比于第二及第三产业，传统农业经济收益较低，传统农业劳动力正在不断流失，农村中的年轻劳动力为谋求更好的生活不断流向城镇，一方面使农业发展活力不足，另一方面也带来了好处，促进了传统农业向高度机械化自动化的现代农业演变。但在机械化自动化农业及高水平的农业生产管理模式尚未全面实现之前，农业劳动力缺失仍是一个严重的问题，关系到我国粮食安全问题，粮食安全是关系到国计民生的重要问题，为了突破农业的发展瓶颈，必须进一步解放和发展生产力，加快提高农业生产管理水平，用高水平的机械化自动化农业生产模式替代需要大量人力劳作的传统农业模式，解决农业劳动力不足、农业生产效益低等诸多问题。

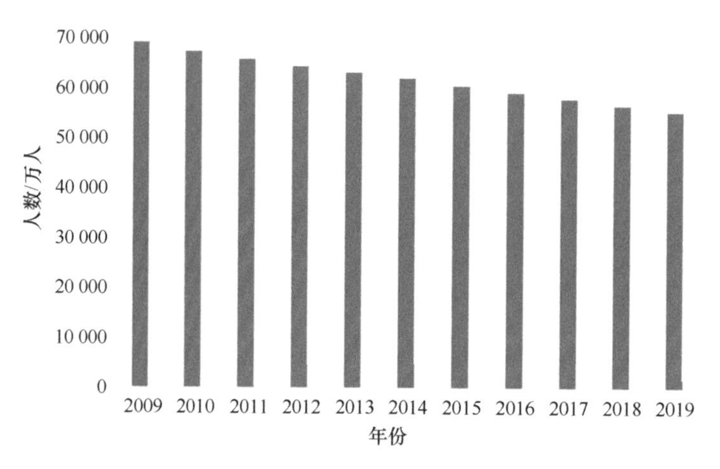

图 8-24 我国近十年农村人口数量变化

世界农业经历了不同阶段的发展，传统农场的形式最为历史悠久，工业革命时代后出现了机械化农场，进入信息化时代后自动化农场兴起，目前随着大数据、人工智能、5G 等新兴技术的兴起，农业形式继续发生着改变，正在逐步向无人化农场阶段过渡。但是目前农业发展是不均衡的，不仅是在世界范围内发展不均衡，在我国国内农业发展水平依旧不均衡，不仅是由于我国各地区的经济和科技发展水平存在差异，也与我国地形地貌多变、气候差异显著等自然因素有关。尽管国内农业还未实现全面机械化自动化生产，一些地区的农业发展模式还存在较多问题，但在未来无人农场将对我国农业发展转型起到巨大的带动作用，因此现阶段进行无人农场的建设探索具有超前的意义。

无人农场的本质是实现机器换人，无人农场是指在人不进入农场的情况下，采用物联网、大数据、人工智能、机器人等新一代信息技术，通过对农场设施、装备、机械等远程控制或智能装备与机器人的自主决策、自主作业，完成所有农场生产、管理任务的一种全天候、全过程、全空间的无人化生产作业模式（李道亮和李震，2020）。全天候无人化是指从种植或养殖的开始到结束时间段里，农场所有业务工作都能够在不需要人参与的情况下由机器自主完成。全天候无人化需要无人农场对农业动植物的生长环境、生长状态、各种作业装备的工作状态进行全天候监测，从而根据监测到的信息开展农场作业与管理。全过程无人化是指农业生产的各个工序和环节都无需人工参与，由机器自主完成。特别是在业务对接环节，无人农场装备之间通过相互通信和识别，完成自主对接。全空间无人化是指在农场的物理空间内，无人车、无人船、无人机在不需要人的介入下自主完成移动作业，并实现固定装备与移动装备的无缝对接。

无人农场是新一代信息技术、智能装备技术与先进种养殖工艺深度融合的产物，是对农业劳动力的彻底解放，代表着农业生产力的最先进水平。全天候、全过程、全空间的无人化作业是无人农场的基本特征。为实现农业管理无人化作业，除了机械自动化取代人力之外，还需要具有感知决策分析能力的智能取代人类的思考活动，合理规划所有的生产资料进行农业生产。因此，人工智能技术在无人农场的新型农业生产模式中大有可为，人工智能技术将对无人农场的发展起到巨大推动作用。目前，面向我国农业重大需求和世界智能农业科技的前沿，应积极推进人工智能技术与农业深度跨界融合，构建具有中国特色的智能农业技术体系、应用体系、服务体系，变革农业传统生产方式，推进农业现代化（赵春江，2018）。

2017 年 9 月，英国哈珀亚当斯（Harper Adams）大学与 Precision Decision 公司合作的项目 Hands Free Hectare 收割了全球第一批全过程没有人工直接介入的小麦。标志着全球首个无人农场的初步诞生，在试验田里，经过改造的拖拉机、探测车、收割机等通过云端监控进行作业。国外对无人农场的探索已具备初步成果，证明了无人农场这一农业发展模式的可行性，在经历更多的探索之后，未来必将出现更多的、更成熟的无人农场。

国内近年来也进行了无人农场的探索，这个充满科幻感的新事物离我们已不再遥远。2020 年 10 月，由北大荒农垦集团和碧桂园农业控股有限公司联合举办的“北大荒建三江—碧桂园无人化农场项目农机无人驾驶作业现场演示会”在建三江七星农场举行，这标志着我国首个超万亩无人化农场试验示范项目的开展，该无人化农场项目是目前国内外针对主粮作物规模最大、参加试验示范的农机设备最多、作业环节项目最全、无人化技术最先进、农机田间作业无人化程度最高的一个无人化农场项目，完成了水稻、玉米、大豆三大农作物耕、种、管、收、运农业生产全过程的 20 项作业内容的现场演示，无人驾驶喷洒农药作业，实现了三大作物农业生产田间各个环节农机无人驾驶作业的功能。

2020 年 11 月，上海嘉定区首个数字化无人农场进入试验起步阶段，该农场已经初步实现 200 亩[①]水稻田的全程无人化作业，完成对现有农用作业机械的无人化改造，具体包括插秧机、自走式打药机、收割机等，初步实现无人化插秧、无人化植保、无人化收割，以及在不同作业机械间的协同作业。在种方面，主要是无人插秧机；在管方面，无人机可以给农作物施肥和打药，技术已发展得较为成熟；在收方面，可以用手机 APP 连接到无人收割机上，实现对收割机的远程操控、

① 1 亩≈666.67m^2。

联动作业，在今后，只需要工作人员站在远处，简单按几个按钮，收割机就能够自动作业。在实现无人作业的基础上，还将进行数字农场的改建，实现水稻生产中耕、种、管、收全阶段的数字化，实现包括土壤肥力监测、作物长势监测、作物产量监测、年度作业统计分析决策等。同时，完善加强各种无人作业机械协同作业、机群协同作业，构建综合无人农场数字农业平台，实现数据采集、管理、决策分析。无人农场绝不仅是机器代替人力劳动，更是一种数字化、智能化的农业生产模式，应用先进技术对无人农场进行实时监测并及时进行干预调节是高水平无人农场的一个重要特征。

在大田环境下进行的无人农场阶段性试验离不开大型农机及相应的农机无人驾驶技术，在国外早已有这方面的研究，美国、日本也已有不带驾驶室概念的无人拖拉机问世，但离大面积生产实践应用还有一定距离。近年来，我国自主知识产权的低成本农机导航和激光雷达产品已趋于成熟，并开始大面积应用，加快了无人驾驶农机的快速发展，促进了各地无人农场的试验探索。无人农场是未来农业的一种重要发展模式，能够解决社会发展演化带来的诸多人口问题、粮食问题，具有重要的建设意义。

8.4.2 农产品品质无损检测对无人农场的作用

无人农场是人工智能技术高度发展应用的产物，人工智能技术促进无人农场的发展成熟，在无人化管理的农业生产模式下，需要严格的监测。在无人农场中，各个生产环节的问题需要及时发现并采取相应措施，因此无人农场必然需要无损检测技术，无损检测将成为高水平无人农场的常态化管理环节。农产品品质无损检测技术在无人农场中早已不是狭义的针对收获后农产品的检测，而是贯穿于农作物耕种管收及采后处理等多个环节的检测。好的农产品不是检出来的，而是产出来的，在农畜产品生产过程中及时进行人工干预，检测并监控农作物或畜禽的生长状况，对农场内的环境进行精确调控，有必要做到问题早发现早解决。农产品品质无损检测技术可以对无人农场的经营起到许多积极的作用，一方面可以控制农产品质量，为市场提供优质的、等级分明的农产品，便于产品按质论价，提高产品附加值和经济效益，增强我国农产品的国际竞争力；另一方面，由于无损检测技术可以做到实时在线检测，可以用于实时监测作物生长情况，及时发现病害虫害等问题并采取应对措施，进而降低经济损失。农产品安全问题关乎粮食安全和国民生命健康等重大问题，农产品污染源如超标的农兽药、重金属等，需要对生产过程中的各个环节严格把控，提高科学管理水平，合理使用生物生长调节剂，实时监测作物及动物的生长状况，及时采取相应措施，降低农产品污染风险。

无损检测技术可应用到农产品耕种管收的各个环节，不仅可以用在农产品采摘分选之后，也可用于作物种植前及生长管理过程中，如选育种子。精量播种已成为发展趋势，种子品质的优劣对于精量播种十分关键，如果播种前对种子进行逐粒检测，就可以从源头上控制农产品品质，无损检测技术可以用于种子的品质检测，从源头上把控农产品品质。对于蔬菜种子来说，损伤种子在进行田间种植时，存在出苗率低、成苗率低、出苗时间长、出苗后生长速度慢甚至产量降低等情况，受到高温环境热损伤的种子的发芽率会显著降低。彭彦昆等（2018b）利用自主搭建的近红外光谱检测系统获取单粒番茄种子光谱，分别采用偏最小二乘判别法和支持向量机建立了番茄种子热损伤的定性分析模型，实验结果表明，两种判别模型的验证集总正确率均大于 96%，均可用于热损伤种子的判别，对蔬菜播种或育苗前的种子品质把控具有重要意义。小麦、玉米、水稻是我国三大粮食作物，其种子的品质优劣决定了粮食产量，直接关系到国家粮食安全问题，王亚丽等（2020）基于近红外反射光谱分析技术，设计了玉米种子活力逐粒无损检测与分级装置，实现了种子的单粒化分离、输送、光谱检测、判别分级任务，能够剔除无活力种子，有效提高玉米播种后成苗率，减轻后续管理难度。在作物生长管理过程中，如果实时监测作物的生长情况，可以尽早发现病害虫害等问题，及早采取对应措施，减轻损失。

在管理阶段，对农产品生长情况的实时监测很有必要。苹果的内部品质如霉心病、内部褐变等病害及外部品质如伤痕虫蛀等极大地影响苹果果实的品质，在苹果果实早期生长过程中进行内部品质及外部品质检测很有必要。霉心病是苹果的一种常见病害，又称为心腐病、果腐病，会导致落果、烂果，是当前苹果生产上的重要病害之一，此种病害是由多种真菌侵染果实心室引起的，由于其较隐蔽的特点，早期如不切开果实观察果核将难以发现，最终会造成苹果大范围发病，目前许多研究表明，利用光谱学无损检测技术可以检测苹果霉心病情况（Li et al., 2020）。在苹果收获前进行内部病害的监测可以及时发现病害的发生，尽早采取措施，控制病害传播范围，减小损失。

在收获后的阶段对农产品进行无损检测目前已有较多研究，常见的方法包括光谱学检测技术、声学检测技术、机器视觉检测技术等。这些检测手段能检测农产品的内部品质属性，典型的技术如基于光学传感器的光谱学检测技术，基于超声波传感器的声学检测技术。这些无损检测技术可以检测农产品的一些内部品质指标，如糖度、酸度、干物质含量、新鲜度等指标；对于农产品的外部品质检测，基于图像采集设备的机器视觉技术已经受到广泛应用，可以检测农产品的外观品质，如尺寸大小、颜色、表面机械损伤、表面纹理等指标。在未来的无人农场中，多种无损检测技术将被结合应用于农产品的全生产过程管理中。

无人农场式的无损检测技术与传统无损检测技术不同的是，需要完全不依赖人力完成信息的采集和分析，各式各样的传感器结合互联网组建成的物联网技术将成为无人农场最基础的设施。除了物联网技术，机器人技术也是促成无人农场建设的关键性技术，如今机器人技术已在多领域进行了实际应用，如汽车、电子设备等加工生产线，机器人技术同样适用于农业生产中，一些地区和部门已开始了探索。2019 年 6 月 15 日，福建首款人工智能农业机器人正式在中国以色列示范农场智能蔬果大棚开始全天候生产巡检，标志着福建人工智能农业机器人从研发阶段正式进入了实际应用阶段。这款机器人是由福建省农业科学院与福建新大陆时代科技有限公司组建的数字农业联合实验室的最新成果。这款机器人外观为白色的卡通人物形象，有清晰的五官和手脚，通过底部的轮子可完成 360° 旋转和移动，可以沿着栽培槽自动巡检、定点采集、自动转弯、自动返航、自动充电，如果途中遇到障碍物还能自动绕行。这款机器人应用了多路传感器融合技术，拥有类似人体五官的感知功能，机器人耳朵安装了两个 700 万像素摄像头，眼睛安装了两个 500 万像素摄像头，头顶安装了风速风力、二氧化碳、光合辐射等感应器，嘴巴下方安装温度、湿度传感器，实现了农业生产环境中信息的智能感知、实时采集。人工智能农业机器人的最大优势在于，与农业物联网的传感器相比，农业机器人可以实时移动，不仅采集的点位更多，而且图像和数据更全面和精准。与人工田间检测相比，农业机器人可以全天候工作，采集数据更详细且连续。

8.4.3 无人农场未来展望

2020 年 8 月 17 日，中国社会科学院农村发展研究所、中国社会科学出版社联合发布《中国农村发展报告 2020》，报告指出，预计到 2025 年，中国城镇化率将达到 65.5%，保守估计新增农村转移人口在 8000 万人以上，也就是说，未来 5 年中国会有 0.8 亿人口进入城镇；而农业就业人员比重将下降到 20%左右，农业人口会继续减少；乡村 60 岁以上人口比例将达到 25.3%，约为 1.24 亿人，中国农村将进入老龄化社会。无人农场是在未来农业从业人口不断减少的时代背景下一种较为理想的发展模式。随着物联网、人工智能与机器人的发展，无人农场预计将会在 21 世纪中后期逐渐出现。无人农场将在不需要人进入农场的情况下，采用新一代信息技术，通过智能装备与机器人自主完成农业生产、管理任务的农场终极形态，真正实现了机器代人。欧美和日本等发达国家和地区的无人农场已进入小范围应用阶段，以日本为首的发达国家各种农场作业机器人已相继研制成功，我国目前无人农场还处于试验示范阶段（杨萍萍等，2015）。

过去传统耕作方式中，农民需要时不时去田间观察作物的生长情况，及时进行除草、灭虫、灌溉等管理工作，在无人化管理的农业中同样需要实时监测作物生长情况，因此传感器和物联网技术不可或缺，需要温度传感器、湿度传感器、气体浓度传感器、自动化灌溉装置、视频监控等硬件，在此基础上，进行生产管理。无损检测技术离不开物联网技术的支持，如日本盛行的植物工厂，利用物联网、互联网技术，实现了水分、气温、光照等的精确控制，生产出种类丰富的蔬菜。物联网技术对无损检测起到了信息获取及信息传输的重要作用。

工厂化管理是农业发展过程中的重要阶段，过去我们大力发展设施农业，当设施农业发展到较为高级阶段时，便提出了“工厂化农业”的概念，工厂化农业必然把农业生产过程与工业化生产的某些重要特征或属性相联系。例如，生产自动化水平高、知识与技术含量高（密集）、标准化和规模化程度高、环境控制能力强、广泛应用计算机和智能化管理技术等。自改革开放以来，我国设施农业得到了迅猛的发展。目前中国已成为世界上设施栽培面积最大的国家，但在自动化程度、配套技术与设备、生产结构等方面还存在诸多不足。我国工厂化农业的发展和基本需求正在逐步发生深刻的变化，即由主要表现为对硬件设施的大量需求和建设，逐步转向对信息技术（软件技术）的迫切需求，如设施环境控制与管理技术、栽培管理技术、人工智能技术、网络信息技术、可持续发展技术、市场信息等，将成为工厂化农业建设的重点内容。

无人农场是工厂化管理农业的更高水平阶段，是自动化程度和智能化程度大大提升后的必然结果。在不同类型的无人农场中，温室是一种较为理想的封闭式农业生产环境，能够人为控制温室内的温度、湿度、声光水肥等环境变量，为生物创造适宜的生长条件，降低自然界气候条件对农作物及畜禽生长的影响。例如，花卉智能温室通过温室大棚的智能调控技术，可以精准控制花开时间。但是温室生产是十分复杂的过程，是硬件设施和软件技术的统一体。当硬件设施建成后，软件技术将起到主导作用，包括信息资源的发掘、信息技术的开发应用、管理技术的开发应用等。在同样的硬件设施中，由具有不同知识和经验的人来管理，或者采用不同的管理方式和技术路线，会形成较大的产量和效益差异。在我国近年来所建成的现代化大型温室中，尽管硬件设备非常先进，但是后期综合管理技术的不配套，如环境控制、栽培技术、市场决策、节能技术等，仍然是最重要的因素。这充分说明，硬件设施虽然可以在短时期内建成，而后期的管理和运作绝不是一朝一夕就能达到预期目标的，温室农业需要在实践中不断探索。

温室只是无人农场的形式之一，且温室系统的成本十分昂贵，全面推广温室目前并不可行，多元化的无人农业生产模式有待开发，图 8-25 给出了一种理想的无人农场系统框架，无人农场的典型应用涵盖了无人大田、无人果园、无人温室、无人牧场、无人渔场等多种场景，更加具体地明确了系统组成及共性关键技术。未来农业的发展趋势是不断提高科学技术对农业生产的干预力度，采用更加经济实惠的技术手段调控农作物及畜禽的生长环境，减少农业对大自然的依赖。例如，气候问题，英国首个无人农场项目发起人之一 Martin Abell 曾说，天气问题在未来也能被自动化解决，如拖拉机可以获取天气预报的数据，并在条件理想的时候进到田里喷洒除真菌剂。降水不足可以依靠完善的灌溉系统及微灌、滴灌等节水灌溉措施解决，洪涝灾害对农业的影响也可以通过合理的水利工程消除，科技的发展日新月异，生活在今天的我们可能难以想象未来的科学技术，但是我们可以明确的是，科学技术的前景是光明的、充满潜力的，在未来必定可以依靠科学技术的力量解决农业生产中的诸多难题。

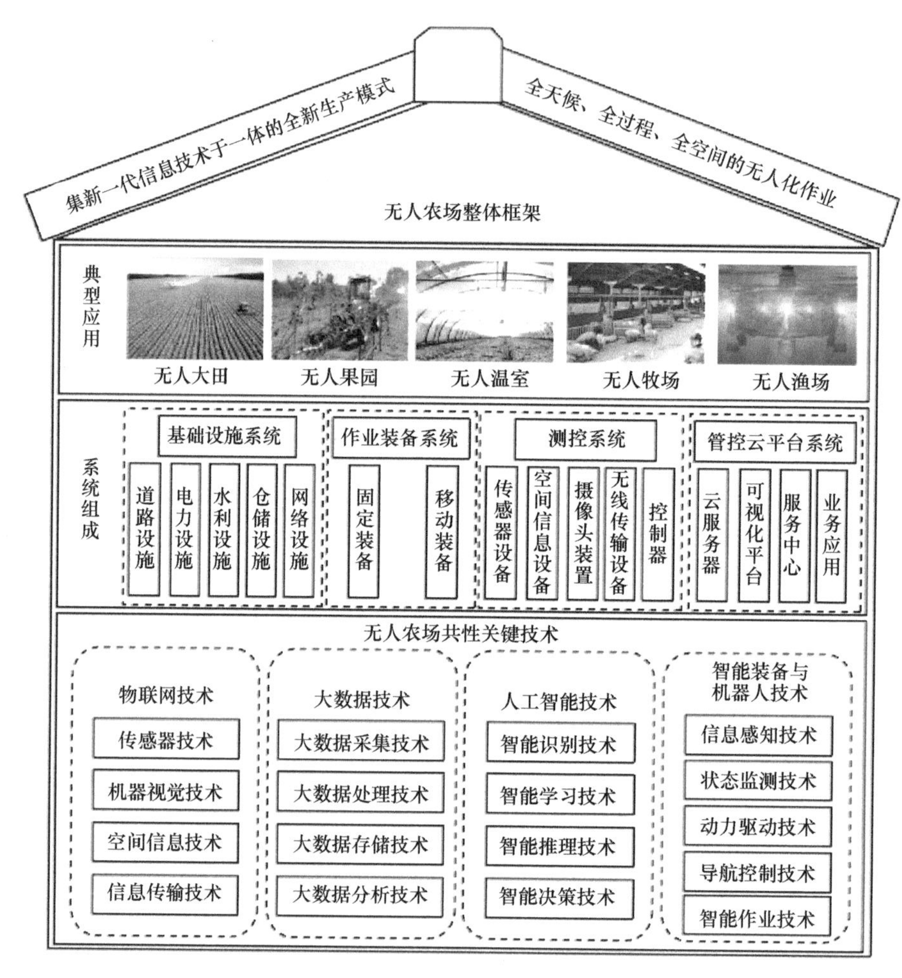

图 8-25　无人农场系统框架（李道亮和李震，2020）

我们对未来农业充满希望的同时也要看到，目前的无人农场并非真正的无人农场，大多数还需要人类的监测及干预，目前的无人农场将人类从繁重的体力劳动中解放了出来，但是还无法免除人类的全部劳动，并非真正意义上的不需要人类参与的农业生产模式。技术的发展总是循序渐进的，以人工智能技术为代表的新时代技术将在未来得到空前发展，届时无人农场或许便真的不再需要人类的参与，生产力真正得到大力解放和发展。

近年来，人工智能技术使农业迎来了新的变革机遇，人工智能技术已经较为成熟地应用于耕作、播种、栽培等方面的专家系统（刘双印等，2019）。在农业领域近年来出现了智能采摘机器人、智能检测土壤、果实分拣、气候灾难预警、检测病虫害等智能识别系统。从实际应用的效果来看，将人工智能和农业机械化与无损检测技术相融合，可广泛应用于农业的耕整、种植、管理、采摘、分级等环节，极大提高劳动生产率、土地产出率和资源利用率（蔡自兴，2016）。我们可以设想，在未来人工智能与无人农场的结合将更加紧密，将逐步替代人力，真正实现无人化农场管理。

在无人农场中，无损检测技术将不再局限于农产品，而是会大规模应用到农业生产资源的实时监测。为了在无人的环境下实现无损检测，无损检测需要与自动化智能化紧密结合，无损检测技术已发展多年，技术正不断走向成熟，如今正处于自动化智能化的无损检测设备的研发与应用阶段，需要让无损检测技术摆脱对人的依赖，实现远程控制的无损检测，目前国内外已经出现许多自动化程度较高的检测设备，但还未实现真正的无人化操作，一些环节还依赖人工，因此还有一定的发展空间。

我们可以设想一下，未来的农场主可以在任何地方通过用户端随时查看农场中的经营情况，农场中各种机器设备井然有序地运作，各种农作物的生长情况、产量、温湿度、农产品的品质指标等信息一目了然，只需操作几个按键就可以调整生产策略，让机器人、无人驾驶的农机、农产品品质无损检测设备完成农产品的生产、管理、检测等任务。收获的农产品经过自动化的分级包装之后进入销售链，运往世界各地。无人农场、无损检测、人工智能，当这三者紧密结合之时，必将引发一个时代性的变革，农业生产力得到大力发展，农业资源得到充分利用，农业管理水平得到空前提高，农产品品质得到全面保障。

参 考 文 献

蔡自兴. 2016. 中国人工智能 40 年. 科技导报, 34(15): 12-32.

陈兵旗, 孙旭东, 韩旭, 等. 2010. 基于机器视觉的水稻种子精选技术. 农业机械学报, 41(7)：168-173.

邓向武, 齐龙, 马旭, 等. 2018. 基于多特征融合和深度置信网络的稻田苗期杂草识别. 农业工程学报, 34(14): 165-172.

丁永军, 李民赞, 安登奎, 等. 2011. 基于光谱特征参数的温室番茄叶片叶绿素含量预测. 农业工程学报, 27(5): 244-247.

董锦绘, 杨小东, 高林, 等. 2016. 基于无人机遥感影像的冬小麦倒伏面积信息提取. 黑龙江农业科学, 10: 147-152.

房岩, 孙刚, 金丹丹, 等. 2020. 现代农业物联网的主流技术领域与发展趋势. 农业与技术, 40(2): 1-2.

费志伟, 赵立, 李程, 等. 2020. 基于大数据视角的农产品质量安全监管研究. 现代化农业, 497(12): 45-46.

侯文杰. 2019. 基于酶/免疫传感器的蔬菜中农药残留快速检测仪的研发. 山东理工大学硕士学位论文.

江辉, 刘通, 陈全胜. 2021. 基于嗅觉和光谱技术融合的面粉脂肪酸值定量检测.农业机械学报, 52(2): 340-345.

蒋丛萃. 2020. 基于大数据平台的农产品质量安全溯源体系的运行. 广西农学报, 35(4): 56-58.

孔建磊, 金学波, 陶治, 等. 2020. 基于多流高斯概率融合网络的病虫害细粒度识别. 农业工程学报, 36(13): 148-157.

李道亮, 李震. 2020. 无人农场系统分析与发展展望. 农业机械学报, 51(7): 1-12.

李道亮, 杨昊. 2018. 农业物联网技术研究进展与发展趋势分析.农业机械学报, 49(1): 1-20.

李广, 张立元, 宋朝阳, 等. 2019. 小麦倒伏信息无人机多时相遥感提取方法. 农业机械学报, 50(4): 211-220.

李瑾, 郭美荣, 高亮亮. 2015. 农业物联网技术应用及创新发展策略. 农业工程学报, 31(S2): 200-209.

李琳杰, 赵伟博, 齐锴亮, 等. 2021. 基于阿里云的智能大棚远程监控系统研究.自动化与仪表, 36(1): 28-30, 35.

李玉雪. 2017. 农产品品质与安全快速检测技术的进展研究. 现代食品, 20: 35-37.

刘长虹, 孙祥祥, 王颖, 等. 2018. 小麦粉储存湿度对面粉品质及其制作馒头品质的影响. 食品工业科技, 39(22): 12-16.

刘宏笪, 张济建, 张茜. 2019. 我国“智慧农业”研究态势与发展展望. 黑龙江畜牧兽医, (10): 6-11, 175.

刘良云, 王纪华, 宋晓宇, 等. 2005. 小麦倒伏的光谱特征及遥感监测. 遥感学报, 9(3): 323-327.

刘双印, 黄建德, 黄子涛, 等. 2019. 农业人工智能的现状与应用综述. 现代农业装备, 40(6): 7-13.

刘燕德, 张宇翔, 王海阳. 2018. 脐橙表皮两种混合农药残留的表面增强拉曼光谱定量检测. 光谱学与光谱分析, 38(1): 123-127.

刘治利. 2019. 农产品质量检测中无损检测技术发展研究. 河南农业, 5: 59, 61.

吕琳, 2020. 基于机器视觉的温室串番茄识别与定位方法研究. 中国农业大学硕士学位论文.

毛文华, 王一鸣, 张小超, 等. 2004. 基于机器视觉的田间杂草识别技术研究进展. 农业工程学报, 20(5): 43-46.

聂鹏程, 张慧, 耿洪良, 等. 2021. 农业物联网技术现状与发展趋势. 浙江大学学报(农业与生科学版), 47(2): 1-12.

彭彦昆, 赵芳, 白京, 等. 2018a. 基于图谱特征的番茄种子活力检测与分级. 农业机械学报, 49(2): 327-333.

彭彦昆, 赵芳, 李龙, 等. 2018b. 利用近红外光谱与 PCA-SVM 识别热损伤番茄种子. 农业工程学报, 34(5): 159-165.

彭致华. 2021. 数据挖掘在农业种植生产中的应用分析. 农村经济与科技, 32(3): 42-44.

秦琳琳, 黄云梦, 吴刚, 等. 2021. 温室通风设备状态监测系统设计与试验. 农业机械学报, 52(1): 303-311.

宋琦, 王卫兵, 喻俊志, 等. 2020. 移栽机械臂的设计及仿真研究. 中国农机化学报, 41(5): 12-16.

孙昌权, 刘永华, 黄锋. 2020. 基于 Zigbee 和组态软件的草莓温室大棚远程监控系统的研究与实现. 农业装备技术, 46(4): 18-23.

田文健. 2021. 苹果典型农药残留便携式无损检测装置的研发. 中国农业大学硕士学位论文.

王凡, 李永玉, 彭彦昆, 等. 2018. 便携式马铃薯多品质参数局部透射光谱无损检测装置. 农业机械学报, 49(7): 348-354.

王翔宇, 温皓杰, 李鑫星, 等. 2016. 农业主要病害检测与预警技术研究进展分析. 农业机械学报, 47(9): 266-277.

王亚丽, 彭彦昆, 赵鑫龙, 等. 2020. 玉米种子活力逐粒无损检测与分级装置研究. 农业机械学报, 51(2): 350-356.

魏鹏飞, 徐新刚, 李中元, 等. 2019. 基于无人机多光谱影像的夏玉米叶片氮含量遥感估测. 农业工程学报, 35(8): 126-133.

向伟, 吴明亮, 徐玉娟. 2015. 幼苗移栽机械研究现状与发展趋势.农机化研究, 37(8): 6-9, 19.

闫雪, 王成, 罗斌. 2021. 农业 4.0 时代的农业物联网技术应用及创新发展趋势. 农业工程技术, 41(4): 12-16.

杨宁, 崔文轩, 张智韬, 等. 2020. 无人机多光谱遥感反演不同深度土壤盐分. 农业工程学报, 36(22): 13-21.

杨萍萍, 黄晓诗, 边晓蓉. 2015. 农业机器人的现状与未来发展趋势. 时代农机, 42(7): 8-9.

杨延铭. 2021. 便携式多品种马铃薯品质无损检测装置研发. 中国农业大学硕士学位论文.

于志广. 2021. 农业大数据在农业经济管理中的作用. 中国集体经济, 10: 34-35.

张雷蕾, 滕官宏伟, 朱诚. 2020. 便携式水产品多品质参数拉曼检测装置设计与试验. 农业机械学报, 51(S2): 478-483.

张善文, 张传雷, 丁军. 2019. 基于改进深度置信网络的大棚冬枣病虫害预测模型. 农业工程学报, 33(19): 202-208.

张新乐, 官海翔, 刘焕军, 等. 2019. 基于无人机多光谱影像的完熟期玉米倒伏面积提取. 农业工程学报, 35(19): 98-106.

张宇, 张可辉, 严小青. 2014. 农业物联网架构、应用及社会经济效益.农机化研究, 36(10): 1-5, 67.

张智勇, 马旭颖, 龙耀威, 等. 2019. 作物叶片叶绿素动态监测系统设计与试验.农业机械学报, 50(S1): 115-121, 166.

赵川源, 何东健, 乔永亮. 2013. 基于多光谱图像和数据挖掘的多特征杂草识别方法. 农业工程学报, 29(2): 192-198.

赵春江. 2018. 人工智能引领农业迈入崭新时代. 中国农村科技, (1): 29-31.

赵静, 潘方江, 兰玉彬, 等. 2021. 无人机可见光遥感和特征融合的小麦倒伏面积提取. 农业工程学报, 37(3): 73-80.

赵志刚. 2016. 物联网时代我国农产品质量安全监控信息化研究. 信息化建设, 5: 390.

Antonio J, Daniela C, Francisco A, et al. 2017. Vis /NIR spectroscopy and chemometrics for non-destructive estimation of water and chlorophyll status in sunflower leaves. Biosystems Engineering, 155(6): 124-133.

Bruce L, Hardeep S, Mark P, et al. 2018. Effects of nitrogen, phosphorus, and potassium on

SPAD-502 and at LEAF sensor readings of Salvia. Journal of Plant Nutrition, 41(13): 1-10.

Chauhan S, Darvishzadeh R, Boschetti M, et al. 2020. Discriminant analysis for lodging severity classification in wheat using RADARSAT-2 and Sentinel-1 data. ISPRS Journal of Photogrammetry and Remote Sensing, 164: 138-151.

Khulal U, Zhao J W, Hu W W, et al. 2016. Comparison of different chemometric methods in quantifying total volatile basic-nitrogen (TVB-N) content in chicken meat using a fabricated colorimetric sensor array. RSC Advances, 6 (6): 4663-4672.

Kumar S, Goel P, Singh J P. 2017. Flexible and robust SERS active substrates for conformal rapid detection of pesticide residues from fruits. Sensors & Actuators: B. Chemical, 241: 577-583.

Li L, Peng Y, Li Y, et al. 2020. Rapid and low-cost detection of moldy apple core based on an optical sensor system. Postharvest Biology and Technology, 168: 111276.

Li Y, Peng Y K, Qin J W, et al. 2019. A correction method of mixed pesticide content prediction in apple by using Raman spectra. Applied Sciences, 9(8): 1699.

Magnaghi L R, Capone F, Zanoni C, et al. 2020. Colorimetric sensor array for monitoring, modelling and comparing spoilage processes of different meat and fish foods. Foods, 9(5): 684.

Nagy A, Riczu P, Tamas J. 2016. Spectral evaluation of apple fruit ripening and pigment content alteration. Scientia Horticulturae, 201: 256-264.

Peirs A, Lammertyn J, Ooms K, et al. 2001. Prediction of the optimal picking date of different apple cultivars by means of VIS/NIR-spectroscopy. Postharvest Biology and Technology, 21(2): 189-199.

Tang J S, Chen W W, Ju H X. 2019. Rapid detection of pesticide residues using a silver nanoparticles coated glass bead as nonplanar substrate for SERS sensing. Sensors & Actuators: B. Chemical, 287: 576-583.

Urmila K, Li H H, Chen Q S, et al. 2015. Quantifying of total volatile basic nitrogen (TVB-N) content in chicken using a colorimetric sensor array and nonlinear regression tool. Analytical Methods, 7(13): 5682-5688.

Ursani A A, Kpalma K, Lelong C C D, et al. 2012. Fusion of textural and spectral information for tree crop and other agricultural cover mapping with very-high resolution satellite images. IEEE Journal of Selected Topics in Applied Earth Observations and Remote Sensing, 1(5): 225-235.

Zhang M S, Zhang B, Li H, et al. 2020. Determination of bagged 'Fuji' apple maturity by visible and near-infrared spectroscopy combined with a machine learning algorithm. Infrared Physics and Technology, 111: 103529.